JN217679

Spring Framework 5 プログラミング入門

A primer for Spring Framework,
the comprehensive platform for modern Java-based enterprise and Web applications featuring Dependency Injection,
Aspect-Oriented Programming, and JDBC/JPA support

㊟ 掌田 津耶乃

秀和システム

■本書で使われるサンプルコード・プロジェクトは、次のURLでダウンロードできます。

http://www.shuwasystem.co.jp/products/7980html/5374.html

■本文中の表記について

①《PropertyEditorRegistry》.registerCustomEditor(《Class》,《PropertyEditorSupport》);

のような表記は、《 》で囲まれた部分にそのクラスのインスタンスが入ることなどを示しており、《》内の名称がそのままコード内で使われるわけではありません。

②ディレクトリ（フォルダ）の区切り記号は「\」（バックスラッシュ）に統一し、「¥」（円記号）は用いません。

③コードとしては改行していなくても、紙幅の都合でコードを改行して掲載している場合には、↵という記号で示しています（例えば44ページのリスト2-2）。

■本書について

本書の内容は、主に Windows と macOS に対応しています。

■注意

1. 本書は著者が独自に調査した結果を出版したものです。
2. 本書は内容に万全を期して作成しましたが、万一ご不審な点や誤り、記載漏れなどお気づきの点がありましたら、出版元まで書面にてご連絡ください。
3. 本書の内容に関して運用した結果の影響については、上記にかかわらず責任を負いかねますのであらかじめご了承ください。
4. 本書およびソフトウェアの内容に関しては、将来予告なしに変更されることがあります。
5. 本書の例に登場する会社名、名前、データは特に明記しない限り、架空のものです。
6. 本書の一部または全部を出版元から文書による許諾を得ずに複製することは禁じられています。

はじめに

Java フレームワークの標準「Spring 5」を基礎から学ぼう！

Java の開発で一番悩むこと。それは多分、「どんなソフトウェアを組み合わせて開発するか」ではないでしょうか。Java には、とにかく沢山のライブラリやフレームワークがあります。無数にある Java フレームワークの中でどれを選ぶべきか？

以前ならば、「とにかくいろいろ調べて選択するしかない」という状況でした。が、最近になって、この問題はようやく一つの答えにたどり着きつつあります。それは「**とりあえず、Spring ！**」という選択です。

Spring Framework は、一つのフレームワークではありません。アプリケーションや Web アプリケーション全般に関するものから、特定の機能に特化したものまで、多数のフレームワークによって構成されています。どんな開発でも、「Spring のフレームワーク群を調べれば、たいてい使えるものが見つかる」といっても過言ではないでしょう。

ただし、これだけ大きなフレームワークですから、今度は「どこから手をつけたらいいかわからない」という新たな難題に出くわすことになります。Spring の重要なフレームワークはどんなものがあるのか。一般的なアプリケーション開発に役立つものはどれとどれか。何が使えるようになれば、とりあえず Spring がどんなものか把握できるのか。――そう、こうした疑問に答えるための一冊として、本書は誕生しました。

本書は、2014 年に出版された『Spring Framework 4 プログラミング入門』の全面改訂版です。

2017 年、Spring は ver. 5 という新たなステージを迎えました。Spring 5 では、それまでの Java で広く使われてきた Java 5、6、7 といったバージョンをすべて捨て、Java 8 以降のみを対象とする形に全面的に書き換えられました。また Java 9 のモジュール機構（Jigsaw）への対応や、リアクティブプログラミングのための新たなフレームワークなど、大幅な強化が図られています。全面的な書き換えにより、パフォーマンスも向上しています。

本書では、Spring のもっとも基礎的な部分である「**DI**」「**AOP**」「**リソース利用**」「**データベース利用**」「**Web の MVC アプリ開発**」といったものについて解説をしています。これらが一通り理解できれば、Spring がどんなフレームワークなのか、その全体像がつかめるはずです。

2017 年 12 月

掌田　津耶乃

目　次

Chapter 1

Spring Frameworkの準備

Spring Frameworkとはどのようなものでしょう。そしてどうやって利用するのでしょうか。まずはこうした「プログラミング以前」の部分について一通り説明していきましょう。

1-1 Spring FrameworkとSTSの準備

Spring Frameworkを利用するには、Spring Tool Suiteという開発環境を利用します。これらを使うための準備を整えていきましょう。

Java開発の複雑さ

皆さんは、「**Javaのプログラマ**」です。さまざまなところでJavaによる開発を行っていることでしょう。Javaのプログラミングをしているという点において、皆さんには共通したところがあります。が、共通点と呼べるものは、実はその一点だけかもしれません。

Javaは、さまざまなプラットフォームで動作する開発言語として非常に幅広い範囲で用いられています。PCにおけるデスクトップアプリケーション、サーバー開発、Androidアプリ、その他各種の端末など、「**CPUがありプログラムが動くなら、どんなところでもJavaは移植される**」かのような浸透ぶりです。

Javaの開発と一口にいっても、その内容は全く異なっていたりします。同じJavaプログラマであるはずなのに、話をするとお互いにぜんぜんわからない……なんてことも、きっとあるでしょう。

この「**Javaの多様性**」は、それだけJavaが広く使われているからであり、そのこと自体はJavaにとって（そしてJavaプログラマにとっても）大きなメリットといえるでしょう。が、その多様性は、Javaに携わる人間にとって負担となっている嫌いもあります。

例えば、Javaでサーバーサイドの開発を行うとしましょう。どのようなプログラムになるか、全体の設計はできました。が、実はそこからが難問です。プレゼンテーション層はどうするのか。まさかすべてJSPで手書き？　ビジネスロジックは？　JavaBean（EJB）で実装？　データアクセスは？　JPA、それとも基本のJDBC？

Javaの開発では、「**さまざまなレイヤーごとに、使用する技術を選んで組み合わせる**」といった形で全体の設計が行われます。それは、それだけJavaのライブラリやフレームワークが豊富であることの証左ですが、果たして何をどう組み合わせて開発するのがベストか、考え込んでしまう人も多いでしょう。

図1-1：Javaの開発では、プレゼンテーション、ビジネスロジック、データベースアクセスと、それぞれの層にフレームワークやライブラリを組み合わせて全体を設計する。

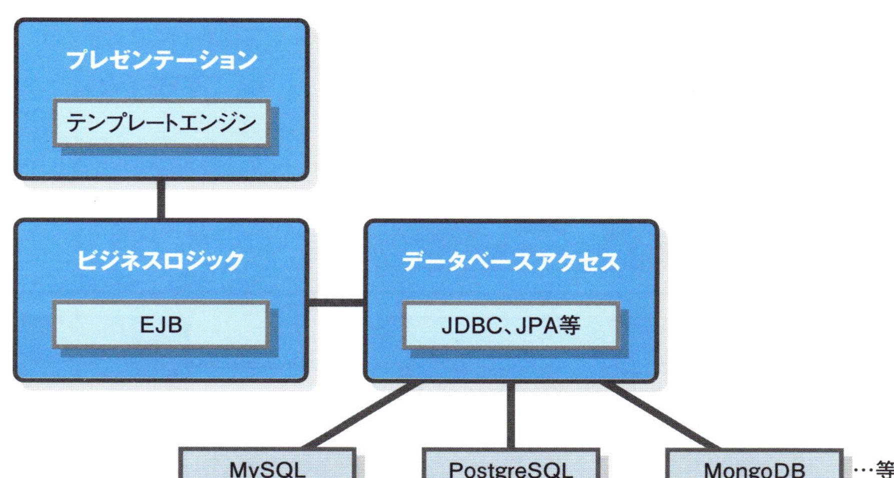

それら全体をどうやって統合するのがよいか、考えなければいけません。更には、ある程度開発が進んだ段階で「**やっぱりこっちを使うようにして！**」となったときの膨大な手間。複数の独立した技術を組み合わせていくことで生ずるコードの分散。そうした問題を抱えての開発は、誰しもかなり気が重いものとなることでしょう。

それもこれも、Javaがあまりに拡大し、複雑化してしまったからです。といって、「**ただ1つの技術だけ**」に限定してしまったら、Javaを採用する大きなメリットが失われてしまうでしょう。

そうした複雑化したJava開発の世界で、着実に浸透しているのが「**Spring Framework**」です。

Spring Frameworkとは？

Spring Framework（以後、Springと略）は、Pivotal Softwareによって開発が進められているオープンソースのJavaフレームワークです。

Springは、2002年にRod Johnson氏が出版した『Expert One-on-One J2EE Design and Development』という著作から誕生しました。この本の中でJohnson氏は「**Dependency Injection**」（依存性注入、以後**DI**と略）と呼ばれる技術を提唱しており、その具体的な実装としてSpringを開発公開したのです。

DIというのは、コンポーネントどうしの依存性を排除し、外部から設定ファイルなどを利用して注入する、という考え方でした。DIについては改めて説明しますが、このDIにより、それまで密に依存し合っていたコンポーネントから依存性を切り離し、お互いの関連性を薄めることができるようになりました。わかりやすくいえば、「**簡単にコンポーネントどうしを切り離したり入れ替えたりできる**」ようになったのです。

図1-2：DIでは、クラスに用意される各種の設定やプロパティ、内部で利用するBeanなど、インスタンス固有のものを外部から挿入する。

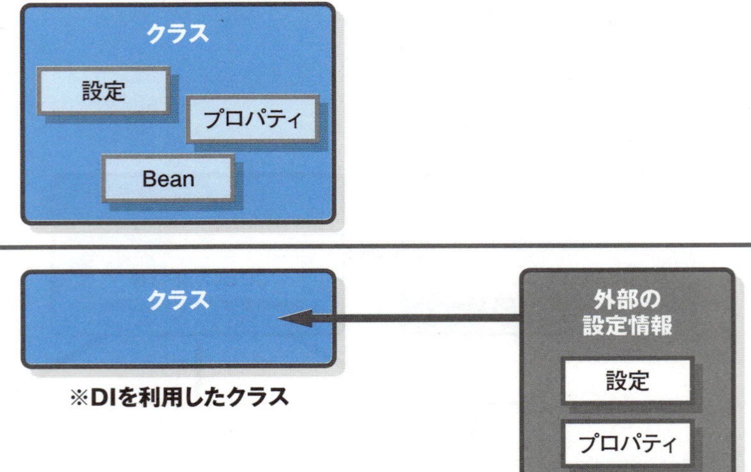

DIに加え、多数のクラス間で横断的機能の組み込みを可能にする「**Aspect-Oriented Programming**」（アスペクト指向プログラミング、以後**AOP**と略）という技術により、Springは次第に「**さまざまな技術の間をつなぐ架け橋**」のような役割を果たすようになっていきます。DIやAOPといった技術は、お互いに密接につながり合っていて切り離すことのできないコンポーネントをそれぞれに独立させ、きれいに分離できるようにする働きがあります。

このようにして、多数の技術を組み合わせながら開発を行うJavaプログラマにとって、Springはなくてはならない存在となっていったのです。

Springの働くところ

では、具体的にSpringはどのような場面で使われるのでしょうか。――実は、これは非常に難しい質問です。なぜなら、Springというフレームワークは、1つではないからです。

シンプルなDIフレームワークだったSpringは、その後、さまざまな分野に幅を広げていき、現在では「**多数のフレームワークの共同体**」となっています。ですから、簡単に「**こういう分野で使います**」とは言い切れないものになっているのです。

とりあえず、ごく大ざっぱに「**Springが多用されている分野**」についてまとめると、次のようになるでしょう。

① DI/AOPのフレームワークとして

DIやAOPの機能そのものを必要とする場合には、Spring本体が多用されます。DIやAOPはSpringの中心的な機能ですから、これらを必要とする場合にはSpringの出番でしょう。

ただし、DI/AOPは、今や単体で利用するのではなく、これらをベースにして構築されたフレームワークの内部で使われていることが多いでしょう。

② Webアプリケーション開発

Springには、Webアプリケーション開発のためのプロジェクトもあり、それらを使ったフレームワークを利用してWebアプリケーション開発を行っているところも多いのです。

また現在、Springの機能の多くも、Webアプリケーション開発で利用されることが多いでしょう。

③ データベースアクセス

データベースアクセスは、アプリケーション開発でももっとも頭を悩ませる部分でしょう。Springは、**JDBC**や**JPA**などをベースに、更にデータベースアクセスを使いやすくしたフレームワークが用意されており、データベースとの橋渡しをするものとして多用されています。

——この3つは、Springのもっとも中心的な技術であり、もっとも多くの人に利用されている機能でしょう。これに加え、モバイルやソーシャル対応機能、セキュリティ関係、SOAPなどのWebサービス、リモートアクセスなどのフレームワークが多数揃えられています。こうした幅広いプロジェクトのラインナップがSpringの最大の力といえます。

Spring利用の方法

このSpringは、どのようにして利用すればいいのでしょうか。これも、実はさまざまな方法が用意されています。整理しておきましょう。

① Spring本体をインストールして使う

まず、誰もが思い浮かべるのは、Springのソフトウェア本体をダウンロードしてパソコンにインストールする、といった利用の仕方でしょう。アプリケーションを作る場合も、必要に応じてSpringのライブラリファイルをコピーして、作成するアプリケーションのプロジェクトに組み込んでやればいいのです。

これは、割と一般的なように見えて、実はもっとも「**あり得ない**」使い方です。こうした使い方は、まぁ、できないわけではないのですが、現在、Springを利用している人のほとんどは、こうしたやり方をしていないのです。

実際、SpringのWebサイトにアクセスしてみるとわかるのですが、現在、Springのソフトウェアは単体でダウンロードできるようになっていません。本家サイトで既にそうした形で配布を行っていないのです。そもそも、Springは多数のプロジェクトに分かれており、多くのライブラリを、正確にバージョンを揃えてインストールしなければならず、手作業によるインストールはあまりに非効率です。

ですから、このやり方は勧められません。「**最悪の場合、こういう昔ながらのやり方で使うことも不可能ではない**」程度に考えて下さい。

② 専用開発ツールを利用する

特に、Webアプリケーションなどの開発では、この開発スタイルがもっとも適しているでしょう。

Springの開発元では、「**Spring Tool Suite**」(STS)というSpring開発の専用開発ツールをリリースしています。これはEclipseに専用プラグインを組み込んだもので、Springベースの一般的なプログラムの開発であれば、普通にメニューを選んでいくだけで基本的な構成が自動作成されます。もちろん、必要なライブラリファイルなども自動的に組み込まれます。

STSではSpringの各種設定を行う専用エディタも完備していますし、その場で動作確認できるサーバープログラムなどまで同梱されています。「**とりあえずSTSを入れておけば、後はどうにでもなる**」といってよいでしょう。

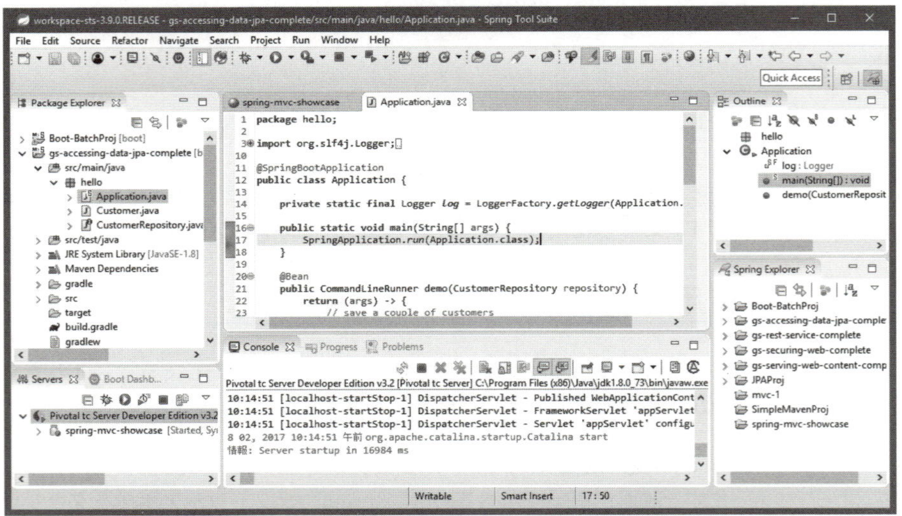

図1-3：Springの専用開発ツール「Spring Tool Suite」。これでSpringベースのアプリケーションを開発する。

③ Mavenを利用する

Springは、Apache Software Foundationが開発するJavaプロジェクト管理ツール「**Apache Maven**」(以後、Mavenと略)に対応しています。Mavenは、コマンドラインでプロジェクトの管理を行える非常に強力なツールです。

Mavenがインストールしてあれば、必要なライブラリなどの情報を記述したファイルを1つ作成し、コマンドを実行するだけで、プロジェクトをセットアップすることができます。使用するライブラリなども細かく設定できますから、自分でSpringをよく理解していて一から開発を行いたい場合には、使える方法でしょう。また、Springのドキュメントで、Getting Start(最初に読む説明)などでもMavenを利用するものが多くあります。

図1-4：Mavenはコマンドラインのプログラム。コマンドを実行してアプリケーションの作成を行う。

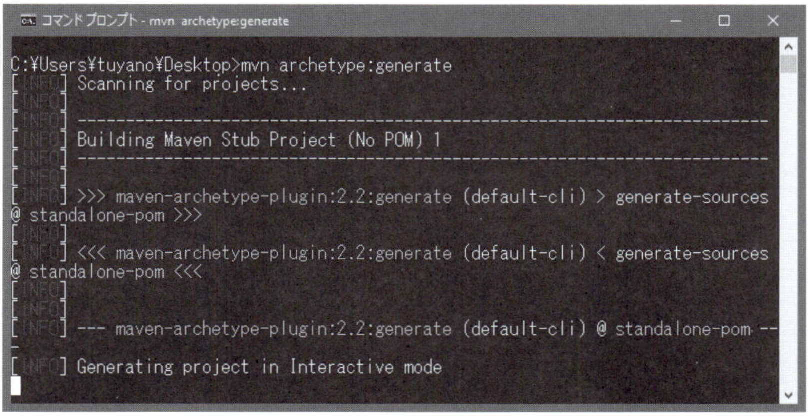

```
コマンド プロンプト - mvn archetype:generate

C:¥Users¥tuyano¥Desktop>mvn archetype:generate
[INFO] Scanning for projects...
[INFO]
[INFO] ------------------------------------------------------------------------
[INFO] Building Maven Stub Project (No POM) 1
[INFO] ------------------------------------------------------------------------
[INFO]
[INFO] >>> maven-archetype-plugin:2.2:generate (default-cli) > generate-sources
@ standalone-pom >>>
[INFO]
[INFO] <<< maven-archetype-plugin:2.2:generate (default-cli) < generate-sources
@ standalone-pom <<<
[INFO]
[INFO]
[INFO] --- maven-archetype-plugin:2.2:generate (default-cli) @ standalone-pom --
-
[INFO] Generating project in Interactive mode
```

④ Gradleを利用する

Gradleは、**Groovy**というJava仮想マシン上で動くスクリプト言語によるビルドツールです。Springの開発元は、実はGroovyの開発元でもあります。GroovyはJavaで使えるスクリプト言語として、Javaプログラマの間でも利用している人は多いことでしょう。Gradleはスクリプトでビルドの内容を記述できるため、設定ファイルを使うMavenよりも柔軟な利用ができます。

Mavenと同様、スクリプトファイルを書いて実行するだけで、プロジェクトを生成し、ビルドすることができます。ただ、Mavenと比べると情報が少ないため、ある程度Gradleに慣れた人でないと使いこなすのは難しいかもしれません。またSTSでも、Mavenに比べると一部対応していない機能があるなど、現状では問題が残っています。

図1-5：Gradleは、コマンドで実行するビルドツール。プロジェクトのビルドや実行を行う。

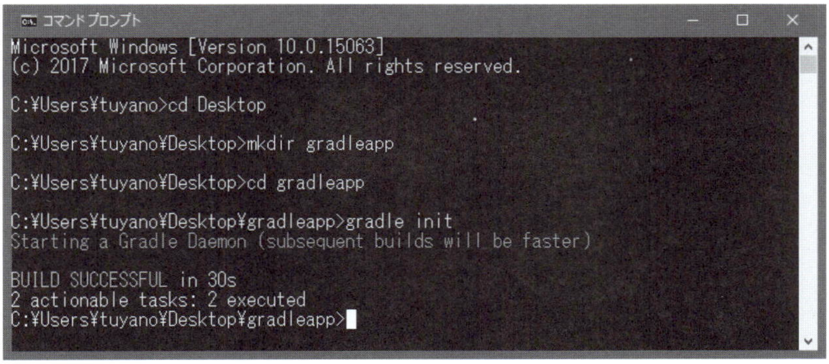

```
コマンド プロンプト
Microsoft Windows [Version 10.0.15063]
(c) 2017 Microsoft Corporation. All rights reserved.

C:¥Users¥tuyano>cd Desktop

C:¥Users¥tuyano¥Desktop>mkdir gradleapp

C:¥Users¥tuyano¥Desktop>cd gradleapp

C:¥Users¥tuyano¥Desktop¥gradleapp>gradle init
Starting a Gradle Daemon (subsequent builds will be faster)

BUILD SUCCESSFUL in 30s
2 actionable tasks: 2 executed
C:¥Users¥tuyano¥Desktop¥gradleapp>
```

①の方法は、シンプルでわかりやすいかもしれませんが、今、あえてこの方法を取る必要性があまりありません。④のGradleも最近は利用が少しずつ増えていますが、現時点ではSTSのプロジェクト類がすべてMaven中心で作られているため、Mavenを使わずわざわざGradleを選択する利点があまりないように思えます。

というわけで、本書では、②と③の方法を中心にして説明を行うことにします。

JDKについて

Springによる開発を行う場合、最初に行っておくべきことは「**JDKのチェック**」でしょう。

本書では「**Spring Framework 5.0**」(以後、Spring 5と略)」と呼ばれるバージョンをベースに説明を行います。Spring 5は、2017年11月末時点で5.0.2.RELEASEが最新版としてリリースされています。ただ、ライブラリの対応など確認できていないところもあったため、本書ではSpring 5全てを網羅する最初のフルセット版である「**5.0.0.RELEASE**」という正式リリース版を使用します。

Spring 5の対応JDKバージョンは、**JDK 8**(ver. 1.8)で、それ以前のバージョンは未対応となっています。また、本書執筆時点では、Springの一部にJDK 9で問題の発生する機能が含まれているため、本書での学習に際しては、JDK 9の利用は避け、JDK 8ベースで利用するようにして下さい。

32 bit/64 bitについては、Springはどちらでも利用可能です。ただし、開発環境であるSTSは、32 bitか64 bitかに分かれていますので、「**自分が使っているのは32 bitか、64 bitか**」という点はきちんと確認して使用して下さい。

皆さんは既にJavaの開発を行っているでしょうから、JDKの準備も整っていることでしょう。「**自宅のパソコンには入れてない**」という人は、まずはJDKのインストールから行っておきましょう。またJDK 5などをそのまま使い続けている人も、これを機に最新バージョンをインストールしておくとよいでしょう。

JDKのダウンロードURL

http://www.oracle.com/technetwork/java/javase/downloads/index.html

図1-6：JDKの配布ページ。Java SE 9(JDK 9)の表示の下に、Java SE 8(JDK 8)の最新版が用意されている。

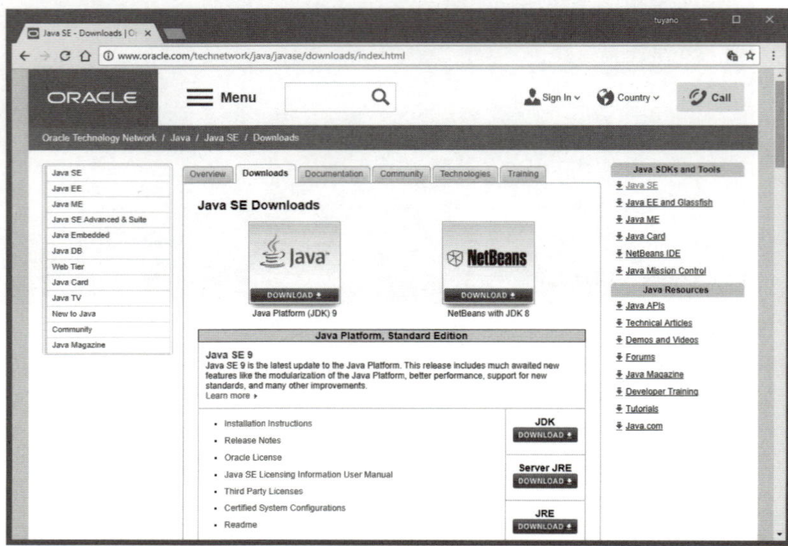

JDK自体については、Javaプログラマであれば既に利用されているはずですからここでは詳しく説明はしません。それぞれでSpring 5に対応しているバージョンのJDKを用意しておいて下さい。

STSを準備する

では、ソフトウェアの準備にとりかかりましょう。まずは、Spring Tool Suite(STS)からです。Springの開発は、STSを使わなくとも、Mavenなどを利用することで可能です。が、本書ではSTSを多用することになりますので、ここで用意しておいてください。

STSは、Spring純正の開発ツールであり、Springのサイトにて配布されています。

■STSのダウンロードURL

http://spring.io/tools

図1-7：STSの配布ページ。ここから「DOWNLOAD STS」をクリックしてダウンロードする。

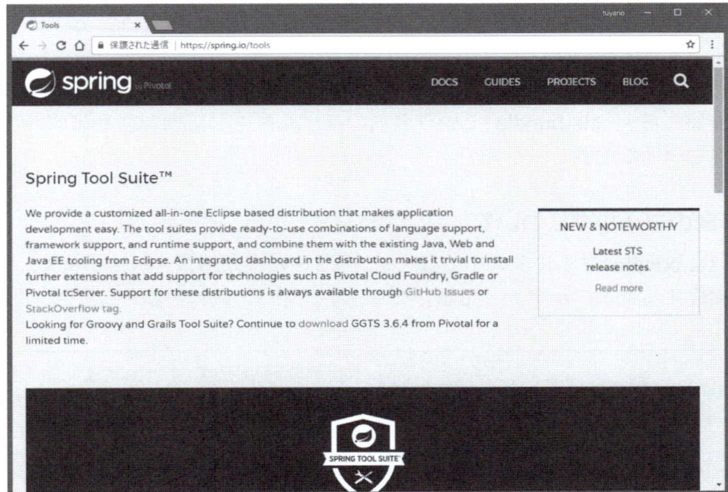

ここから、「**SPRING TOOL SUITE**」という項目の下にある「**DOWNLOAD STS**」のリンクをクリックすると、ダウンロードを開始します。

その他のバージョンについて

「**DOWNLOAD STS**」のリンクの下に、「**See all versions**」というリンクがありますので、これをクリックして下さい。全プラットフォーム用のSTSがまとめられたページに移動します。ここで、「**Based on Eclipse 4.x.x(x.xは任意のバージョン)**」という表示の右側にあるアイコン(3本の横線の形をしたもの)をクリックすると、配布されているSTSがポップアップして現れます。ここから、各プラットフォーム用のSTSをダウンロードできます。Windowsなら「**WIN, 64BIT**」の「**zip**」、Macなら「**COCOA, 64BIT**」の「**dmg**」をクリックすると、インストーラがダウンロードされます。同様に、32bitの表示にあるリンクをクリックすれば32bit版が入手できます。

図1-8：See all versionsのページで、プラットフォームごとに64bit版と32bit版が配布されている。

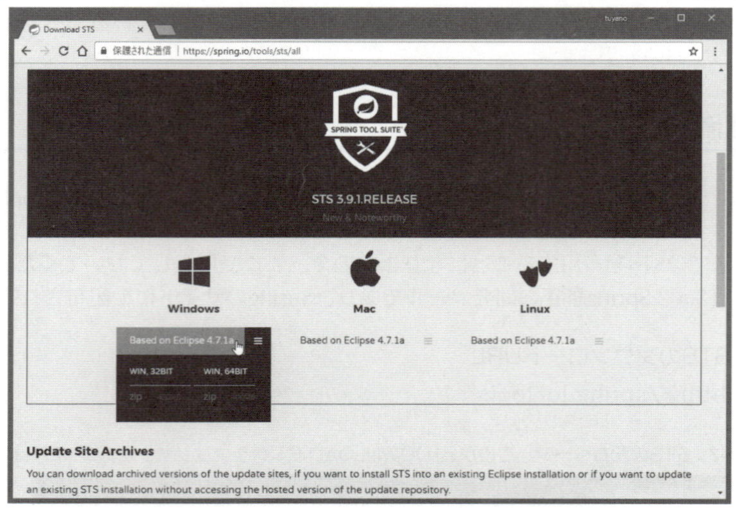

STSは、圧縮ファイルにまとめられて配布されています。ダウンロードしたファイルを展開すると「**sts-bundle**」という名前のフォルダとして保存されます。このフォルダを適当な場所に配置して下さい。

STSのフォルダについて

「**sts-bundle**」フォルダの中には、3つのフォルダが用意されています。これらが、STSを構成する基本的なファイル類となります。ざっと内容を整理しておきましょう。

「sts-xxx（xxxは任意のバージョン）」フォルダ	本書執筆時点では、「sts-3.9.1.RELEASEという名前になっています。これがSTSの本体フォルダとなります。
「pivotal-tc-server-developer-xxx（xxxは任意のバージョン）」フォルダ	STSに同梱されている開発用のJavaサーバープログラムです。これはSTS内から起動して使います。
「legal」フォルダ	ライセンス情報などのテキストファイルがまとめられています。

STSのプログラムは、「**sts-xxx**」というフォルダ内にある「**STS.exe**」（macOSの場合は「**STS**」アプリケーション）をダブルクリックして起動し、利用します。

Mavenを準備する

続いて、Apache Mavenの準備についてです。STSだけしか使わないのであれば、Mavenを別途インストールする必要はありません。しかし、本書では、Mavenを直接使った開発についても触れる予定ですので、ここでMavenの準備についても触れておくことにします。

Mavenは、Apache Foundationのサイトにて公開されています。以下がダウンロードページのアドレスになります。

■MavenのダウンロードURL

http://maven.apache.org/download.cgi

図1-9：ダウンロードページからMavenをダウンロードする。

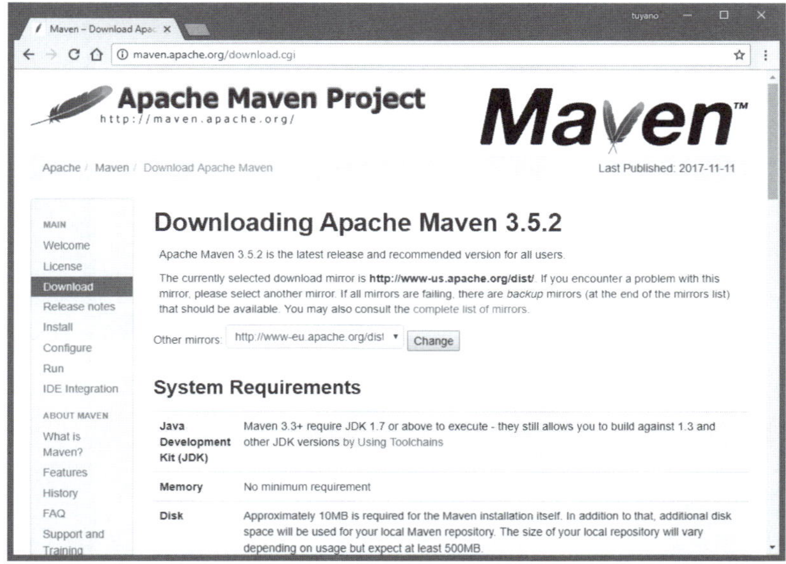

ここから、Mavenをダウンロードします。「**Download Apache Maven 3.5.x（xは任意のバージョン番号）**」という表示の下の方に、「**Files**」という表示があり、そこに配布ファイルのリストが掲載されています。ここから「**Link**」という項目にあるリンクをクリックするとダウンロードが行えます。

どれをダウンロードすべきかよくわからなければ、「**Binary zip archive**」という項目の右側にある「**apache-maven-3.5.x-bin.zip**」というリンクをクリックしてダウンロードをして下さい。

ダウンロードされるのは、Zipで圧縮されたファイルです。これを展開し、保存される「**apache-maven-3.5.x**」というフォルダを適当なところに配置します。

環境変数の設定（Windows）

Mavenのインストールはこれで終わりですが、Maven自体はコマンドプロンプトやターミナルからコマンドとして実行するため、配置した場所のパスを通しておいたほうがよいでしょう。

Windowsの場合、「**システム**」コントロールパネルを起動し、「**詳細設定**」タブを選択します。ここで「**環境変数...**」ボタンがあるので、これをクリックして下さい。画面に環境変数の管理ウインドウが現れます。

システム環境変数のリスト表示の下右側にある「**新規...**」ボタンをクリックし、環境変数を新たに作成するダイアログを呼び出します。そして以下のように記入します。

変数名	M3_HOME
変数値	Mavenのパスを入力する。例えば、Cドライブのルートに「maven-3.5.x」という名前で配置したなら、「c:\maven-3.5.x」と記述すればよい。

図1-10：システム環境変数として「M3_HOME」を作成し、Mavenのパスを設定する。

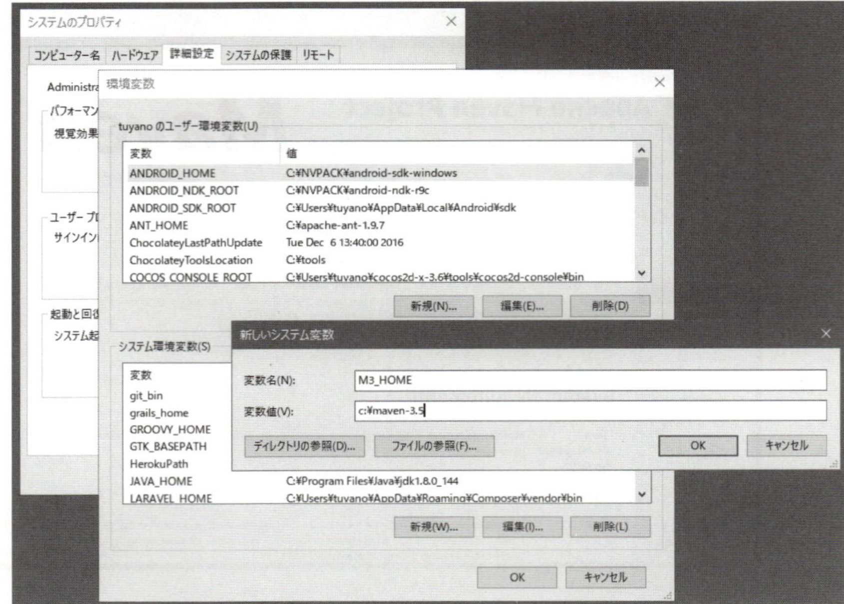

入力したら「**OK**」ボタンを押してダイアログを閉じます。続いて、システム環境変数のリストから「**path**」という項目を探します。これを選択して「**編集...**」ボタンを押し、値を編集するダイアログを呼び出します。

そして現れたダイアログで、M3_HOMEを追加します。Windows 10でpathに設定されている値のリストが表示される場合は、「**新規**」ボタンを押してリストに新しい項目を追加し、「**%M3_HOME%\bin**」と記述します。pathの値がテキストとして表示される場合は、値の最後に「**;%M3_HOME%\bin**」と追記します。

図1-11：環境変数pathに「%M3_HOME%\bin」を追加する。

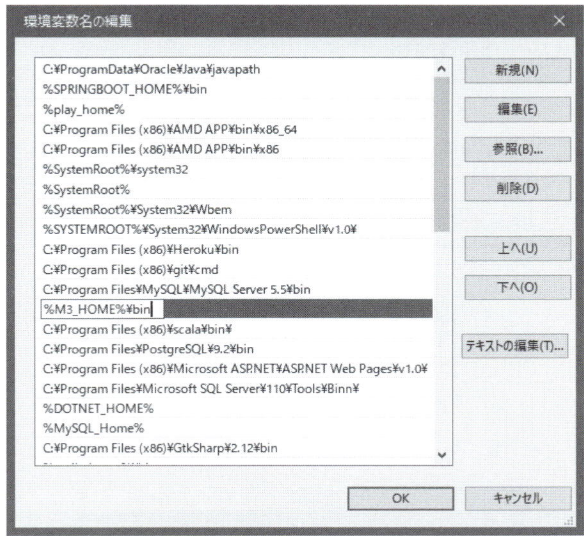

これで環境変数pathにM3_HOMEの値が追加され、Mavenがコマンドラインから使えるようになります。コマンドプロンプトを起動し、「**mvn -v**」と実行してみてください。Mavenのバージョンと動作環境が表示されれば正常に動いています。

図1-12：コマンドプロンプトから「mvn -v」を実行し、Mavenのバージョンが表示されればOKだ。

環境変数の設定（macOS）

macOSの場合は、ホームディレクトリにある「**.bash_profile**」というファイルを探して開きます。もし見当たらないようなら、新たにファイルを開きます。これは非表示ファイルですので、標準のテキストエディット（TextEdit）では開けないでしょう。ターミナルから、

```
vim ~/.bash_profile
```

このように実行すると、ターミナル内でファイルが開かれます。ここで、以下のように

追記をします。

```
PATH=……Mavenのパス……/bin:$PATH
export PATH
```

図1-13：vimを起動して.bash_profileにMaven/binのパスを追記する。

```
PATH=/application/maven/bin:$PATH
export PATH
~
~
~
~
~
~
~
~
~
~
~
-- INSERT --
```

ファイルの最後などに追加すればいいでしょう。記述したら保存しておきます。Ctrlキー＋「**C**」キーを押せば編集モードから抜けるので、そこで「**:wq**」と入力すれば、ファイルを保存してvimを終了できます。

vimから通常のターミナルの入力状態に戻ったら、以下のように実行して変更内容を更新しましょう。

```
source ~/.bash_profile
```

これでMavenが利用可能になります。ターミナルを起動し、「**mvn -v**」と実行して、バージョン等が出力されるか確認しましょう。

1-2 Spring Tool Suiteの基礎知識

Springによる開発を行うためには、STSの使い方を一通り理解する必要があります。まずは、その基本的な使い方を覚えましょう。

STSを起動する

Springによる開発を行う場合、最初に覚えるべきなのは「**STSの基本的な使い方**」です。Springによる開発では、STSを利用するのが基本と考えてよいでしょう。MavenやGradle

を利用してもプロジェクトの生成やデプロイは行えますが、実際にソースコードを開いて編集するには、何らかのエディタ環境がなければいけません。わざわざ使いにくいエディタなどを利用するよりは、最初からSTSですべて作業したほうがはるかに効率的です。ここでSTSの基本的な操作について簡単に説明しておきましょう。

STSは、オープンソースの開発ツール「**Eclipse**」に独自開発したプラグインを組み込んで作成されています。従って、機能の多くはEclipseのものであり、STS独自のものはそれほど多いわけではありません。Eclipseについてある程度の知識があれば、STSを使えるようになるのはそう時間もかからないでしょう。が、Eclipseそのものを使ったことがない場合、(Eclipse自体がかなり多機能であるため)全体を把握するにはかなり時間がかかるかも知れません。

ここで、STSのすべてを説明することはとてもできませんが、「**とりあえずこのぐらいを押さえておけば、開発の作業で当面困ることはないだろう**」という程度の知識をまとめて説明することはできるでしょう。

Note

本書の**付録(Appendix)**で、STSの解説をしています。

STS の起動

では、インストールされたSTSを起動しましょう。「**sts-bundle**」内の「**sts-xxx**」といった名前のフォルダ内に「**STS.exe**」というプログラムがあります。これを起動して下さい。macOSの場合は、「**STS**」というアプリケーションがフォルダ内に用意されているので、それを起動して下さい。

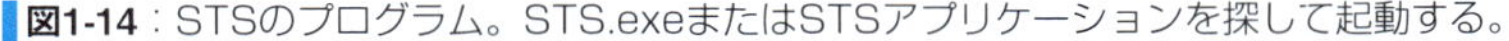

図1-14：STSのプログラム。STS.exeまたはSTSアプリケーションを探して起動する。

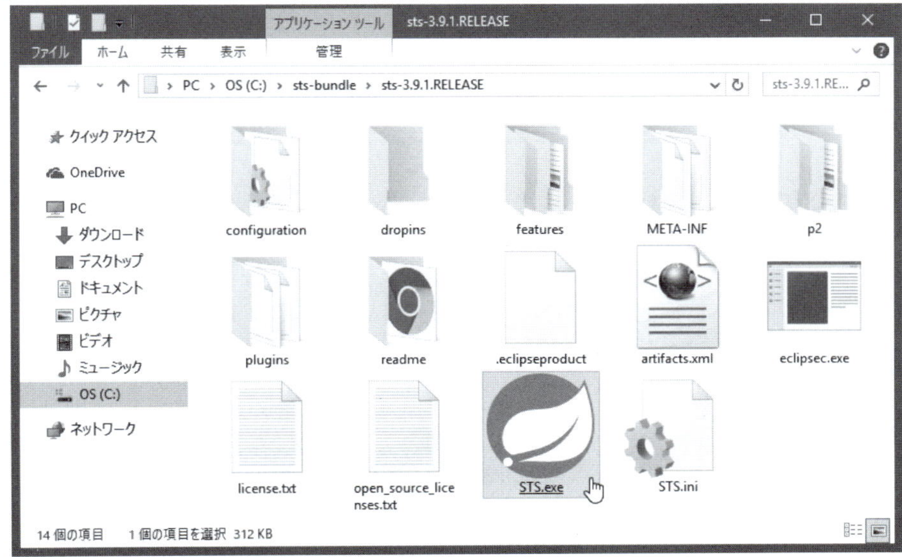

Workspace Launcher について

初めて起動する際には、最初に「**Workspace Launher**」というダイアログが現れます。これは、STSが使用する「**ワークスペース**」場所を指定するものです。デフォルトでは、ホームディレクトリ内の「**STS**」というフォルダが指定されているはずです。

このフォルダは、「**ワークスペース**」を作成します。ワークスペースとは、STSが必要とする各種の設定情報やデータ類、そして開発するアプリケーションのファイルなどをまとめて管理する場所で、STSは基本的にこのワークスペースのウインドウを開いてさまざまな編集を行います。このワークスペースのデータ類を保存しておくための場所を、最初に設定しておく必要があるのです。

デフォルトでは、「**ドキュメント**」フォルダ内の「**workspace-sts-xxx(xxxは任意のバージョン名)**」というフォルダが指定されています。これは特にフォルダを変更する必要がなければそのままでいいでしょう。なお、ダイアログに表示されている「**Use this as the default and do not ask again**」のチェックボックスをONにしておくと、次回からダイアログを表示せず、ここで設定したワークスペースを自動的に選択し利用するようになります(OFFにしておくと、STSを起動する度に毎回尋ねてきます)。

図1-15：起動時にワークスペースの保存場所を尋ねてくる。通常はデフォルトのままでOKだ。

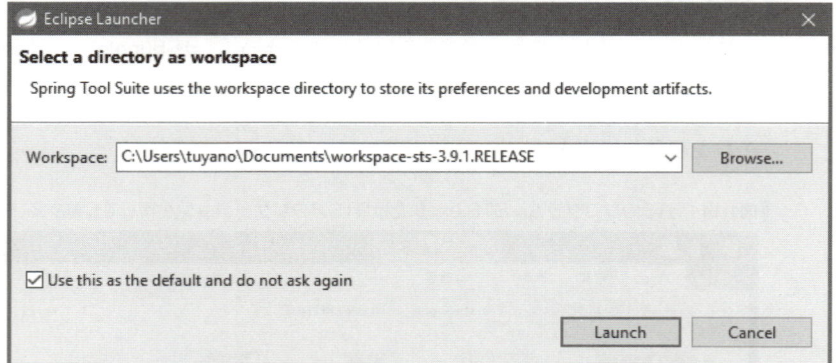

STSのビューについて

STSの開発画面は、いくつもの四角いパネルのような領域が組み合わせられた形をしています(先ほどの「**ワークスペース**」と呼ばれるウインドウです)。この1つ1つのパネルは「**ビュー**」です。

ビューは、STSの表示を構成する基本単位となります。STSでは、さまざまな機能を、それぞれビューの形で提供しています。例えばプログラムで利用するファイルを管理するビュー、開いたファイルを編集するビュー、ソースコードの内容を階層的に解析表示するビュー、エラーや警告を表示するビュー、デバッグ情報を表示するビュー、等々です。こうしたさまざまなビューが、必要に応じて組み合わせられて画面を構成しているのです。

図1-16：STSの起動画面。

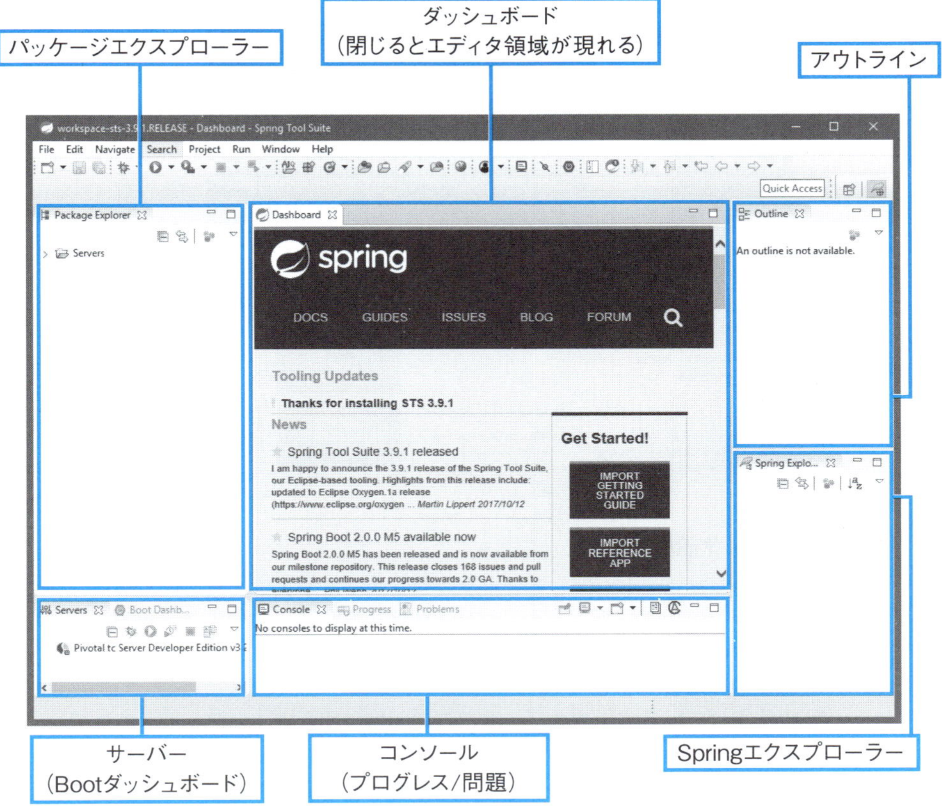

起動して最初に現れる画面に表示されているビューは、STSに多数含まれているビューの中でも、もっとも基本となる部品として扱われているものです。まずは、これらの基本ビューの役割について簡単に頭に入れておくことにしましょう。

Note

わかりやすくするため、実際にプログラム開発中の画面を図として掲載しておきます。起動した状態とは表示等が異なっている部分もあります。

ダッシュボード（Dashboard）

画面の中央に、Springのロゴが表示されたパネルのようなものが見えるでしょう。左上に「**Dashboard**」と小さなタブが表示されているパネルです。

これはダッシュボードといって、Springに関する各種情報へのリンクなどをまとめたビューです。ここでは特に使わないので閉じてしまって構いません。左上の「**Dashboard**」タブにあるクローズボックスをクリックして下さい。

図1-17：Dashboard。特に使わないので閉じて構わない。

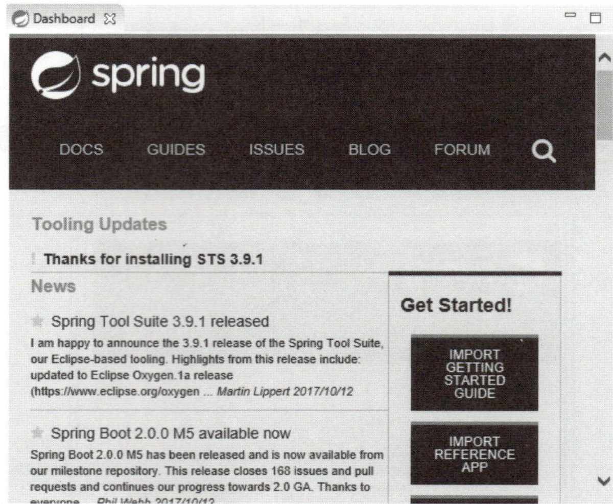

エディタ領域

ダッシュボードを閉じると、ダッシュボードが表示されていた領域は何も表示されないグレーの状態になります。この領域は、各種のファイルを編集するためのエディタが表示されるところです。

この後で説明する「**パッケージエクスプローラー**」などからファイルを開くと、STSは内蔵されている専用のエディタをこの領域に開きます。そして、ここでソースコードの編集などの作業を行います。開いたエディタは、ダッシュボードと同様に上部にタブが付いており、このタブを使って複数のエディタを切り替えることができます。

図1-18：エディタの領域。複数のファイルを開いて切り替えながら編集できる。

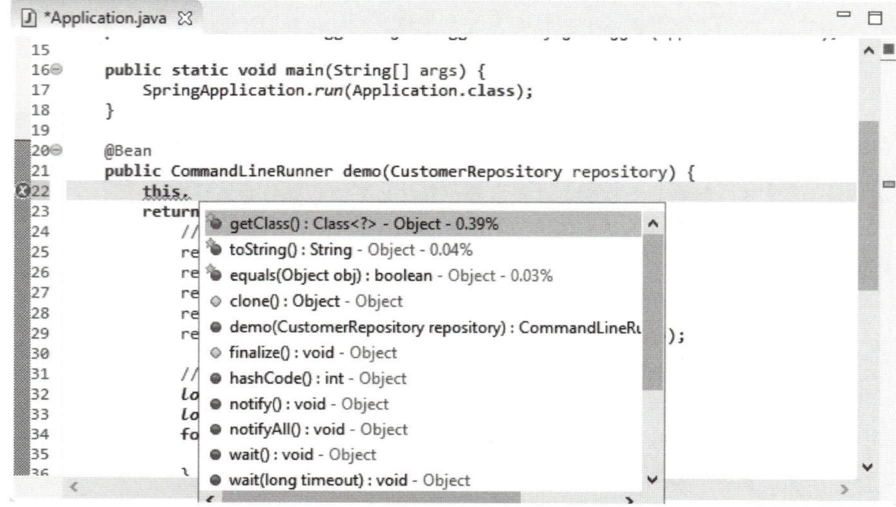

パッケージエクスプローラー（Package Explorer）

ウインドウの左側にある、縦に細長いビューです。これは、アプリケーション開発に必要となる各種のファイルやライブラリなどを階層的にまとめて表示します。また、表示されたファイルをダブルクリックすることで、そのファイルを専用エディタで開いて編集することができます。その他、ファイルの作成や、ドラッグしてコピー、移動などの操作も一通り行うことができます。

このパッケージエクスプローラーと同じような役割を果たすビューとして、「**プロジェクトエクスプローラー（Project Explorer）**」「**ナビゲーター（Navigator）**」といったビューも用意されています。

図1-19：Package Explorer。ファイル類を階層的に管理する。

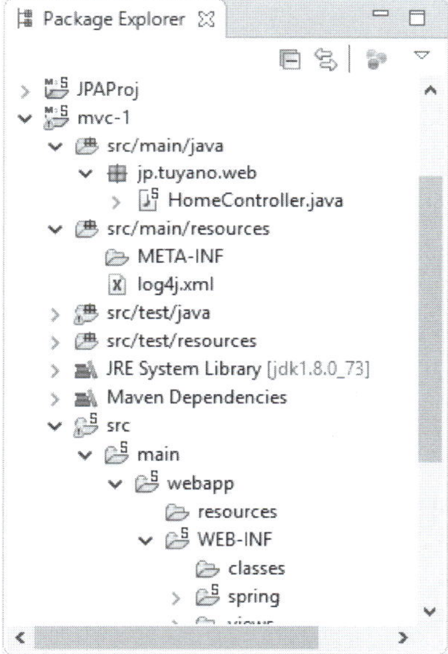

サーバー（Servers）

パッケージエクスプローラーの下に見える小さめのパネルです。これは、STSでWebアプリケーション開発を行う際に利用されるサーバープログラムを管理します。

STSには、デフォルトでサーバープログラムが用意されており、開発中のWebアプリケーションをローカル環境で実行し、動作をチェックすることができます。また付属のサーバー以外のサーバープログラムを利用することもできます。こうしたサーバーへのアプリケーション組み込みなどを管理するのが「**サーバー**」ビューです。

図1-20：Serversではサーバーとデプロイされているアプリケーションを管理する。

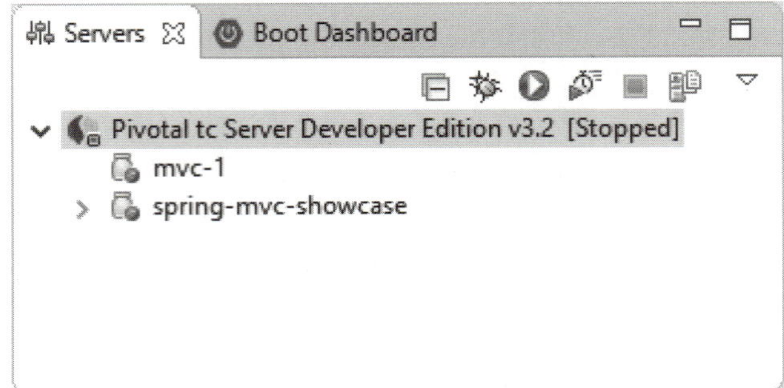

アウトライン（Outline）

ソースコードファイルを開いたとき、その中の構造を視覚的にわかりやすく整理して表示するためのビューです。これにより長いリストの全体像が把握しやすくなります。また、ここからフィールドやメソッドなどをダブルクリックし、エディタのその場所に移動することもできます。

図1-21：Outline。ファイルの構造を階層的に整理する。

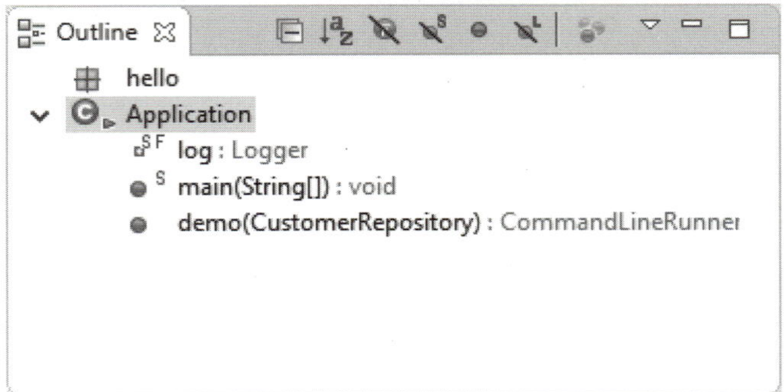

Spring エクスプローラー（Spring Explorer）

Springで重要となる「**Bean**」に関する情報をまとめて提供するビューです。Beanの内容や、Beanに関連する設定などを階層的に整理して表示し、そこから内容を編集するエディタを開いたりできます。

図1-22：Spring Explorer。Springで使うBean関連の情報を階層的に整理する。

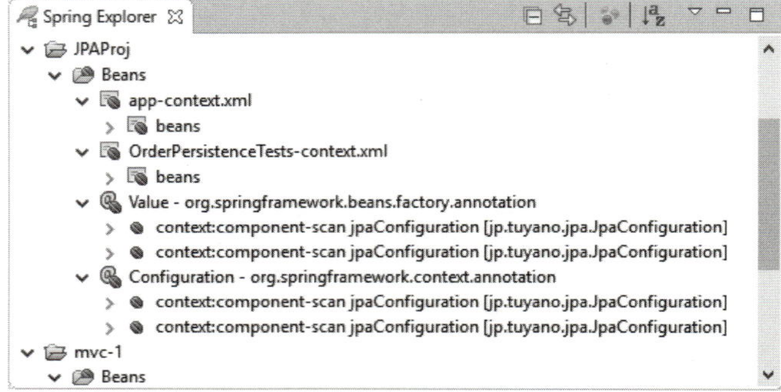

コンソール（Console）

エディタの下に見える横長の領域に配置されています。ここにいくつか並んでいるタブから「**Console**」タブをクリックして選択すると現れます。作成しているプログラムのビルドや実行中の状況などを随時出力するのに用いられます。コマンドプロンプトやコンソールのアプリケーションに相当するものと考えればよいでしょう。

図1-23：Console。プログラムの実行結果などがここに出力される。

```
Console  Progress  Problems
<terminated> Application (1) [Java Application] C:\Program Files (x86)\Java\jdk1.8.0_73\bin\javaw.exe (2017/08/02 21:25:50)
2017-08-02 21:26:05.683  INFO 7072 --- [           main] hello.Application
2017-08-02 21:26:05.683  INFO 7072 --- [           main] hello.Application
2017-08-02 21:26:05.715  INFO 7072 --- [           main] hello.Application
2017-08-02 21:26:05.715  INFO 7072 --- [           main] hello.Application
2017-08-02 21:26:05.715  INFO 7072 --- [           main] hello.Application
2017-08-02 21:26:05.715  INFO 7072 --- [           main] hello.Application
2017-08-02 21:26:05.746  INFO 7072 --- [       Thread-3] s.c.a.AnnotationConfigApplicationContext
2017-08-02 21:26:05.746  INFO 7072 --- [       Thread-3] o.s.j.e.a.AnnotationMBeanExporter
2017-08-02 21:26:05.746  INFO 7072 --- [       Thread-3] j.LocalContainerEntityManagerFactoryBean
2017-08-02 21:26:05.746  INFO 7072 --- [       Thread-3] org.hibernate.tool.hbm2ddl.SchemaExport
2017-08-02 21:26:05.746  INFO 7072 --- [       Thread-3] org.hibernate.tool.hbm2ddl.SchemaExport
```

プログレス（Progress）

実行経過をリアルタイムに表示するビューです。例えば、プラグインなどをオンライン経由でインストールしたり、大規模なプログラムをビルドしたりするなど、非常に時間のかかる処理を実行するとき、その進行状況を表示します。

STSでは、時間のかかる処理はバックグラウンドで実行することができるため、「**処理が終わるまでじっと待ってないといけない**」ということはあまりありません。が、バックグラウンドで処理するため、既に処理が完了していると錯覚して、次の作業を進めようとしたりすることがよくあります。プログレスをチェックすることで、作業がどのぐらい進行しているかを確認できます。

図1-24：Progress。時間のかかる処理の進行状況などを表示する。

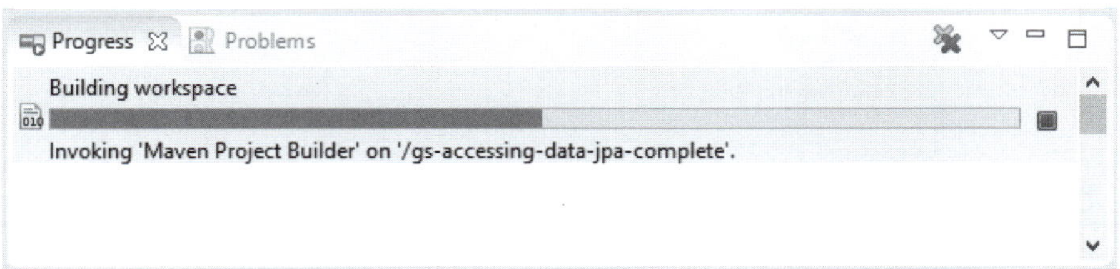

問題（Problems）

開発中のプロジェクトで発生しているさまざまな問題を、まとめて表示します。問題といっても、文法エラーのような致命的なものだけでなく、警告などのレベルのものもすべて検証し、表示してくれます。

図1-25：Problems。プロジェクトで発生する問題を一覧表示する。

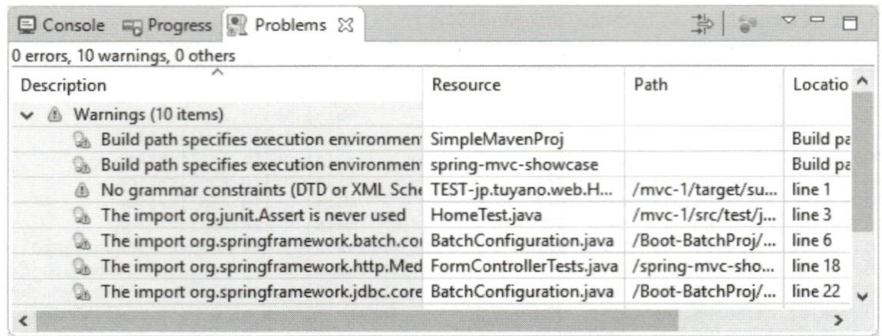

Boot ダッシュボード（Boot Dashboard）

これは、Spring Bootというアプリケーション開発を支援するフレームワークを使ったプロジェクトのビューです。Spring Bootプロジェクトの起動やデバッグなどを行えます。

図1-26：Boot Dashboard。Spring Bootプロジェクトを管理する。

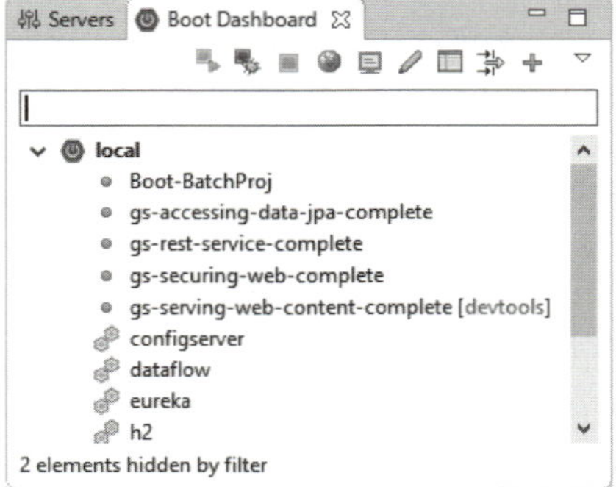

ビューを開く

ビューは、デフォルトで表示されているものしかないわけではありません。もっとたくさんのビューがSTSには用意されています。

これらのビューは、＜**Window**＞メニュー内の＜**Show View**＞メニューにまとめられています。この中に、よく使われるビューがメニュー項目として用意されており、このメニュー項目を選ぶことでそのビューを画面に表示することができます。

図1-27：＜Show View＞メニューの中に主なビューがまとめられている。

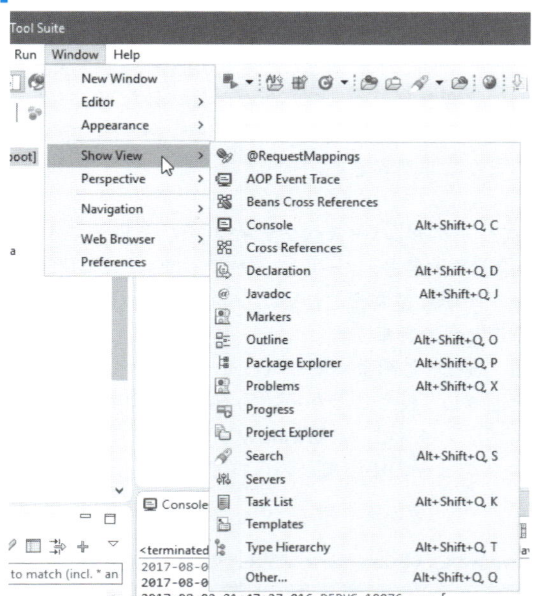

また、＜**Show View**＞メニューにも表示されないビューについては、＜**Show View**＞メニューの一番下にある＜**Other...**＞メニューを使うことで呼び出せます。このメニューを選ぶと、画面にウインドウが現れ、そこに用意されているビューを用途ごとにフォルダで整理したリストが表示されます。ここから使いたいものを選択し、「**OK**」ボタンを押せば、そのビューを開くことができます。

図1-28：＜Other...＞メニューで現れるウインドウ。ここにすべてのビューがまとめられている。

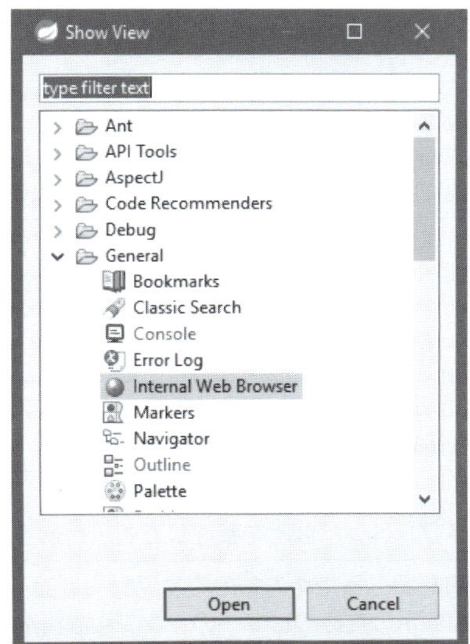

パースペクティブについて

ビューは、さまざまな操作に応じて必要となるものが変わってきます。例えば編集中に必要なビュー、実行時に必要なビュー、デバッグ時に必要なビューはそれぞれ異なるでしょう。こうした場合に、操作を行うたびに不要なビューを閉じ、必要なビューを開いて……というのは、あまりに非効率です。

そこでSTSに用意されているのが「**パースペクティブ**」という機能です。パースペクティブは、表示するビューの位置や大きさ、ツールバーのアイコンなどの情報をまとめたセットです。パースペクティブを切り替えることで、ウインドウ内に表示されているビューの表示を瞬時に変更することができます。

パースペクティブには、あらかじめよく使われるセットがいくつか登録されています。まずは、これらの用途を理解して使うことから始めるのがよいでしょう。

登録されているパースペクティブは、＜**Window**＞メニューの＜**Perspective**＞内にある＜**Open Perspective**＞メニューの中にまとめられています。以下に簡単に説明しておきます。

図1-29：＜Open Perspective＞内にパースペクティブがまとめられている。

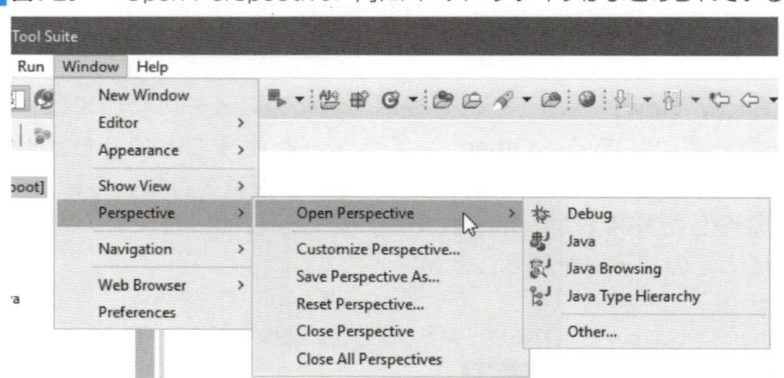

Spring	初期状態で設定されているパースペクティブです。これがSpring開発の基本パースペクティブとなります（デフォルトでは、このSpringが開かれているためメニューには表示されません）。
Debug	デバッグ時に用いられるパースペクティブです。デバッグの状況を示すビューやステップ実行の操作などを行うためのビューなどが用意されます。これはプログラム実行中、デバッグモードに入ると自動的に切り替わります。
Java	Javaプログラミングの一般的なパースペクティブです。Springを利用しないJava開発ではこれが用いられます。
Java Browsing	Javaのクラスブラウザのパースペクティブです。クラスのパッケージ、タイプ、メンバなどを整理して表示します。
Java Type Hierarchy	値の型の階層を調べるためのものです。ソースコードを開いたエディタと階層表示のためのビューのシンプルな構成です。

基本的に、開発の段階では「**Spring**」パースペクティブのみしか使うことはないでしょう。実行時、必要に応じて「**Debug**」パースペクティブが用いられることはあります。その他、Javaの一般的な開発に「**Java**」パースペクティブを使う程度です。この3つを頭に入れておけばいいでしょう。

その他のパースペクティブについて

その他にもさまざまなパースペクティブが用意されています。これらを利用する場合は、＜**Open Perspective**＞メニュー内にある＜**Other...**＞メニューを選びます。

メニューを選ぶと画面にウインドウが現れ、そこに登録されているパースペクティブの一覧リストが表示されます。ここから使いたいものを選び、OKすればそのパースペクティブに切り替わります。ただし、これらのパースペクティブは、すでに解説したもの以外は特殊な用途で使われるものが大半であるため、自分でここから選んで切り替えることはあまりないでしょう。「**いざとなれば、こうして変更できる**」というやり方だけ知っておけば十分です。

図1-30：＜Other...＞メニューのウインドウに、用意されている全パースペクティブがまとめられている。

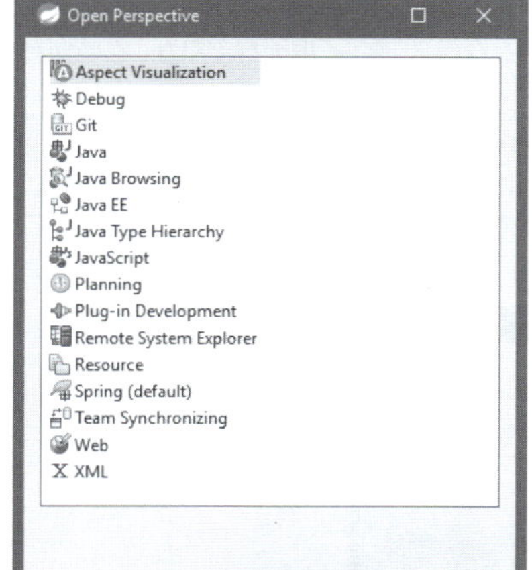

プロジェクトの作成について

STSでは、プログラムの開発は「**プロジェクト**」を作成して行います。Javaの開発では、プログラムは1つのソースコードファイルだけで完結することはありません。複数のソースコードファイル、各種の設定ファイル、イメージなどのリソース、参照するライブラリなど、多くの情報によって構成されています。それらを一元管理するために用意されているのがプロジェクトです。

プロジェクトには、いくつもの種類があります。新たに開発を行うときには、作成するプログラムに適したプロジェクトを作成する必要があります。Springを使った具体的な開発手順については改めて説明しますが、とりあえず「**STSでのプロジェクトの作り方**」は頭に入れておいたほうがいいでしょう。

ここでは、①Java、②Spring利用、③Maven利用のプロジェクトの作成について簡単にまとめておくことにします。

①　Javaアプリケーションのプロジェクト

Javaの一般的なアプリケーションを開発する際には、＜**File**＞メニューの＜**New**＞から＜**Java Project**＞というメニューを選びます。これで、画面にはJavaプロジェクトの基本的な設定を行うダイアログが現れます。ここには、以下のような項目が用意されます。

Project name	プロジェクトの名前です。
Use default location	プロジェクトの保存場所です。チェックがONならワークスペースのフォルダ内に保存されます。
JRE	使用するJREの選択です。通常はSTSにデフォルトで設定されているJREが選択されます。
Project layout	プロジェクトのファイル類の配置の設定です。通常は、ソースコードファイルとクラスファイルそれぞれが、フォルダ分けして整理されるようになっています。
Working sets	ワーキングセットと呼ばれる、特定のプロジェクトのみを表示して使えるようにする機能です。デフォルトではOFFになっています。

図1-31：Javaプロジェクトの設定画面。

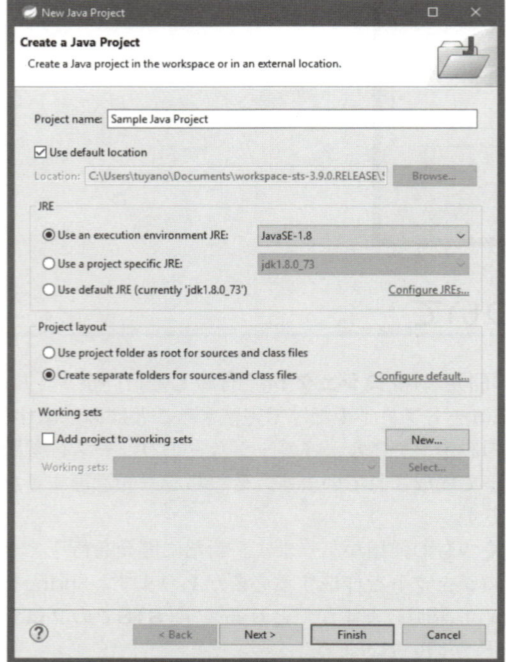

「**Next**」ボタンで次に進むと、プロジェクトのソースコードやライブラリ類などの設定を行う画面になります。これらは、基本的にデフォルトのままで構いません。なんらかの事情で、ソースコードファイルの配置場所や使用ライブラリなどをカスタマイズしなければならない理由がある場合のみ操作する、と考えておきましょう。特別な理由がない限りはそのまま「**Finish**」ボタンを押してプロジェクトを作成すればOKです。

図1-32：プロジェクトのソースコード配置場所やライブラリの設定画面。

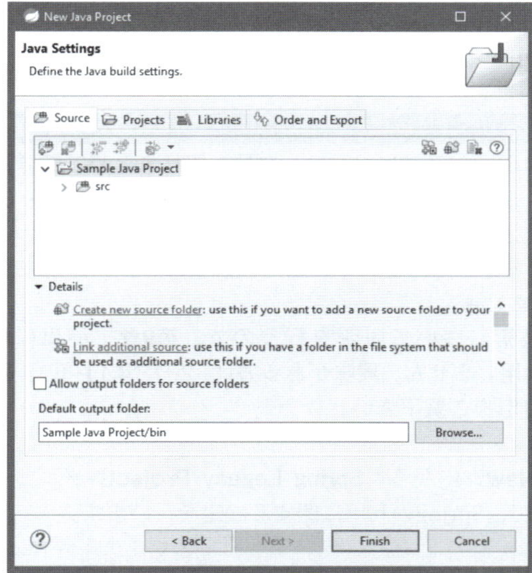

プロジェクトの構成

作成されるプロジェクトには、Javaのライブラリ関係の設定と、「**src**」というソースコードを配置するフォルダが用意されます。非常にシンプルな構成ですね。この「**src**」内にJavaのソースコードファイルを配置し、ビルドすればJavaプログラムが作成できます。

図1-33：Javaプロジェクトの構成。「src」フォルダとライブラリ設定だけのシンプルな内容だ。

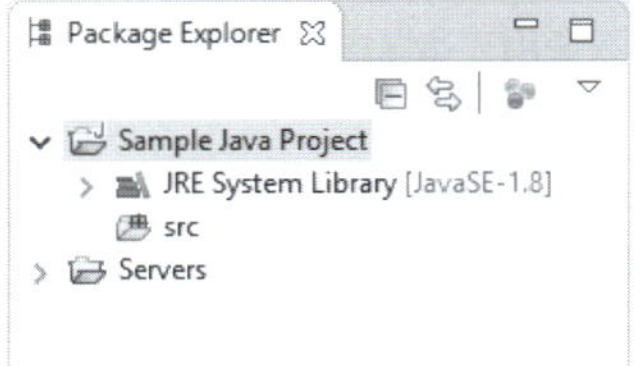

② Springの基本的なプロジェクト

STSには、Springを利用したプログラムを作るためのプロジェクトが2つ用意されています。

Springスタータープロジェクト――「**Spring Boot**」という、Springを使ったアプリケーションを手早く作成するための専用フレームワークを使ったプロジェクトを作成します。

Springレガシープロジェクト――Spring Bootを使わず、Springの個々のフレームワークを個別に組み込んで開発を行います。

要するに、「**Spring Bootというフレームワークを使うかどうか**」の違いと考えてよいでしょう。本書は、Springの個々のフレームワークに焦点を当てていくので、**Springレガシープロジェクト**を利用することになります。

Note

Spring Bootは、複雑なSpringのフレームワーク類を取りまとめて簡単にプロジェクト作成を行えるようにするもので、特にSpringを使ったWebアプリケーションの開発には威力を発揮します。Spring Boot独自の機能が大幅に盛り込まれているため、開発の際にはそれらを利用するだけで、その下にあるSpringのフレームワーク関連を意識することはほとんどありません。

本書はSpringの基本技術について説明を行うので、**第9章**で簡単に触れる以外、Spring Bootは基本的に利用しません。興味がある方は、2018年1月刊行予定の『Spring Boot 2プログラミング入門』をご覧下さい。

＜**File**＞メニューの＜**New**＞内から＜**Spring Legacy Project**＞メニューを選びます。そして現れたダイアログで、Springの利用に関する設定を行います。

Project name	プロジェクトの名前です。
Use default location	プロジェクトをワークスペースのフォルダ内に保存するか設定します。
Select Spring version	使用するSpringのバージョンを指定します。これは、Springの複数バージョンが用意されている場合に使えるようになります。
Templates	使用するプロジェクトのテンプレートです。STSでは、いくつかのテンプレートが用意されており、ここから作成したいプロジェクトを選んで作ります。
Working sets	ワーキングセットを使用する場合の設定です。

Springのバージョンとテンプレートの選択以外はJavaプロジェクトと同じですから、そう悩むことはないでしょう。問題は「**どのテンプレートを選んだらよいか**」でしょう。基本的なプロジェクトは、「**Simple Projects**」というところにある以下の3つになります。

Simple Java	Springを使ったJavaアプリケーションを作成します。
Simple Spring Maven	Mavenをビルドに使う形でSpring利用のJavaアプリケーションを作成します。
Simple Spring Web Maven	Mavenをビルドに使い、SpringによるWebアプリケーションを作成するのに使います。

それ以外は、特定の用途で使うものと考えてよいでしょう。汎用的なプロジェクトのベースを用意する場合は、上記のいずれかを使うと考えて下さい。

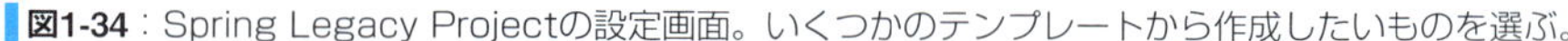
図1-34：Spring Legacy Projectの設定画面。いくつかのテンプレートから作成したいものを選ぶ。

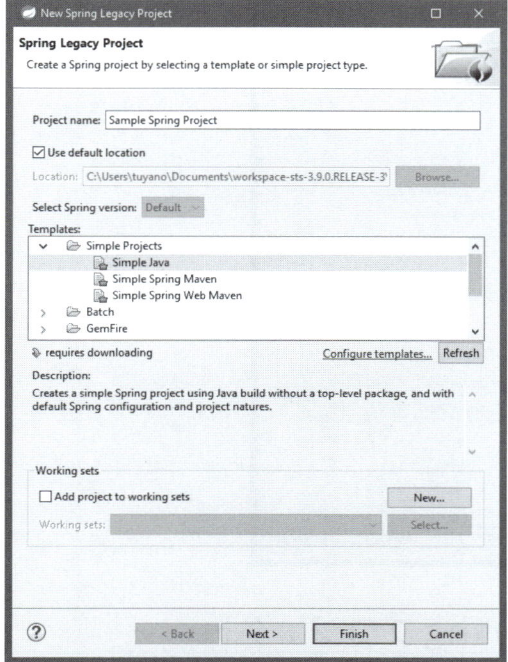

Spring 関係の設定

Mavenを利用したテンプレートの場合は、そのまま「**Finish**」ボタンでプロジェクトが作成されますが、「**Simple Java**」テンプレートでJavaの一般的なプロジェクトを作成する場合は、「**Next**」ボタンでSpringの設定を行う画面が現れます。

Config Files	Springでは、設定ファイルに細かな設定を用意しておきます。それに関する項目です。
Namespaces	設定ファイルのXMLファイルで使用する名前空間に関する設定です。
Facets	プロジェクトファセットと呼ばれる、プログラムの各種情報などをまとめた設定を利用します。
JRE	使用するJREを設定します。

これらは、Springの内容がある程度理解できないと使い方がよくわからないでしょう。ここでは、「**こうした設定を行ってプロジェクトを作るのだ**」という程度に理解しておいて下さい。

この後、Javaプロジェクトで登場した、Javaの構成に関する設定画面が現れ、そして「**Finish**」ボタンでプロジェクトを作成することになります。やや複雑ですが、作成されるプロジェクトは、Javaプロジェクトと基本的には同じシンプルなものになります。

図1-35：Spring関係の設定画面。

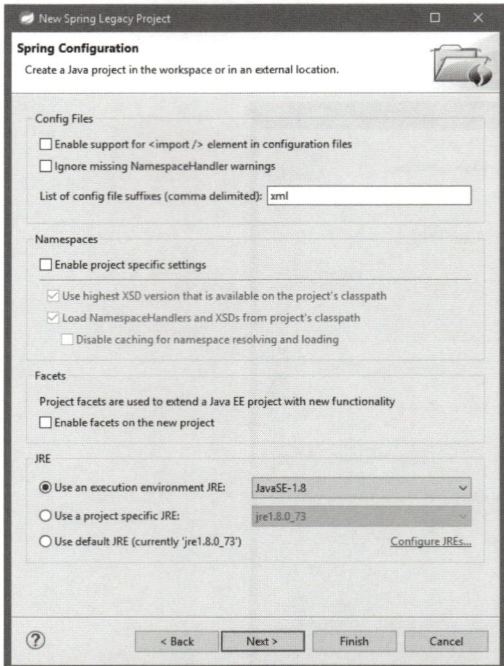

③ Maven利用のSpringプロジェクト

Springレガシープロジェクトには多数のテンプレートが用意されていました。これらの中には、Mavenを利用したものがいくつか用意されていました。

Springでは、Mavenなどのビルドツールを使った開発が多用されています。Springでは、多数のフレームワークを組み合わせて使うことが多いため、パッケージ管理が容易になるMavenなどのツールを使ったほうが、圧倒的に開発が楽になるのです。

ただし、Maven利用のプロジェクトは、プロジェクトの構成が一般的なJavaプロジェクトとは大きく異なります。以下のようなフォルダ構成に変わるのです。

「src/main/java」	「src」フォルダ内の「main」内にある「java」フォルダのショートカットです。Javaのソースコードはここに作成します。
「src/main/resources」	これもショートカットです。リソースファイル類をまとめておくところです。
「src/test/java」	ショートカットです。ユニットテストのソースコードをまとめておきます。
JRE System Library	JREで使用するライブラリの設定です。
Maven Dependencies	Mavenによって組み込まれるライブラリの設定です。

「src」フォルダ	ソースコードのフォルダです。この中に、src/main/javaやsrc/main/resources、src/test/javaなどのショートカットが参照するフォルダ類が用意されています。
「target」フォルダ	ビルドして生成されるファイル類が保管されるところです。ビルドして作られるJarファイルなどもここに保存されます。
pom.xml	Mavenのビルド情報を記述したファイルです。

図1-36：Maven利用のプロジェクトの基本的な構成。

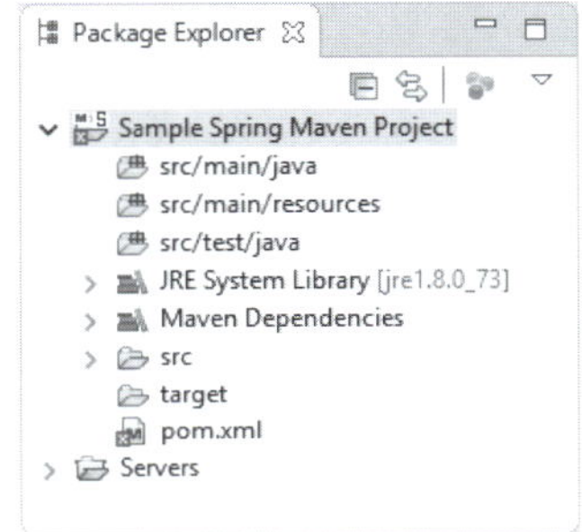

これはJavaの一般的なアプリケーションの構成で、Webアプリケーションになると更に細かなフォルダ分けがされますが、基本的なフォルダの構成は上記と同じになります。

Mavenは、「**src**」フォルダ内に「**main**」と「**test**」フォルダが用意され、この中にそれぞれのファイル類が整理されて保存されます。実際に開発を行うようになると、更に多くのフォルダや項目が用意されることになりますが、Maven利用である限り、上記の基本的なフォルダ構成は変わりません。

また、Gradleなどのビルドツールでも、このフォルダ構成はそのまま使われています。Javaのビルドツール利用の基本構成ともいっていいものですので、ここでしっかりと覚えておくとよいでしょう。

——とりあえず、これでSTSのごく基本的な使い方は頭に入りました。STSは便利ですが、STSの使い方をマスターすることが皆さんの目的ではありません。STSは、あくまでツールです。ツールとして必要な時に使えればそれで十分です。

というわけで、STSの使い方はこれぐらいにして、いよいよ実際にSpringを使ったプログラム作成を行ってみることにしましょう。なお、「**もう少しSTSの使い方について知りたい**」という場合は、巻末の**付録（Appendix）**にSTSの重要な機能について説明していますので、そちらを参照して下さい。

Spring 5の最新バージョンについて

本書では、Spring 5の最初の正式版である5.0.0.RELEASEをベースに説明をしています。が、2017年11月末の時点で、既に5.0.2.RELEASEというバージョンがリリースされています。今後、更に5.0.3や5.0.4といったバージョンが次々と登場することでしょう。

これらの最新バージョンは、比較的簡単に利用できます。Spring 5は、MavenやGradleといったビルドツールを使ってプロジェクトを管理しています。これらのツールでは、ビルドファイル(pom.xmlやbuild.gradle)にプロジェクトの情報を記述しています。これらのビルドファイルに書かれているバージョンの値を最新版に書き換えることで、新しいバージョンのSpring 5を利用することができるようになります。

例えば、ビルドファイルにある「**5.0.0.RELEASE**」という値を、すべて「**5.0.2.RELEASE**」と書き換えてみて下さい。これで、2017年11月末時点での最新版5.0.2.RELEASEを利用してプロジェクトが作成されるようになります。以後、更に新しいバージョンが登場したときも、同様にしてバージョン名を書き換えることで対応できます。

Chapter 2

Springプロジェクトの基本

SpringはMavenやGradleといったビルドツールや、STSといった開発ツールでプロジェクトを作成します。Springのプロジェクト作成について説明していきましょう。

2-1 Springのコア機能を押さえる

ツールを用いてプロジェクトを作成する前に、Springというフレームワークの根幹になる技術を整理しておきましょう。

DIはSpringの「コア」

Springについて学習をするとき、最初に覚えるべきは、なんといっても「**DI**」についてでしょう。DIは「**Dependency Injection**」の略です。日本語では「**依存性注入**」と一般にいわれます。

依存性とは、それぞれのコンポーネントに固有の設定などのことを示します。ある程度の規模の開発を行う場合、汎用的な部品をコンポーネント化して利用することになりますが、このとき、特定のコンポーネントを作成し、設定する処理がコード内に直接書かれていると、後々面倒なことになります。この「**あるクラスの処理が、他の特定のクラスに依存している状態**」を解消することが、DIの目的です。

例えば、あるデータを処理するコンポーネントがあったとしましょう。メインプログラムから、そのコンポーネントを作成し、必要なデータ等を設定したものを用意して、それを利用した処理を行うことになりました。

このとき、「**コンポーネントを作ってある決まったデータを設定して、利用するコンポーネントを準備する**」という部分を、すべてJavaのソースコードとして記述してしまうと、後で内容の変更があったとき、修正が面倒になります。また、直接コード内で各種の設定などをする形で作られていると、テストも非常にしづらくなるでしょう。

より柔軟性の高いプログラムを作るには、こうしたコンポーネントを利用するソースコード部分から、データ等を設定する処理部分を切り離すことが必要となってきます。こうした「**特定のデータや設定**」が、本来汎用的であるコンポーネントに密接にくっついてしまうことで、作成されるコンポーネントは柔軟性のないものになってしまいます。また、そのコンポーネントに代わるものを新たに導入しようとしても、変更は非常に面倒なものとなってしまうでしょう。

図2-1：オブジェクトに固有の設定などが含まれていると、そうした設定情報を持たないほかのオブジェクトに代えることはできなくなる。固有の情報を切り離して外部から挿入できれば、オブジェクトの交換が可能になる。

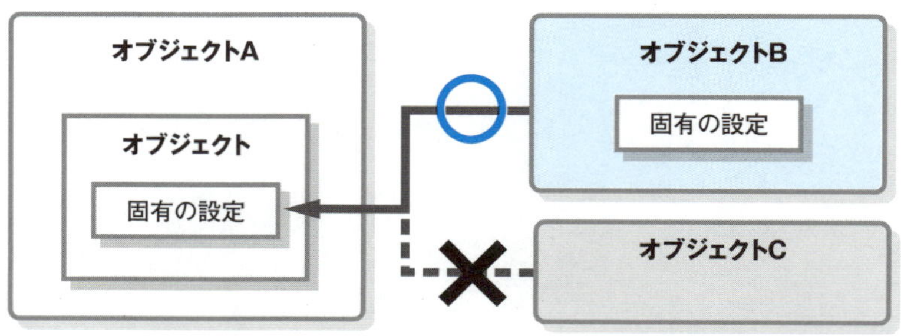

依存性を切り離せ！

より自由度の高い設計をするためには、こうした「**特定の状況でのみ利用されるデータや設定などをコンポーネントから切り離し、コンポーネントとその他のプログラムとの結びつきをなるべく薄める工夫**」が必要となってきます。

こうした、コンポーネントに設定される固有の情報(フィールドや変数などの値、必要な設定データ等)が、「**依存性**」の正体です。これらがあるために、そのコンポーネントは特定の処理にしばりつけられてしまいます。

この依存性をコンポーネントから切り離し、外部から注入できるようにすること――これが「**依存性注入**」の考え方です。

この依存性を切り離すことで、以下のような利点が生まれます。

- 依存性を切り離すことで、プログラムのコンポーネント化を進めることができます。プログラムを用途ごとに分離し、それぞれを(特定の状況下でのみ動くのではなく)さまざまな状況で利用できるようにしていけます。

- 同様の働きをするコンポーネントを入れ替えたりすることが容易になり、より柔軟なプログラム設計が可能となります。例えば、データベースアクセス部分をコンポーネント化し、アクセスするデータベースに関する情報(依存性)を外部から注入するように設計することで、データベースの変更などが容易となるでしょう。

- テストについても、依存性を切り離すことで非常に行いやすい環境を整えることができます。プログラムが別のクラスなどと密接につながっている場合、テストはそれらの細かな部分まで考えて書かなければいけません。が、依存性を切り離すことで、関連付けられたクラスまで含めてテストを書く必要がなくなり、効率的なテストを行えるようになるでしょう。

SpringとIoCコンテナ

SpringのDI機能は、Springの中核部分となるフレームワークです。Springにはさまざまなプロジェクトがあり、多数のフレームワークが開発されていますが、それらはほとんどすべてが「**Springの中心部分に独自のフレームワークを載せたもの**」という形になっています。

IoC コンテナ（DI コンテナ）

Springの中心機能として用意されているDIのための機能は、「**IoCコンテナ**」(**DIコンテナ**)です。IoCとは「**Inversion of Control**」(**制御の反転**)の略です。

通常のプログラムでは、私たちがコンポーネントを作成し、その中から必要なライブラリの機能などを呼び出していきます。が、DIの世界では、コンポーネントを呼び出すのはIoCコンテナの側です。私達がプログラムの中でコンポーネントをnewして利用することはないのです。これが「**制御の反転**」です。

この制御の反転を行うためのコンテナが「**IoCコンテナ**」です。これは、具体的には**ApplicationContext**クラスや**BeanFactory**クラスなど、さまざまなクラスの形で実装されており、実際のコーディングではこれらのクラスを利用してコンポーネントを取得することになります。これらIoCコンテナとして実装されたクラスの使い方を覚えることが、Springの最初の一歩となるでしょう。

なお、Springでは、ドキュメントなどでIoCコンテナという呼び方が使われていますが、一般的には「**DIコンテナ**」と呼ばれることのほうが多いでしょう。ここではSpringのドキュメントの表記を継承し、「**IoCコンテナ**」と呼ぶことにします。

図2-2：一般のプログラムでは、コンポーネントを作成したら、その中からライブラリなどを呼び出して処理する。が、IoCコンテナでは、コンテナ側で必要に応じてコンポーネントの機能を呼び出す。

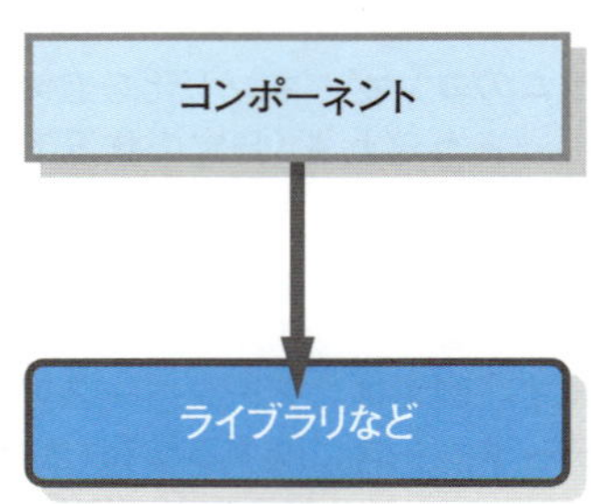

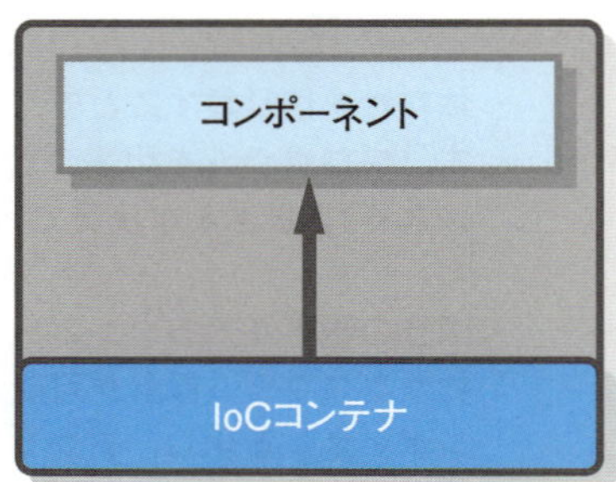

コアコンテナの機能

Spring Frameworkと一般にいわれているものは、実は多数のフレームワークの集合体です。それらの中の「**Spring Framework**」という単体のフレームワークが、Spring全体の中心となるフレームワークになります。

この中核部分には、主に以下のような機能がまとめられています。

DI/AOP

Springの基本技術であるDIやAOPといったものは、Springのもっとも土台となるものです。すべての技術は、この上に構築されています。

Context

アプリケーションのコンテキストを扱います。この中には、さっきほどちょっと触れましたが、IoCコンテナである「**ApplicationContext**」などコンテキスト利用のためのクラス類がまとめられています。

Bean

Springでは、あらゆるものをBeanとして登録し、利用します。Springのコアには、プログラムで必要となるコンポーネントをBeanとしてインスタンス化して利用するための機能がまとめられています。先ほど触れた「**BeanFactory**」というIoCコンテナのクラスなども、ここにあります。

SpEL

「**Spring Expression**」です。Springの設定を行うXMLファイル類でSPのEL式のような機能を提供する「**Spring Expression Language**」という言語を提供します。これもコア部分の重要な要素の一つといえます。

これらが、Springの中核部分を構成する要素といってよいでしょう。まずはこれらについて理解することが、Spring学習の第一歩といえます。

2-2 MavenによるSpringプロジェクトの作成

Springのプロジェクトは、MavenやSTSを使って作成します。まずはMavenを使ったプロジェクト作成の基本から説明していきましょう。

Mavenか、STSか？

Spring開発を始めるに当たって、「**何を使って開発すべきか？**」について簡単にまとめておくことにしましょう。

Springの開発は、大きく「**Mavenの利用**」と「**STSの利用**」に分けて考えることができます(Gradleも使われていますが、ここでは「**Mavenと同様のビルドツール**」ということで省略しておきます)。

両者で作成されるプログラムの内容などは、ほぼ同じです。STSは、既に説明したようにSpring開発の専用ツールですが、**内部ではMavenを利用**しています。従って、基本的にはどちらのやり方をとっても、作成されるプロジェクトはほぼ同じようなものになります(もちろん、STSは独自に変更している部分があるので完全に同じではありません)。

つまり、作るプロジェクト自体の違いは、ほとんどないのです。両者を使い分ける基準は、「**開発にSTSを利用するか、それ以外の開発ツールを使うか**」だと考えてよいでしょう。

Maven を使う理由

Mavenを使ってプロジェクトを作成する場合も、作成されたファイルをメモ帳で編集する、というようなことはまず考えられません。Springを利用するほどの規模の開発ともなれば、全体を管理し、効率良くコーディングするための専用環境が必ず必要となるでしょう。

多くの開発者は、既にJavaの開発を行ってきており、使い慣れている開発ツールがあったり、あるいは開発チームで利用する環境で開発を行わなければならなかったりすることもあるでしょう。

こうした場合、Mavenでプロジェクトを作成し、それを自分が使う開発ツールに取り込んで利用する、といった開発スタイルが適しているでしょう。

STSを使う理由

何の制約もない状態であれば、STSで開発を行うのがベストです。STSは、Spring利用のための専用機能を用意されたツールなのですから、Spring開発にこれ以上適したものはないでしょう。

Springは、独自定義したXMLファイルを利用したり、後述するAOPといった機能により、実際には書いていないメソッドなどをビルド時にダイナミックに生成して動いたりします。このため、一般的なJavaの開発ツールでは、これらの機能を駆使した開発に対応できないことが多いのです。

特にAOPの利用は、「**編集時点では存在しないメソッドを使ってコーディングする**」ということになるので、たいていのエディタはコードをエラー扱いしてしまいます（ビルドすればちゃんと動くのですが）。

また、STSは純正ですから、バージョンアップなども非常にスピーディです。Springはバージョンアップが素早いことで有名ですが、本体のバージョンアップに揃えてSTSも常に最新バージョンが用意されます。STS以外の開発ツールは、どうしても新バージョンへの対応に遅れが生じます。

これらの点から、「**あらかじめ使う開発ツール（STS以外のもの）が決まっていて、それを利用する**」場合には、Mavenでプロジェクトの基本を作成し、それぞれの環境にインポートするのがよいでしょう。が、特にそうした開発ツールがなく、最初からSpring開発を学びたい、というならば、STSで一から作成するのがベストだ、と考えてよいでしょう。

Mavenでプロジェクトを作成する

それでは、Mavenを使ったプロジェクトの作成から説明し、実際に簡単なプログラムを作成しながらDIの働きを見ていくことにしましょう。

最初に、ベースとなる基本的なアプリケーションを作成してみることにします。Mavenでは、STSのように「**プロジェクト**」としてプログラム開発を管理します。プロジェクトとは、すなわち「**多数のリソースファイルやライブラリなどをまとめて管理するもの**」ですね。

Mavenの場合、あらかじめソースコードファイルやリソースファイル、ライブラリファイルなどを配置する場所が決まっており、ビルドされた生成物が出力される場所もやはり決められています。Mavenで「**プロジェクトを作成する**」ということは、「**決められたディレクトリ構成に従って必要なファイル類を配置する**」ということなのです。

ディレクトリ構成を作成する

では、プロジェクトの基本的なディレクトリ構成を作成しましょう。まずはコマンドプロンプトあるいはターミナルを起動して下さい。そして、cdコマンドで、プロジェクトのディレクトリを作成する場所に移動します。デスクトップに作成するならば、

```
cd Desktop
```

と実行しておけばよいでしょう。こうしてディレクトリを移動したら、Mavenのコマンドを実行します。これは実行後、いくつか入力が必要となるので、手順に沿って作業して下さい。

❶ mvnコマンドの実行

コマンドプロンプト(またはターミナル)から、以下のように実行して下さい。この「**mvn**」が、Mavenのコマンドです。

```
mvn archetype:generate
```

mvnの後にある「**archetype:generate**」が、Mavenで実行する内容を指定する引数となります。これはディレクトリ構成を生成するための引数です。

図2-3：「mvn archetype:generate」を実行する。反応が返るまで少し時間がかかる。

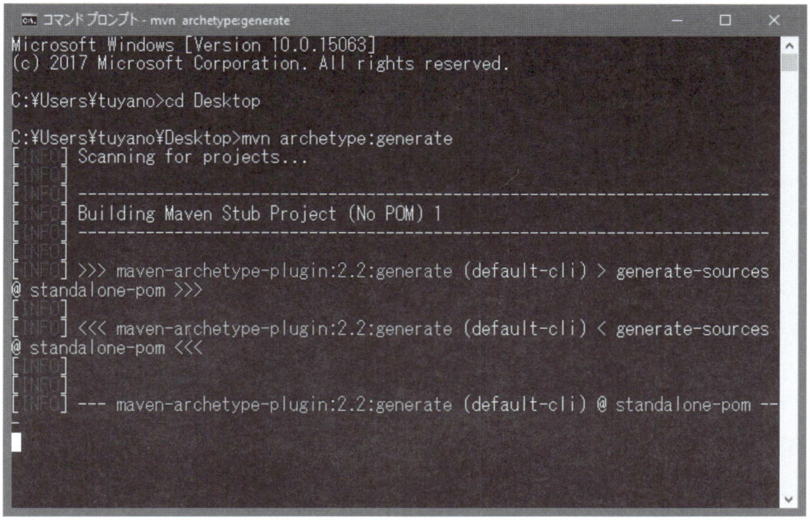

```
コマンド プロンプト - mvn archetype:generate
Microsoft Windows [Version 10.0.15063]
(c) 2017 Microsoft Corporation. All rights reserved.

C:¥Users¥tuyano>cd Desktop

C:¥Users¥tuyano¥Desktop>mvn archetype:generate
[INFO] Scanning for projects...
[INFO]
[INFO] ------------------------------------------------------------------------
[INFO] Building Maven Stub Project (No POM) 1
[INFO] ------------------------------------------------------------------------
[INFO]
[INFO] >>> maven-archetype-plugin:2.2:generate (default-cli) > generate-sources
@ standalone-pom >>>
[INFO]
[INFO] <<< maven-archetype-plugin:2.2:generate (default-cli) < generate-sources
@ standalone-pom <<<
[INFO]
[INFO]
[INFO] --- maven-archetype-plugin:2.2:generate (default-cli) @ standalone-pom --
-
```

❷ グループIDの指定

```
Choose a number or apply filter (format: [groupId:]artifactId, case sensitive contains): 《数字》:
```

mvnコマンドを実行すると、しばらくサーバーにアクセスした後、このようなメッセージが表示されます。これはMavenのサーバーに《数字》の数だけリポジトリがあるからフィルターを指定しなさい、ということをいっています。特にフィルター設定しないなら、そのままEnterすればOKです。今回は特にフィルター設定しないでおきましょう。

❸ archetypeのバージョン指定

```
Choose org.apache.maven.archetypes:maven-archetype-quickstart version:
1: 1.0-alpha-1
2: 1.0-alpha-2
3: 1.0-alpha-3
4: 1.0-alpha-4
5: 1.0
6: 1.1
Choose a number: 6:
```

続いて、このような表示が現れます。これは、Maven ArcheType QuickStartのバージョンを指定します。リストから使いたいバージョンを示す数字を入力します。

標準では、最新の安定バージョンが設定されていますので、これも特に問題がない限りはそのままEnterすればいいでしょう。

図2-4：archetypeのバージョンを指定する。デフォルトのままでOK。

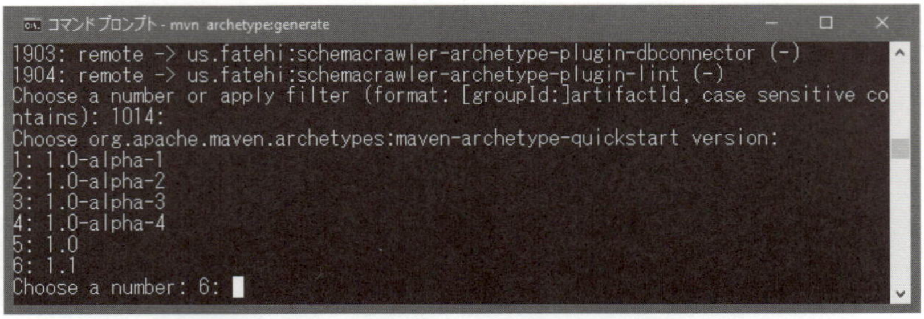

```
コマンドプロンプト - mvn archetype:generate
1903: remote -> us.fatehi:schemacrawler-archetype-plugin-dbconnector (-)
1904: remote -> us.fatehi:schemacrawler-archetype-plugin-lint (-)
Choose a number or apply filter (format: [groupId:]artifactId, case sensitive contains): 1014:
Choose org.apache.maven.archetypes:maven-archetype-quickstart version:
1: 1.0-alpha-1
2: 1.0-alpha-2
3: 1.0-alpha-3
4: 1.0-alpha-4
5: 1.0
6: 1.1
Choose a number: 6:
```

❹ グループIDの指定

```
Define value for property 'groupId': :
```

続いて、作成するプロジェクトのグループIDを指定します。これは、基本的に「**作成するプログラムを配置するパッケージ**」を指定します。今回は、以下のように入力しておきます。

```
jp.tuyano.spring.sample1
```

❺ アーティファクトIDの指定

```
Define value for property 'artifactId': :
```

続いて、**アーティファクトID**を入力します。これは、作成するプログラムの名前(=プロジェクトの名前)と考えていいでしょう。ここでは「**MySampleApp1**」としておくことにします。

❻ バージョン名の指定

```
Define value for property 'version':  1.0-SNAPSHOT: :
```

続いて、バージョン名を指定します。デフォルトでは「**1.0-SNAPSHOT**」が設定されています。特に理由がないなら、そのままEnterしておきましょう。

❼ パッケージの指定

```
Define value for property 'package':  jp.tuyano.spring.sample1: :
```

作成するプログラムのパッケージを指定します。これはグループIDに指定したパッケージ名(ここではjp.tuyano.spring.sample1)がデフォルトで設定されていますので、そのままEnterすればいいでしょう。

図2-5：グループID、アーティファクトID、バージョン名、パッケージをそれぞれ指定し、内容を確認する。

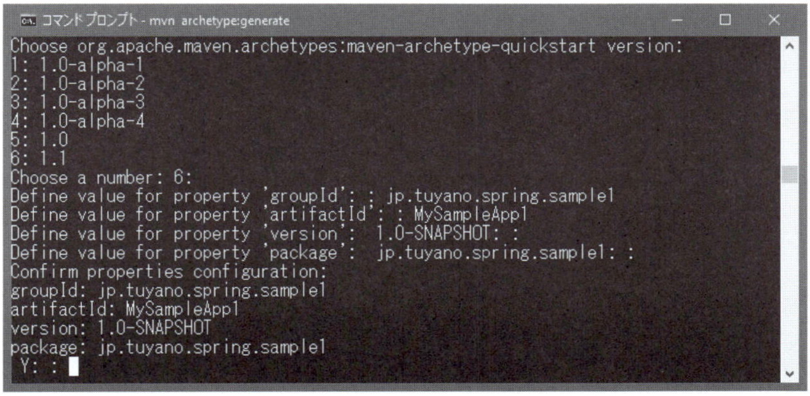

```
コマンド プロンプト - mvn archetype:generate
Choose org.apache.maven.archetypes:maven-archetype-quickstart version:
1: 1.0-alpha-1
2: 1.0-alpha-2
3: 1.0-alpha-3
4: 1.0-alpha-4
5: 1.0
6: 1.1
Choose a number: 6:
Define value for property 'groupId': : jp.tuyano.spring.sample1
Define value for property 'artifactId': : MySampleApp1
Define value for property 'version':  1.0-SNAPSHOT: :
Define value for property 'package':  jp.tuyano.spring.sample1: :
Confirm properties configuration:
groupId: jp.tuyano.spring.sample1
artifactId: MySampleApp1
version: 1.0-SNAPSHOT
package: jp.tuyano.spring.sample1
 Y: :
```

❽ 内容を確認して生成する

```
Confirm properties configuration:
groupId: jp.tuyano.spring.sample1
artifactId: MySampleApp1
version: 1.0-SNAPSHOT
package: jp.tuyano.spring.sample1
 Y: :
```

ここまで入力した内容が書き出され、これで作成するかどうかを尋ねてきます。もし間違えていた場合は、「**N**」と入力しEnterします。

間違いがなければ、そのままEnterすれば生成が開始されます。以下のように実行内容が出力されていくでしょう。

```
[INFO] ------------------------------------------------------------------
[INFO] Using following parameters for creating project from Old (1.x)
Archetype: maven-archetype-quickstart:1.1
[INFO] ------------------------------------------------------------------
[INFO] Parameter: basedir, Value: C:\Users\tuyano\Desktop
[INFO] Parameter: package, Value: jp.tuyano.spring.sample1
[INFO] Parameter: groupId, Value: jp.tuyano.spring.sample1
[INFO] Parameter: artifactId, Value: MySampleApp1
[INFO] Parameter: packageName, Value: jp.tuyano.spring.sample1
[INFO] Parameter: version, Value: 1.0-SNAPSHOT
[INFO] project created from Old (1.x) Archetype in dir: C:\Users\○○\
Desktop\MySampleApp1
[INFO]------------------------------------------------------------------
[INFO] BUILD SUCCESS
[INFO]------------------------------------------------------------------
[INFO] Total time: 05:39 min
[INFO] Finished at: 2017-08-03T14:00:22+09:00
[INFO] Final Memory: 13M/96M
[INFO]------------------------------------------------------------------
```

入力した値を元に、**maven-archetype-quickstart**を使ってプロジェクトが生成されます。「**[INFO] BUILD SUCCESS**」という表示が出力されていれば、問題なくプロジェクトが作成されたと考えてよいでしょう。

図2-6：プロジェクトのフォルダが生成される。その中には基本的なフォルダ構成などが用意されている。

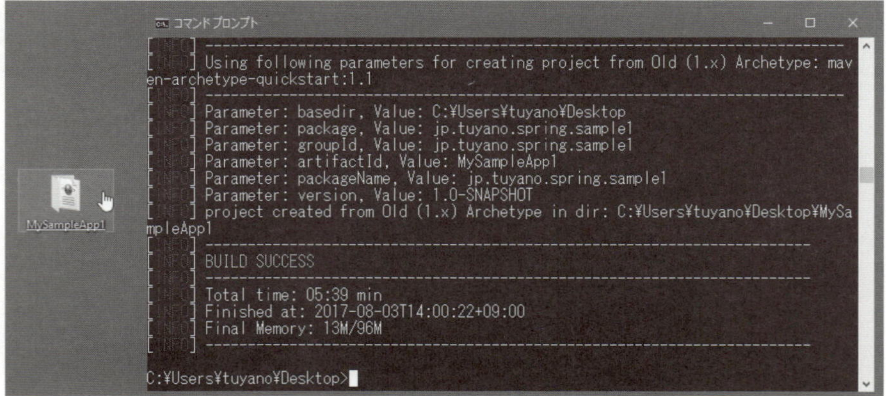

生成されるプロジェクト

プロジェクトが作成されたら、作成場所(ここではデスクトップ)をチェックしてみましょう。アーティファクトIDで指定した「**MySampleApp1**」という名前のフォルダが作成されているのがわかります。これが、Mavenのプロジェクトです。

このフォルダ内には、以下のようなものが作成されています。

・pom.xml

pomはProject Object Modelの略で、**Mavenのビルドに関する情報を記述したファイル**です。一般に「**ビルドファイル**」と呼ばれます。この内容を元にプロジェクトを生成し、ビルドします。XMLで、プロジェクトに必要なライブラリなどの内容が記述されています。

・「src」フォルダ

プロジェクトのソースファイル(Javaソースコードファイルやプロパティファイルなど、作成するプログラムのソースを記述したファイル全般)をまとめておくフォルダです。これを開くと、以下の2つのフォルダが作成されています。

「main」フォルダ	メインプログラムのソースファイルを配置するところです。この中に「java」というフォルダがあり、ここにJavaのソースコードファイルがまとめられます。
「test」フォルダ	ユニットテストのファイルを配置するところです。Mavenによりクラスが生成されると、そのテストクラスもここに自動生成されます。やはり中に「java」フォルダがあり、その中にJavaのソースコードファイルが置かれます。

・「target」フォルダ

これは、実はまだ作成されていませんが、プロジェクト実行時に必ず生成されるので、ここで説明しておきます。「**target**」は、プロジェクトをビルドした際の生成物がまとめられるところです。コンパイルして作成されたクラスファイルや、それらを元にまとめられたJARファイルなどが保存されます。プロジェクトをビルドしたら、ここをチェックすれば完成したプログラムが見つかります。

「**src**」フォルダ内の構成は、Mavenによって作成されるプロジェクトの基本構成といえます。この後でSTSを使ったMavenプロジェクト作成も行いますが、フォルダ構成はSTS利用でも変わりはありません。

図2-7:プロジェクト内には「src」フォルダとpom.xmlファイルが作成される。src内には更に細かくフォルダが用意されている。

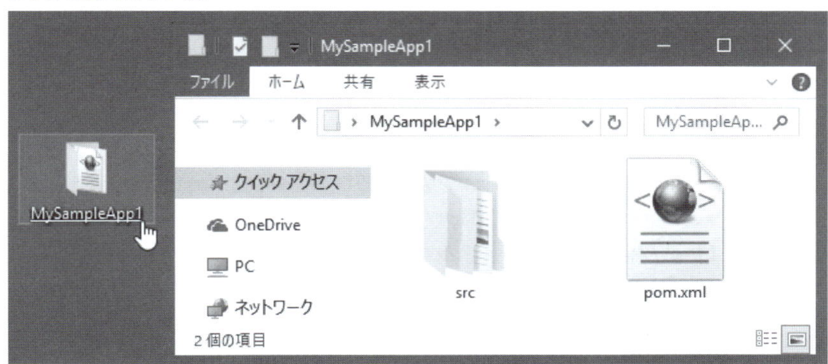

サンプルクラス「App.java」を見る

デフォルトでは、サンプルとしてJavaのソースコードファイルが1つ作成されています。/src/main/java/jp/tuyano/spring/sample1/の中身をチェックして下さい。見ればわかるように、/src/main/java/の中にパッケージのフォルダ構成があり、その中にソースコードファイルが設置されます。

ここには「**App.java**」という名前でファイルがあります。中身を見ると、こんなソースコードが記述されているのがわかります。

リスト2-1

```
package jp.tuyano.spring.sample1;

/**
 * Hello world!
 *
 */
public class App
{
   public static void main( String[] args )
   {
      System.out.println( "Hello World!" );
   }
}
```

ごく単純なものですね。単に、mainメソッドで"Hello World!"と出力しているだけです。これを書き換えながら、SpringのDIについて説明していくことにしましょう。

pom.xmlの中身をチェック

ここでのポイントは、App.javaよりも「**pom.xml**」になるでしょう。pom.xmlは、Mavenの**プロジェクト定義ファイル**です。このXMLファイルの中に、プロジェクトに用意されるものがまとめられています。開くと、以下のように記述されているのがわかります。

リスト2-2

```
<project xmlns="http://maven.apache.org/POM/4.0.0"  ↵
   xmlns:xsi="http://www.w3.org/2001/XMLSchema-instance"
   xsi:schemaLocation="http://maven.apache.org/POM/4.0.0
   http://maven.apache.org/xsd/maven-4.0.0.xsd">  ↵
   <modelVersion>4.0.0</modelVersion>

   <groupId>jp.tuyano.spring.sample1</groupId>
   <artifactId>MySampleApp1</artifactId>
   <version>1.0-SNAPSHOT</version>
```

```
    <packaging>jar</packaging>

    <name>MySampleApp1</name>
    <url>http://maven.apache.org</url>

    <properties>
      <project.build.sourceEncoding>UTF-8</project.build.sourceEncoding>
    </properties>

    <dependencies>
      <dependency>
        <groupId>junit</groupId>
        <artifactId>junit</artifactId>
        <version>3.8.1</version>
        <scope>test</scope>
      </dependency>
    </dependencies>
  </project>
```

中には、記述されている一部の数字など(特にバージョン番号など)が異なっている場合もあるかもしれませんが、基本的にはほぼ同じような内容が記述されていることでしょう。

pom.xml の基本形

このpom.xmlのソースコードはどのように記述されているのか、基本的な形を整理すると以下のようになるでしょう。

```
<project …略…>

……プロジェクトの基本的な情報のタグ……

    <properties>
……プロパティの設定……
    </properties>

    <dependencies>
……依存ライブラリの設定……
    </dependencies>

</project>
```

pom.xmlのソースコードは、**<project>**というタグをルートとして作成されます。この中に各種の基本情報を記述したタグや、<properties>、<dependencies>といったタグを用意してプロジェクトの基本的な内容を記述しています。

pom.xmlの基本タグ

<project>タグの中には、プロジェクトの基本的な設定に関するタグが並びます。これらについて簡単に整理しておきましょう。

モデルバージョン

```
<modelVersion>4.0.0</modelVersion>
```

これは、pomのバージョンです。これはプロジェクトの内容とは直接関係ありません。ここでは4.0.0とありますが、これはMavenのバージョンやプロジェクト作成に使用したテンプレートによって違ってきます。Mavenでプロジェクトを作成した際に最適なバージョンが指定されていますので、変更しないで下さい。

グループ ID

```
<groupId>jp.tuyano.spring.sample1</groupId>
```

プロジェクトが所属するグループのIDです。先にプロジェクトを作成するときにパッケージ名を指定しましたが、それがそのまま設定されています。

アーティファクト ID

```
<artifactId>MySampleApp1</artifactId>
```

これもプロジェクト作成時に指定しました。これは、作成する**プロジェクトに割り当てられるID**です。Mavenでは、グループIDとアーティファクトIDでプロジェクトを識別しています。

バージョン名

```
<version>1.0-SNAPSHOT</version>
```

プロジェクトのバージョンです。これは、プログラムを改良するにつれて、少しずつ変更していったりすることになるでしょう。

パッケージングの指定

```
<packaging>jar</packaging>
```

これは、プロジェクトを圧縮ファイルとしてまとめるときのまとめ方を指定します。一般的なJavaアプリケーションであれば、JARファイルとしてまとめることになります。Webアプリケーションなどではを指定することになるでしょう。

名前

```
<name>MySampleApp1</name>
```

プロジェクトの名前です。デフォルトでは、アーティファクトIDがそのまま設定されているでしょう。これは必要であれば変更できます。

URL

```
<url>http://maven.apache.org</url>
```

URLの指定です。これはデフォルトでMavenのサイトURLがそのまま指定されています。もし、プロジェクトを公開しているサイトなどがあれば、それに書き換えることもあります。

プロパティタグ

```
<properties>
  <project.build.sourceEncoding>UTF-8</project.build.sourceEncoding>
</properties>
```

<properties>は、pom内で利用されるプロパティを設定します。デフォルトでは、**<project.build.sourceEncoding>**というタグが用意されていますが、これはプロジェクトのソースのエンコーディングを指定します。基本的にUTF-8でエンコードされていることを示しています。

依存ライブラリの設定

pom.xmlの中で非常に重要となるのが、**<dependencies>**タグです。これは、そのプロジェクトで利用されるライブラリ類(依存ライブラリ)に関する情報を指定します。以下のような形になっています。

```
<dependencies>
  <dependency>
  ……ライブラリの設定……
  </dependency>
  <dependency>
  ……ライブラリの設定……
  </dependency>

  ……必要なだけ<dependency>を用意……

</dependencies>
```

このように、<dependencies>タグ内には、個々のライブラリ類の情報をまとめた**<dependency>**タグがいくつも記述されます。**リスト2-2**には、以下のような<dependency>タグが1つだけ記述されています。

```
<dependency>
```

```
    <groupId>junit</groupId>
    <artifactId>junit</artifactId>
    <version>3.8.1</version>
    <scope>test</scope>
  </dependency>
```

これは、テストで使用しているJUnitライブラリの設定情報です。依存ライブラリは、このように<dependency>タグの中にライブラリの情報を記述して指定します。ここには以下のような項目が用意されます。

<groupId>タグ	ライブラリのグループIDです。
<artifactId>	ライブラリのアーティファクトIDです。
<version>	使用するバージョンを指定します。
<scope>	ライブラリの適用範囲を示します。ここでは「test」を指定し、テスト時のみ使われることを示しています。

<dependency>タグとして必要なライブラリを記述することで、ビルド時にそれらのライブラリを自動的に組み込むようになります。**リスト2-2**にはSpring関係は全く書いてありませんが、Springを利用する際にも、このタグを記述することで必要なライブラリを組み込んで使うことができるのです。

Spring関係のライブラリを利用したpom.xmlは、**第3章**で実際にSpring 5関係の機能を使うようになったところで、改めて説明をします。ここでは、「**Mavenのpom.xmlはどのようになっているか**」という基本的なタグ構成についてしっかり理解しておくようにしましょう。

Mavenによるビルドと実行

pom.xmlの内容が一通りわかったら、プロジェクトをビルドし、パッケージングしましょう。コマンドプロンプトまたはターミナルで、作成したプロジェクトのフォルダ(「**MySampleApp1**」フォルダ)の中に移動します。先ほどプロジェクトを作成したままの状態ならば、

```
cd MySampleApp1
```

このように実行してフォルダ内に移動して下さい。そして以下のようにコマンドを実行しましょう。

```
mvn install
```

これはプログラムをパッケージ化し、**ローカルリポジトリ**(Mavenのライブラリ類をまとめておくところ)にインストールする命令です。これで、プロジェクトをビルドし、

必要なライブラリをダウンロードして、プロジェクトを指定のパッケージファイル(ここではJARファイル)にまとめてくれます。

図2-8：mvn installを実行すると必要なライブラリがダウンロードされ、プロジェクトがビルドされる。

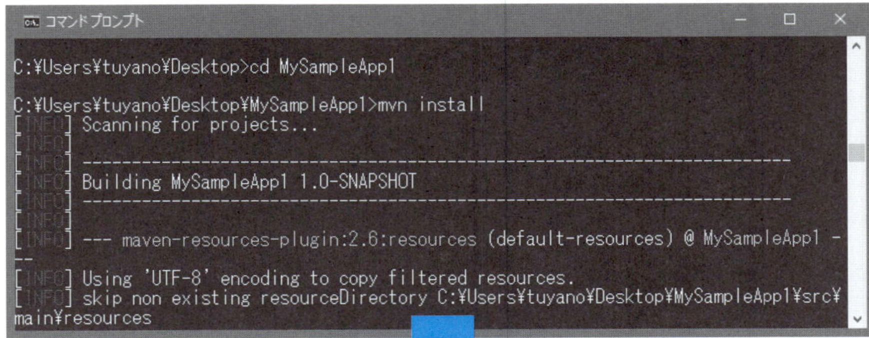


```
[INFO] Installing C:¥Users¥tuyano¥Desktop¥MySampleApp1¥target¥MySampleApp1-1.0-SNAPSHOT.jar to C:¥Users¥tuyano¥.m2¥repository¥jp¥tuyano¥spring¥sample1¥MySampleApp1¥1.0-SNAPSHOT¥MySampleApp1-1.0-SNAPSHOT.jar
[INFO] Installing C:¥Users¥tuyano¥Desktop¥MySampleApp1¥pom.xml to C:¥Users¥tuyano¥.m2¥repository¥jp¥tuyano¥spring¥sample1¥MySampleApp1¥1.0-SNAPSHOT¥MySampleApp1-1.0-SNAPSHOT.pom
[INFO] ------------------------------------------------------------------------
[INFO] BUILD SUCCESS
[INFO] ------------------------------------------------------------------------
[INFO] Total time: 11.765 s
[INFO] Finished at: 2017-08-03T16:08:50+09:00
[INFO] Final Memory: 15M/115M
[INFO] ------------------------------------------------------------------------

C:¥Users¥tuyano¥Desktop¥MySampleApp1>
```

処理が完了したら、プロジェクトのフォルダを開いてみましょう。そこに「**target**」というフォルダが作成されています。

mvn installは、プロジェクトをビルドし、JARファイルなどの形でローカル環境に保存します。JARファイルをそのまま利用することもできますし、他のMavenプロジェクトの中からライブラリとして利用することもできるようになります。

このほか、単にプログラムをコンパイルするなら「**mvn compile**」、パッケージを作成するならば「**mvn package**」といったコマンドもあります。Maven利用の基本的なコマンドとして覚えておくとよいでしょう。

「target」フォルダについて

この「**target**」フォルダを開いてみると、その中にファイルやフォルダが多数作成されていることがわかります。この中の「**MySampleApp1-1.0-SNAPSHOT.jar**」が、ビルドして生成されたこのプロジェクトのパッケージファイルです。まだ、この段階ではSpringのライブラリファイルなどは使っていませんが、利用するようになればこれらのライブラリもすべて組み込まれた状態でファイルを作成することも可能です。

図2-9：ビルドして生成される「target」フォルダ内に生成物が保存される。「MySampleApp1-1.0-SNAPSHOT.jar」がビルドされたJARファイル。

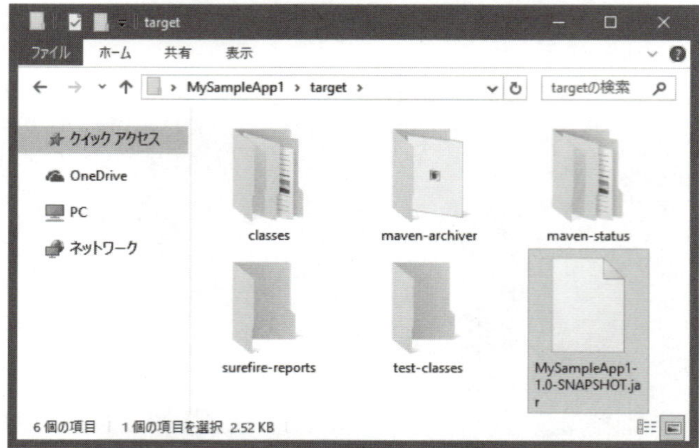

プログラムを実行する

では、ビルドされたJARファイルを使ってプロジェクトのプログラムを実行してみましょう。まずコマンドプロンプトあるいはターミナルで、以下のようにして「**target**」フォルダに移動します。

```
cd target
```

そして、javaコマンドで、プロジェクトに作成されたAppクラスを実行します。JARファイルにまとめられていますから、実行の際には**-classpath**でJARファイルを指定するのを忘れないようにして下さい。

```
java -classpath .;MySampleApp1-1.0-SNAPSHOT.jar jp.tuyano.spring.sample1.App
```

これで、MySampleApp1-1.0-SNAPSHOT.jar内からAppクラスを実行し、「**Hello World!**」と出力をします。Mavenで生成しビルドしたプログラムが、ちゃんとJavaのプログラムとして実行できることが確認できました！

図2-10：javaコマンドでJARファイルを実行する。「Hello World!」と出力された。

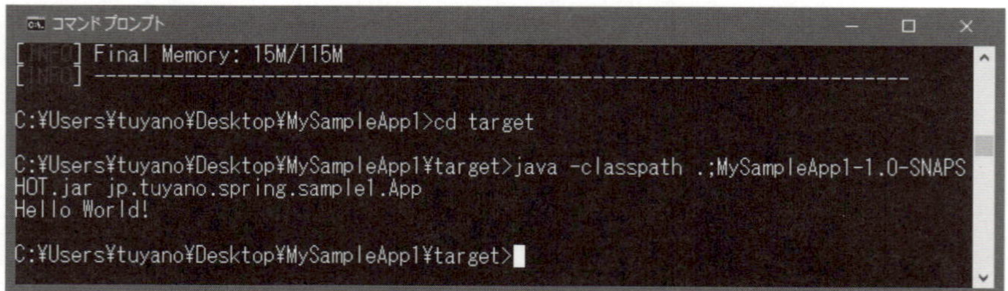

2-3 STSによるプロジェクト作成

実際にSpringの開発を行う場合、専用開発ツールであるSTSを利用することが圧倒的に多いでしょう。STSによる開発の基本について、ここでしっかり頭に入れておきましょう。

STSでプロジェクトを作る

とりあえず、これでMavenによるプロジェクト作成からビルド、実行まで一通りの作業のやり方がわかりました。続いて、STSによるプロジェクト作成について説明していきましょう。

STSでは、Springプロジェクト作成のための機能が付いていますので、Maven利用のようにコマンドを入力したりする必要もなく、ただメニューを選びダイアログで設定をするだけで作業を進めることができます。作成されるプロジェクトも、Maven利用の場合とほぼ同じです。

既に**第1章**で、プロジェクトの作成手順について簡単に説明をしました。あの説明を思い出しながら作業していけばそう難しくはないでしょう。

プロジェクト作成のメニューについて

プロジェクトの作成は、<**File**>メニューの<**New**>の中にまとめられています。STSでは、Springの標準的なプロジェクト以外にもさまざまなプロジェクトが作成できるため、用意されているメニューも1つだけではありません。

以下に<**New**>メニュー内にあるプロジェクト作成関連のメニューについて整理しておきましょう。

Spring Starter Project	Spring Bootを使ったプロジェクトです。
Import Spring Getting Started Content	Springのサイトで公開している「Getting Started」のドキュメントで作成するプロジェクトをインポートして利用します。
Spring Legacy Project	Springの一般的なプロジェクトを作成します。
Java Project	Javaの一般的な（Springを利用しない）プロジェクトを作成します。
Static Web Project	静的Webサイト（サーバー側にプログラムを設置しない）を作成します。
Dynamic Web Project	動的Webサイト（サーバー側に設置したプログラムでページを生成する）を作成します。
Maven Project	Mavenのプロジェクトを作成します。
Project...	その他のプロジェクトを作成します。全プロジェクトのテンプレートが一覧表示され、そこから作成したいプロジェクトを選んで作成します。

図2-11：＜New＞メニュー内に用意されているプロジェクト作成関係のメニュー項目。

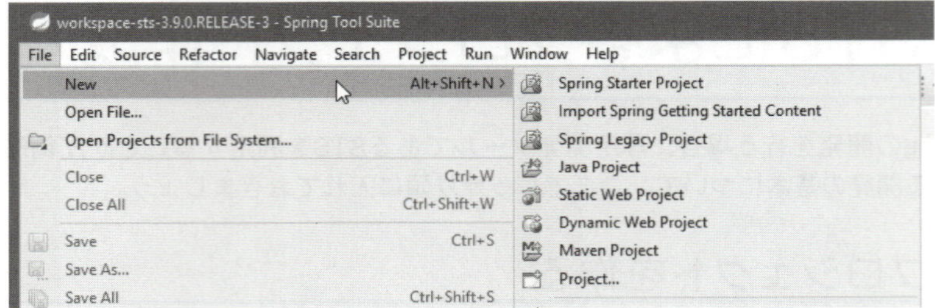

Springレガシープロジェクトを作成する

では、実際にプロジェクトを作成しましょう。＜**File**＞メニューの＜**New**＞から、＜**Spring Legacy Project**＞というメニューを選んで下さい。これが、Springの一般的なプロジェクトを作成するためのメニューです。

図2-12：Springによる一般的な開発は、＜Spring Legacy Project＞メニューを選ぶ。

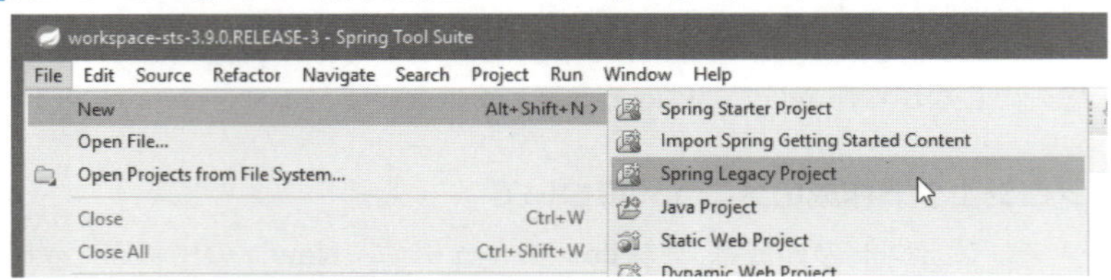

もし、＜**New**＞メニューの中にこの項目が見当たらなかった場合には、＜**New**＞の一番下にある＜**Project...**＞メニューを選び、現れたダイアログで「**Spring**」という項目内にある「**Spring Legacy Project**」を選択し、「**Next**」ボタンを押します。これで同じ画面に進むことができます。

図2-13：＜Project...＞メニューのダイアログで「Spring Legacy Project」を選び、次に進んでも同様にプロジェクトを作れる。

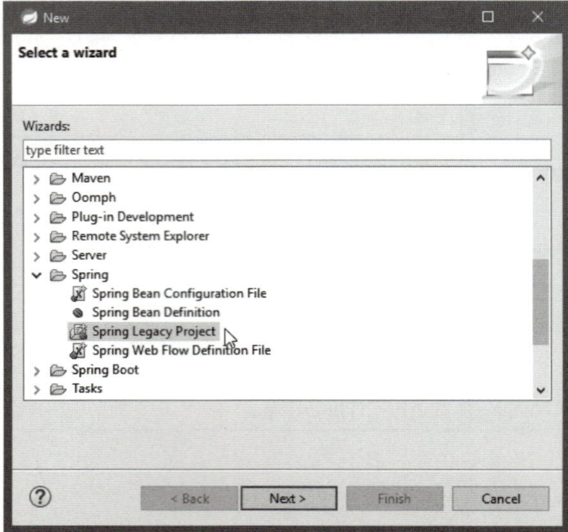

Spring Lagacy Projectの設定

画面に「**Spring Lagacy Project**」と表示されたダイアログウインドウが現れます。これは、作成するプロジェクトの設定を行うものでした（**第1章**の**図1-34**参照）。既に各項目の役割は説明していますので、以下のように設定を行いましょう。

Project name	Mavenプロジェクトと同じく「MySampleApp1」としておきましょう。
Use default location	ONのままにしておきます。
Select Spring version	ここでは「Default」のままにしておきます（おそらく選択項目がないため選べないはずです）。
Templates	ここでは、「Simple Projects」内から「Simple Spring Maven」を選んでおきます。
Working sets	OFFのままにしておきます。

以上の項目を設定して「**Finish**」ボタンを押すと、「**MySampleApp1**」という名前でプロジェクトが作成されます。

図2-14：プロジェクトの設定ダイアログ。これらを設定して「Finish」ボタンを押せばプロジェクトが作成される。

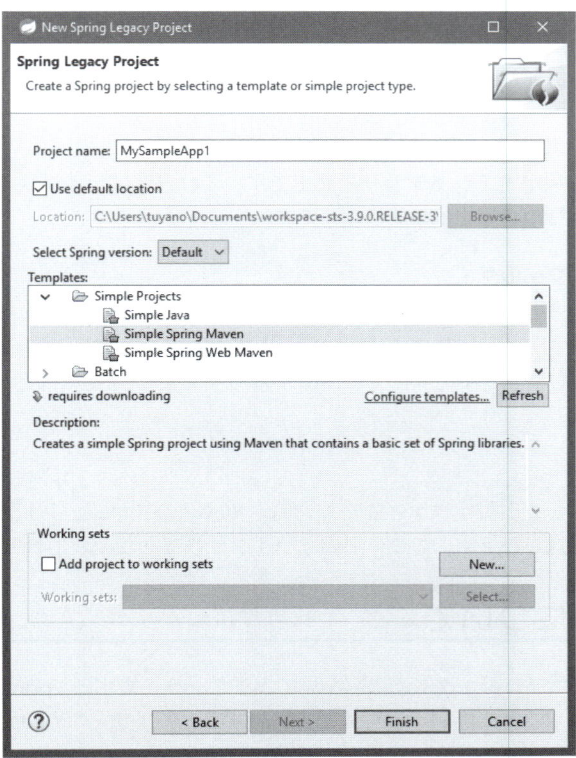

STSによるプロジェクトの内容

パッケージエクスプローラーに作成される「**MySampleApp1**」の左側の▽をクリックして内容を展開表示してみましょう。デフォルトでいろいろとファイルやフォルダが作成されています。が、そのほとんどはMavenで作成したプロジェクトとほぼ同じなことがわかるでしょう。

プロジェクトの中に用意されているものについて、ここでまとめておきましょう。

図2-15：パッケージエクスプローラーでプロジェクトの内容をチェックしたところ。

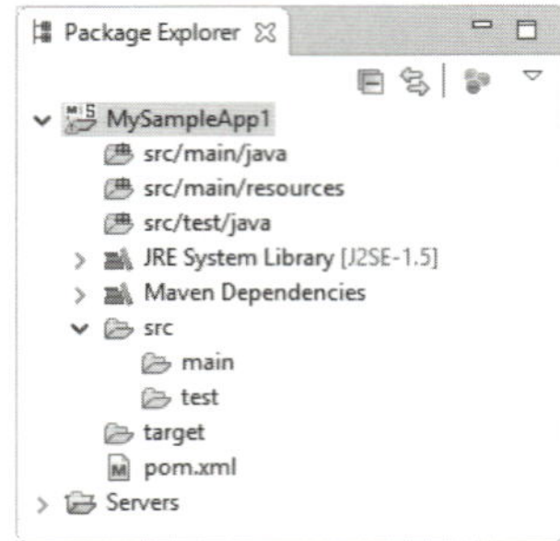

■src/main/java・src/main/resources・src/test/java

これらは「**src**」フォルダ内にあるもののショートカットでしたね。src/main/javaとsrc/test/avaは既に登場しましたが、src/main/resourcesは初めて登場します。これはソースコード以外のリソースファイルを配置しておくための場所です。

■JRE System Library・Maven Dependencies

プロジェクトで利用するライブラリの設定です。これ自体はライブラリのファイルではなく、ライブラリ類を表す抽象的な項目です。

■「src」「target」フォルダ

これらは既出ですね。各種リソースファイル類と、ビルドの生成物がそれぞれ保管されているところです。ここで作成するのに使ったSimple Spring Mavenテンプレートは基本的にMavenのプロジェクトですので、「**src**」内のディレクトリ構成はMavenそのままになります。

■pom.xml

Mavenのプロジェクト設定ファイルでしたね。Mavenのプロジェクトですから、当然pomファイルも用意されます。ここに必要なライブラリなどが記述されています。

pom編集エディタについて

では、作成されたプロジェクトの内容を見てみましょう。まずは、**pom.xml**からです。これをダブルクリックして開いてみてください。すると、予想しなかった画面が現れます。

pom.xmlはXMLのソースコードを記述したファイルですが、画面には細々とした項目が並んだ編集ツールのようなものが現れます。まったく違うもののように思えますが、実はこれがSTSの**pom編集エディタ**なのです。

XMLは、構造的に情報を記述していくものですから、タグの構造などに問題があると正しく読み込めません。そこで、記入したい項目をツールで作成していくと自動的にXMLソースコードが生成されるようなツールを用意し、それを使って編集するようになっているのですね。これならXMLデータが構造的に破損する心配もありません。

このツールは、一番下にいくつものタブが並んでおり、これで編集する内容を切り替えるようになっています。それぞれのタブごとに説明をしていきましょう。

「Overview」タブ

最初に表示されているのは「**Overview**」というタブの画面です。これは、全体の要約となるページです。ここには以下のような項目が用意されています。

Artifact

プロジェクトの基本的な情報(グループID、アーティファクトID、バージョン、パッケージング)がまとめられています。

Properties

pom内で利用しているプロパティの設定です。<properties>タグに記述されている内容がここにまとめられています。

Parent、Moludes、Project、Organization、SCM、Issue、Management、Continuous、Integration

これらは、特に使われていません。pomに記述される内容ごとに項目が用意されていると考えて下さい。

図2-16：「Overview」タブ。pom全体の内容がまとめられる。

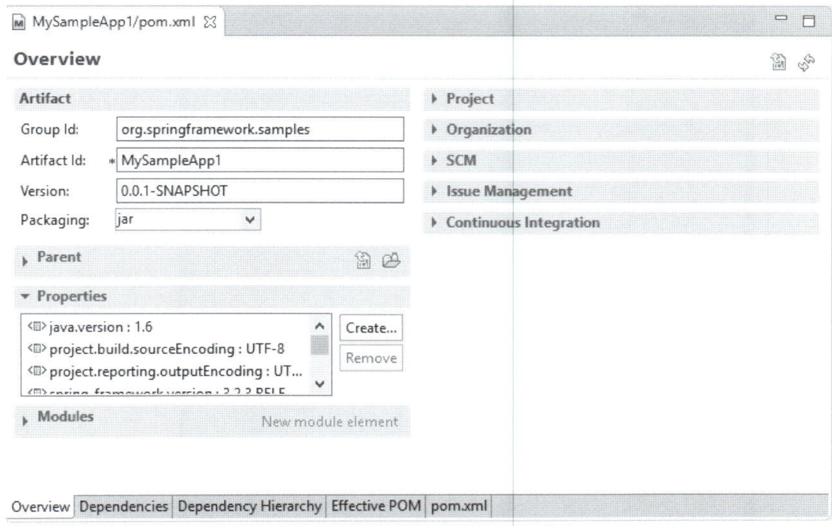

「Dependencies」タブ

これは、依存ライブラリの設定をまとめている<dependencies>タグに記述されている内容が整理されるところです。左側のリスト欄にデフォルトでいくつもの項目が並んでいますが、これら1つ1つがライブラリの<dependency>タグの記述を示しています。

図2-17：「Dependencies」タブ。依存ライブラリの設定がまとめられる。

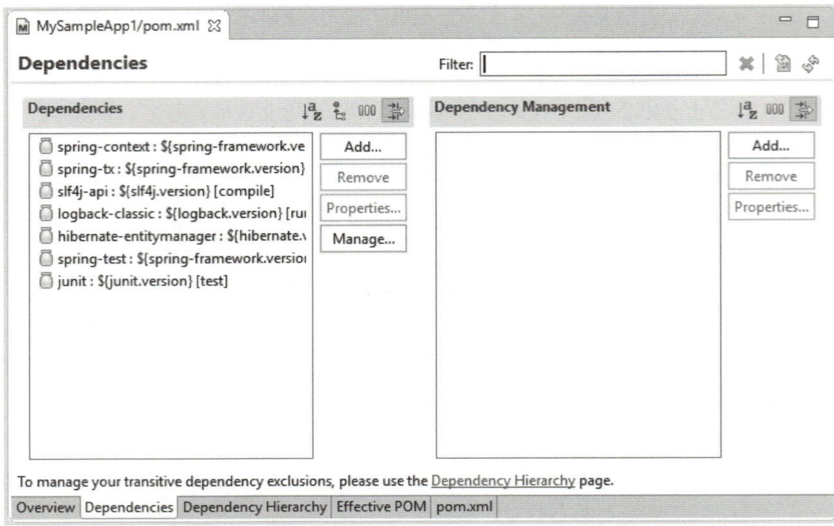

この中から項目をクリックして選択し、「**Properties...**」ボタンをクリックしてみましょう。すると画面にダイアログが現れ、そこにこの項目の詳細が表示されます。ライブラリのグループID、アーティファクトID、バージョンなど、<dependency>タグのところで登場した項目が用意されていることがわかるでしょう。

図2-18：「Properties」ボタンで表示したライブラリの設定内容。

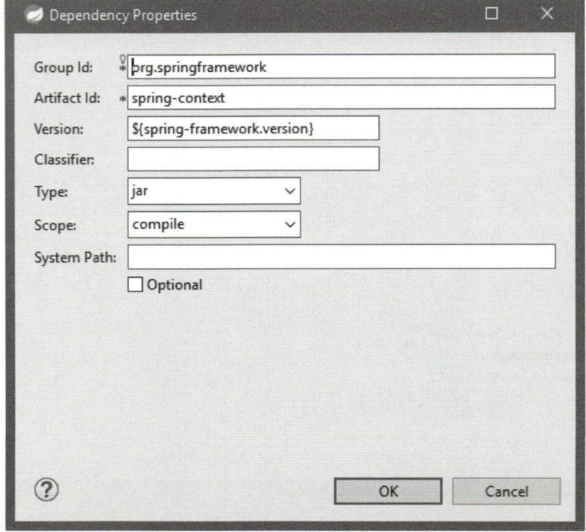

新たにライブラリを追加するときは、「**Add...**」ボタンをクリックし、現れたダイアログで必要な項目を記入します。また不要なライブラリを削除するには、項目を選択して「**Remove**」ボタンをクリックします。

「Dependency Hierarchy」タブ

「**Dependencies**」で設定された項目について、その階層構造などを表示します。Dependencyで組み込まれるライブラリは、実は単体のライブラリというわけではありません。複数のJARライブラリなどをまとめて一つのDependencyを構成していたりします。

このタブでは、左側にそれぞれのDependencyのライブラリ構造を階層的に表示し、右側には具体的に組み込まれる個々のライブラリを一覧リストとして表示します。これにより、組み込まれるライブラリを正確に把握することができます。

これは、情報を整理して表示する目的のタブですので、ここでライブラリの内容などを編集して変えたりすることはできません。基本的に、ブラウズするだけです。

図2-19：「Dependency Hierarchy」タブ。Dependencyの内容を階層的に表示する。

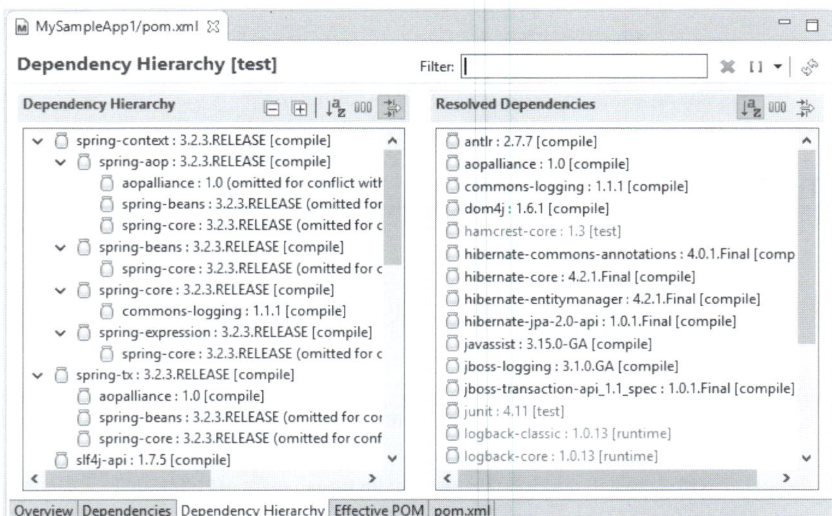

「Effective POM」「pom.xml」タブ

これらが、pom.xmlのソースコードを表示します。2種類ありますが、内容は微妙に異なります。

実際にpom.xmlに記述されている中身は、「**pom.xml**」タブに表示されます。

これに対して「**Effective POM**」タブは、実際にSTSで実行される内容を表示します。STSでは、例えばビルドした生成物の保存場所を変更したり、STS内からメニューでMavenの処理を行うためのプラグインなどを独自にpom.xmlに追加したりしてプロジェクトを処理しています。こうしたSTSによるカスタマイズされた内容まですべて反映されたソースコードが「**Effective POM**」で表示される内容です。

基本的に、私たちがpomを編集するのに使うのは「**pom.xml**」タブだけです。「**Effective POM**」タブは、書き換えられたソースコードを表示するだけで、編集などは行えません。

図2-20：「Effective POM」タブの表示。ソースコードがテキストエディタで表示される。

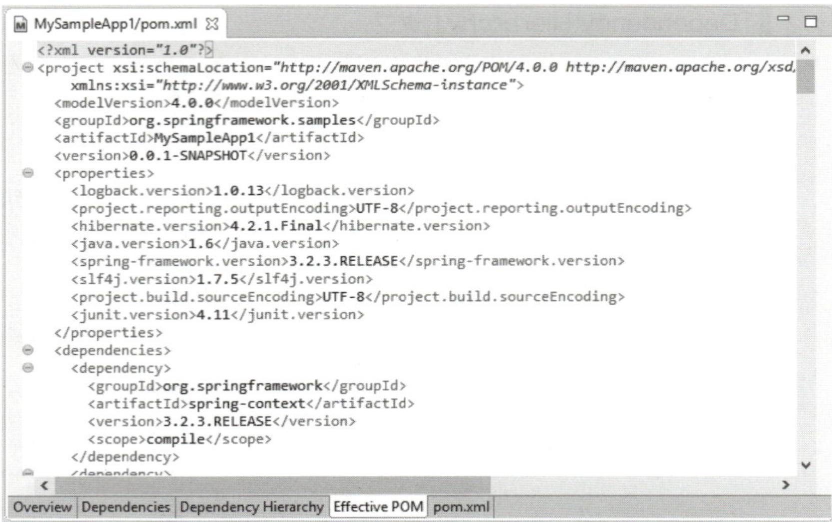

pom.xmlのソースコード

では、「**pom.xml**」タブに切り替えて、ソースコードがどのようになっているのかを調べてみましょう。ざっと以下のようなものが記述されているのがわかります(一部のバージョンなどは変わっていることもあるかもしれませんが、全体の構成はほぼ同じです)。

リスト2-3

```
<project xmlns="http://maven.apache.org/POM/4.0.0"
  xmlns:xsi="http://www.w3.org/2001/XMLSchema-instance"
  xsi:schemaLocation="http://maven.apache.org/POM/4.0.0
    http://maven.apache.org/xsd/maven-4.0.0.xsd">

  <modelVersion>4.0.0</modelVersion>
  <groupId>jp.tuyano.spring.sample1</groupId>
  <artifactId>MySampleApp1</artifactId>
  <version>0.0.1-SNAPSHOT</version>

  <properties>

    <!-- Generic properties -->
    <java.version>1.6</java.version>
    <project.build.sourceEncoding>UTF-8</project.build.sourceEncoding>
    <project.reporting.outputEncoding>UTF-8</project.reporting.outputEncoding>
```

```
    <!-- Spring -->
    <spring-framework.version>3.2.3.RELEASE</spring-framework.version>

    <!-- Hibernate / JPA -->
    <hibernate.version>4.2.1.Final</hibernate.version>

    <!-- Logging -->
    <logback.version>1.0.13</logback.version>
    <slf4j.version>1.7.5</slf4j.version>

    <!-- Test -->
    <junit.version>4.11</junit.version>

  </properties>

  <dependencies>
    <!-- Spring and Transactions -->
    <dependency>
      <groupId>org.springframework</groupId>
      <artifactId>spring-context</artifactId>
      <version>${spring-framework.version}</version>
    </dependency>
    <dependency>
      <groupId>org.springframework</groupId>
      <artifactId>spring-tx</artifactId>
      <version>${spring-framework.version}</version>
    </dependency>

    <!-- Logging with SLF4J & LogBack -->
    <dependency>
      <groupId>org.slf4j</groupId>
      <artifactId>slf4j-api</artifactId>
      <version>${slf4j.version}</version>
      <scope>compile</scope>
    </dependency>
    <dependency>
      <groupId>ch.qos.logback</groupId>
      <artifactId>logback-classic</artifactId>
      <version>${logback.version}</version>
      <scope>runtime</scope>
    </dependency>

    <!-- Hibernate -->
    <dependency>
      <groupId>org.hibernate</groupId>
```

```
            <artifactId>hibernate-entitymanager</artifactId>
            <version>${hibernate.version}</version>
        </dependency>


        <!-- Test Artifacts -->
        <dependency>
            <groupId>org.springframework</groupId>
            <artifactId>spring-test</artifactId>
            <version>${spring-framework.version}</version>
            <scope>test</scope>
        </dependency>
        <dependency>
            <groupId>junit</groupId>
            <artifactId>junit</artifactId>
            <version>${junit.version}</version>
            <scope>test</scope>
        </dependency>

    </dependencies>
</project>
```

図2-6でMavenコマンドを使って作成したのと違い、**<properties>**と**<dependencies>**に多数の項目が追加されていることがわかります。整理すると、以下のようなライブラリが用意されています。

Spring関係	Spring Context、Spring Txといったライブラリが標準で組み込まれています。
ログ出力関係	SLF4J API、logback-classicが用意されています。
Hibernate関係	Hibernate Entity Managerが用意されています。
テスト関係	Spring Test、JUnitが用意されています。

用意されている内容は、Mavenで作成したプロジェクトとそれほどかけ離れているわけではありません。Mavenで作成したプロジェクトのpom.xmlには、Spring本体やログ出力などの<dependency>タグが用意されていませんでした。これらを追加すれば、だいたい同じような内容になるでしょう。

ところで、ここに記述されている内容をよく見ると、実はSpring 3.2.3というかなり古いバージョンが使われていることに気がつくでしょう。Springレガシープロジェクトのテンプレートはあまり頻繁に更新されていないようで、このように古いバージョンのものがそのまま残っているのです。

とりあえず、今の段階では、プロジェクトを作ってちゃんと動けばOKとしましょう。**第3章**から、実際にSpring 5を使った開発について説明を行いますが、ここで最新バージョンを使ったpom.xmlを用意することにします。

Column Hibernate Entity Managerとは？

pom.xmlの説明で「**Hibernate**」が出てきました。Hibernate（ハイバネート）という名前は、皆さんもどこかで耳にしたことはあるでしょう。これは、「**ORM（Object Relational Mapping）**」という機能を提供するフレームワークの一つです。

ORMは、データベースなどのアクセスをJavaのオブジェクトとしてマッピングし、Javaのオブジェクトと同じ感覚で扱えるようにします。Hibernateは、このORMの分野で圧倒的な支持を得ており、デファクトスタンダードともいえる存在になっています。

ここでpom.xmlに追加されているのは、Hibernate Entity Managerというライブラリで、データベースのデータを扱う「**エンティティ**」の管理機能を提供します。

Springを利用するアプリケーションでは、データベースの利用はほぼ必須。そのために必要となるものを最初から組み込んでおいた、ということでしょう。実際にデータベースを利用するようになれば、このあたりはイヤでも使うことになります。今の段階では「**データベースで使うライブラリが標準でついてくるらしい**」程度に考えておけばよいでしょう。

Appクラスを作成する

作成されたプロジェクトを見ると、まだJavaのクラスなどが全く用意されていないことに気がつくでしょう。標準では、プロジェクトの入れ物部分だけで、Javaクラス類はまったく用意されていないのです。

Javaクラスは、STSの機能で簡単に作れるので、作成しておきましょう。Mavenで作ったプロジェクトにあわせ、ここではjp.tuyano.spring.sample1パッケージに「**App**」という名前で作ることにします。

＜Class＞メニューを選ぶ

＜**File**＞メニューの＜**New**＞内から、＜**Class**＞メニューを選びます。これが、新たにクラスを作成するために用意されている機能です。

図2-21：クラスの作成には＜Class＞メニューを選ぶ。

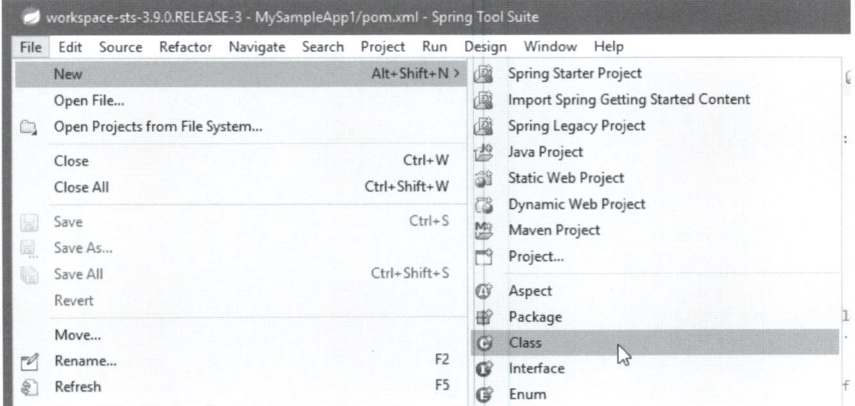

メニューを選ぶと、画面に「**New Java Class**」というタイトルのダイアログウインドウが現れます。ここには以下のような項目が用意されています。それぞれ入力していきましょう。

source folder	ソースコードを保存する場所を指定します。デフォルトで「MySampleApp1/src/main/java」と設定されています。変更しないで下さい。
Package	クラスのパッケージを指定します。Mavenで指定したのと同じく「jp.tuyano.spring.sample1」と入力しておきましょう。
Enclosing type	内部クラスとして作成します。内部クラスとしては作成しないのでOFFのままにしておきます。
Name	クラス名です。「App」と入力しておきましょう。
Modifiers	クラスの修飾子を指定します。デフォルトで「public」のみが選択されています。そのままでいいでしょう。
Superclass	スーパークラスの指定です。デフォルトでjava.lang.Objectが指定されていますので、そのままにしておきます。
Interfaces	インターフェイスの設定です。インターフェイスをimplementsする場合は、「Add...」ボタンで追加できます。空白のままでいいでしょう。
public static void main(String[] args)	mainメソッドを追加します。このクラスを起動クラスにしますのでONにしておきます。
Constructors form superclass	スーパークラスのコンストラクタを継承して作成します。Objectを継承するだけですからOFFでいいでしょう。
Inherited abstract methods	スーパークラスに抽象メソッドがあればそれをオーバーライドします。抽象メソッドはないのでONでもOFFでもかまいません。
Generate comments	コメント文を自動生成します。OFFにしておきましょう。

一通り設定を行ったら、「**Finish**」ボタンを押すと、ダイアログが閉じられ、Javaのソースコードファイルが生成されます。

図2-22：作成するクラスの設定を行い「Finish」ボタンを押すと、プロジェクトが作成される。

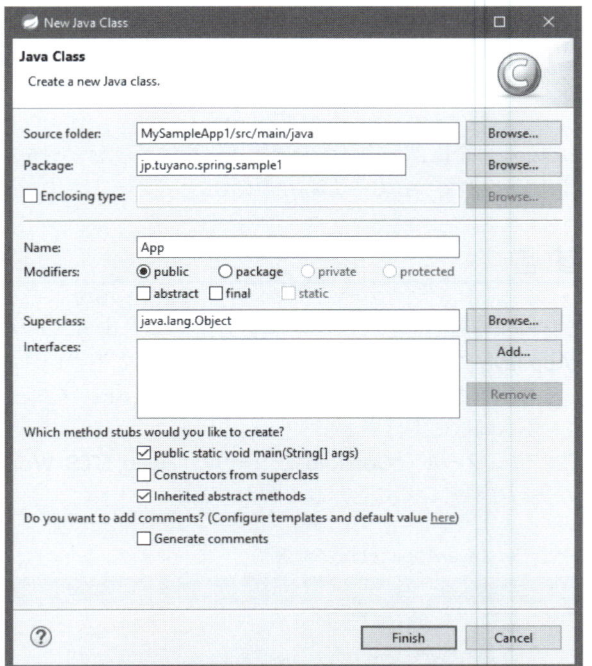

App.javaをチェックしよう

Finishすると、src/main/java内にjp.tuyano.spring.sample1パッケージが作成され、その中に「**App.java**」というファイルが作成されます。この中には、Javaのもっとも基本的なコードだけが記述されています。

リスト2-4

```
package jp.tuyano.spring.sample1;

public class App {

  public static void main(String[] args) {
    // TODO Auto-generated method stub
  }
}
```

何も内容はありませんが、とりあえずmainメソッドに処理を書けばちゃんと動く程度には準備されていることがわかりますね。ではダミーとして簡単な処理を書いておきましょう。

リスト2-5

```
public static void main(String[] args) {
    System.out.println("Hello STS World!");
}
```

mainメソッドをこんな具合に書き換えておきます。単にメッセージを出力するだけですが、動作確認用に実行されていることがわかればOKと考えて下さい。

プログラムを実行する

では、作成したプログラム（Appクラス）を実行してみましょう。パッケージエクスプローラーから「**App.java**」ファイルをクリックして選択して下さい。そして、＜**Run**＞メニューから、＜**Run**＞を選びます。あるいは、＜**Run As**＞メニュー内の＜**Java Application**＞を選んでも同様に実行できます。

実行すると、STSのコンソール（「**Console**」ビュー）に「**Hello STS World!**」と出力されます。Appクラスが実行されていることがよくわかりますね。

図2-23：＜Run As＞内から＜Java Application＞を選ぶ。

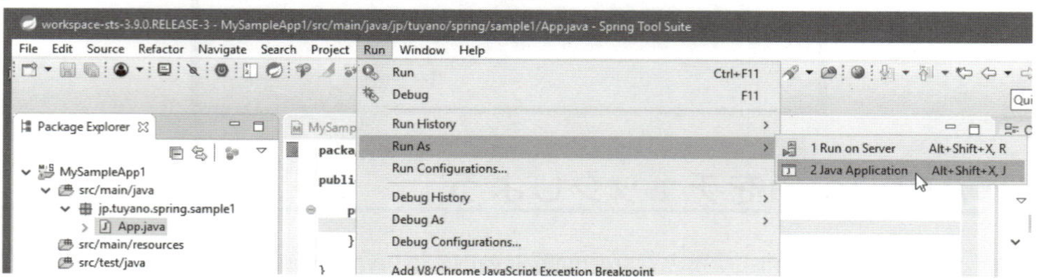

図2-24：コンソールに「Hello STS World!」と出力される。

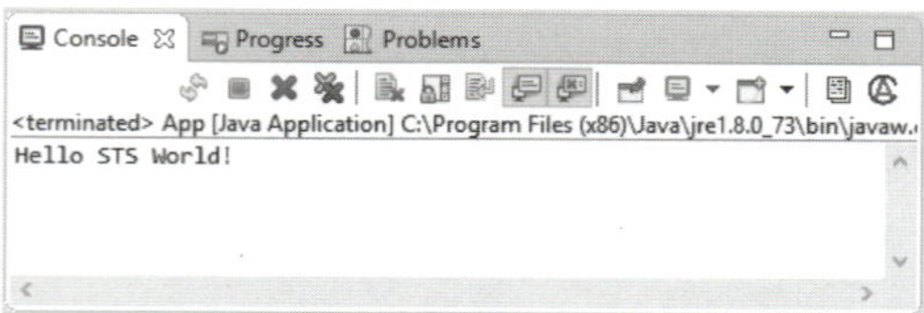

プロジェクトをビルドする

では、プロジェクトをビルドし、JARファイルとしてまとめてみましょう。これは、pom.xmlを利用し、Mavenのコマンドを実行して行います。といっても、コンソールからコマンドを入力したりする必要はありません。

パッケージエクスプローラーから「**pom.xml**」ファイルを選択し、＜**Run**＞メニューから＜**Run As**＞を選んで下さい。サブメニューに、＜**Maven ○○＞といった項目がいくつも表示されます。こんな具合に、主なMavenコマンドは**＜**Run As**＞メニューから選んで実行できるようになっているのです。

では、＜**Run As**＞内にある＜**Maven install**＞メニューを選んでみましょう。これは、「**mvn install**」コマンドを実行します。これでプロジェクトがビルドされ、「**target**」フォルダ内に「**SimpleSpringMavenSample-0.0.1-SNAPSHOT.jar**」という圧縮ファイルが作成されます。

図2-25：＜Maven install＞メニューでプロジェクトをビルドし、JARファイルをインストールする。

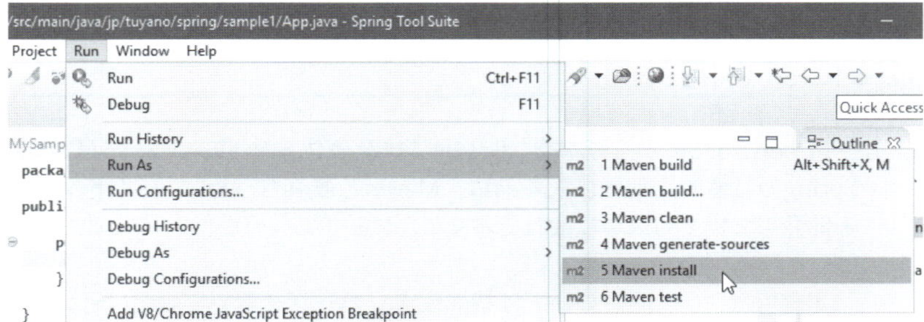

――これで、STSを使って「**プロジェクトの作成**」「**クラスの作成**」「**プログラムの実行**」「**ビルドしてJARの生成**」と、一通りの作業が行えるようになりました。MavenでもSTSでも、どちらでもプロジェクトを作れるようになっておいてください。

Column JREのバージョンについて

作成されたプロジェクトを見ると、JREの設定項目に「**J2SE-1.5**」と表示されている場合があります。これは、プロジェクトでJava 5が使われるように設定されていることを示します。

まだここではSpringは使っていませんが、これから利用するようになるとJava 8ベースでプロジェクトを実行できるようにする必要があります。

もし、Java 8以外のバージョンがプロジェクトに設定されている場合は、Package ExplorerからプロジェクトのJRE System Libraryを右クリックし、＜**Properties**＞メニューを選んで下さい。そして現れたダイアログで、「**Workspace default JRE**」を選択して下さい。これで、STSのデフォルトJREがそのまま使われるようになります。

（STSのJRE設定は、**Appendix-1「『Java』設定」**を参照して下さい）

図2-26：プロジェクトのJRE System Libraryを「Workspace default JRE」にする。

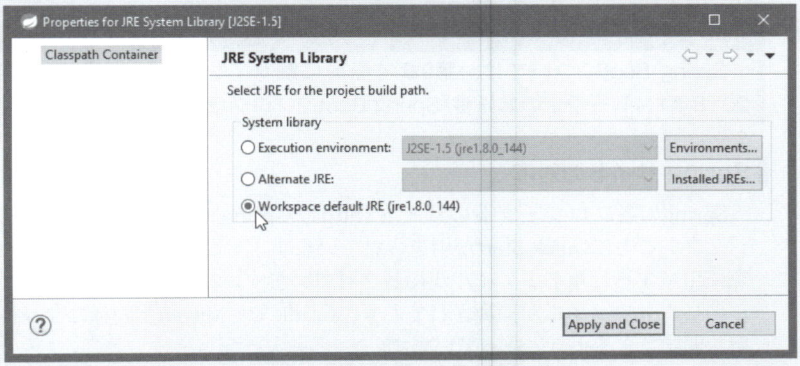

2-4 Gradleによる開発

Javaでは、GradleというGroovyベースのビルドツールを利用している人もいることでしょう。Springは、Gradleを使って開発することもできます。その基本についてまとめておきましょう。

Gradleによる開発は?

MavenとSTSによる基本的なGradleプロジェクトの作成については、わかりました。が、Springの具体的な利用に入る前に、Mavenと並ぶもう1つのビルドツール「**Gradle**」による開発についても簡単に触れておくことにしましょう。

本書では、Gradleについては特に大きくページを割いて説明は行いません。その理由は、「**STSのSpringレガシープロジェクトがMavenのみに対応している**」ためです。またSTSでは、Mavenは最初から統合されていますが、Gradleについては組み込まれておらず、独自にプラグインなどをインストールして組み込みセットアップしなければ使えないのです。

本書では、これからSTSのSpringレガシープロジェクトをベースに解説を行っていくため、対応していないGradleについては基本的に言及しません。

「**ではSpringではGradleは使わないほうがいいのか?**」というと、そういうわけではありません。

Spring スタータープロジェクトの対応

STSでは、Springレガシープロジェクトの他に、「**Springスタータープロジェクト**」も用意されています。こちらのプロジェクトでは、作成時にMavenとGradleのどちらも選択することが可能です。

ただし、既に説明したように、Springスタータープロジェクトとは、**Spring Boot**というフレームワークをベースにした開発を行うのに用いるものです。本書では、Spring Bootは**第9章**以外では用いないため、Springスタータープロジェクトを使うことが、あまりありません。Springスタータープロジェクトを多用するならば、Gradleを使う利点は十分にあります。

Note

Spring Bootについては、**第9章**で簡単に触れています。本格的に学習するには、2018年1月刊行予定の姉妹書『Spring Boot 2プログラミング入門』をご覧下さい。

Spring サイトの対応

Springの各プロジェクトのサイト(https://spring.io/projects)には、それぞれのプロジェクトごとにQuick Startが用意されています。そこでは、フレームワークを利用する際に用意するビルドファイルが掲載されています。ここでは、MavenとGradleの両ツールのビルドファイルが掲載されており、GradleでもMavenと同様にフレームワークの利用を開始できるようになっています。

また、Spring Initializer (https://start.spring.io/) というページでは、Spring Bootを利用したプロジェクトを作成できますが、これもMavenとGradleの両ツール対応になっています。Springのサイトを見る限り、MavenとGradleはどちらも同程度に対応しているのです。

——以上のような点から、Gradleは「**STSでSpringレガシープロジェクトを使う**」という場合には利用できませんが、Spring Bootによる開発や、Gradleをコマンドベースで使う分には問題なく利用できます。

Gradleのインストール

Gradleを利用するためには、あらかじめGradleをインストールし、gradleコマンドへのパスを通しておかなければいけません。Gradle本体は以下のアドレスより入手できます。ここから最新版をダウンロードしてください。

https://gradle.org/releases/

図2-27：Gradleの配布ページ。

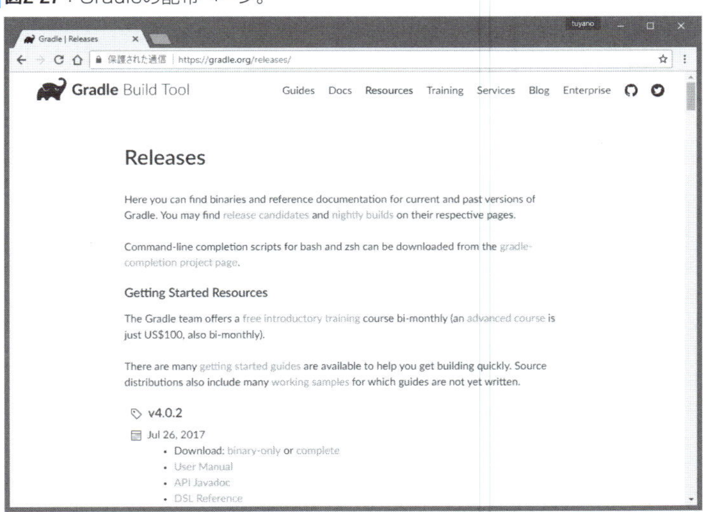

Gradleは、Zip圧縮ファイルの形で配布されています。これを展開して適当な場所に配置して下さい。そして、Gradle内の「**bin**」ファイルのパスを環境変数pathに追加しておきましょう。

Note

環境変数pathへの追加方法については、**第1章1-1節**の「Mavenを準備する」を参照して下さい。

Gradleプロジェクトを作る

では､Gradleを使った開発について簡単に説明しましょう。コマンドベースでプロジェクトを作成します。

コマンドプロンプトまたはターミナルを起動し、cdコマンドでプロジェクトを作成する場所に移動します。ここではデスクトップに移動することにします。

```
cd Desktop
```

そして、mkdirコマンドを使ってプロジェクトのフォルダを用意します。ここでは「**MyGradleApp**」という名前にしておきましょう。そして作成後、このフォルダ内に移動します。

```
mkdir MyGradleApp
cd MyGradleApp
```

Gradleの初期化を、「**gradle init**」というコマンドを使って実行します。

```
gradle init
```

これにより、フォルダ内にGradle利用のためのファイルやフォルダ類が作成されます。

図2-28：MyGradleAppフォルダを作成し、gradle initで初期化をする。

プロジェクトの構成

作成されたファイル・フォルダ類は、以下のようになります。

「.gradle」フォルダ	キャッシュなどGradleのプログラムが利用するファイル類が保存されます。
「gradle」フォルダ	Gradle Wrapperというプログラムが保存されています。
build.gradle	Gradleのビルドファイルです。ビルドの内容をGroovyで記述したスクリプトファイルです。
settings.gradle	Gradleの設定情報を記述したスクリプトファイルです。
gradlew/gradlew.bat	gradlewというコマンドします。

これらの内、実際にビルドのために使うのは「**build.gradle**」ファイルのみと考えてよいでしょう。このファイルを編集してビルドの内容を記述し、プログラムのソースコードなどを作成していく、というわけです。

図2-29：gradle initで作成されるファイル・フォルダ類。

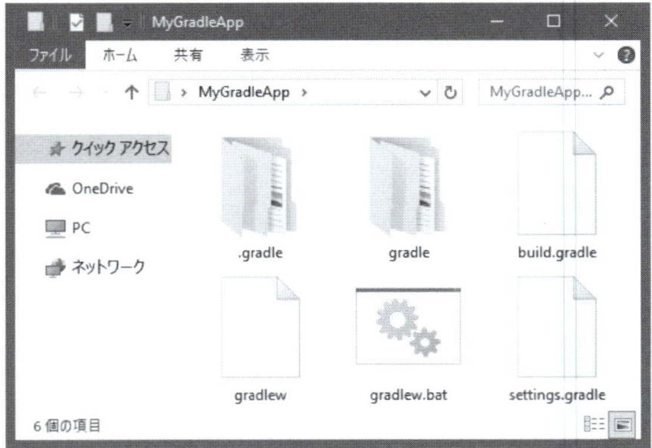

ソースコードを用意する

では、プログラムを用意しましょう。これは、実は簡単に用意できます。それは、Mavenコマンドで作ったプロジェクトの「**src**」フォルダをそのまま拝借すればいいのです。

実は、Gradleでプロジェクトに用意するプログラムは、Mavenの「**src**」フォルダとまったく同じなのです。「**src**」内に「**main**」と「**test**」があり、それぞれの中に更に「**java**」があって、その中にソースコードがまとめられる、という構成になっています。

では、先にMavenコマンドで作成したプロジェクトの中から「**src**」フォルダをコピーし、「**MyGradleApp**」フォルダ内にペーストしてソースコードファイルを用意しましょう。この中にあるApp.javaは、以下のようにしておきました。

リスト2-6

```
package jp.tuyano.spring.sample1;

public class App {

  public static void main(String[] args) {
    System.out.println("Welcome to Spring world with Gradle!");
  }
}
```

ごく単純なもので、Springの機能も特に使ってはいません。とりあえず動作確認するだけですからこの程度でいいでしょう。

build.gradleの編集

では、ビルドファイルを作成しましょう。build.gradleをテキストエディタ等で開き、以下のように内容を修正して下さい。

リスト2-7

```
apply plugin: 'java'

repositories {
  jcenter()
}

dependencies {
  compile 'org.springframework:spring-context:5.0.0.RELEASE'
  compile 'org.slf4j:slf4j-api:1.7.25'
  testCompile 'junit:junit:4.12'
}

task run(type: JavaExec) {
  main = 'jp.tuyano.spring.sample1.App'
  classpath = sourceSets.main.runtimeClasspath
}
```

ここでは、**Spring 5.0.0.RELEASE**というバージョンを利用するように記述しています。更に新しいバージョンがリリースされたときは、**compile**に記述されている「**5.0.0.RELEASE**」という部分を新しいバージョンに書き換えて下さい。

repositories について

build.gradleは、大きく3つの部分に分かれています。最初にある「**repositories**」は、**リポジトリ**（ライブラリ類が登録されているサイトに関する情報）を設定しているところです。ここでは、以下の文だけ書かれています。

```
jcenter()
```

これは、Gradleの標準リポジトリサイトの設定を行うメソッドです。これを呼び出せば、通常はリポジトリの設定は完了です。

dependencies について

dependenciesは、プロジェクトで利用するパッケージ（ライブラリなどのこと）を指定します。

ここでは、compileとtestCompileという2つのメソッドを使っています。前者がプログラムをコンパイルする際に使うもの、後者がテスト時に使うものを設定します。

ここでは、「**Spring Context**」「**SLF4J**」「**JUnit**」といったライブラリを設定しています。Springのコア部分を使うための最低限の構成と考えて下さい。

task について

最後に「**task run**」がありますが、これは「**run**」というタスクを定義します。タスクとは、Gradleで実行する処理を定義するもので、このrunでは、jp.tuyano.spring.sample1.Appクラスをアプリケーションとして実行する処理を記述しています。

プログラムのビルドと実行

では、Gradleによるビルドと実行をしてみましょう。プログラムのビルドは、以下のように実行して行えます。

```
gradle build
```

図2-30：gradle buildを実行してプログラムのビルドを行う。

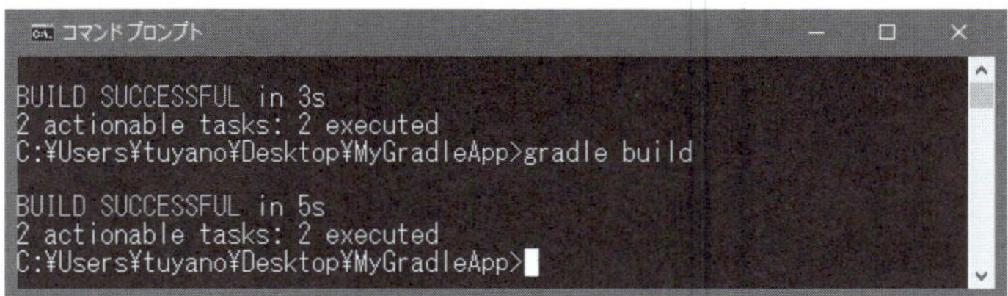

Note

「gradle compileJava」といったコマンドでも行うことができます。compileJavaはプログラムのコンパイルを行うものですが、buildは更にプログラムをJARファイルなどにパッケージ化するところまで行います。

run タスクを実行する

では、ビルドしたプログラムを実行しましょう。以下のようにコマンドを実行して下さい。

```
gradle run
```

図2-31：gradle runを実行すると、runタスクが実行され、Appクラスが実行される。

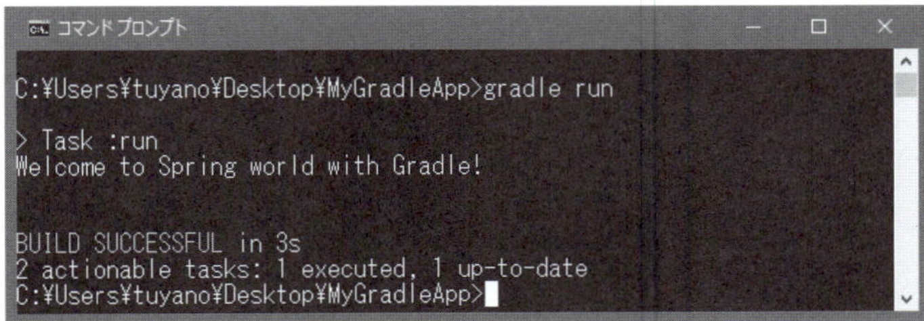

これで、Appクラスがアプリケーションとして実行され、「**Welcome to Spring world with Gradle!**」のテキストが出力されます。

build.gradleの説明を行った際に、「**runタスク**」を定義していましたね。gradle runは、runタスクを実行します。Gradleでは、このようにビルドファイルにタスクを定義しておき、それを実行します。複雑な処理を行わせたければ、それらを実行するタスクを定義すればいい、というわけです。

本書では、Gradleの使い方について、「**このような手順でGradleベースのSpringプログラムは作成できる**」ということだけ理解しておきましょう。

Chapter 3

Dependency Injection の基本

SpringはMavenやGradleといったビルドツールや、STSといった開発ツールでプロジェクトを作成します。作成されるプログラムは、「Dependency Injection(DI)」という技術を使ってSpringの機能を組み込みます。まずは、Springの基本技術であるDIの働きについて説明しましょう。

3-1 Beanの利用とDI

Spring DIは「Beanを利用するための機能」です。Beanクラスを作成し、どのようにしてBeanが利用されるのか、その基本をしっかりと理解しましょう。

Beanクラスを作成する

ようやくMavenを利用したプロジェクト作成について一通り理解し、開発を始める準備が整いました。では作成したプロジェクトをベースに、DIを利用していくことにします。まず最初に、Beanクラスの作成から行うことにしましょう。

DIは、依存性を外部から注入します。コンポーネント化され、汎用化されたクラスを利用する際に必要な依存性を、そのコンポーネント利用のコードから切り離す、ということが目的です。

このコンポーネントとなるプログラムは、一般的にはJavaBeansの「**Beanクラス**」として用意されることになるでしょう。ですから、DIを利用するには、「**まず、コンポーネントをBeanクラスとして用意し、それをDIで利用する**」という流れで開発を行うことになります。

では、ごく簡単なBeanクラスのサンプルとして「**MyBean**」を作成することにしましょう。**第2章**で解説したAppクラスと同様、jp.tuyano.spring.sample1パッケージに配置します。

Mavenで開発を行う場合には、src/main/java/jp/tuyano/spring/sample1/ディレクトリ内に直接「**MyBean.java**」ファイルを作成してください。現時点では他の作業は一切不要です。

STS による Bean の作成

STSの場合には、**第2章**の実習と同じように、クラスとしてBeanを作成します。パッケージエクスプローラーで、src/main/java内にある「**jp.tuyano.spring.sample1**」パッケージを選択し、＜**File**＞メニューの＜**New**＞内にある＜**Class**＞メニューを選びます。そして現れたダイアログで以下のように設定を行って下さい。

Source folder	MySampleApp1/src/main/java（デフォルトのまま）
Package	jp.tuyano.spring.sample1（デフォルトのまま）
Enclosing type	OFF
Name	MyBean
Modifiers	「public」のみON
Superclass	java.lang.Object（デフォルトのまま）
Interfaces	空白のまま
それ以降のチェックボックス	すべてOFF

「**Finish**」ボタンを押すと、jp.tuyano.spring.sample1パッケージに「**MyBean.java**」ファイルが作成されます。

図3-1：クラスの作成ダイアログでMyBeanクラスを作る。

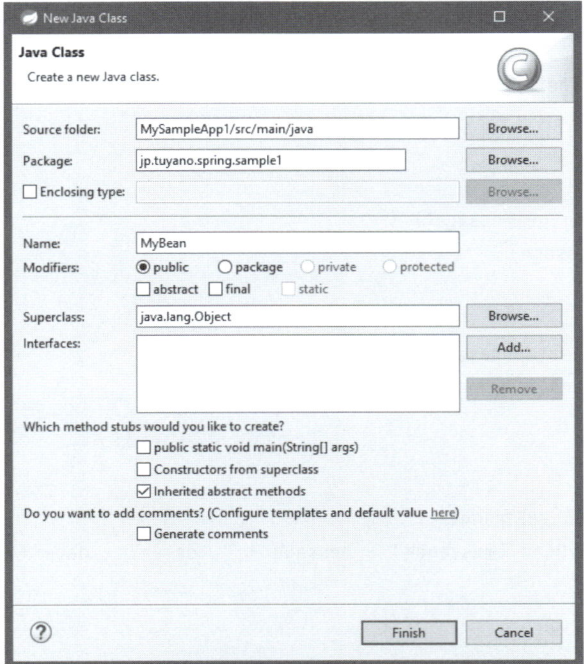

MyBeanのソースコードを作成する

では、作成されたMyBean.javaを開き、ソースコードを記述しましょう。今回は簡単なメッセージを表示するだけのものを考えておきましょう。

リスト3-1

```
package jp.tuyano.spring.sample1;

import java.util.Calendar;
import java.util.Date;

public class MyBean {
  private Date date;
  private String message;

  public MyBean() {
    super();
    this.date = Calendar.getInstance().getTime();
```

```
    }
    public MyBean(String message) {
        this();
        this.message = message;
    }

    public Date getDate() {
        return date;
    }

    public String getMessage() {
        return message;
    }

    public void setMessage(String message) {
        this.message = message;
    }

    @Override
    public String toString() {
        return "MyBean [message=" + message + ", date=" + date + "]";
    }

}
```

messageとdataというprivateフィールド、それぞれのアクセサ、2種類のコンストラクタ、そしてtoStringを用意しておきました。特別なことなど何もしていない、ごく一般的なBeanクラスですね。

MyBeanを利用する

では、このMyBeanを利用するコードを作成しましょう。App.javaを以下のように書き換えてみてください。

リスト3-2

```
package jp.tuyano.spring.sample1;

public class App {

    public static void main(String[] args) {
        MyBean bean = new MyBean("This is Bean sample!");
        System.out.println(bean);
    }
}
```

図3-2：Appクラスを実行すると、MyBeanの内容が出力される。

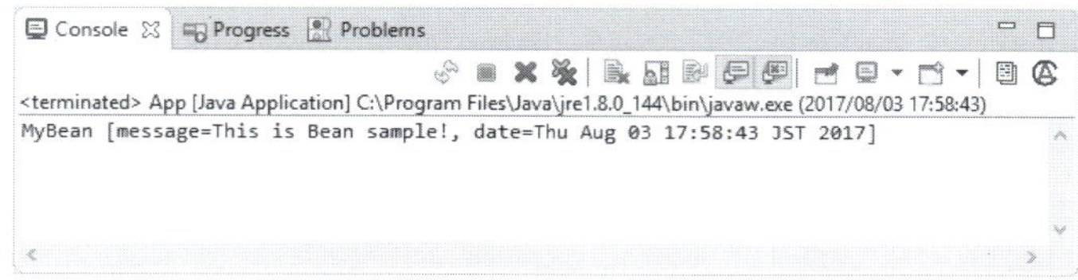

new MyBeanでインスタンスを作成し、これをprintlnで出力しています。記述したら、Appクラスを実行してみてください。以下のようにメッセージが出力されます（dateの値は実行した日時によって変わります）。

```
MyBean [message=This is Bean sample!, date=Wed Oct 18 12:18:11 JST 2017]
```

ここまでは、ごく当たり前のBean利用の仕方です。まだDIはまったく使っていませんから、やっていることは説明するまでもないでしょう。

MyBean利用の問題点

こんなに単純なコードですが、このAppクラスでのMyBean利用には「**汎用性、柔軟性**」という観点から見て問題がないでしょうか。ちょっと考えてみてください。

コードでBeanを処理する問題

このMyBeanは、他のところに簡単に移せるでしょうか。あるいは他のクラスに置き換え可能でしょうか。MyBeanに保管される値を変更する場合、どのような作業が必要となるでしょうか。

こうした観点からコードを見ると、**new MyBean("This is Bean sample!")**というインスタンス生成部分に「**依存性**」があることに気がつきます。MyBeanインスタンスを生成する作業は、直接コードとして記述されています。保管される値もnewする際に直接コードで設定されています。messageに保管するテキストを変える場合は、ソースコードを直接書き換え、再コンパイルしなければいけません。

Beanを利用する際、「**そのBeanのためだけにしか役に立たないコード**」を記述することは、柔軟性を失わせるのです。

もし、MyBeanのインスタンスを生成する処理とmessageに値を保管する処理をApp内から切り離して扱うことができたなら、Appクラスは柔軟性を失わずに済むでしょう。

Bean構成ファイルを作成する

では、DIを利用すると、Bean利用がどう変わるかやってみましょう。SpringでのBeanの利用には、「**Bean構成ファイル**」を作成します。これは**XML**で記述されたファイルで、その情報を元にBeanのインスタンスを自動生成し、プログラム内で利用できるようにするのです。

まずは、このBean構成ファイルを作成しましょう。

Maven での Bean 構成ファイル作成

Mavenを利用する場合は、/src/main/内に、新たに「**resources**」という名前のフォルダを作成して下さい。これはリソース関連のファイルを配置しておくための場所です。この中にBean構成ファイルを用意します。ファイル名は**bean.xml**としておきましょう（ソースコードは後述します）。

STS での Bean 構成ファイルの作成

続いて、STSを利用する場合についてです。STSでは、Bean構成ファイルは専用のメニューを使って作成することができます。

パッケージエクスプローラーから、プロジェクト内のsrc/main/resources/フォルダを選択し、＜**File**＞メニューの＜**New**＞内から、＜**Spring Bean Configuration File**＞というメニューを探して選んで下さい。

図3-3：＜Spring Bean Configuration File＞メニューを選ぶ。

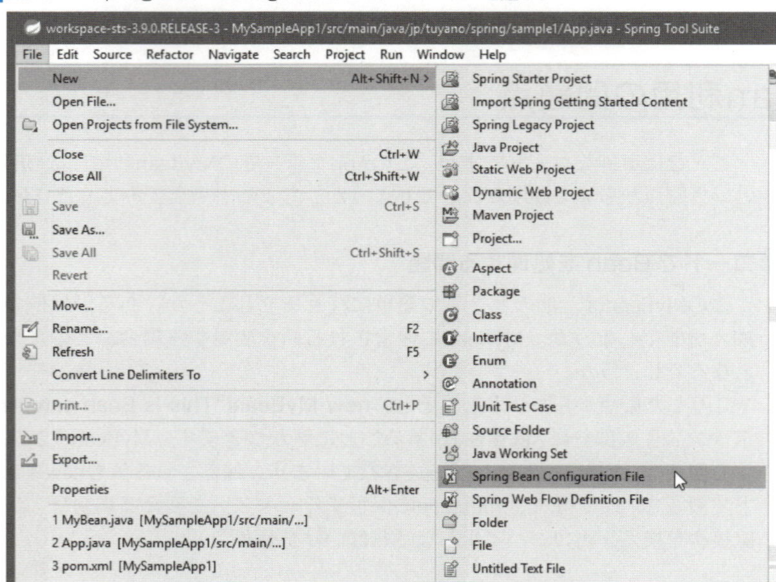

Bean 構成ファイル作成ダイアログの設定

画面に「**Create a new Spring Bean Definition file**」というタイトルのダイアログウインドウが現れます。これがBean構成ファイルを作成する設定を行うダイアログです。

ここには以下のような項目があります。それぞれを設定して下さい。

Enter or select the parent folder	ファイルを保存する場所を示します。上にテキストを入力するフィールドがあり、その下には、プロジェクトのフォルダが階層的にリスト表示されています。これは、ファイルを保存する場所を選択します。ここでは、プロジェクトの「reources」フォルダが選択されているはずです（もし、選択されていなければ、これをクリックして選択して下さい）。これで、上のフィールドに自動的にフォルダのパス（MySampleApp1/src/main/resources）が設定されます。
File name	作成するファイルの名前を入力します。ここでは「bean」と記入しておきましょう。
Advanced>>	より高度な設定のためのボタンです。これは触らないでおきましょう。
Add Spring project nature if required	Springプロジェクトとして必要なものを組み込みます。デフォルトではONになっています。既にSpringプロジェクトとして作成してありますから、ONでもOFFでもかまいません。

図3-4：ダイアログで保存場所とファイル名を指定する。

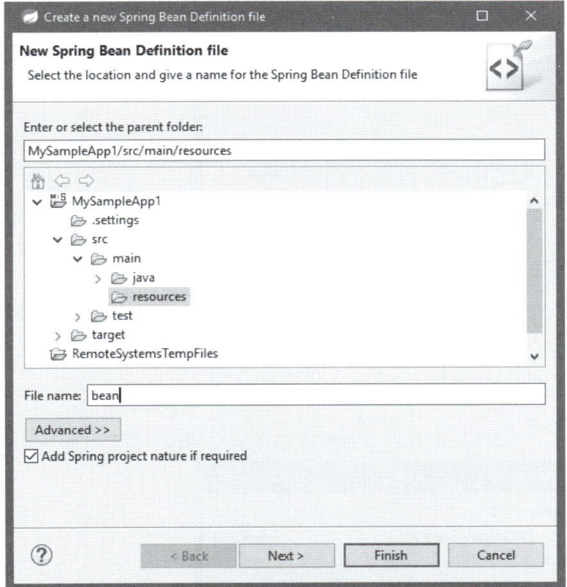

XSD名前空間の設定

「**Next**」ボタンを押して次に進むと、「**Select XSD namespaces to use with the new Spring Bean Definition** 」と表示された画面になります。この画面では、XSD名前空間の定義が一覧リストで表示されます。**XSD**（XML Schema Definition、XMLスキーマ定義）は、XMLで記述される内容に関する具体的な定義を行います。ここで、Bean構成ファイルで記述する内容のためのXSDを設定しておきます。

リストから「**beans - http://www.springframework.org/schema/beans**」という項目をONにします。この項目を選択すると、下にXSDのバージョンがリスト表示されるので、一番上の「**http://www.springframework.org/schema/beans/spring-beans.xsd**」という項目をONにしておきます。

図3-5：XSDの設定。beansをONにし、下のリストから一番上にある項目をONにする。

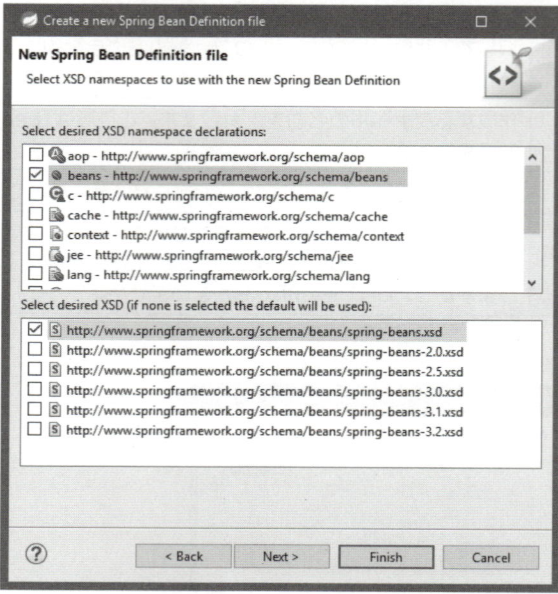

Spring Bean 設定の追加

「**Next**」ボタンで次に進むと、「**Add the new Spring Bean definition to Bean Config Sets**」という表示が現れます。ここで、Spring関連のBeanを追加します。特に追加する必要のあるものはないので、そのままにしておきます。

図3-6：設定の追加画面。今回は何もしないでFinishすればファイルが作成される。

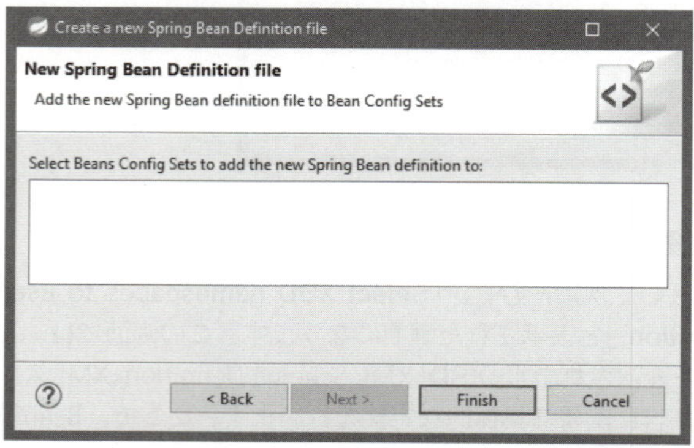

ここまできたら、「**Finish**」ボタンをクリックし、ファイルを生成して下さい。src/main/resources内に、「**bean.xml**」ファイルが作成されます。

bean.xmlの内容をチェック

では、生成されたbean.xmlの中身を見てみましょう。以下のようなコードが記述されているのがわかります。

リスト3-3

```
<?xml version="1.0" encoding="UTF-8"?>
<beans xmlns="http://www.springframework.org/schema/beans"
  xmlns:xsi="http://www.w3.org/2001/XMLSchema-instance"
  xsi:schemaLocation="http://www.springframework.org/schema/beans
    http://www.springframework.org/schema/beans/spring-beans.xsd">

</beans>
```

<beans>タグがあるだけで、特に中身はまだありません。このタグの中に、具体的なBeanの情報を記述していきます。

bean.xmlを完成させる

では、先ほどのMyBeanクラスのインスタンス設定をbean.xmlに追加しましょう。bean.xmlを以下のように書き換えて下さい。

リスト3-4

```
<?xml version="1.0" encoding="UTF-8"?>
<beans xmlns="http://www.springframework.org/schema/beans"
  xmlns:xsi="http://www.w3.org/2001/XMLSchema-instance"
  xsi:schemaLocation="http://www.springframework.org/schema/beans
    http://www.springframework.org/schema/beans/spring-beans.xsd">

  <bean id="mybean1" class="jp.tuyano.spring.sample1.MyBean">
    <property name="message" value="this is sample bean!"></property>
  </bean>
</beans>
```

これで、MyBeanを「**mybean1**」という名前のインスタンスとして生成するための記述ができました。なお、このサンプルではMyBeanインスタンスを作成してmessageプロパティを設定する形で記述してありますが、コンストラクタにmessageの引数を渡してインスタンス生成する形で記述することもできます。この場合は以下のようになります。

リスト3-5

```
<?xml version="1.0" encoding="UTF-8"?>
<beans xmlns="http://www.springframework.org/schema/beans"
  xmlns:xsi="http://www.w3.org/2001/XMLSchema-instance"
  xsi:schemaLocation="http://www.springframework.org/schema/beans
    http://www.springframework.org/schema/beans/spring-beans.xsd">
```

```
  <bean id="mybean1" class="jp.tuyano.spring.sample1.MyBean">
    <constructor-arg type="String" name="message" value="this is sample bean!">
    </constructor-arg>
  </bean>
</beans>
```

<bean>タグの記述について

bean.xmlでは、**<bean>**というタグを使ってMyBeanインスタンスの設定を記述しています。これは以下のように記述をします。

■<bean>タグの基本形

```
<bean
  id="インスタンス名"
  class="クラスの指定">
```

idは<bean>の識別子で、bean.xmlを利用する際、このidの値を指定してBeanインスタンスを生成します。**class**にはクラス名を指定します。パッケージ名からすべて正確に記述して下さい。

プロパティの設定

リスト3-4では、作成したMyBeanインスタンスにmessageプロパティを設定するタグを記述していました。これを行っているのが**<property>**タグです。以下のように記述します。

```
<property
  name="プロパティ名"
  value="値">
```

<bean>タグ内にこのタグを記述することで、作成したBeanインスタンスにプロパティを設定することができます。

コンストラクタの引数

bean.xmlの記述例として、コンストラクタの引数を指定した書き方も挙げておきましたね(**リスト3-5**)。**<constructor-arg>**というタグを使用し、以下のように記述をします。

```
<constructor-arg
  type="タイプ名"
  name="引数名"
  value="値">
```

このようにしてコンストラクタの引数に指定する値を用意することで、デフォルトコンストラクタ以外のコンストラクタを使ってインスタンスを生成させることができます。

Appクラスを書き換える

これでbean.xmlはできました。では、このbean.xmlを利用してMyBeanインスタンスを作成し、利用するコードを用意しましょう。App.javaを以下のように書き換えて下さい。

リスト3-6

```
package jp.tuyano.spring.sample1;

import org.springframework.context.ApplicationContext;
import org.springframework.context.support.ClassPathXmlApplicationContext;

public class App {

  private static ApplicationContext app;

  public static void main(String[] args) {
    app = new ClassPathXmlApplicationContext("bean.xml");
    MyBean bean = (MyBean)app.getBean("mybean1");
    System.out.println(bean);
  }
}
```

これで完成です。できあがったら、パッケージエクスプローラーから「**App.java**」を選択して、<**Run**>メニューから<**Run**>を選んでプログラムを実行してみましょう。既に実行したことがあれば、<**Run**>メニューの<**Run History**>内に、<**App**>メニューが追加されているはずですので、これを選んでも実行できます。あるいは、ツールバーにある「**Run**」ボタン（CDやDVDプレーヤーの再生アイコンが表示されたボタン）をクリックすると、これまで実行したRun設定がメニューで現れるので、ここから選ぶこともできます。

実行すると、コンソールにいくつか赤いメッセージが表示された後、以下のようなテキストが出力されます。

```
MyBean [message=this is sample bean!, date=Wed Oct 18 14:33:31 JST 2017]
```

これは、生成されたMyBeanインスタンスをprintlnで出力した結果です。bean.xmlで「**this is sample bean!**」というテキストがmessageプロパティに設定されていることがわかるでしょう。確かにbean.xmlからインスタンスが作成されています。

図3-7：bean.xmlからMyBeanインスタンスを生成して出力する。DIでBeanが生成されているのがわかる。

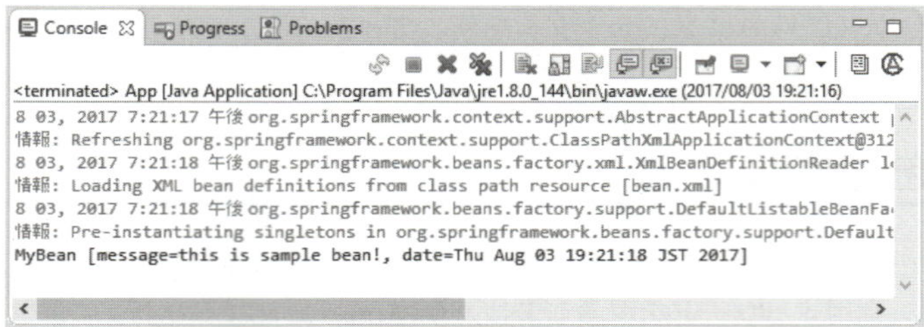

ClassPathXmlApplicationContextを利用する

リスト3-6のAppクラスで行っていることは、bean.xmlを読み込み、それを元にMyBeanインスタンスを生成する、という作業です。この処理について説明しましょう。

ApplicationContextとは？

Appクラスには以下のようなprivateフィールドが追記されています。これは**ApplicationContext**クラスのインスタンスを保管しておくためのものです。

```
private static ApplicationContext app;
```

このApplicationContextというのは、アプリケーション全体で使われる各種の**コンテキスト**を管理するクラスです。コンテキストという用語は、アプリケーションで使われる設定や各種の情報などを表すのに使われます。Springでは、「**Beanのこと**」と考えていいでしょう。

第2章で、Beanを管理する**IoCコンテナ**について説明しましたが、このApplicationContextクラスがIoCコンテナだといえます。このApplicationContextで各種のBeanが管理され、取得されたBeanによってアプリケーションのさまざまな情報が得られるようになっているのです。アプリケーションで利用するBeanは、すべてこのApplicationContextを使って取得します。

ClassPathXmlApplicationContextの作成

Springには、いくつかのApplicationContextのサブクラスが用意されています。ここで利用している**ClassPathXmlApplicationContext**クラスもその1つで、Bean構成ファイルを使ってBeanを管理するためのApplicationContextです。

```
app = new ClassPathXmlApplicationContext("bean.xml");
```

ここでは、このようにしてインスタンスを作成しています。引数に**"bean.xml"**と指定することで、bean.xmlを利用するApplicationContextインスタンスが作成されます。

MyBeanの取得名前を指定する方法

作成されたApplicationContextからBeanインスタンスを取得するのが「**getBean**」メソッドです。これは以下のように利用します。

```
MyBean bean = (MyBean)app.getBean("mybean1");
```

引数には、Beanの名前を指定します。これは、bean.xmlで<bean>タグのidに指定していた値です。取り出されたBeanを、MyBeanにキャストして利用すればいいのです。

クラスを指定する方法

getBeanによるBean取得のやり方には、実はもう1つあります。それは、「**クラス**」を指定するのです。例えば、MyBeanクラスのインスタンスを取り出したければ、このように書くこともできます。

```
MyBean bean =app.getBean(MyBean.class);
```

引数に、**MyBean.class**を指定していますね。このgetBeanは、Bean構成ファイル(bean.xml)の内容をもとに、IoCコンテナであるApplicationContextMyBeanクラスのインスタンスを取り出すことができます。後述しますが、Springでは「**1つのクラスにつき1つのBean(インスタンス)**」しか保管できません。ですから、クラスを指定すれば、そのBeanは常に1つ(あるいはゼロ)しか見つからないのです。

クラスを指定する方法は、取り出したBeanをキャストする必要がなく、すっきりします。一方、名前を指定するやり方は、テキストの値として取り出すBeanを指定しますので、いろいろと応用ができるでしょう。その時々で使いやすい方法でBeanを取得すればよいでしょう。

依存性は排除されたか?

このAppクラスの処理を見てみると、mainメソッドで実行しているコードには、MyBeanインスタンス生成のための個別の処理は一切用意されていないことがわかります。例えば、messageプロパティにテキストを設定する処理などはありません。これはbean.xmlの記述を元に自動的に行われます。

万が一、messageの値が変更になったとしても、bean.xmlを書き換えるだけで済みます。ビルドされたプログラムには何ら影響を与えないのです。もちろん、クラスを再コンパイルする必要もありません。依存性を排除し、外部から注入することで、MyBeanとAppは関係を粗にすることができます。

ただし、現時点では取得したBeanのインスタンスをそのままMyBeanにキャストしているため、MyBean以外のクラスに差し替える、といったことはまだできません(その辺りについては、**3.2節**で後ほど考えることにします)。

Maven利用の場合

ここで、STSを使わずMavenをそのまま利用した場合のプロジェクトの操作についても触れておきましょう。作成したサンプルをMaven利用のプロジェクトで実装するにはどうすればいいか、順に整理しておきます。

第2章で、Mavenコマンドを使ってプロジェクトを作成しましたね。これをベースに説明をしていきましょう。

ファイルの作成

/src/main/resources/内に作成したbean.xml、そしてApp.javaのソースコードを変更しましょう。これらは、基本的にSTSで作成したのと同じように記述してかまいません。

pom.xml の編集

続いて、pom.xmlを変更します。先に作成したMavenプロジェクトのpom.xml（**リスト2-2**）を修正しましょう。これは、STSのpom.xml（**リスト2-3**）とは記述してあるタグなどがだいぶ違っていますので、注意して下さい。

リスト3-7

```
<project xmlns="http://maven.apache.org/POM/4.0.0"
   xmlns:xsi="http://www.w3.org/2001/XMLSchema-instance"
  xsi:schemaLocation="http://maven.apache.org/POM/4.0.0
    http://maven.apache.org/xsd/maven-4.0.0.xsd">

  <modelVersion>4.0.0</modelVersion>
  <groupId>org.springframework.samples</groupId>
  <artifactId>MySampleApp1</artifactId>
  <version>0.0.1-SNAPSHOT</version>

  <properties>

    <!-- Generic properties -->
    <java.version>1.8</java.version>
    <project.build.sourceEncoding>UTF-8</project.build.sourceEncoding>
    <project.reporting.outputEncoding>UTF-8</project.reporting.outputEncoding>

    <!-- Spring -->
    <spring-framework.version>5.0.0.RELEASE</spring-framework.version>

    <!-- Logging -->
    <logback.version>1.2.3</logback.version>
    <slf4j.version>1.7.25</slf4j.version>

    <!-- Test -->
    <junit.version>4.12</junit.version>

  </properties>
```

```
<dependencies>
  <!-- Spring and Transactions -->
  <dependency>
    <groupId>org.springframework</groupId>
    <artifactId>spring-context</artifactId>
    <version>${spring-framework.version}</version>
  </dependency>

  <!-- Logging with SLF4J & LogBack -->
  <dependency>
    <groupId>org.slf4j</groupId>
    <artifactId>slf4j-api</artifactId>
    <version>${slf4j.version}</version>
    <scope>compile</scope>
  </dependency>
  <dependency>
    <groupId>ch.qos.logback</groupId>
    <artifactId>logback-classic</artifactId>
    <version>${logback.version}</version>
    <scope>runtime</scope>
  </dependency>

  <!-- Test Artifacts -->
  <dependency>
    <groupId>org.springframework</groupId>
    <artifactId>spring-test</artifactId>
    <version>${spring-framework.version}</version>
    <scope>test</scope>
  </dependency>
  <dependency>
    <groupId>junit</groupId>
    <artifactId>junit</artifactId>
    <version>${junit.version}</version>
    <scope>test</scope>
  </dependency>

</dependencies>

<build>
  <plugins>
    <plugin>
      <groupId>org.codehaus.mojo</groupId>
      <artifactId>exec-maven-plugin</artifactId>
      <version>1.6.0</version>
```

```
            <configuration>
               <mainClass>jp.tuyano.spring.sample1.App</mainClass>
            </configuration>
         </plugin>
      </plugins>
   </build>
</project>
```

STSのプロジェクトに自動生成されたpom.xml（**リスト2-3**）では、不要な項目まで一通り用意されていましたが、ここでは現時点で使っていないライブラリの記述はカットしてあります。逆に、Mavenでプロジェクトを実行するために必要となるプラグインの記述を追加してあります。

Column Spring 5のバージョンについて

Spring Frameworkは、本書執筆時点で5.0.0.RELEASEというver. 5の正式版がリリースされています（更にマイナーチェンジした5.0.2.RELEASEも出ています）。が、この正式バージョンでは、環境により一部動作不良となる現象が確認できました。

これは特定の環境によるものか、あるいはアップデートにより解消されるのか、そのあたりが判然としないため、万が一、正式版で動作に問題がある場合は、1つ前のRC4版を試してみて下さい。

これには、pom.xmlの以下の部分を修正します。

①spring-framework.versionプロパティの修正

```
<spring-framework.version>5.0.0.RELEASE</spring-framework.version>
```

↓

```
<spring-framework.version>5.0.0.RC4</spring-framework.version>
```

②リポジトリの追加（</project>の直前に追記）

```
<repositories>
   <repository>
      <id>spring-milestones</id>
      <name>Spring Milestones</name>
      <url>https://repo.spring.io/libs-milestone</url>
      <snapshots>
         <enabled>false</enabled>
      </snapshots>
   </repository>
</repositories>
```

これでRC4版を利用できるようになります。Spring Frameworkは活発にアップデートがされているので、本書執筆時に遭遇した動作不良も既に解消されている可能性もあります。もし問題が発生した場合は、定期的にspring.ioサイトにてフレームワークのアップデート情報をチェックするように心がけて下さい。

pom.xmlの内容について

では、作成したpom.xmlについて説明しましょう。

まず、最初の部分で**<properties>**というタグが用意されています。ここで、テキストエンコーディングの指定の他に、使用するライブラリ類のバージョン情報がまとめられています。

```
<spring-framework.version>5.0.0.RELEASE</spring-framework.version>
<logback.version>1.2.3</logback.version>
<slf4j.version>1.7.25</slf4j.version>
<junit.version>4.12</junit.version>
```

これらは、それぞれタグに指定した名前で値を用意しています。例えば、<spring-framework.version>というタグは、**${spring-framework.version}**という変数に5.0.0.RELEASEという値が設定されることを表します。更に新しいバージョンを利用する場合は、この値を最新バージョンに書き換えて下さい。

<dependency> タグ

pom.xmlの記述の中でもっとも重要なのは、依存ライブラリをまとめた<dependencies>タグでしょう。この中に追加された<dependency>タグを見ていけば、どんなライブラリが使われるかがわかります。ここでは、最初に**Spring Context**のタグが追加されています。

```
<dependency>
  <groupId>org.springframework</groupId>
  <artifactId>spring-context</artifactId>
  <version>${spring-framework.version}</version>
</dependency>
```

<groupId>と<artifactId>は、このプログラムを特定しますから、必ずこの通りに記述して下さい。変更すると正しくライブラリが認識できません。また<version>には、${spring-framework.version}という値が設定されていますが、これは、すでに述べたように<properties>タグに用意したバージョンの値を指定します。Spring関係では、いくつものライブラリにSpringのバージョンを指定することが多いので、このようにバージョン名をプロパティとして用意し、それを参照する形にしたほうが後々便利です。

Spring Contextの後に、いくつかのライブラリの<dependency>タグが記述されています。それぞれ簡単に説明しておきましょう。

SLF4J/logback-classic

SLF4Jは、ログ出力のための機能を提供するライブラリです。Springでは、このSLF4Jを使ってログ出力を行います。また、logback-classicは、SLF4Jで利用するライブラリです。

Spring Test

Springで開発するプログラムでユニットテストを行うためのフレームワークです。これ単体ではなく、内部からJUnitを利用してテストします。

JUnit

ユニットテストのためのライブラリです。これは、Mavenコマンドでプロジェクトを作成する際、最初から用意されます。テスト実行の際に必ず必要となるものなので削除しないで下さい。

Exec Mavenプラグインについて

このほか、<dependencies>タグの後に以下のようなタグが追加されています。かなりタグの構造がわかりにくいですが、これは「**プラグイン**」を追加するものなのです。プラグインとは、Mavenで実行される処理の途中に独自の処理を組み込むためのプログラムです。

```
<build>
  <plugins>
    <plugin>
      <groupId>org.codehaus.mojo</groupId>
      <artifactId>exec-maven-plugin</artifactId>
      <version>1.6.0</version>
      <configuration>
        <mainClass>jp.tuyano.spring.sample1.App</mainClass>
      </configuration>
    </plugin>
  </plugins>
</build>
```

<build>タグは、その名の通りビルド時に適用される各種の処理やビルドに必要な情報をまとめて管理します。この中に、**<plugins>**というタグが用意されています。これが「**プラグイン**」をまとめるためのタグです。

プラグインのタグは、**<plugin>**を使って記述されます。これは<project>タグの中に<build>タグを用意し、その中に<plugins>タグを用意して、更にその中に配置をする形になります。整理すると、以下のような構造で記述されます。

```
<build>
  <plugins>
    <plugin>
      ……プラグインの内容……
    </plugin>

    ……必要なだけ<plugin>を記述……
```

```
  </plugins>
</build>
```

ここで使っているのは、**Exec Maven**という、指定したクラスを実行するためのプラグインです。なぜ、そんなものを入れるのかというと、MavenでSpringのライブラリを組み込むようになると、単純にjavaコマンドでプログラムの実行が行えなくなるからです。

Mavenは、ライブラリをJavaのクラスパスとは別に独自の形で管理しているため、それらをすべて含める形で実行しなければいけません。これは、まぁ javaコマンドでもできないわけではありませんが、非常に面倒になるでしょう。今後、利用するSpringのライブラリが増えていけば、ほとんど管理しきれなくなります。

そこで、プログラム実行のためのプラグインを組み込み、起動処理を代行させよう、というわけです。ここで使ったプラグインは、**<configuration>**タグ内の**<mainClass>**タグを使い、起動するクラスを指定すると、そのクラスをMavenから実行できるようにします。

Milestoneリポジトリの登録について

先にコラムで、正式版の1つ前のRC版の利用について紹介をしましたが、その際、<repositories>というタグを追加しましたね。これについても触れておきましょう。

RC版はまだ正式版ではないため、Mavenの**セントラルリポジトリ**(標準のリポジトリサイト)に公開されていません。このため、開発版の配布サイトをリポジトリに登録する必要があります。それが、<repositories>タグの部分です。このような内容が記述してありましたね。

```
<repositories>
  <repository>
    <id>spring-milestones</id>
    <name>Spring Milestones</name>
    <url>https://repo.spring.io/libs-milestone</url>
    <snapshots>
      <enabled>false</enabled>
    </snapshots>
  </repository>
</repositories>
```

<repositories>は、**リポジトリ**(ライブラリなどの入手先として登録されるサイト)を登録するタグで、<repository>タグを使ってリポジトリの情報を記述します。このタグ内には、<id>、<name>、<url>、<snapshots>といったタグでリポジトリの情報を用意します。これらは、基本的に「**ここに掲載した通り丸写しにする**」と考えて下さい。これらが違っていると正しくリポジトリにアクセスできなくなります。

Mavenでは、セントラルリポジトリと呼ばれる標準のリポジトリサイトが用意されているため、通常はリポジトリの登録などは必要ありません。が、RC版は正式リリース前のものであるため、セントラルリポジトリには登録されていません。このため、Springの正式公開前のライブラリを登録してある「**Spring Milestones**」というリポジトリサイトを登録する必要があるのです。

正式リリースされたものを使う場合は、もちろんこれらは必要ありません。

Mavenでのプログラム実行

では、変更が全て終わったら実行してみましょう。プラグインを追加しているので、これを使ってプログラムを実行します。コマンドプロンプトまたはターミナルでプロジェクトのディレクトリ(ここでは「**MySampleApp1**」フォルダ)に移動し、以下のように実行をして下さい。

```
mvn exec:java
```

これでプロジェクトをビルドし、Appクラスを実行します。ビルドに付随して各種の情報が出力されるので実行結果がわかりにくいのですが、MyBean [message=this is sample bean!, date=○○]といったMyBeanの内容が出力されていることが確認できるでしょう。

図3-8：mvn exec:javaを実行する。BUILD SUCCESSという表示のやや上に、MyBeanの内容が出力されているのがわかる。これが実行結果だ。

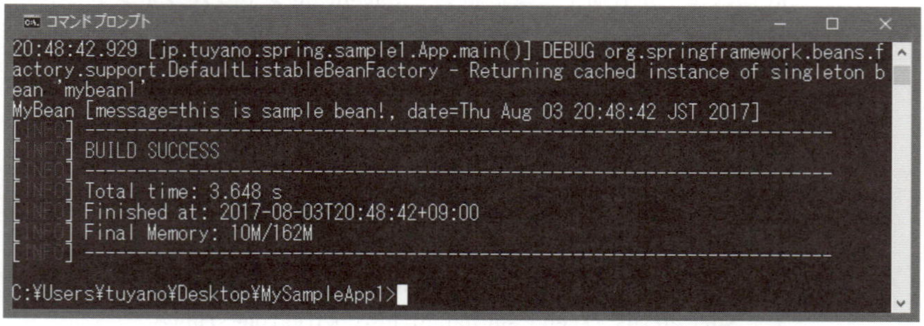

```
コマンドプロンプト
20:48:42.929 [jp.tuyano.spring.sample1.App.main()] DEBUG org.springframework.beans.factory.support.DefaultListableBeanFactory - Returning cached instance of singleton bean 'mybean1'
MyBean [message=this is sample bean!, date=Thu Aug 03 20:48:42 JST 2017]
[INFO] ------------------------------------------------------------------------
[INFO] BUILD SUCCESS
[INFO] ------------------------------------------------------------------------
[INFO] Total time: 3.648 s
[INFO] Finished at: 2017-08-03T20:48:42+09:00
[INFO] Final Memory: 10M/162M
[INFO] ------------------------------------------------------------------------

C:¥Users¥tuyano¥Desktop¥MySampleApp1>
```

Mavenの限界

実際に試してみるとわかりますが、Mavenを使って、すべて手作業で開発を行っていくのは、けっこう大変なことに気づきます。ファイルの作成や配置もすべて自分で管理しなければいけませんし、何より各種のXMLファイルの記述を間違えることなく行うのはかなり大変です。

STSでは、ファイルの生成のみならず、エディタでのソースコード入力支援機能などをフル活用することで、非常に快適に入力が行えます。STSは、Springの開発元が「**これで作って下さい**」と開発して無料で配布しているものですから、使わない理由はありません。Mavenによる開発の基本が一通りわかったところで、以後はSTS一本に絞って説明を続けることにしましょう。

なお、ここまでの作業で、Mavenベースのプロジェクトについてはpom.xmlを記述しましたが、STSで作成したプロジェクトについては、デフォルトのpom.xmlのまま使っていました。こちらは、利用しているSpringのバージョンが古いままになっています。

このままでも特に問題はありません(以後の章では、新たにプロジェクトを作成した際、pom.xmlも書き直してあります)。が、「**最新版でないとイヤだ**」という方は、Mavenベースのプロジェクトで記述したpom.xmlの内容をコピーし、STSのプロジェクトのpom.xmlにペーストして最新の状態に変更してから使って下さい。

3-2 依存性の排除

Beanは、ただ用意しただけでは完全に依存性を排除することはできません。インターフェイス化することで完全に置き換え可能なBeanにすることができます。Beanの利用について、更に検討をしていきましょう。

インターフェイス化する

では、MyBeanとAppとのつながりを更に粗にすることを考えてみましょう。プロパティの設定などをbean.xmlに切り離すことで、Appで使っている特定のインスタンス作成処理をコードから切り離すことはできました。けれど、まだ「**MyBeanクラスを使う**」というつながりはしっかりと残っています。これを、別のものに置き換えたりはできません。

もっとBeanをコンポーネント化するため、インターフェイス化していくことにしましょう。

＜Extract Interface...＞を利用する

パッケージエクスプローラーから「**MyBean.java**」を選択し、＜**Refactor**＞メニューから＜**Extract Interface...**＞メニューを選んで下さい。画面に、クラス内の要素をインターフェイスに切り離すためのダイアログが現れます。ここで以下のように設定を行いましょう。

Interface name	「MyBeanInterface」と入力
Members to declare in the interface	「getDate()」「getMessaeg()」 「setMessage(String)」をONにする
その他の設定	デフォルトのままにする

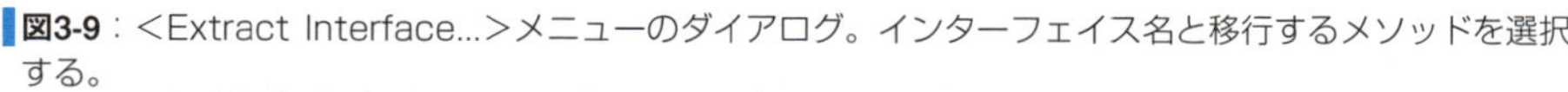

図3-9：<Extract Interface...>メニューのダイアログ。インターフェイス名と移行するメソッドを選択する。

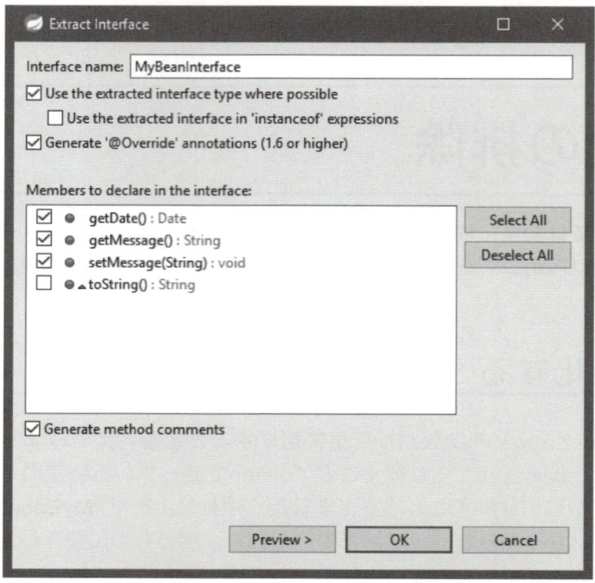

設定を行ったら「**OK**」ボタンを押してください。MyBeanInterfaceインターフェイスを作成し、それから必要なコードの修正を行います。単にインターフェイスを作るだけでなく、それを利用しているコードの修正まですべてやってくれるのが<**Extract Interface...**>メニューを使う大きな利点です。

MyBeanInterfaceをチェックする

では、作成された「**MyBeanInterface.java**」のソースコードを見てみましょう。以下のようなコードが生成されています。

リスト3-8

```
package jp.tuyano.spring.sample1;

import java.util.Date;

public interface MyBeanInterface {

    public abstract Date getDate();

    public abstract String getMessage();

    public abstract void setMessage(String message);
}
```

MyBeanにあったメソッドがすべてインターフェイスとして定義されていることがわかりますね。このMyBeanInterfaceをimplementsする形でBeanクラスを作成していけばいいわけです。

修正されたソースコードをチェックする

では、その他のものもチェックしておきましょう。まずはMyBeanクラスです。このソースコードを見ると、以下のように変更されていることがわかります。

リスト3-9

```
package jp.tuyano.spring.sample1;

import java.util.Calendar;
import java.util.Date;

public class MyBean implements MyBeanInterface {
    private Date date;
    private String message;

    public MyBean() {
        super();
        this.date = Calendar.getInstance().getTime();
    }
    public MyBean(String message) {
        this();
        this.message = message;
    }

    public Date getDate() {
        return date;
    }

    public String getMessage() {
        return message;
    }

    public void setMessage(String message) {
        this.message = message;
    }

    @Override
    public String toString() {
        return "MyBean [message=" + message + ", date=" + date + "]";
    }

}
```

コメント類は省略してあります。**implements MyBeanInterface**でインターフェイスを実装していることがわかりますね。また、toStringメソッドでは@Overrideアノテーションが指定されています。

Appクラスをチェックする

続いて、Appクラスです。こちらもコードをチェックすると、一部が書き換えられていることがわかります。

リスト3-10

```
package jp.tuyano.spring.sample1;

import org.springframework.context.ApplicationContext;
import org.springframework.context.support.ClassPathXmlApplicationContext;

public class App {

    private static ApplicationContext app;

    public static void main(String[] args) {
        app = new ClassPathXmlApplicationContext("bean.xml");
        MyBeanInterface bean = (MyBeanInterface)app.getBean("mybean1");
        System.out.println(bean);
    }
}
```

getBeanしたインスタンスは、**MyBeanInterface**にキャストされるように変わっています。インターフェイスにキャストすることで、このMyBeanInterfaceをimplmentsしたクラスを用意すれば、他のクラスに簡単に入れ替えることができるようになりました。

MyBean2クラスを作成する

では、MyBeanInterfaceを利用する例として、「**MyBean2**」というクラスを作ってみましょう。<**File**>メニューから<**New**>内の<**Class**>メニューを選んで新規クラス作成のダイアログウインドウを呼び出して下さい。そして以下のように設定をしていきます。

Source folder	MySampleApp1/src/main/java
Package	jp.tuyano.spring.sample1
Name	MyBean2
Modifiers	「public」のみ選択
Superclass	java.lang.Object
Interfaces	「Add...」ボタンを押し、現れたダイアログで「MyBeanInterface」を選択し「Add」ボタンを押すと、MyBeanInterfaceが追加される
その他のチェックボックス	「Inherited abstract methods」のみONにする

図3-10：クラスの作成ダイアログ。MyBean2クラスを作成する。

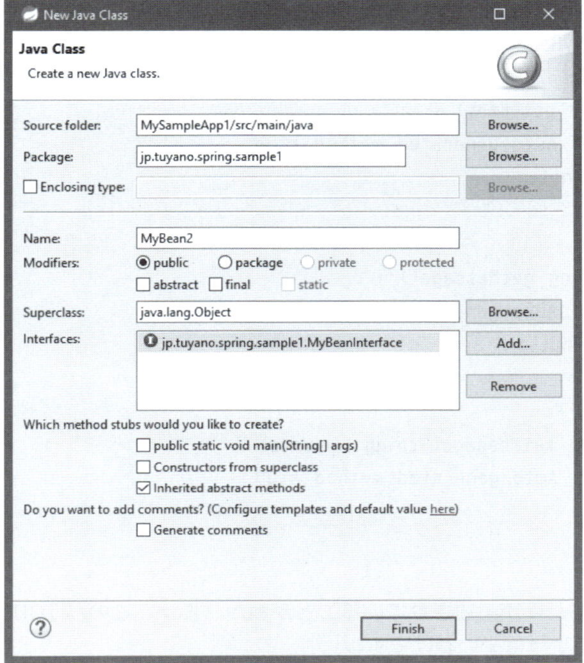

図3-11：Interfacesの「Add..」ボタンを押すと現れるダイアログ。一番上のフィールドに「MyBeanInterface」とクラス名を記述すると、候補としてインターフェイスが表示されるので、これを選択する。

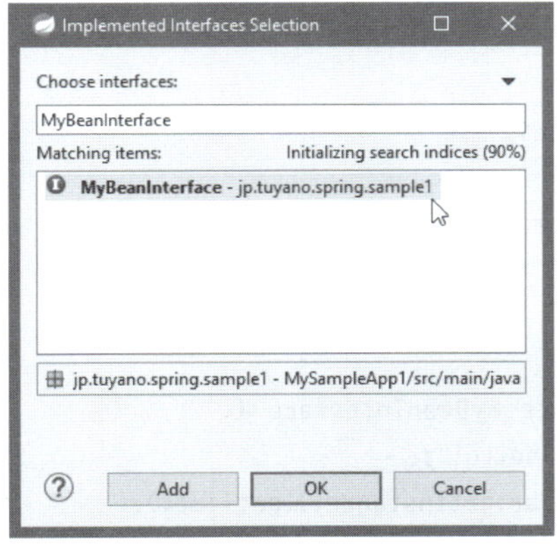

設定を行ったら「**Finish**」ボタンを押せばソースコードファイルが作成されます。デフォルトでは、以下のような内容が記述されています。

リスト3-11

```
package jp.tuyano.spring.sample1;
```

```
import java.util.Date;

public class MyBean2 implements MyBeanInterface {

    public Date getDate() {
        // TODO Auto-generated method stub
        return null;
    }

    public String getMessage() {
        // TODO Auto-generated method stub
        return null;
    }

    public void setMessage(String message) {
        // TODO Auto-generated method stub
    }
}
```

メソッドの骨格だけが記述されていることがわかります。この// TODOの部分に必要な処理を記述していけばいいわけですね。

MyBean2 クラスを編集する

では、MyBean2クラスを完成させましょう。フィールドを追加し、各メソッドの内容を記述し、それからtoStringメソッドも追加しておくことにします。

リスト3-12

```
package jp.tuyano.spring.sample1;

import java.text.SimpleDateFormat;
import java.util.Calendar;
import java.util.Date;

public class MyBean2 implements MyBeanInterface {
    private String message = "hello!";
    private Date date = Calendar.getInstance().getTime();

    public Date getDate() {
        return date;
    }

    public String getMessage() {
        return message;
    }
```

```
    public void setMessage(String message) {
        this.message = message;
    }

    @Override
    public String toString() {
        SimpleDateFormat format = new SimpleDateFormat("yyyy-MM-dd");
        return "'" + message + "' (" + format.format(date) + ")";
    }
}
```

コンストラクタは省略しましたが、基本的な仕様はMyBeanと同じです。ただ、toStringの内容は多少変わっています。

MyBean2を利用する

では、作成したMyBean2クラスを使ってみることにしましょう。まず、bean.xmlにある<bean>タグの部分を書き換えておきます。

リスト3-13

```
<bean id="mybean1" class="jp.tuyano.spring.sample1.MyBean2">
    <property name="message" value="It's new Bean!"></property>
</bean>
```

idは同じ"mybean1"のままですが、classはMyBean2に変更されています。また<property>タグの値も変えてあります。先ほどまでのMyBeanを使ったBean設定が、そのままMyBean2に変わっているわけですね。

Appを実行する

では、Appクラスを実行してみてください。コンソールには、「**'It's new Bean!' (2017-08-04)**」といったメッセージが出力されます。

図3-12：Appを実行すると、MyBean2インスタンスが作成されて出力される。

```
Console ☒  Progress  Problems
<terminated> App [Java Application] C:\Program Files\Java\jdk1.8.0_144\bin\javaw.exe (2017/08/04 14:
14:13:40.306 [main] DEBUG org.springframework.context.support.ClassPathXmlA
14:13:40.306 [main] DEBUG org.springframework.beans.factory.support.Default
14:13:40.322 [main] DEBUG org.springframework.core.env.PropertySourcesPrope
14:13:40.322 [main] DEBUG org.springframework.beans.factory.support.Default
'It's new Bean!' (2017-08-04)
```

Appクラスのソースコードには、何も手を加えてありません。bean.xmlのタグを書き換えただけで、MyBeanをMyBean2に入れ替えてそのままプログラムが動いていることがわかります。クラス間のつながりを粗にしていくことで、置き換え可能なコンポーネントに変わっていくことがよくわかるでしょう。

AnnotationConfigApplicationContextによるBean生成

XMLを使った設定は、Javaのコードではなくテキストベースの静的ファイルでBean情報を記述できるという利点があります。が、XMLによる記述は逆に面倒だ、と感じる人もいることでしょう。

最近では、多くのフレームワークが設定ファイルを使わない方向にシフトしています。DIは、「**コードに依存性を記述しない**」ということが目的なわけではありません。依存性を切り離し、Beanのコンポーネント化を進めて特定のBeanインスタンスに依存しない作りにしよう、ということが目的ですから、必ずしも「**Javaのコードとしてインスタンス生成処理を書くのは悪**」というわけではありません。

Springには、**Bean構成ファイルを使わずに必要なBeanインスタンスを取得する機能**もあります。今度はこちらを利用してみましょう。

Appクラスのソースコードを以下のように書き換えてプログラムを実行してみてください。MyBean2インスタンスが作られ、その内容が表示されます。

リスト3-14

```
package jp.tuyano.spring.sample1;

import org.springframework.context.ApplicationContext;
import org.springframework.context.annotation.AnnotationConfigApplicationContext;

public class App {

    private static ApplicationContext app;

    public static void main(String[] args) {
        app = new AnnotationConfigApplicationContext(MyBean2.class);
        MyBeanInterface bean = app.getBean(MyBeanInterface.class);
        System.out.println(bean);
    }
}
```

AnnotationConfigApplicationContextについて

ここでは、「**AnnotationConfigApplicationContext**」というクラスを使っています。これは名前の通り、アノテーションによる設定情報を利用するためのApplicationContextクラスです。といっても、今回はアノテーションは特に使っていません。

引数にMyBean2.classを指定してインスタンスを作成し、そのgetBeanメソッドでMyBeanInterface.classのBeanを取得しています。これで、インスタンス作成時に渡したMyBean2からインスタンスを生成します。

「**要するに、指定したクラスのインスタンスを作っているだけだろう？　何の意味があるんだ？**」と思ったかもしれませんね。その通り、これだけではあまり利用する意味はありませんね。

Bean構成クラスを作成する

このAnnotationConfigApplicationContextが真価を発揮するのは、Beanを利用するための「**Bean構成クラス**」を利用する場合です。

Bean構成クラスは、要するに**さまざまなBeanのインスタンスを生成するメソッドをまとめたもの**、と考えてください。このクラスをAnnotationConfigApplicationContextの引数に渡すことで、そこから各種のBeanインスタンスを取り出せるようにできるのです。

これも実際にやってみればすぐにわかります。では、＜**File**＞メニューから＜**New**＞内の＜**Class**＞メニューを選びましょう。そして、現れたダイアログウインドウで以下のように設定を行いましょう。

Source folder	MySampleApp1/src/main/java
Package	jp.tuyano.spring.sample1
Name	AutoMyBeanConfig
Modifiers	「public」のみ選択
Superclass	java.lang.Object
Interfaces	空のまま
その他のチェックボックス	「Inherited abstract methods」のみONにする

図3-13：クラスの作成ダイアログ。AutoMyBeanConfigクラスを作成する。

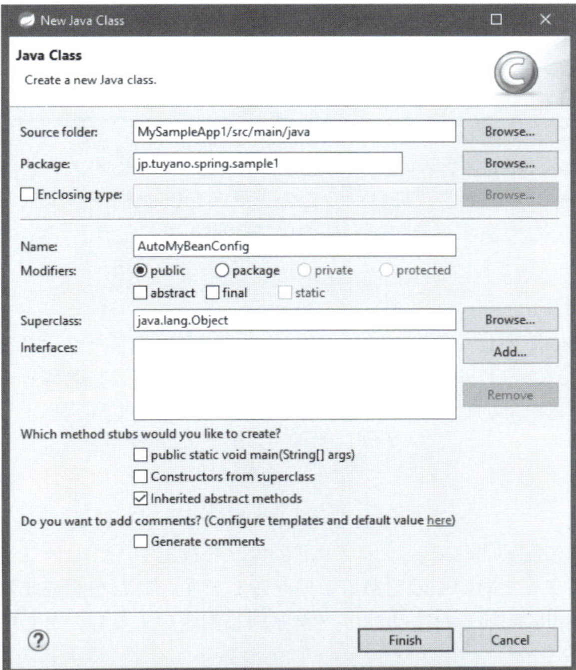

ソースコードの作成

これで「**Finish**」ボタンを押せば、「**AutoMyBeanConfig**」というクラスが作成されます。ファイルが作成されたら、ソースコードを記述していきましょう。

リスト3-15

```
package jp.tuyano.spring.sample1;

import org.springframework.context.annotation.Bean;
import org.springframework.context.annotation.Configuration;

@Configuration
public class AutoMyBeanConfig {

    @Bean
    public MyBeanInterface myBean(){
        return new MyBean("This is bean from Auto Config!");
    }
}
```

これで完成です。AutoMyBeanConfigは、java.lang.Objectを継承するシンプルなクラスです。中には、myBeanというメソッドが1つ用意されており、ここでMyBeanインスタンスを作っています。**リスト3-15**では、new MyBeanしてそのままreturnしていますが、もちろん必要なプロパティを設定することもできます。

@Configurationと@Bean

このAutoMyBeanConfigクラスの最大の注目点は、クラスとメソッドに付けられている2種類のアノテーションです。これが、このクラスをBean構成クラスとして扱えるようにするポイントとなります。それぞれについて説明しましょう。

@Configuration

クラス宣言の前に記述し、このクラスがBeanの構成を定義したクラスであることを示します。Springは、このアノテーションを元にBean構成クラスを取得します。このアノテーションが記述されていないクラスをBean構成クラスとして利用しようとすると、エラーになります。

@Bean

Bean構成クラスに記述されているメソッドに付けられます。このメソッドが、Beanインスタンスを定義するためのものであることを示します。これを記述することで、そのメソッドはbean.xmlに記述された<bean>タグと同じ働きをするものとして判断されるようになります。

Bean構成クラスを利用する

では、実際にBean構成クラスを利用してみましょう。Appクラスのmainメソッドを書き換えて使うことにしましょう。

リスト3-16

```
public static void main(String[] args) {
    app = new AnnotationConfigApplicationContext(AutoMyBeanConfig.class);
    MyBeanInterface bean = app.getBean(MyBeanInterface.class);
    System.out.println(bean);
}
```

実行すると、MyBeanインスタンスをprintlnで出力します。ここでは、AnnotationConfigApplicationContextインスタンスを作成する際、**AutoMyBeanConfig.class**を引数に指定しています。これでBean構成クラスからApplicationContextが作成できます。

後は、getBeanでMyBeanInterface.classを取得するだけです。このgetBeanは、引数に指定したクラスのBeanインスタンスを取得して返します。このgetBeanにより、Bean構成クラスに用意されているBeanを必要に応じて取り出せます。

図3-14：実行するとAutoMyBeanConfigからBeanを生成して出力する。

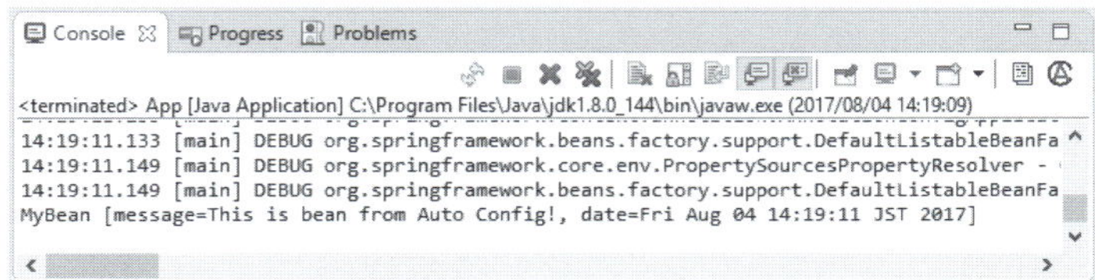

なぜ MyBeanInterface が取得できる？

なぜ、getBeanでBeanのインスタンスを取り出すことができたのか？　それは、AutomyBeanConfigクラスに**@Bean**アノテーションがあったからです。

@Cofigurationを指定したBean構成クラスは、その中に@Beanで指定されたメソッドを呼び出してインスタンスを作成し、それらをBeanとして管理します。getBeanは、そこから指定のクラスのBeanを取り出す働きをします。このため、getBeanでMyBeanInterfaceを取り出すと、AutoMyBeanConfigクラスのmyBeanメソッドで生成されたインスタンスが取り出せた、というわけです。

複数の @Bean があった場合は？

では、@Configurationのクラス内に、MyBeanInterfaceを返す@Bean指定されたメソッドが複数あった場合にはどうなるのでしょうか。

実は、この場合はエラーになってインスタンスは取得できません。基本的にBean構成ファイルやBean構成クラスでは、同じクラスのBeanは複数定義できないのです。同じクラスのインスタンスが複数定義されていると、ApplicationContext生成時に

NoUniqueBeanDefinitionExceptionという例外が発生します。

従って、Bean構成ファイルやBean構成クラスを使う限り、「**同じ種類のBeanが複数定義されていて取り違える**」ということはありえないのです。

Chapter 4

WebアプリケーションでDIを利用する

DIは、Webアプリケーションの分野でも幅広く用いられています。ここでWebにおけるDIとBean利用の基本について考えてみることにしましょう。

4-1 WebアプリケーションのDIの基本

Webアプリケーションでも DIは利用されます。ここでは、STSでWebアプリケーションを作成し、実際にBeanを利用するまでの基本について、しっかりと説明しましょう。

WebアプリケーションとSpring

ここまで、ごく一般的なJavaアプリケーションを使ってSpring DIの基本的な機能について解説してきました。が、実際にSpringが活用されるのは、実はデスクトップアプリケーションではありません。現在、もっとも広く利用されている分野は、なんといっても「**Webアプリケーション**」なのです。

Springは、Web専用のフレームワークではありません。さまざまなプログラムでその機能を利用することができます。しかし、SpringのDI機能が役立つのはWebアプリケーションの世界でしょう。Webの開発では、各種のサーバー、データベースなどを組み合わせた複雑なプログラムの開発が要求されます。それら個々の機能を利用するためのライブラリも揃っています。ただし、それらを単純に組み合わせた開発では、それぞれのライブラリがお互いに強く依存し合うプログラムになってしまいます。

Webの世界は、とにかくスピーディです。常に新しい技術を取り入れ、アプリケーションを改変し続けます。サーバーを変更したり、扱うデータベースを別のものに移行したりするなどは、日常茶飯事です。こうした世界でこそ、「**依存性をプログラム本体から切り離し、それぞれの結びつきを粗にして簡単に入れ替えられるようにする**」というDIの機能が活きてくるのではないでしょうか。

Spring Web Mavenプロジェクトの作成

では、これも実際にプロジェクトを作成しながら考えていくことにしましょう。Webアプリケーションは、**Spring Web Maven**というプロジェクトを利用します。以下の手順で作成していきましょう。

❶<Spring Legacy Project>メニューを選ぶ

<File>メニューの<New>内から、<Spring Legacy Project>メニューを選んで下さい。画面にプロジェクト作成のためのダイアログウインドウが現れます。

図4-1：<Spring Legacy Project>メニューを選ぶ。

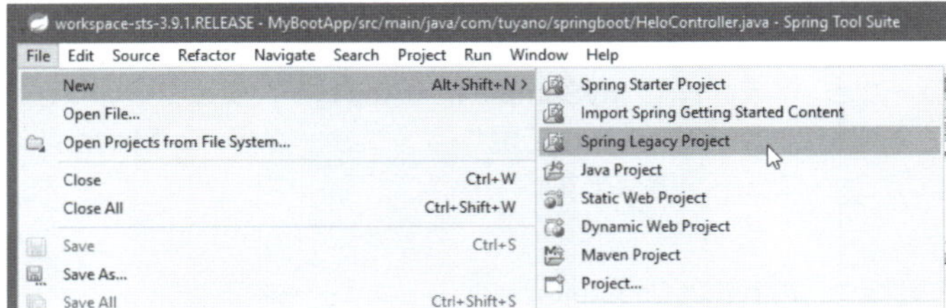

❷プロジェクトのテンプレート設定

現れたダイアログで、プロジェクトのテンプレートを選択します。以下のように設定を行って下さい。

Project name	「MySampleWebApp1」と入力します。
Use default location	ONのままにします。
Select Spring version	Defaultのままにします（Templatesを選択すると選べます）。
「Templates」リスト	「Simple Projects」フォルダ内の「Simple Spring Web Maven」を選択します。
Add project to work sets	OFFのままにしておきます。

以上を設定したら、「**Finish**」ボタンを押すと、プロジェクトが作成されます。

図4-2：プロジェクトの設定。MySampleWebApp1プロジェクトを作成する。

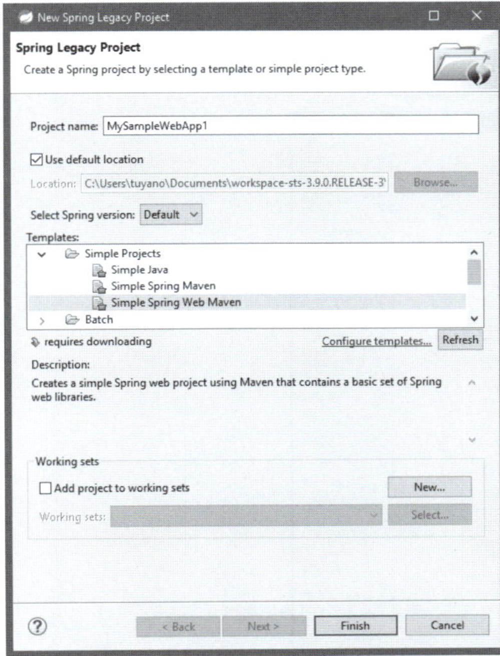

❸プロジェクトをアップデートする

作成後、プロジェクトのアップデートを行う必要があります。パッケージエクスプローラーから、作成された「**MySampleWebApp1**」プロジェクトのフォルダを右クリックして下さい。ポップアップして現れるメニューから、<Maven>内の<Update Project...>メニューを選びます。

図4-3：プロジェクトを選択し<Update Project...>メニューを選ぶ。

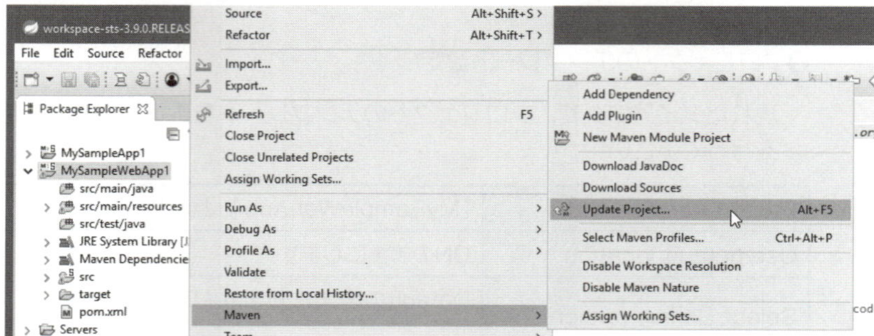

画面にダイアログウインドウが現れます。ここにはプロジェクトのリストが表示されています。アップデートするプロジェクトのチェックがONになっていることを確認して、「**OK**」ボタンを押して下さい。その他の設定は、デフォルトのままで一切変更する必要はありません。これでプロジェクトのアップデートが実行されます。

なお、アップデートすると、プロジェクトで使うJREが1.5に変更されているかもしれません。その場合は、プロジェクトのJRE System Libraryを右クリックし、<Properties>メニューを選んで下さい。そして現れたダイアログで、「**Workspace default JRE**」を選択して下さい。

図4-4：ダイアログでMySampleWebApp1のチェックをONにしてアップデートを行う。

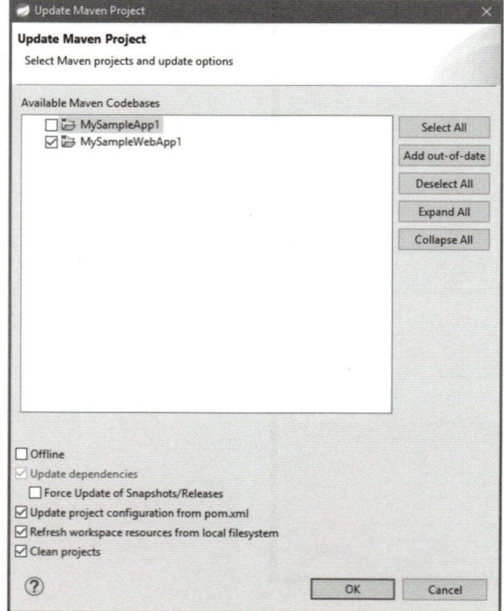

Column Update Projectによる変更について

<**Update Project...**>メニューでプロジェクトをアップデートすると、プロジェクトの初期設定が変更されることに気がついたかもしれません。先に、(Webアプリケーションではない)一般的なアプリケーションのプロジェクトを作った際には、プロジェクトで使用するJREのバージョンが変わってしまうことがあるので最新バージョンに変更しておく、ということを説明しました。

Webアプリケーションの場合、それ以外の部分も変更される場合があります。それは「**プロジェクトファセット**」です。プロジェクトを選択し、<**Project**>メニューから<**Properties**>メニューを選んでプロジェクトの設定ダイアログを呼び出して下さい。そして、「**Project Facets**」という項目を選ぶと、プロジェクトで使用するファセットの設定画面が現れます。ここで以下の項目を選択して下さい。

Dynamic Web Module	「3.1」を選択
Java	「1.8」を選択
JavaScript	「1.0」を選択

❹Maven installを実行する

続いて、Maven installコマンドを実行します。パッケージエクスプローラーから「**MySampleWebApp1**」プロジェクトを選択し、<Run>メニューの<Run As>内にある<Maven install>メニューを選んで下さい。

これで必要なライブラリのインストールなどが行われ、実行できる状態となります。

図4-5：<Maven install>メニューを実行する。

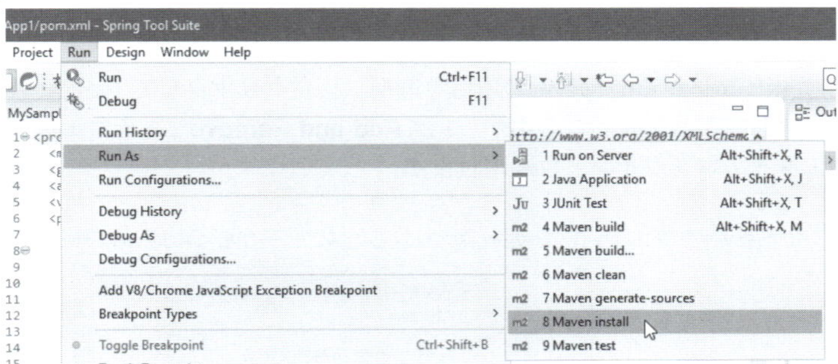

サーバーで実行する

デフォルトである程度の基本的なページは用意されていますので、具体的な開発に進む前に、サーバーで実行して動作を確認してみましょう。

Webアプリケーションを実行するには、Javaサーバー(サーブレットコンテナ)が必要となります。一般的な開発では、別途Tomcatなどをインストールしてそこにデプロイすることになるでしょう。が、STSでは、サーバーを用意する必要はありません。

STSには、標準で「**Pivotal tc Server Developer Edition（以後、tc Severと略）**」というサーバーが用意されています。これをそのままSTS内から起動し、プロジェクトを実行させることができるのです。では、やってみましょう。

Servers ビューを確認

STSのウインドウの左下に「**Servers**」というビューが表示されています。これが、STSから利用できるサーバーを管理するためのビューです。STSでは、tc Server以外のサーバーも利用することができますが、それらのサーバーの設定情報をまとめて扱うのがこのビューです。STSでサーバーを利用するための設定を作成すると、すべてここに表示されるようになっています。

このビューは、利用可能なサーバーの一覧リストと、サーバー操作のためのボタンをまとめたツールバーからなります。リストからサーバーを選択し、ツールバーにある実行ボタンのアイコン（CDなどのプレイボタンの形をしたもの）をクリックすることで、サーバーを起動したり停止したりできるようになっているのです。

図4-6：Serversビュー。ここにtc Serverが１つ追加されている。

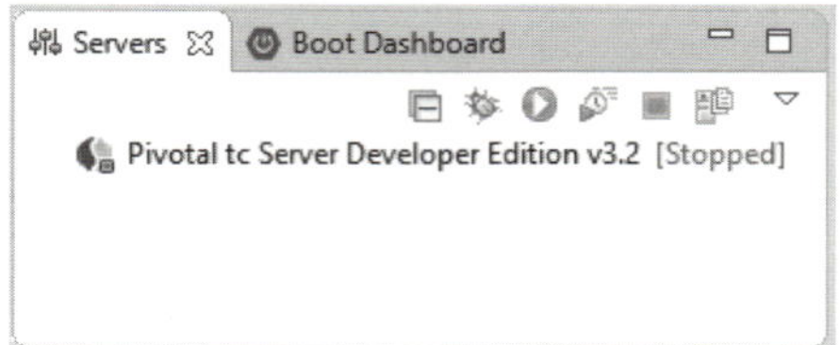

サーバーにプロジェクトを追加する

この段階では、ただサーバーの設定があるだけで、プロジェクトが利用できるようにはなっていません。サーバーでプロジェクトのWebアプリケーションが実行できるように、サーバーに追加しなければいけません。

Serversビューからtc Serverの項目を選択し、右クリックして下さい。メニューがポップアップして現れます。この中から、＜**Add and Remove...**＞メニューを選んで下さい。画面にダイアログウインドウが現れます。

図4-7：tc Serverを右クリックし、ポップアップしたメニューから＜Add and Remove...＞を選ぶ。

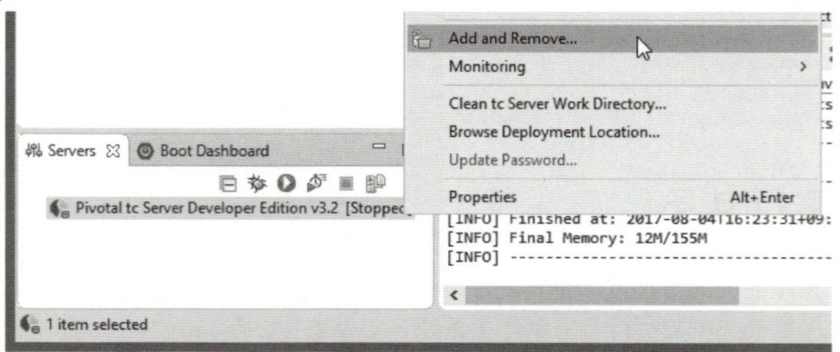

このダイアログは、選択されたサーバーに組み込むリソース（要するにWebアプリケーション）を設定します。2つのリストが表示されており、左側が現在利用可能な（まだサー

バーに組み込まれていない)リソースのリスト。そして右側が、既にサーバーに組み込み済みのリソースリストです。

現在、左側の組み込んでいないリソースリストに「**MySampleWebApp1**」が表示されています。これを選択し、中央の「**Add >**」ボタンをクリックして下さい。項目が右のリストに移動します。これで、サーバーへの組み込みができました。

図4-8：左側のリストから「MySampleWebApp1」を選択して「Add >」ボタンを押すと、項目が右のリストに移動する。これで組み込まれた。

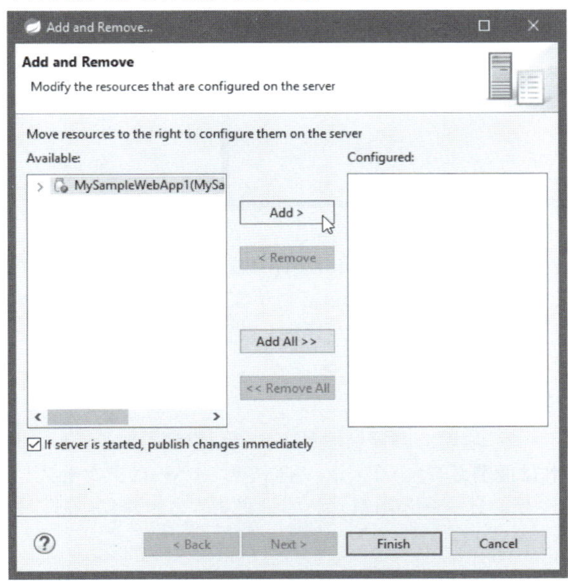

「**Finish**」ボタンでダイアログを閉じたら、Serversビューのtc Serverの項目をチェックしましょう。左側に▽マークが表示され、中身を展開できるようになります。展開すると、組み込んだMySampleWebApp1が表示されます。

サーバーの起動

では、サーバーを起動しましょう。Serversビューからtc Serverの項目を選択し、その右上に見えるツールバーから「**Start**」のアイコン(CDやDVDなどのプレイボタンのアイコン、左から3番目)をクリックして下さい。サーバーが起動します。

図4-9：tc Serverを選択し、Startアイコンをクリックするとサーバーが起動する。

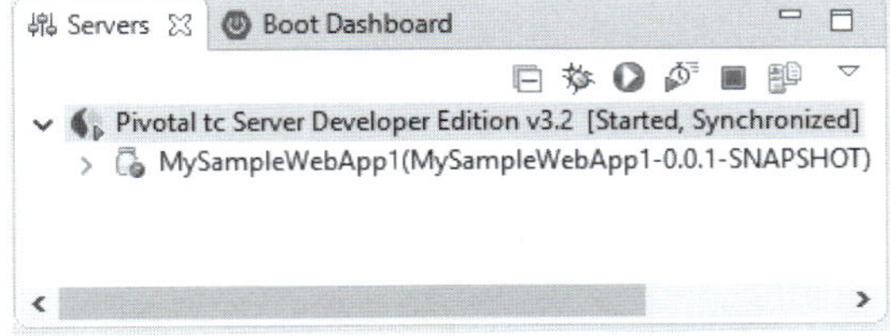

起動したら、Webブラウザから以下のアドレスにアクセスしてみましょう。

http://localhost:8080/MySampleWebApp1/

これで、「**Click to enter**」というリンクが表示されたページが現れます。これがMySampeWebApp1のホームページになります。シンプルですが、とりあえずちゃんと動いていることだけは確認できますね。

図4-10：ブラウザからアクセスすると、こんな表示がされる。

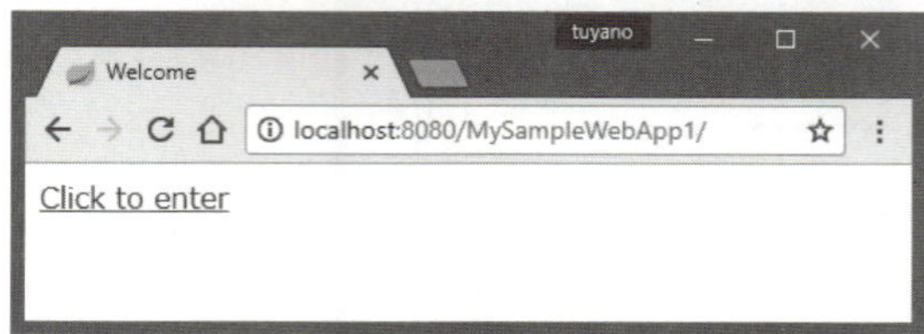

なお、起動すると、STSのコンソールに起動中の情報が出力されるようになります。もしもプログラムで例外が発生するなどして動かなければ、ここにその情報が出力されるでしょう。これをチェックして、問題が発生した箇所を調べていくことができます。

STS で Web ブラウザを開く

Webアプリケーションの場合、開発環境とWebブラウザの間を行ったり来たりしないといけません。「**それは面倒だ**」という人は、STSでサーバーにアクセスしてみましょう。STSには、Webブラウザのビューが用意されています。これを開けば、ビューの一つとしてブラウザを開き、サーバーにアクセスできます。

＜**Window**＞メニューの＜**Show View**＞内から＜**Other...**＞メニューを選んで下さい。そしてダイアログが現れたら、「**General**」内にある「**Internal Web Browser**」を選んでOpenします。これがWebブラウザのビューです。画面にビューが現れたら、適当なところに移動して配置しておきましょう。

図4-11：ビューの一覧ダイアログから「Internal Web Browser」を選んでOpenするとWebブラウザビューが表示される。アドレスを入力すれば、普通のブラウザと同様にページが表示されるようになる。

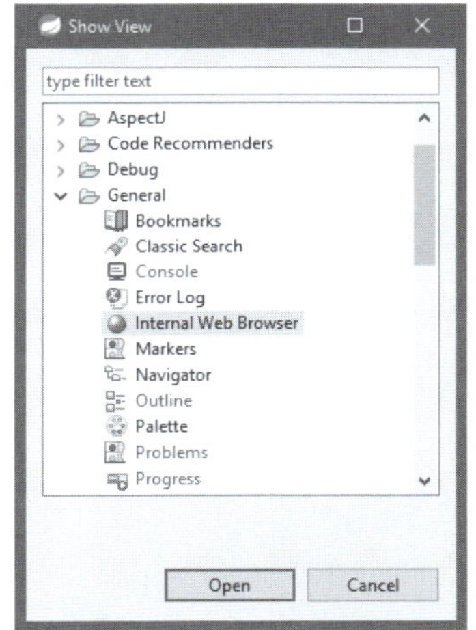

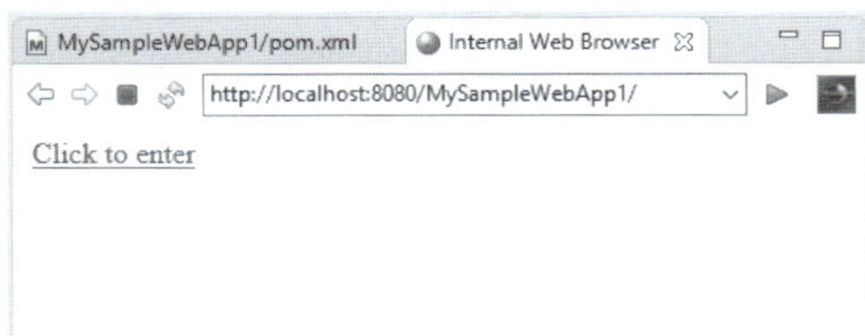

サーバーの終了

サーバーを起動すると、ターミナルに実行時の情報が出力されるようになります。このターミナルの上部右側に見えるツールバーから、ビュー左上に見える「**Terminate**」ボタン(赤い■のアイコン)をクリックして下さい。これで実行中のサーバーが終了します。

プロジェクトの構成

では、作成されたプロジェクトがどのようになっているのか、その構成を見てみましょう。Webアプリケーションといえども、基本はMavenによるプロジェクトですから、そう大きな違いはありません。Mavenの一般的な構成に、Webアプリケーションのディレクトリが追加されている形になっています。

src/main/java	Javaソースコードが配置される場所のショートカット(エイリアス)です。
src/main/resources	リソースファイルが配置される場所のショートカットです。
src/test/java	Javaのテストクラスが配置される場所のショートカットです。
JRE System Library	Javaのシステムライブラリ関連をまとめています。
Maven Dependencies	Mavenのpom.xmlに記述されたライブラリをまとめています。
「src」フォルダ	プロジェクトのファイル類をまとめておくところです。この中に、ショートカット関係のフォルダが入っています。
「target」フォルダ	ビルド時の生成物がまとめられます。
pom.xml	Mavenのプロジェクト設定ファイルです。

基本的な構成は、このようにMavenの一般的なプロジェクトそのままです。が、もっとも重要なものは、実はここにはありません。

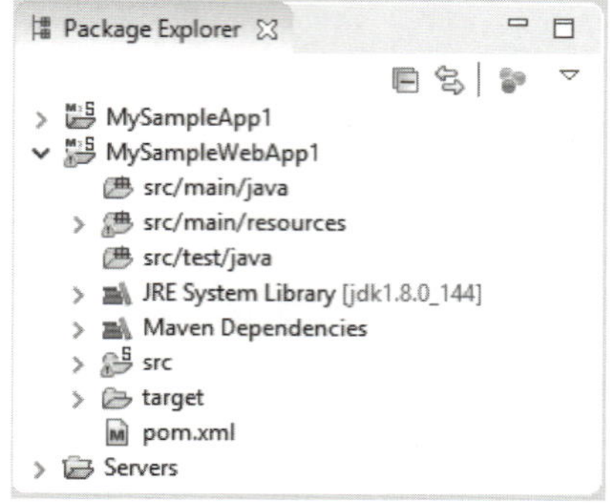

図4-12：作成されたプロジェクトのフォルダ構成。

「webapp」フォルダについて

「**src**」フォルダの「**main**」フォルダを開いてみましょう。するとそこに「**webapp**」というフォルダが作成されているのがわかります。これが、プロジェクトのWebアプリケーションなのです。この中に、Webアプリケーション関連のファイル類がすべてまとめられています。

このフォルダを開くと、その中に「**WEB-INF**」フォルダがあり、そこにweb.xmlなどのファイルが作成されていることがわかります。JSP/サーブレットによる一般的なWebアプリケーションを作った経験があれば、もうこれだけでピンとくるでしょう。「**webapp**」フォルダ自体が、Webアプリケーションそのものとして作られていることがよくわかりますね。

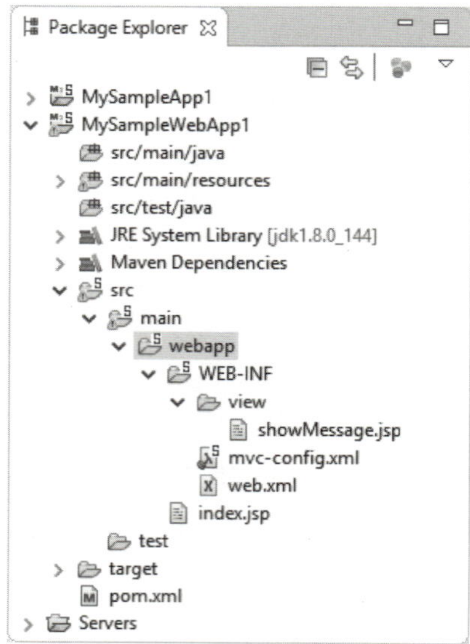

図4-13：「webapp」フォルダの中身。これが公開されるWebアプリケーションのフォルダになる。

「spring」フォルダについて

もう1つ、重要なフォルダがsrc/main/resourcesの中に用意されています。このショートカットを展開すると、中に「**spring**」というフォルダがあるのに気がつくでしょう。これは、Springで使用されるリソースファイル類がまとめられているところです。

中には「**application-config.xml**」というファイルが用意されています。これについては後述しますが、**第3章**のアプリケーションで作成したbean.xmlに相当します。

図4-14：「spring」フォルダには、Springで利用するファイルが保管される。

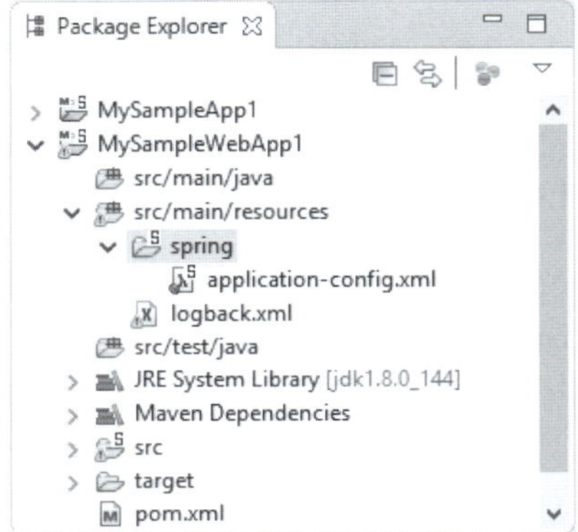

pom.xmlについて

では、作成されているファイル類の内容を見ていきましょう。まずは、pom.xmlからです。ここで、プロジェクトが必要とするライブラリなどの情報がすべてまとめられていましたね。

リスト4-1

```
<project xmlns="http://maven.apache.org/POM/4.0.0"
  xmlns:xsi="http://www.w3.org/2001/XMLSchema-instance"
  xsi:schemaLocation="http://maven.apache.org/POM/4.0.0
  http://maven.apache.org/xsd/maven-4.0.0.xsd">

  <modelVersion>4.0.0</modelVersion>
  <groupId>org.springframework.samples.service.service</groupId>
  <artifactId>MySampleWebApp1</artifactId>
  <version>0.0.1-SNAPSHOT</version>
  <packaging>war</packaging>

  <properties>

    <!-- Generic properties -->
    <java.version>1.6</java.version>
    <project.build.sourceEncoding>UTF-8</project.build.sourceEncoding>
```

```
    <project.reporting.outputEncoding>UTF-8
        </project.reporting.outputEncoding>

    <!-- Web -->
    <jsp.version>2.2</jsp.version>
    <jstl.version>1.2</jstl.version>
    <servlet.version>2.5</servlet.version>

    <!-- Spring -->
    <spring-framework.version>3.2.3.RELEASE</spring-framework.version>

    <!-- Hibernate / JPA -->
    <hibernate.version>4.2.1.Final</hibernate.version>

    <!-- Logging -->
    <logback.version>1.0.13</logback.version>
    <slf4j.version>1.7.5</slf4j.version>

    <!-- Test -->
    <junit.version>4.11</junit.version>

</properties>

<dependencies>

    <!-- Spring MVC -->
    <dependency>
        <groupId>org.springframework</groupId>
        <artifactId>spring-webmvc</artifactId>
        <version>${spring-framework.version}</version>
    </dependency>

    <!-- Other Web dependencies -->
    <dependency>
        <groupId>javax.servlet</groupId>
        <artifactId>jstl</artifactId>
        <version>${jstl.version}</version>
    </dependency>
    <dependency>
        <groupId>javax.servlet</groupId>
        <artifactId>servlet-api</artifactId>
        <version>${servlet.version}</version>
        <scope>provided</scope>
    </dependency>
```

```
<dependency>
  <groupId>javax.servlet.jsp</groupId>
  <artifactId>jsp-api</artifactId>
  <version>${jsp.version}</version>
  <scope>provided</scope>
</dependency>

<!-- Spring and Transactions -->
<dependency>
  <groupId>org.springframework</groupId>
  <artifactId>spring-tx</artifactId>
  <version>${spring-framework.version}</version>
</dependency>

<!-- Logging with SLF4J & LogBack -->
<dependency>
  <groupId>org.slf4j</groupId>
  <artifactId>slf4j-api</artifactId>
  <version>${slf4j.version}</version>
  <scope>compile</scope>
</dependency>
<dependency>
  <groupId>ch.qos.logback</groupId>
  <artifactId>logback-classic</artifactId>
  <version>${logback.version}</version>
  <scope>runtime</scope>
</dependency>

<!-- Hibernate -->
<dependency>
  <groupId>org.hibernate</groupId>
  <artifactId>hibernate-entitymanager</artifactId>
  <version>${hibernate.version}</version>
</dependency>

<!-- Test Artifacts -->
<dependency>
  <groupId>org.springframework</groupId>
  <artifactId>spring-test</artifactId>
  <version>${spring-framework.version}</version>
  <scope>test</scope>
</dependency>
<dependency>
  <groupId>junit</groupId>
```

```
        <artifactId>junit</artifactId>
        <version>${junit.version}</version>
        <scope>test</scope>
      </dependency>
    </dependencies>
</project>
```

pom.xmlは、大きく分けて3つの部分からなっています。プロジェクトの基本的な情報を記述した部分、pom内で利用する「**プロパティ**」の設定部分、そして「**依存ライブラリ**」の部分です（**第3章**で作成したpom.xmlではプラグインのタグもありましたが、今回はありません）。基本情報とプロパティは、改めて説明するまでもないでしょう。ここではもっとも重要な依存ライブラリの記述についてまとめておきましょう。

Spring MVC関係	Spring MVCは、WebアプリケーションでMVC（Model-View-Controller）アーキテクチャーを扱うためのものです。ここでは特に使いません（第9章で解説）。Spring MVCの中には、Springの基本フレームワーク（Spring Core、SpringContext、Spring Beans、Spring Expression）が含まれています。
JSP/サーブレット関係	当たり前ですが、JSP/サーブレットのAPIライブラリは必要になりますね。これらも<dependency>タグで記述されています。またJSPで利用されるJSTLのライブラリも用意されています。
Spring Tx	第3章でアプリケーションを作成した時にも登場しました。Spring AOPなどが含まれています。
ログ出力関係	SLF4J、logback-classicといったログ関連のライブラリが用意されています。
Hibernate関係	Hibernate Entity Managerが用意されています。
テスト関係	Spring Test、JUnitが用意されています。

Spring MVCとJSP/サーブレット関係が追加されていますが、その他は基本的にデスクトップアプリケーションのpom.xmlとほぼ同じようなものが用意されていることがわかるでしょう。Spring MVC自体は、MVCというアーキテクチャーを使わなければ必要ないものですので、「**アプリケーションのライブラリにJSP/サーブレット関連が追加されているだけ**」といってよいでしょう。

pom.xml の修正

また、それぞれのバージョンを見ればわかるように、デフォルトで作成されるpom.xmlは、使用するライブラリ類のバージョンが古いままになっています。最新版を使うには、これらをベースにバージョンを書き換える必要があるでしょう。また、ここでは必要のないライブラリも組み込まれています。

これらを修正し、もっとスッキリした形にしましょう。

リスト4-2

```
<project xmlns="http://maven.apache.org/POM/4.0.0"
```

```
xmlns:xsi="http://www.w3.org/2001/XMLSchema-instance"
xsi:schemaLocation="http://maven.apache.org/POM/4.0.0
  http://maven.apache.org/xsd/maven-4.0.0.xsd">

<modelVersion>4.0.0</modelVersion>
<groupId>jp.tuyano.spring.websample1</groupId>
<artifactId>MySampleWebApp1</artifactId>
<version>0.0.1-SNAPSHOT</version>
<packaging>war</packaging>

<properties>

  <!-- Generic properties -->
  <java.version>1.8</java.version>
  <project.build.sourceEncoding>UTF-8</project.build.sourceEncoding>
  <project.reporting.outputEncoding>UTF-8
       </project.reporting.outputEncoding>

  <!-- Web -->
  <jsp.version>2.2</jsp.version>
  <jstl.version>1.2</jstl.version>
  <servlet.version>3.1.0</servlet.version>

  <!-- Spring -->
  <spring-framework.version>5.0.0.RELEASE</spring-framework.version>

  <!-- Logging -->
  <logback.version>1.2.3</logback.version>
  <slf4j.version>1.7.25</slf4j.version>

  <!-- Test -->
  <junit.version>4.12</junit.version>

</properties>

<dependencies>

  <!-- Spring MVC -->
  <dependency>
    <groupId>org.springframework</groupId>
    <artifactId>spring-webmvc</artifactId>
    <version>${spring-framework.version}</version>
  </dependency>
```

```
<!-- Other Web dependencies -->
<dependency>
   <groupId>javax.servlet</groupId>
   <artifactId>jstl</artifactId>
   <version>${jstl.version}</version>
</dependency>
<dependency>
   <groupId>javax.servlet</groupId>
   <artifactId>javax.servlet-api</artifactId>
   <version>${servlet.version}</version>
   <scope>provided</scope>
</dependency>
<dependency>
   <groupId>javax.servlet.jsp</groupId>
   <artifactId>jsp-api</artifactId>
   <version>${jsp.version}</version>
   <scope>provided</scope>
</dependency>

<!-- Logging with SLF4J & LogBack -->
<dependency>
   <groupId>org.slf4j</groupId>
   <artifactId>slf4j-api</artifactId>
   <version>${slf4j.version}</version>
   <scope>compile</scope>
</dependency>
<dependency>
   <groupId>ch.qos.logback</groupId>
   <artifactId>logback-classic</artifactId>
   <version>${logback.version}</version>
   <scope>runtime</scope>
</dependency>

<!-- Test Artifacts -->
<dependency>
   <groupId>org.springframework</groupId>
   <artifactId>spring-test</artifactId>
   <version>${spring-framework.version}</version>
   <scope>test</scope>
</dependency>
<dependency>
   <groupId>junit</groupId>
   <artifactId>junit</artifactId>
   <version>${junit.version}</version>
```

```
            <scope>test</scope>
        </dependency>

    </dependencies>
</project>
```

JavaとSpringのバージョンは、**第3章**で作成したデスクトップアプリケーションのプロジェクトに合わせて**jdk 1.8**と**Spring 5.0.0.RELEASE**に設定してあります。データベース関係のライブラリはここでは使わないので削除しておきました。

web.xmlについて

続いて、Webアプリケーションの情報が記述されているweb.xmlを見てみましょう。Webアプリケーションは、「**src**」フォルダ内の「**main**」内に用意されている「**webapp**」フォルダに保管されていました。この中にある「**WEB-INF**」内に、「**web.xml**」が用意されています。

このweb.xmlを開くと、縦横にズラリと項目が並んだ表示が現れます。これは、STSに組み込まれているXML編集用のエディタです。XMLのタグの組み込み状態とそこに設定されている値が階層的に表示され、階層構造を崩すことなく編集できるようになっています。

図4-15：web.xmlは、XML編集用のエディタで開かれる。

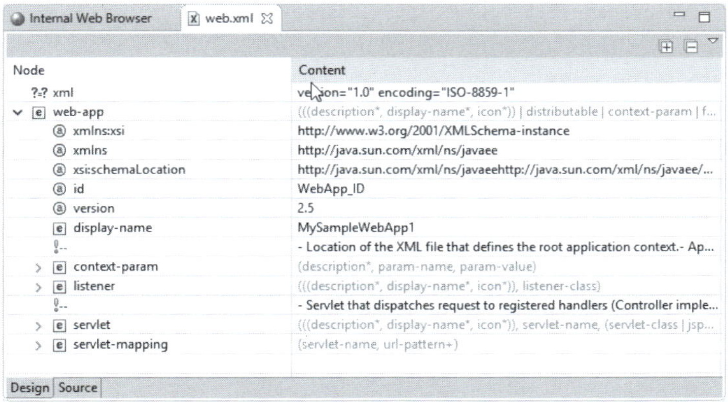

Node	Content
?-? xml	version="1.0" encoding="ISO-8859-1"
web-app	(((description*, display-name*, icon*)) | distributable | context-param | f...
xmlns:xsi	http://www.w3.org/2001/XMLSchema-instance
xmlns	http://java.sun.com/xml/ns/javaee
xsi:schemaLocation	http://java.sun.com/xml/ns/javaeehttp://java.sun.com/xml/ns/javaee/...
id	WebApp_ID
version	2.5
display-name	MySampleWebApp1
!--	- Location of the XML file that defines the root application context.- Ap...
context-param	(description*, param-name, param-value)
listener	(((description*, display-name*, icon*)), listener-class)
!--	- Servlet that dispatches request to registered handlers (Controller imple...
servlet	(((description*, display-name*, icon*)), servlet-name, (servlet-class | jsp...
servlet-mapping	(servlet-name, url-pattern+)

これはこれで便利なのですが、ソースコードを直接編集するような作業には向きません。本書ではXMLのソースコードを掲載して記述してもらうやり方をしますので、こうした便利なエディタではなく、普通のテキストエディタで編集しましょう。

表示されているXML用のエディタ下部に「**Design**」「**Source**」というタブが見えます。これがエディタの切り替えタブです。「**Design**」だとビジュアルに編集できるエディタが、「**Source**」だとソースコードを直接編集するテキストエディタがそれぞれ表示されます。

では、「**Source**」タブをクリックしてエディタを切り替えてみて下さい。

図4-16：「Source」タブに切り替えると、ソースコードを直接編集できるようになる。

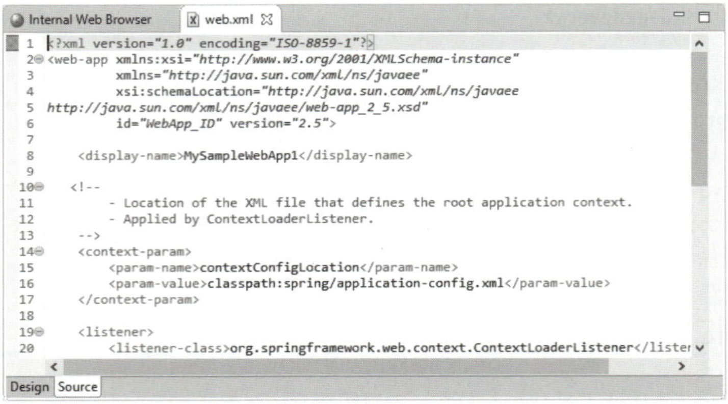

Internal Web Browser　web.xml

```
<?xml version="1.0" encoding="ISO-8859-1"?>
<web-app xmlns:xsi="http://www.w3.org/2001/XMLSchema-instance"
         xmlns="http://java.sun.com/xml/ns/javaee"
         xsi:schemaLocation="http://java.sun.com/xml/ns/javaee
http://java.sun.com/xml/ns/javaee/web-app_2_5.xsd"
         id="WebApp_ID" version="2.5">

    <display-name>MySampleWebApp1</display-name>

   <!--
        - Location of the XML file that defines the root application context.
        - Applied by ContextLoaderListener.
    -->
    <context-param>
        <param-name>contextConfigLocation</param-name>
        <param-value>classpath:spring/application-config.xml</param-value>
    </context-param>

    <listener>
        <listener-class>org.springframework.web.context.ContextLoaderListener</lister
```

Design　Source

リスト4-3

```
<?xml version="1.0" encoding="ISO-8859-1"?>
<web-app xmlns:xsi="http://www.w3.org/2001/XMLSchema-instance"
  xmlns="http://java.sun.com/xml/ns/javaee"
  xsi:schemaLocation="http://java.sun.com/xml/ns/javaee
  http://java.sun.com/xml/ns/javaee/web-app_2_5.xsd"
  id="WebApp_ID" version="2.5">

  <display-name>MySampleWebApp1</display-name>

  <context-param>
  <param-name>contextConfigLocation</param-name>
  <param-value>classpath:spring/application-config.xml</param-value>
  </context-param>

  <listener>
  <listener-class>org.springframework.web.context.ContextLoaderListener
    </listener-class>
  </listener>

  <servlet>
    <servlet-name>dispatcherServlet</servlet-name>
    <servlet-class>org.springframework.web.servlet.DispatcherServlet
        </servlet-class>
    <init-param>
      <param-name>contextConfigLocation</param-name>
      <param-value>/WEB-INF/mvc-config.xml</param-value>
    </init-param>
    <load-on-startup>1</load-on-startup>
  </servlet>
  <servlet-mapping>
```

```
        <servlet-name>dispatcherServlet</servlet-name>
        <url-pattern>/</url-pattern>
    </servlet-mapping>
</web-app>
```

見ればわかるように、STSで生成されるWebアプリケーションは**web-app 2.5**ベースになっています。このため、サーブレットの登録などもアノテーションは使わず、すべてweb.xmlに記述するようになっています。

不要なタグを整理する

かなりいろいろと書かれていますが、これらのうちのかなりの部分は、Spring MVCに関する内容です。ここでは使わないので、この関係の記述をばっさりと切ってしまいましょう。併せてweb-appのバージョンも新しくしておきます。

すると、web.xmlは以下のようにスッキリとした形になります。

リスト4-4

```
<?xml version="1.0" encoding="ISO-8859-1"?>
<web-app xmlns="http://xmlns.jcp.org/xml/ns/javaee"
        xmlns:xsi="http://www.w3.org/2001/XMLSchema-instance"
        xsi:schemaLocation="http://xmlns.jcp.org/xml/ns/javaee
        http://xmlns.jcp.org/xml/ns/javaee/web-app_3_1.xsd"
        version="3.1">

    <display-name>MySampleWebApp1</display-name>

    <context-param>
        <param-name>contextConfigLocation</param-name>
        <param-value>classpath:spring/application-config.xml</param-value>
    </context-param>

    <listener>
        <listener-class>org.springframework.web.context.ContextLoaderListener
        </listener-class>
    </listener>
</web-app>
```

<context-param> と <lisetener>

ここでは、**<context-param>**と**<listener>**というタグが用意されていることがわかります。

<context-param>は、Bean構成ファイルの配置に関する情報を記述しています。contextConfigLocationという名前のパラメータに、classpath:spring/application-config.xmlという値が設定されていることがわかるでしょう。このようにして、Bean構成ファイルがある場所を指定しています。

もう1つの**<listener>**では、ContextLoaderListenerを登録しています。これはWebアプリケーション全体のコンテキスト(ApplicatinContext)をロードするためのリスナークラスを登録します。

<context-param>と<lisetener>は、Spring DIによるBeanを利用する上で必要となるものです。これらは勝手に削除したりしないようにして下さい。また、<context-param>でBean構成ファイルを指定する書き方について、よく理解しておきましょう。これがわかれば、後で自分でBean構成ファイルを作って追加したりできるようになります。

> **Note**
> 「WEB-INF」内を見ると、この他に「mvc-config.xml」というファイルと「view」フォルダも用意されていることがわかります。
> これらは、Spring MVCで必要となるものです。ここでは使いませんので、これらは必要ありません。

application-config.xmlについて

web.xmlはWebアプリケーションの情報を記述したものでした。これに対し、Spring DIで利用する情報を記述したのが「**Bean構成ファイル**」です。これは、Webアプリケーションのプロジェクトでは、src/main/resources内の「**spring**」フォルダ内に用意されています(**図4-14参照**)。

「**application-config.xml**」というファイルがそれです。これは、デフォルトでは以下のように記述されています。

リスト4-5

```
<?xml version="1.0" encoding="UTF-8"?>

<beans xmlns="http://www.springframework.org/schema/beans"
  xmlns:xsi="http://www.w3.org/2001/XMLSchema-instance"
  xmlns:context="http://www.springframework.org/schema/context"
  xsi:schemaLocation="http://www.springframework.org/schema/beans
  http://www.springframework.org/schema/beans/spring-beans.xsd
  http://www.springframework.org/schema/context
  http://www.springframework.org/schema/context/spring-context.xsd">

  <!-- Uncomment and add your base-package here:
  <context:component-scan
    base-package="org.springframework.samples.service"/>  -->
</beans>
```

よく見ると、**<!-- -->**とコメントアウトされたタグがあるだけで、具体的な内容はルートの**<beans>**タグが記述されているだけであることがわかるでしょう。この中に、必要に応じてBeanの設定タグを記述していけばいい、というわけです。

このほかにもいくつかのファイルが用意されていますが、とりあえずSpring DIのBean関連とWebアプリケーションに関係するものはこれだけです。**図4-13**に表示されているJSP(index.jsp)なども、それぞれで確認しておきましょう。

Beanクラスを作成する

では、Webアプリケーションで利用するBeanクラスを作成しましょう。＜**File**＞メニューから＜**New**＞内の＜**Class**＞メニューを選びます。そして現れたダイアログで以下のように設定を行って下さい。

Source folder	MySampleWebApp1/src/main/java(デフォルトのまま)
Package	jp.tuyano.spring.websample1
Enclosing type	OFF
Name	MyBean
Modifiers	「public」のみON
Superclass	java.lang.Object(デフォルトのまま)
Interfaces	空白のまま
それ以降のチェックボックス	Inherited abstract methodsをON、他はすべてOFF

「**Finish**」ボタンを押すと、jp.tuyano.spring.websample1パッケージ内に「**MyBean.java**」が作成されます。

図4-17：クラスの作成ダイアログ。MyBeanクラスを作る。

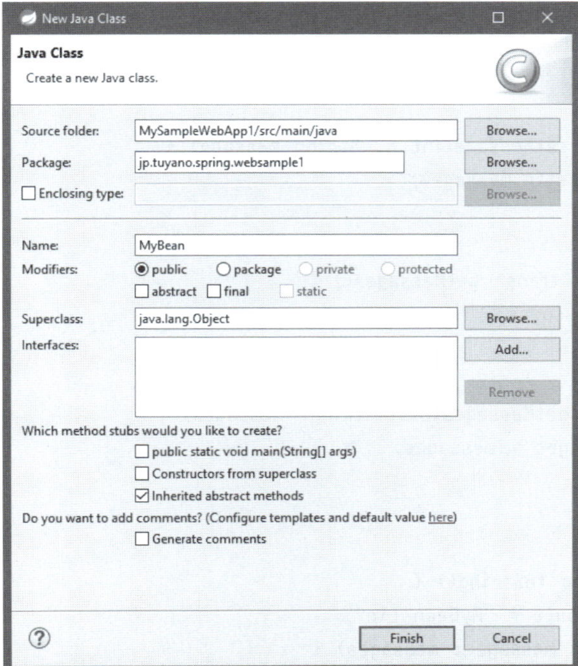

ソースコードを記述する

では、作成したMyBean.javaを開いて、ソースコードを完成させましょう。**第3章**のサンプルと同じでもいいのですが、今回は少しカスタマイズしてみます。

リスト4-6

```
package jp.tuyano.spring.websample1;

import java.util.ArrayList;
import java.util.List;

import org.springframework.stereotype.Component;

@Component
public class MyBean {
  private List<String> messages = new ArrayList<String>();

  public MyBean() {
    super();
    messages.add("This is Bean sample.");
  }

  public void addMessage(String message) {
    messages.add(message);
  }

  public String getMessage(int n) {
    return messages.get(n);
  }

  public void setMessage(int n, String message) {
    messages.set(n,message);
  }

  public List<String> getMessages() {
    return messages;
  }

  public void setMessages(List<String> messages) {
    this.messages = messages;
  }

  @Override
  public String toString() {
    String result = "MyBean [\n";
    for(String message : messages) {
```

```
        result += "\t'" + message + "'\n";
      }
      result += "]";
      return result;
    }
  }
```

フィールドには、messagesというListを用意しました。これへのアクセサやtoStringの他に、メッセージを追加するaddMessageや、番号を指定した個別のメッセージへのアクセサも用意しておきました。

Springで用いるBeanは、同じクラスのインスタンスを複数用意できないことなどからもわかるように、例えば「**データベースの各データ**」に相当するものに使うことはありません。それよりも「**データベースにアクセスするDAO(Data Access Object)**」に相当する部分をBean化するのが一般的でしょう。というわけで、データを管理するBeanをサンプルとして用意しました。

Note

クラスの宣言前に「@Component」というアノテーションが追加されていますが、これは今すぐ必要なものではありません。**リスト4-13**で利用しますので、その際に説明します。

Bean 構成ファイルへ追記する

では、このMyBeanの情報をBean構成ファイルに追記しましょう。Webアプリケーションプロジェクトの場合、src/main/resources内の「**spring**」フォルダ内にある「**application-config.xml**」がBean構成ファイルでしたね。このファイルを開き、<beans>内に以下の文を追記しましょう。

リスト4-7

```
<bean id="mybean1" class="jp.tuyano.spring.websample1.MyBean" />
```

これで、「**mybean1**」という名前(ID)でMyBeanインスタンスが登録されました。後は、**第3章**で解説したApplicationContextからこのBeanを取り出して利用するだけです。

サーブレットを作成する

では、登録したBeanを利用するサーブレットを作成しましょう。サーブレットは、クラスとして作成できますが、STSでは専用の作成機能が用意されているので、それを利用するのがよいでしょう。

Select a wizard から「Servlet」を選ぶ

<**File**>メニューの<**New**>内から、<**Other...**>メニューを選んで下さい。画面に「**Select a wizard**」と表示されたダイアログウインドウが現れます。ここに表示されてい

るリストの中から、「**Web**」内の「**Servlet**」を選びます。これがサーブレット作成のためのウィザードです。

選択したら「**Next**」ボタンで次に進みます。

図4-18：<Other...>メニューのダイアログで「Servlet」を選択する。

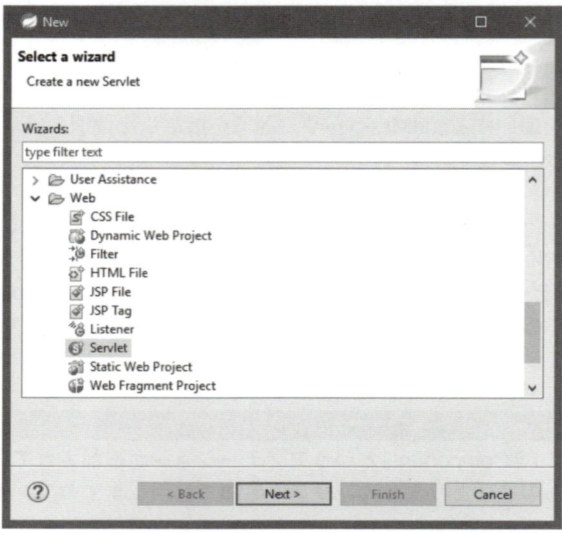

サーブレットの設定をする

「**Create Servlet**」と表示された画面に進みます。ここで、作成するサーブレットの設定を行います。以下のように入力していって下さい。

Project	作成するプロジェクトを選びます。これはデフォルトで「MySamleWebApp1」を選択して下さい。
Source folders	ソースコードファイルの配置場所を指定します。デフォルトで「/MySampleWebApp1/src/main/java」となっているはずですので、そのままにしておきます。
Java package	作成するパッケージを指定します。「Browse...」ボタンを押し、現れたダイアログで「jp.tuyano.spring.websample1」を選んでおきます。
Class name	クラス名を指定します。「MySampleServlet」としておきます。
Superclass	スーパークラスを指定します。デフォルトの「javax.servlet.http.HttpServlet」のままにしておきます。
Use an existing Servlet class or JSP	既存のサーブレットクラスを利用するための項目です。ここでは新たに作るので、OFFのままにしておきます。

図4-19：サーブレットの設定。MySampleServletを作成する。

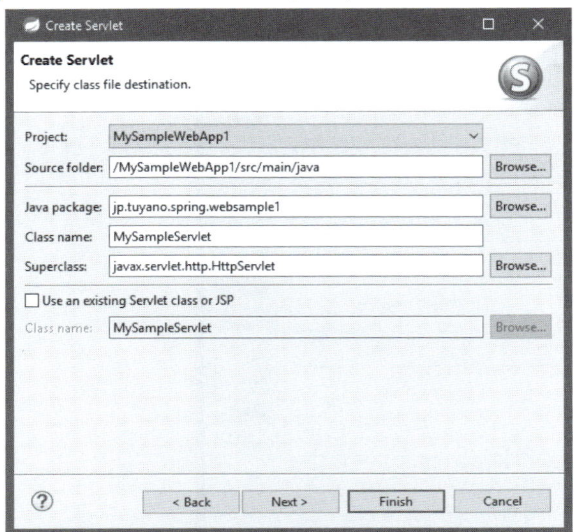

パラメータと URL の設定

次に進むと、サーブレットの初期化パラメータやURLマッピングに関する設定画面に進みます。それぞれ以下のように設定して下さい。

Name	サーブレット名を指定するところです。デフォルトで「MySampleServlet」と設定されていますので、そのままでいいでしょう。
Description	説明文です。これは空白のままでOKです。
Initialization parameters	初期化パラメータの設定です。今回は何も用意しません。
URL mappings	URLマッピングの設定です。デフォルトで「/MySampleServlet」と設定されています。このままでもいいのですが、ちょっと長いのでもう少し短くしておきましょう。この項目を選択し、「Edit」ボタンをクリックして下さい。画面にURLマッピングのパターンを入力するダイアログが現れるので、ここで「**/sample**」と入力してOKします。これでURLマッピングのアドレスが「/sample」に変わります。

図4-20：URLマッピングの設定を行う画面。URL mappingsのデフォルト項目を選択し、「Edit」ボタンを編集するとアドレスを変更できる。

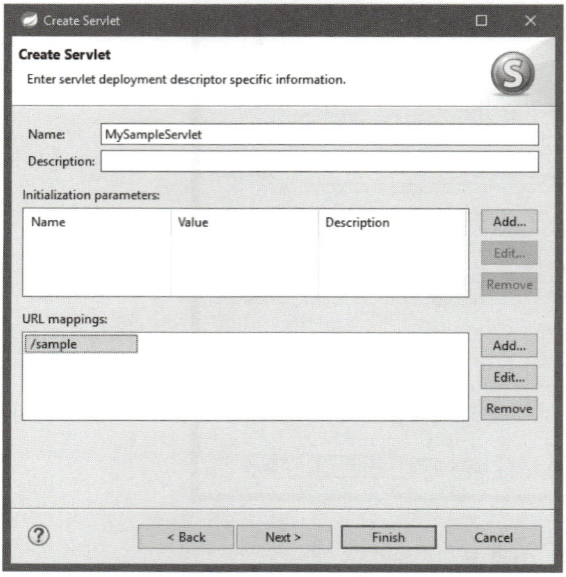

生成するインターフェイス・メソッドの設定

「**Next**」ボタンで次に進むと、サーブレットの修飾子、インターフェイス、生成するメソッドといったものを設定する画面に進みます。以下のように設定を行いましょう。

Modifiers	publicのみON、他はOFFののままにしておきます。
Interfaces	インターフェイスの設定です。特に使わないので、空白のままにしておきます。
Which method stubs would you like to create?	自動生成するメソッドを設定します。「Inherited abstrat methods」「init」「doGet」「doPost」の4つをONにしておきましょう。

以上を設定した後、「**Finish**」ボタンを押せば、サーブレットのソースコードが作成されます。jp.tuyano.spring.websample1パッケージに「**MySampleServlet.java**」というファイルが作成されます。

図4-21：生成するインターフェイスとメソッドを設定する。生成するメソッドのチェックをONにしておく。

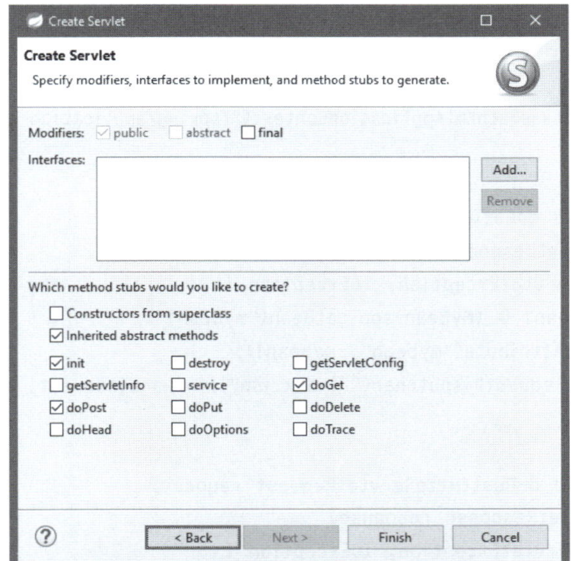

サーブレットのソースコードを記述する

では、作成されたMySampleServlet.javaを開き、ソースコードを編集していきましょう。以下のように記述して下さい。

リスト4-8

```
package jp.tuyano.spring.websample1;

import java.io.IOException;

import javax.servlet.ServletException;
import javax.servlet.annotation.WebServlet;
import javax.servlet.http.HttpServlet;
import javax.servlet.http.HttpServletRequest;
import javax.servlet.http.HttpServletResponse;

import org.springframework.context.ApplicationContext;
import org.springframework.context.support.ClassPathXmlApplicationContext;

@WebServlet("/sample")
public class MySampleServlet extends HttpServlet {
  private static final long serialVersionUID = 1L;

  ApplicationContext app;
```

```
    @Override
    public void init() throws ServletException {
      super.init();
      app = new ClassPathXmlApplicationContext("/spring/application-config.xml");
    }

    protected void doGet(HttpServletRequest request,
        HttpServletResponse response)
        throws ServletException, IOException {
      MyBean mybean1 = (MyBean)app.getBean("mybean1");
      request.setAttribute("mybean", mybean1);
      request.getRequestDispatcher("/index.jsp").forward(request, response);
    }

    protected void doPost(HttpServletRequest request,
        HttpServletResponse response)
        throws ServletException, IOException {
      String message = request.getParameter("message");
      MyBean mybean1 = (MyBean)app.getBean("mybean1");
      mybean1.addMessage(message);
      response.sendRedirect("sample");
    }
}
```

ここでは、doGetでMyBeanを取得した後、それをリクエストに設定して、getRequestDispatcherでindex.jspへのディスパッチャーを取得し、forwardでフォワードする処理を作成してあります。またdoPostでは、送信された値をMyBeanに追加し、responseのsendRedirectでGETリダイレクトしています。

Bean 利用のポイント

では、init、doGet、doPostのそれぞれでBeanを利用してる部分について確認をしておきましょう。まずはinitです。ここではBean利用のためのApplicationContextを用意しています。

```
app = new ClassPathXmlApplicationContext("/spring/application-config.xml");
```

「**spring**」内のapplication-config.xmlを引数指定してClassPathXmlApplicationContextインスタンスを作成していることがわかります。

続いて、doGet。ここでは、ApplicationContextからMyBeanを取得し、アトリビュート設定しています。このMyBeanインスタンスを取り出しているのが以下の文ですね。

```
MyBean mybean1 = (MyBean)app.getBean("mybean1");
```

getBeanは、**第3章**の**リスト3-6**で既に登場しました。これで名前を指定してMyBeanを取得し、利用しています。

doPostでは、送信されたテキストを取り出し、これをMyBeanに追加しています。

```
mybean1.addMessage(message);
```

このようにMyBeanをgetBeanで取り出し、それからMyBeanに用意したaddMessageを呼び出しているだけです。ApplicationContext利用の基本がわかっていれば、だいたいの流れは理解できるでしょう。

web.xmlを確認する

最後にサーブレットの登録情報についてです。web.xmlでは**web-app_3_1.xsd**に変更しているため、@WebServletでサーブレット登録を行っています。が、web-appのバージョンが2.5以前の環境ではweb.xmlにサーブレットの登録情報を用意しておく必要があります。

web.xmlを開いてみると、おそらく以下のようなタグが記述されているはずです。

リスト4-9

```
<servlet>
  <description></description>
  <display-name>MySampleServlet</display-name>
  <servlet-name>MySampleServlet</servlet-name>
  <servlet-class>jp.tuyano.spring.websample1.MySampleServlet</servlet-class>
</servlet>
<servlet-mapping>
  <servlet-name>MySampleServlet</servlet-name>
  <url-pattern>/sample</url-pattern>
</servlet-mapping>
```

見ればわかるように、作成したMySampleServletを/sampleにマッピングするためのタグです。STSのサーブレット作成機能を使って作ると、このようにweb.xmlへのタグも自動的に生成されるのです。ユーザーが手作業でweb.xmlに追記をする必要はありません。

web-app 2.5までの場合は、このタグをそのままにしておけばサーブレットが使えるようになります。が、ここでは3.1に変更してありますので、これらのタグは不要です。削除して構いません。

index.jspを変更する

では、最後にindex.jspを変更しておきましょう。MySampleServletでは、doGet時にMyBeanをパラメータに設定した後、index.jspにフォワードしています。ですので、保存されたMyBeanを表示するような処理を追記しておく必要があるでしょう。またdoPostに送信してメッセージを追加できるようにコーディングしてありますので、そのためのフォームも用意しておきましょう。

リスト4-10

```
<!DOCTYPE html>

<%@ page language="java" contentType="text/html; charset=UTF-8"
  pageEncoding="UTF-8"%>

<%@ taglib prefix="c" uri="http://java.sun.com/jsp/jstl/core" %>
<%@ taglib prefix="spring" uri="http://www.springframework.org/tags"%>

<html>
  <head>
    <meta charset="utf-8">
    <title>Welcome</title>
  </head>
  <body>
    <h1>Sample Page</h1>
    <pre>${mybean}</pre>
    <hr>
    <form action="sample" method="post">
      <input type="text" id="message" name="message">
      <input type="submit" value="add">
    </form>
  </body>
</html>
```

こんな感じになりました。**<pre>${mybean}</pre>**でmybeanを出力しています。その下のフォームでは、**action="sample" method="post"**としてフォームの内容を送信するようにしてあります。

動作を確認しよう

では、実際にサーバーを実行して動作を確認しましょう。サーバーが起動したら、以下のアドレスにアクセスして下さい。

http://localhost:8080/MySampleWebApp1/sample

これが、今回作成したサーブレットへアクセスするアドレスになります。アクセスすると、index.jspの内容が表示されます。フォームの上には、MyBeanの内容が以下のように表示されます。

```
MyBean [
  'This is Bean sample.'
]
```

図4-22：アクセスすると、MyBeanの内容が出力される。

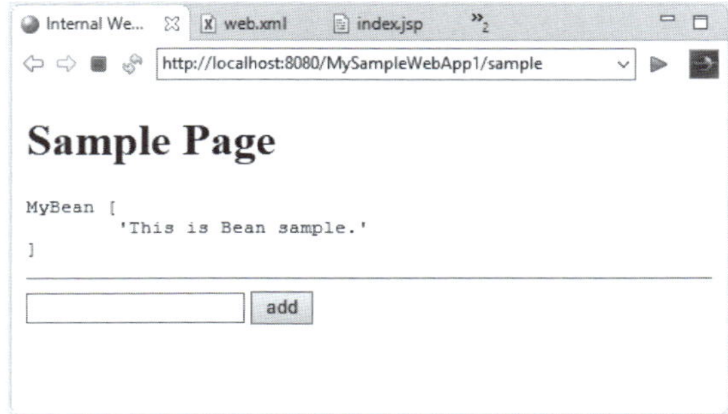

確認したら、フォームに何か書いて送信してみて下さい。MyBeanにメッセージが追加されていきます。何度か送信してみると、送ったメッセージが順番に蓄積されていくことがわかるでしょう。MyBeanがきちんと機能していますね！

図4-23：フォームを送信すると、その内容がMyBean内に追加されていく。

4-2 Beanの利用を更に考える

Webアプリケーションで Beanを利用するには、いろいろと覚えておきたいことがあります。エンコーディングの設定、@Autowireによる自動バインド、そしてBean構成クラスの使い方。こうした事柄について更に考えていくことにしましょう。

エンコーディングフィルターの設定

JSPとサーブレット、そしてBeanを使った簡単なWebアプリケーションのサンプルを使って、WebアプリにおけるSpringの基本的な使い方について説明をしました。が、実際にいろいろ試してみると、問題も出てきます。

何より大きいのは、日本語を送信すると文字化けしてしまうことでしょう。ブラウザで、表示されているエンコーディングをチェックしても、ちゃんとUTF-8になっています。それなのになぜ文字化けしてしまうのでしょうか。

図4-24：日本語を送信すると文字化けしてしまう。

実は、Springで一般的な英語圏のエンコード以外のものを利用する場合は、あらかじめ**エンコーディングフィルター**で利用するエンコード方式を設定しておく必要があるのです。では、これを追加しましょう。

web.xmlを開き、**<web-app>**タグ内に以下のタグを追加して下さい。

リスト4-11

```
<filter>
   <filter-name>EncodingFilter</filter-name>
      <filter-class>org.springframework.web.filter.CharacterEncodingFilter
      </filter-class>
   <init-param>
      <param-name>encoding</param-name>
      <param-value>UTF-8</param-value>
   </init-param>
   <init-param>
      <param-name>forceEncoding</param-name>
      <param-value>true</param-value>
   </init-param>
</filter>
<filter-mapping>
   <filter-name>EncodingFilter</filter-name>
   <url-pattern>/*</url-pattern>
</filter-mapping>
```

これで、すべてのテキストが強制的にUTF-8を利用するようになります。コンテキストが再ロードされたら、日本語のメッセージを送信して文字化けしないことを確認しておきましょう。

図4-25：フィルターを設定したことで、日本語が使えるようになった。

@Autowiredを使う

これで一応、BeanをWebアプリケーションで利用する方法はわかりました。が、正直にいえば、あんまり便利な感じはしません。ただアプリケーションで行っていた作業をそのままサーブレットに移しただけですから。

もう少しBeanの利用を便利に行えるようにしてみましょう。Springには、「**オートワイヤー**」と呼ばれる機能があります。**フィールドやメソッドなどに自動的にオブジェクトをバインドする機能**です。これを使えば、例えばフィールドを用意しておくと、それに自動的にインスタンスが設定されるようになります。

これは、Bean構成ファイルなどを書き換える必要もなく、Beanを利用している部分(今回はサーブレット)を書き換えるだけで使うことができるようになります。では、やってみましょう。

リスト4-12

```
package jp.tuyano.spring.websample1;

import java.io.IOException;

import javax.servlet.ServletException;
import javax.servlet.annotation.WebServlet;
import javax.servlet.http.HttpServlet;
import javax.servlet.http.HttpServletRequest;
import javax.servlet.http.HttpServletResponse;

import org.springframework.beans.factory.annotation.Autowired;
import org.springframework.web.context.support.SpringBeanAutowiringSupport;

@WebServlet("/sample")
public class MySampleServlet extends HttpServlet {
```

```
    private static final long serialVersionUID = 1L;

    @Autowired
    private MyBean mybean1;

    @Override
    public void init() throws ServletException {
        super.init();
        SpringBeanAutowiringSupport
            .processInjectionBasedOnCurrentContext(this);
    }

    protected void doGet(HttpServletRequest request,
            HttpServletResponse response)
            throws ServletException, IOException {
        request.setAttribute("mybean", mybean1);
        request.getRequestDispatcher("/index.jsp").forward(request, response);
    }

    protected void doPost(HttpServletRequest request,
            HttpServletResponse response)
            throws ServletException, IOException {
        String message = request.getParameter("message");
        mybean1.addMessage(message);
        response.sendRedirect("sample");
    }
}
```

図4-26:@Autowiredで自動的にBeanをフィールドに設定する。実行しても問題なくBeanは動いている。

全体としての処理の流れはそう違いはありませんが、細かな部分で書き換わっています。変更されたポイントを整理しておきましょう。

@Autowiredアノテーション

一番のポイントは、MyBeanフィールドの部分です。以下のように@Autowiredアノテーションが追加されています。

```
@Autowired
private MyBean mybean1;
```

これにより、このmybean1にはBean構成ファイルに用意されているMyBeanインスタンスが自動的に設定されるようになります。

@Autowiredのサポート

この@Autowiredは、黙っていても勝手にやってくれる、というわけではありません。それを行っているのが、initメソッドにある以下の文です。

```
SpringBeanAutowiringSupport
  .processInjectionBasedOnCurrentContext(this);
```

SpringBeanAutowiringSupportは、文字通り@Autowiredサポートのためのクラスです。その**processInjectionBasedOnCurrentContext**メソッドは、現在のApplicationContextを使って、引数に指定したオブジェクトに@Autowiredのバインドを設定します。ここではthisが設定されていますので、このインスタンスに用意されている@Autowiredに、現在のApplicationContextに保持されているBeanを割り当てていきます。

doGetとdoPostのmybean1処理

実際にmybean1を利用しているのはdoGetとdoPostの部分ですが、doPostではいきなりmybean1のメソッドを呼び出しています。ApplicationContextからgetBeanを呼び出して……といった処理はありません。

このように、mybean1にインスタンスを設定する処理はどこにもないのに、ちゃんとmybean1が使えるようになっています。Beanのインスタンスはオートワイヤーで用意されるので、プログラマは考える必要がないのです。

Bean構成クラスを利用する

基本的なBean利用がわかったところで、続いてXMLファイルではなく、**Bean構成のためのクラス**を定義して利用してみることにしましょう。

＜**File**＞メニューから＜**New**＞内の＜**Class**＞メニューを選び、現れたダイアログウインドウで以下のように設定をして下さい。

Source folder	MySampleWebApp1/src/main/java(デフォルトのまま)
Package	jp.tuyano.spring.websample1(デフォルトのまま)
Enclosing type	OFF

Name	MyBeanConfig
Modifiers	「public」のみON
Superclass	java.lang.Object(デフォルトのまま)
Interfaces	空白のまま
それ以降のチェックボックス	すべてOFF

図4-27：クラス作成のダイアログ。MyBeanConfigクラスを作成する。

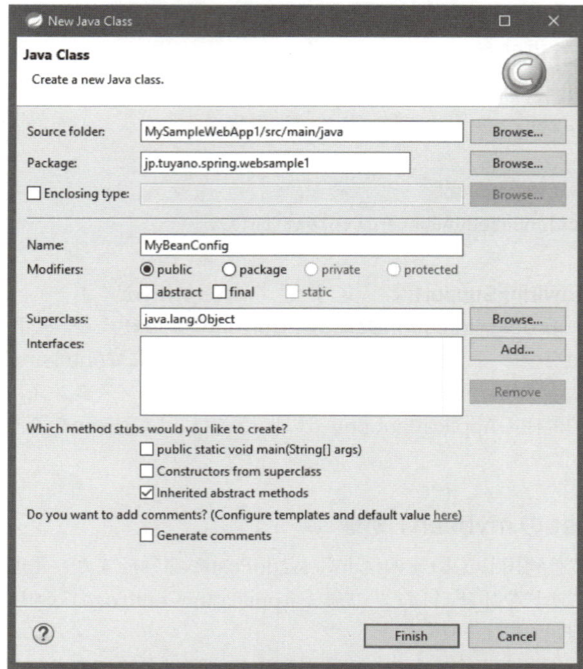

MyBeanConfig クラスを記述する

これでjp.tuyano.sample.websample1パッケージ内に「**MyBeanConfig.java**」が作成されます。ここに、MyBean利用のための処理を記述しておきます。では、以下のようにソースコードを書き換えましょう。

リスト4-13

```
package jp.tuyano.spring.websample1;

import jp.tuyano.spring.websample1.MyBean;

import org.springframework.context.annotation.Bean;
import org.springframework.context.annotation.ComponentScan;
import org.springframework.context.annotation.Configuration;
```

```
@Configuration
@ComponentScan(basePackages = "jp.tuyano.spring.websample1")
public class MyBeanConfig {

  @Bean
  public MyBean myBean(){
    return new MyBean();
  }
}
```

ここではいくつかのアノテーションが追記されています。基本的には、**第3章**のアプリケーションでBean構成クラスを利用したのと同じです（**リスト3-15**）。クラス宣言の前に**@Configuration**を用意し、Beanを取得するメソッドに**@Bean**を付ける、という形ですね。

@ComponentScan

もう1つ、**@ComponentScan**というアノテーションを追加してあります。これは、**コンポーネントを検索する場所を指定**します。引数にあるbasePackagesで指定したパッケージから、コンポーネントを検索します。

リスト4-6でMyBeanクラスを作成したとき、クラスの宣言前に@Componentというアノテーションを付けておいたことを思い出して下さい。あれは、そのクラスをコンポーネントとして扱うようにするためのアノテーションだったのです。

@ComponentScanは、@Componentでコンポーネントとして指定されたクラスをbasePackagesのパッケージ内から検索します。これにより、例えば複数のパッケージに分かれてクラス類が管理されているような場合でも、指定のパッケージからコンポーネントを検索できるようになります。

MyBeanConfigをBean構成クラスにする

では、作成したMyBeanConfigクラスをBean構成クラスとして利用するために、必要な変更を行いましょう。web.xmlに記述されている以下の文に注目して下さい。

リスト4-14

```
<context-param>
  <param-name>contextConfigLocation</param-name>
  <param-value>classpath:spring/application-config.xml</param-value>
</context-param>
```

ここで、application-config.xmlをBean構成の配置場所として指定していました。この部分を、以下のように書き換えましょう。

リスト4-15

```
<context-param>
  <param-name>contextClass</param-name>
  <param-value>
  org.springframework.web.context.support.AnnotationConfigWebApplicationContext
  </param-value>
</context-param>
<context-param>
  <param-name>contextConfigLocation</param-name>
  <param-value>jp.tuyano.spring.websample1.MyBeanConfig</param-value>
</context-param>
```

<context-param>が2つに増えているので注意して下さい。**contextConfigLocation**のパラメータにMyBeanConfigクラスを指定し、更に**contextClass**にAnnotationConfigWebApplicationContextクラスを指定しています。

これでMyBeanConfigからBean構成情報を読み取り、Beanを生成するようになります。ソースコードの変更ができたら、実際にブラウザからアクセスして問題なくMyBeanが利用できていることを確認しておきましょう。

図4-28：ブラウザからアクセスして、MyBeanが正常に働いていることを確認する。

MyBean2を作成する

この@Autowiredを利用した自動バインドは、DIの根幹をなす機能ですので、もう少し掘り下げてみましょう。新たなBeanとして、「**MyBeanを内部で利用するMyBean2**」というクラスを作成してみます。

＜**File**＞メニューから＜**New**＞内の＜**Class**＞メニューを選び、現れたダイアログウインドウで以下のように設定を行い、新たにMyBean2クラスを作成して下さい。

Source folder	MySampleWebApp1/src/main/java(デフォルトのまま)
Package	jp.tuyano.spring.websample1(デフォルトのまま)

Enclosing type	OFF
Name	MyBean2
Modifiers	「public」のみON
Superclass	java.lang.Object(デフォルトのまま)
Interfaces	空白のまま
それ以降のチェックボックス	Inherited abstract methodsをON、それ以外はすべてOFF

図4-29：クラス作成のダイアログ。MyBean2という名前で作成する。

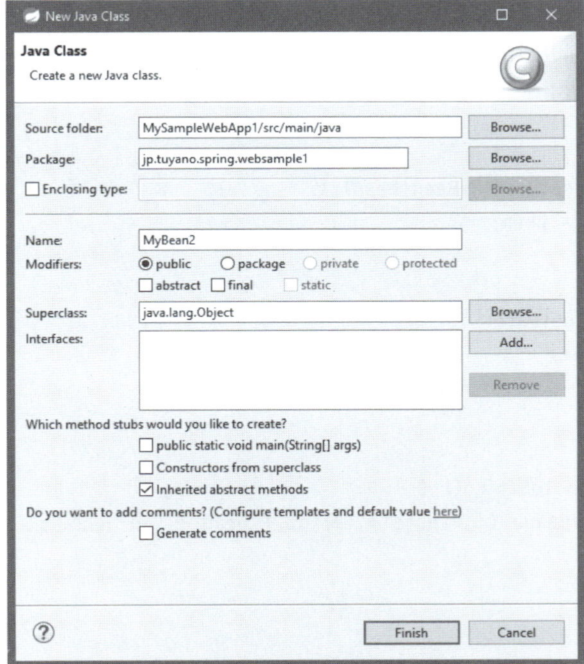

MyBean2を記述する

クラスを作成したら、MyBean2.javaを開き、ソースコードを記述します。今回は、内部でMyBeanを管理する、一種のラッパークラスのようなものを作ることにします。

リスト4-16

```
package jp.tuyano.spring.websample1;

import java.util.Calendar;
import java.util.Date;

import org.springframework.beans.factory.annotation.Autowired;
import org.springframework.stereotype.Component;
```

```
@Component
public class MyBean2 {

  @Autowired
  private MyBean bean;
  private Date date;

  public MyBean2(){
    super();
    date = Calendar.getInstance().getTime();
  }
  public MyBean getBean() {
    return bean;
  }

  public void setBean(MyBean bean) {
    this.bean = bean;
  }

  public Date getDate() {
    return date;
  }

  @Override
  public String toString() {
    return "MyBean2 (" + date + ");\n" + bean + "\n--end.";
  }

}
```

@AutowiredされたMyBeanインスタンスをprivateフィールドに保管し、日時の情報を併せて保管しています。そしてtoString時には、両者を出力するようにしています。要するに、MyBeanに作成日時を追加するBeanというわけです。

新たなBean構成クラスを作る

では、このMyBean2を利用するBean構成クラスを用意しましょう。先ほどのMyBeanConfigクラスを書き換えてもいいのですが、今回は「**Bean構成クラスの中で、別のBean構成クラスを使う**」ということを行ってみます。

<**File**>メニューから<**New**>内の<**Class**>メニューを選び、現れたダイアログウインドウで以下のように設定を行って、新しいBean構成クラス「**MyBeanConfig2**」を作成して下さい。

Source folder	MySampleWebApp1/src/main/java(デフォルトのまま)
Package	jp.tuyano.spring.websample1(デフォルトのまま)
Enclosing type	OFF
Name	MyBeanConfig2
Modifiers	「public」のみON
Superclass	java.lang.Object(デフォルトのまま)
Interfaces	空白のまま
それ以降のチェックボックス	Inherited abstract methodsをON、それ以外はすべてOFF

図4-30：クラス作成のダイアログ。MyBeanConfig2という名前で作成する。

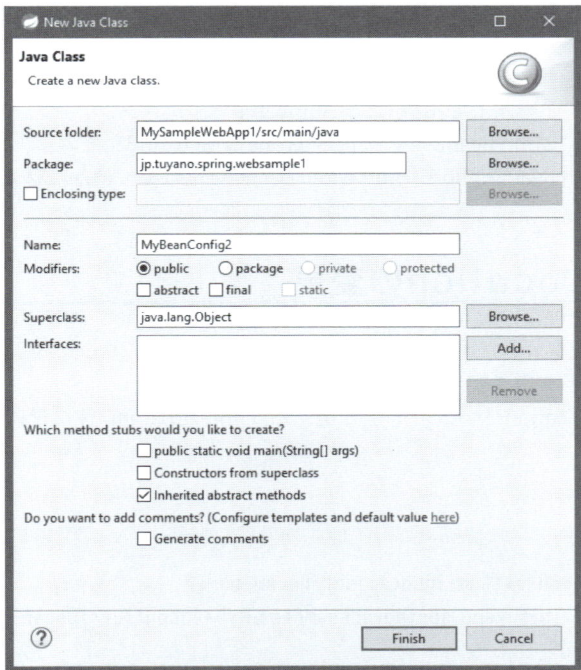

MyBeanConfig2 を記述する

では、作成された「**MyBeanConfig2.java**」を開き、ソース・コードを以下のように書き換えましょう。

リスト4-17

```
package jp.tuyano.spring.websample1;

import org.springframework.beans.factory.annotation.Autowired;
import org.springframework.context.annotation.Bean;
```

```
import org.springframework.context.annotation.ComponentScan;
import org.springframework.context.annotation.Configuration;

@Configuration
@ComponentScan(basePackages = "jp.tuyano.spring.websample1")
public class MyBeanConfig2 {

  @Autowired
  private MyBeanConfig config;

  @Bean
  public MyBean2 myBean2(){
    return new MyBean2();
  }
}
```

MyBeanConfigフィールドを用意し、@Autowiredでインスタンスをバインドしています。@Beanを指定したmyBean2メソッドでは、new MyBean2をそのまま返しています。Bean構成クラスMyBeanConfigを@Autowiredしているだけで、ほかには、特に何も仕掛けはありません。

contextConfigLocationの変更

これでBean構成クラスが用意できました。では、この新しいMyBeanConfig2を使うようにweb.xmlの内容を書き換えましょう。

contextConfigLocationパラメータを設定する<context-param>タグを以下のように書き換えて下さい。

リスト4-18

```
<context-param>
  <param-name>contextConfigLocation</param-name>
  <param-value>jp.tuyano.spring.websample1.MyBeanConfig2</param-value>
</context-param>
```

変更したのは、<param-value>のクラス名です。MyBeanConfigをMyBeanConfig2に変更しただけですね。これで、新たに用意したMyBeanConfig2クラスをBean構成クラスとして使うようになります。

サーブレットを変更する

では、サーブレットを書き換えてMyBean2を利用してみることにしましょう。以下のようにMySampleServlet.javaを変更して下さい。

リスト4-19

```
package jp.tuyano.spring.websample1;

import java.io.IOException;

import javax.servlet.ServletException;
import javax.servlet.annotation.WebServlet;
import javax.servlet.http.HttpServlet;
import javax.servlet.http.HttpServletRequest;
import javax.servlet.http.HttpServletResponse;

import org.springframework.beans.factory.annotation.Autowired;
import org.springframework.web.context.support.SpringBeanAutowiringSupport;

@WebServlet("/sample")
public class MySampleServlet extends HttpServlet {
  private static final long serialVersionUID = 1L;

  @Autowired
  private MyBean2 mybean2; //●

  @Override
  public void init() throws ServletException {
    super.init();
    SpringBeanAutowiringSupport
      .processInjectionBasedOnCurrentContext(this);
  }

  protected void doGet(HttpServletRequest request,
      HttpServletResponse response)
      throws ServletException, IOException {
    request.setAttribute("mybean", mybean2); //●
    request.getRequestDispatcher("/index.jsp").forward(request, response);
  }

  protected void doPost(HttpServletRequest request,
      HttpServletResponse response)
      throws ServletException, IOException {
    String message = request.getParameter("message");
    mybean2.getBean().addMessage(message); //●
    response.sendRedirect("sample");
  }

}
```

変更したのは、●の付いている行です。@AutowiredされているフィールドをMyBeanからMyBean2に変更し、これを利用する部分をすべて書き換えています。注意したいのは、doPostでメッセージを追加している部分です。mybean2からgetBeanでMyBeanインスタンスを取得し、それにaddMessageしています。

これで、MyBean2を利用するサンプルができました。実際に動かしてみると、保管しているメッセージと日時がちゃんと表示されるようになります。確かにMyBean2が動いていることがわかります。

図4-31：MyBean2が動き、日時の表示がされるようになった。

ApplicationContextのイベント

ApplicaitonContextでは、発生から終了までの間にいくつかのイベントが発生するようになっています。このイベントを利用することで、ApplicationContextの挙動に応じた処理などを実装させることができます。

用意されているイベントは以下のようになります。

ContextRefreshedEvent	ApplicationContextがリフレッシュ(初期化)された
ContextStartedEvent	AppilcationContextが開始された
ContextStoppedEvent	ApplicationContexが停止した
ContextClosedEvent	ApplicationContextが終了した
RequestHandledEvent	HTTPリクエストによりサービスが呼ばれた

これらのイベントは、「**ApplicationListener**」というインターフェイスを使ってイベント処理がされます。ApplicationListenerを実装したクラスをBeanとして登録し、このリスナークラス内に用意されたメソッドに処理を用意することで、イベント処理が行えるのです。

ApplicationListenerには、以下のようなメソッドが定義されています。

```
public void onApplicationEvent(ApplicationEvent event)
```

AppliationContextのイベントが発生すると、Beanとして登録されたリスナークラスのインスタンス内にある**onApplicationEvent**メソッドが呼び出されます。ここでイベント処理を行えばいいわけですね。

MySampleApplicationListenerの作成

では、実際にイベントリスナークラスを作成してみましょう。<**File**>メニューから<**New**>内の<**Class**>メニューを選び、現れたダイアログウインドウで以下のように設定を行って下さい。

Source folder	MySampleWebApp1/src/main/java(デフォルトのまま)
Package	jp.tuyano.spring.websample1(デフォルトのまま)
Enclosing type	OFF
Name	MySampleApplicationListener
Modifiers	「public」のみON
Superclass	java.lang.Object(デフォルトのまま)
Interfaces	「Add...」ボタンをクリックし、現れたダイアログで、「ApplicationListener」と入力すると、「ApplicationListener -org.springframework.context」という項目が選択可能になる。これを選択しOKすると、「org.springframework.context.ApplicationListener<E>」と設定される
それ以降のチェックボックス	「Inherited abstract methods」のみON、他はすべてOFF

図4-32：クラスの作成ダイアログ。MySampleApplicationListenerクラスを作成する。

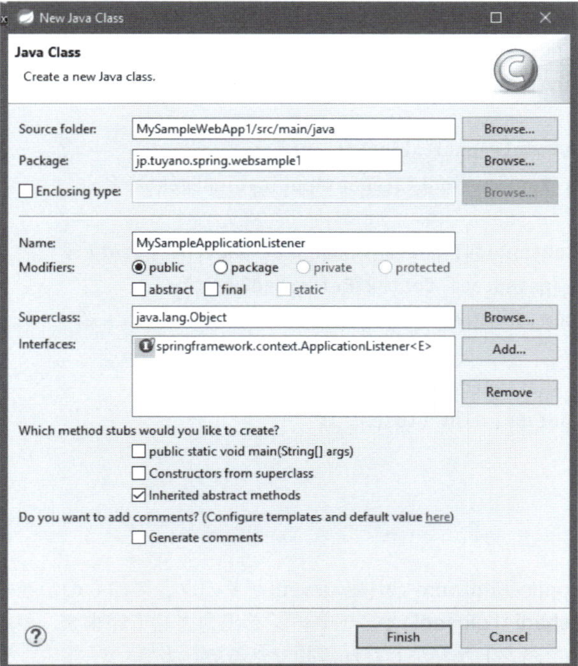

図4-33：Interfaceの「Add...」ボタンを押して現れるダイアログ。ApplicationListenerとタイプすると候補が現れる。

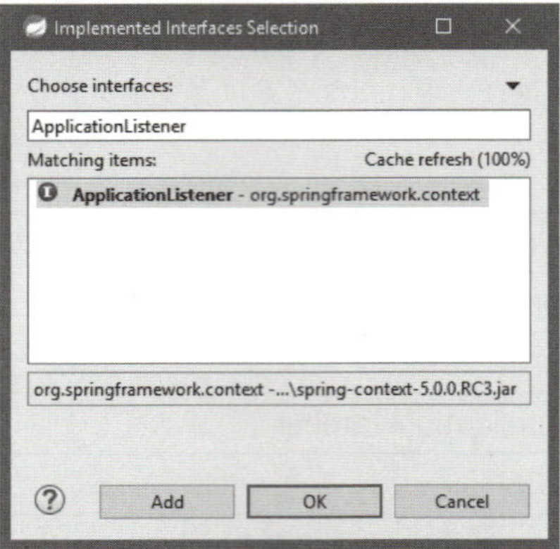

MySampleApplicationListener を記述する

Finishすると、jp.tuyano.spring.websample1パッケージに「**MySampleApplicationListener.java**」が作成されます。これを開き、以下のようにソースコードを作成しましょう。

リスト4-20

```
package jp.tuyano.spring.websample1;

import org.springframework.context.ApplicationEvent;
import org.springframework.context.ApplicationListener;
import org.springframework.context.event.ContextClosedEvent;
import org.springframework.context.event.ContextRefreshedEvent;

public class MySampleApplicationListener
    implements ApplicationListener<ApplicationEvent> {

  public void onApplicationEvent(ApplicationEvent event) {
    if (event instanceof ContextRefreshedEvent){
      System.out.println("refreshed!");
    }
    if (event instanceof ContextClosedEvent){
      System.out.println("closed!");
    }
  }
}
```

ここでは、onApplicationEventで引数のeventがどのクラスのものかをチェックし、それによって「**refreshed!**」「**closed!**」とメッセージを出力させています。単純ですが、どのタイミングでどのイベントが発生したか確認できるでしょう。

MyBeanConfig2に登録する

では、作成したMySampleApplicationListenerをBean構成クラスにBeanとして登録しましょう。先ほどまで使っていたMyBeanConfig2クラスに追加して使うことにしましょう。

リスト4-21

```
@Bean
public MySampleApplicationListener appListener() {
  return new MySampleApplicationListener();
}
```

このようなメソッドをMyBeanConfig2クラスに追加します。これでMySampleApplicationListenerクラスのインスタンスがBeanとして用意されるようになります。

ここまでできたら、サーバーで実行してみましょう。サーバーが起動し、Webアプリケーション(MySampleWebApp1)がロードされると、コンソールに「**refreshed!**」とメッセージが出力されるのがわかります。Webアプリケーション起動時にBean構成クラスによりBeanが生成され、そこで**ContextRefreshedEvent**が発生して、MySampleApplicationListenerによりイベント処理されていることがわかります。

図4-34：サーバー起動中のコンソールをチェックすると、Webアプリケーションがロードされた段階で「refreshed!」と出力されているのがわかる。

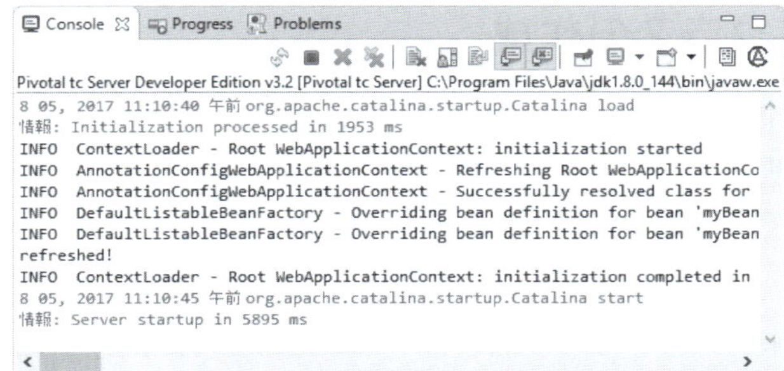

オリジナルイベントの利用

このMySampleApplicationListenerによるイベント処理は、非常にシンプルでわかりやすいものですが、ApplicationContextに用意されているイベントは開始と終了に関するものが中心ですので、Webアプリケーションに作成したメソッドなどに応じたイベント処理は行えません。が、こうした具体的な処理に応じたイベントこそが本当に実務で使えるイベントでしょう。

Springでは、オリジナルのイベントを作成して利用することも可能です。イベント処理の基本がわかったところで、オリジナルのイベントに挑戦してみましょう。

オリジナルのイベントを利用するためには、いくつか用意するものがあります。ここで整理しておきましょう。

①オリジナルイベントクラス

まずは、独自のイベントクラスを用意します。これは**ApplicationEvent**クラスを継承して作成します。これ自体は、単なるイベント情報の管理をするものであり、何かの操作で発生するというわけではありません。

②イベントリスナークラス

作成したオリジナルイベントの処理を行うイベントリスナーを用意します。これが具体的なイベント処理を担当するものになります。

③サービスクラス

Webアプリケーションで実行する処理のサービスを用意します。この中で、サービスの実行に応じてイベントが発生するような仕組みを用意します。

④サーブレットなどの改変

①～③がイベントの基本的な仕組みになります。後は、サーブレットなどで必要に応じてサービスクラスのサービスを実行するような処理を記述します。するとサービスが実行され、それに対応するイベントが発生し、イベントリスナーでその処理が行われる、というわけです。

MyBeanEventクラスの作成

では、順に作成していきましょう。まずはイベントクラスからです。ここでは「**MyBeanEvent**」という名前で用意することにします。<**File**>メニューから<**New**>内の<**Class**>メニューを選び、現れたダイアログウインドウで以下のように設定を行って下さい。

Source folder	MySampleWebApp1/src/main/java(デフォルトのまま)
Package	jp.tuyano.spring.websample1(デフォルトのまま)
Enclosing type	OFF
Name	MyBeanEvent
Modifiers	「public」のみON
Superclass	「Browse...」ボタンをクリックし、現れたダイアログで「ApplicationEvent」と入力すると、「ApplicationEvent - org.springframework.context」という項目が選択できるようになる。これを選んでOKすると、「org.springframework.context.ApplicationEvent」が設定される
Interfaces	空白のまま
それ以降のチェックボックス	すべてOFF

図4-35：クラス作成のダイアログ。MyBeanEventと名前を設定する。

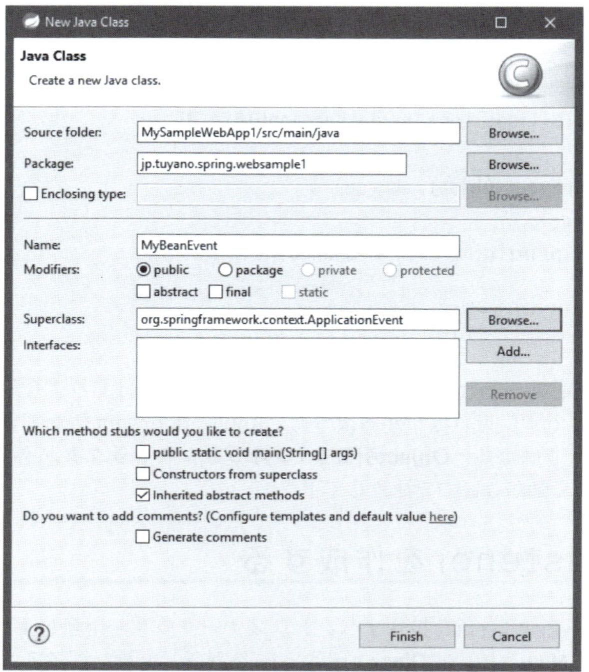

図4-36：Superclassの設定ダイアログで「ApplicationEvent」とタイプすると候補が現れる。

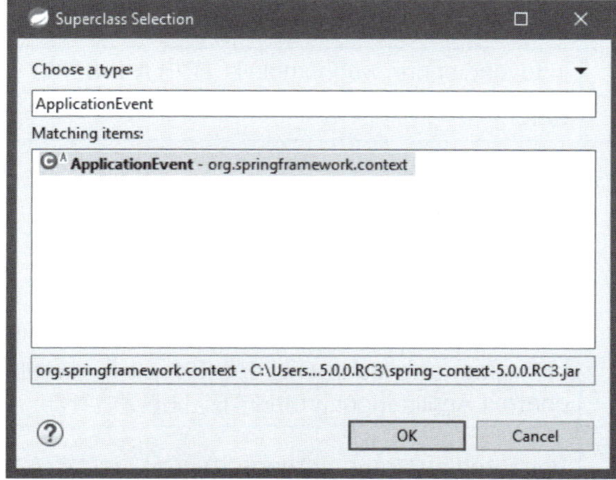

MyBeanEvent.javaを記述する

作成された「**MyBeanEvent.java**」を開き、ソースコードを記述しましょう。特に処理らしい処理は用意しません。コンストラクタだけを用意しておきます。

リスト4-22

```
package jp.tuyano.spring.websample1;
```

```
import org.springframework.context.ApplicationEvent;

public class MyBeanEvent extends ApplicationEvent {
  private static final long serialVersionUID = 1L;

  public MyBeanEvent(Object source) {
    super(source);
    System.out.println("create MyBeanEvent!");
  }
}
```

特に何も処理が必要ないなら、メソッド等は用意する必要はありませんが、コンストラクタだけは必要です。見ればわかるように、ApplicationEventクラスでは、デフォルトコンストラクタではなく、**Object引数を1つ持つコンストラクタ**が必要になります。これがないと正しく動かないので注意して下さい。

MyBeanEventListenerを作成する

続いて、このMyBeanEventを扱うイベントリスナークラスを用意しましょう。<**File**>メニューから<**New**>内の<**Class**>メニューを選び、現れたダイアログウインドウで以下のように設定を行って下さい。

Source folder	MySampleWebApp1/src/main/java(デフォルトのまま)
Package	jp.tuyano.spring.websample1(デフォルトのまま)
Enclosing type	OFF
Name	MyBeanEventListener
Modifiers	「public」のみON
Superclass	java.lang.Object(デフォルトのまま)
Interfaces	「Add...」ボタンをクリックし、現れたダイアログで、「ApplicationListener」と入力し、「ApplicationListener -org.springframework.context」を選択する。「org.springframework.context.ApplicationListener<E>」と設定される
それ以降のチェックボックス	「Inherited abstract methods」のみON、他はすべてOFF

図4-37：クラス作成ダイアログ。MyBeanEventListenerと名前を設定する。

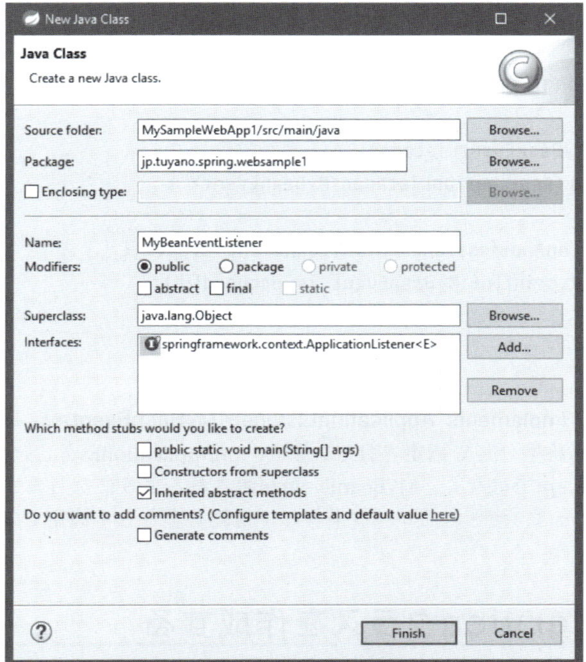

図4-38：インターフェイス追加のダイアログ。「ApplicationListener」とタイプすると候補が現れる。

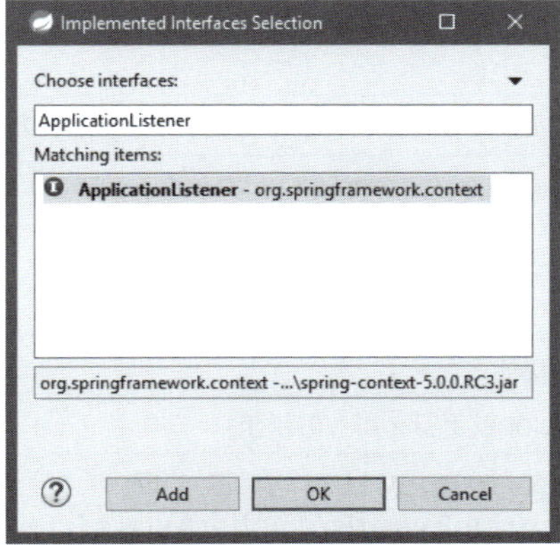

MyBeanEventListenerを記述する

では、作成した「**MyBeanEventListener.java**」のソースコードを記述しましょう。先にリスナークラスを作成しましたが、あれとほぼ同じで、**onApplicationEvent**メソッドをオーバーライドするだけです。ただし、総称型を指定してMyBeanEventが使われるようにしておきます。

リスト4-23

```
package jp.tuyano.spring.websample1;

import org.springframework.context.ApplicationListener;

public class MyBeanEventListener
    implements ApplicationListener<MyBeanEvent> {

  public void onApplicationEvent(MyBeanEvent event) {
    System.out.println("MyBeanEvent is occured!!");
  }
}
```

ここでは、**implements ApplicationListener<MyBeanEvent>**というようにMyBeanEventが総称型として指定されています。onApplicationEventメソッドでは、引数にApplicationEventではなく、MyBeanEventが渡されるようになります。このようにApplicationListenerは、渡されるイベントタイプを総称型として設定できるようになっているのです。

MyBeanEventServiceクラスを作成する

これでイベントを利用するために必要なものは揃いました。では、実際にイベントを使うサービスクラスを作成しましょう。＜**File**＞メニューから＜**New**＞内の＜**Class**＞メニューを選び、現れたダイアログウインドウで以下のように設定を行って下さい。

Source folder	MySampleWebApp1/src/main/java（デフォルトのまま）
Package	jp.tuyano.spring.websample1（デフォルトのまま）
Enclosing type	OFF
Name	MyBeanEventService
Modifiers	「public」のみON
Superclass	java.lang.Object（デフォルトのまま）
Interfaces	「Add...」ボタンをクリックし、現れたダイアログで、「ApplicationEventPublisherAware」と入力し、「ApplicationEventPublisherAware -org.springframework.context」を選択する。「org.springframework.context.ApplicationEventPublisherAware」と設定される
それ以降のチェックボックス	「Inherited abstract methods」のみON、他はすべてOFF

図4-39：クラス作成ダイアログ。MyBeanEventServiceと名前を入力する。

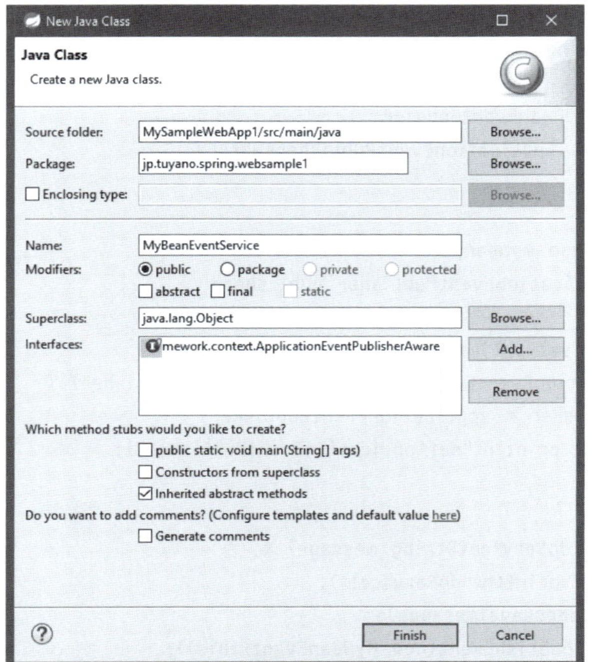

図4-40：インターフェイスの追加ダイアログ。「ApplicationEventPublisherAware」とタイプすると候補が表示される。

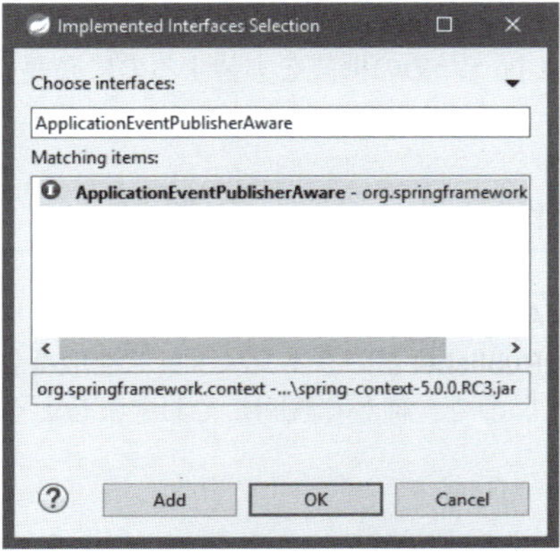

MyBeanEventServiceを記述する

では、作成した「**MyBeanEventService.java**」のソースコードを作成しましょう。以下のように記述して下さい。

リスト4-24

```
package jp.tuyano.spring.websample1;
```

```
import org.springframework.beans.factory.annotation.Autowired;
import org.springframework.context.ApplicationEventPublisher;
import org.springframework.context.ApplicationEventPublisherAware;

public class MyBeanEventService
    implements ApplicationEventPublisherAware {

  @Autowired
  private MyBean mybean;
  private ApplicationEventPublisher publisher;

  public void setApplicationEventPublisher(
      ApplicationEventPublisher applicationEventPublisher) {
    this.publisher = applicationEventPublisher;
    System.out.println("setApplicationEventPublisher");
  }

  public void doService(String message) {
    System.out.println("doService!");
    mybean.addMessage(message);
    publisher.publishEvent(new MyBeanEvent(this));
  }
}
```

ここでは、**ApplicationEventPublisherAware**というインターフェイスをimplementsしています。これが、イベントの発行を行うための機能を実装するのに必要なインターフェイスです。

ApplicationEventPublisherAwareの働き

このインターフェイスには、**setApplicationEventPublisher**というメソッドが用意されており、これで**ApplicationEventPublisher**というインスタンスを取得します。

このクラスは、かなりわかりにくいので、細かく説明しておきましょう。

フィールドの用意

```
@Autowired
private MyBean mybean;
private ApplicationEventPublisher publisher;
```

ここでは、MyBeanとApplicationEventPublisherをフィールドとして用意しています。MyBeanは、このサービスでMyBeanを操作するために用意しています(イベント処理そのものとは無関係です)。

ApplicationEventPublisherは、ApplicationEventを発行する機能を提供するクラスです。これをフィールドに保管して利用します。

setApplicationEventPublisherメソッド

```
public void setApplicationEventPublisher(
      ApplicationEventPublisher applicationEventPublisher) {
   this.publisher = applicationEventPublisher;
```

このsetApplicationEventPublisherメソッドが、ApplicationEventPublisherAwareインターフェイスで用意されているメソッドです。これは、ApplicationEventPublisherAware実装クラスにApplicationEventPublisherインスタンスを設定するために呼び出されるものです。

ここで引数として渡されるApplicationEventPublisherをフィールドに保管して利用します。

doServiceの処理

```
publisher.publishEvent(new MyBeanEvent(this));
```

doServiceは、このサービスクラスに用意されている機能です。MyBeanのaddMessageを呼び出し、引数で渡されたメッセージを追加する働きをします。

この際、ApplicationEventPublisherインスタンスの「**publishEvent**」メソッドが呼び出されていますが、このpublishEventがイベントを発行する働きをします。引数に、発行するイベントであるMyBeanEventインスタンスを渡します。

Beanを登録する

これで、必要なクラスは一通りできました。後は、用意したクラスをBeanとして登録しておくだけです。MyBeanConfig2クラスに、以下のようにメソッドを追記して下さい。

リスト4-25

```
@Bean
public MyBeanEventListener mybeanListener() {
   return new MyBeanEventListener();
}

@Bean
public MyBeanEventService mybeanService() {
   return new MyBeanEventService();
}
```

これで、MyBeanEventListenerとMyBeanEventServiceをBean登録します(MyBeanEventは、イベントとして発行する際に使うものなのでBeanとしては登録しません)。これでイベントリスナーと、オリジナルイベントを利用するサービスが使えるようになりました。

サーブレットを変更する

では、サーブレットを書き換えて、作成したサービス(MyBeanEventService)を利用するようにしてみましょう。

リスト4-26

```
package jp.tuyano.spring.websample1;

import java.io.IOException;

import javax.servlet.ServletException;
import javax.servlet.annotation.WebServlet;
import javax.servlet.http.HttpServlet;
import javax.servlet.http.HttpServletRequest;
import javax.servlet.http.HttpServletResponse;

import org.springframework.beans.factory.annotation.Autowired;
import org.springframework.web.context.support.SpringBeanAutowiringSupport;

@WebServlet("/sample")
public class MySampleServlet extends HttpServlet {
   private static final long serialVersionUID = 1L;

   @Autowired
   private MyBean2 mybean2;

   @Autowired
   private MyBeanEventService beanService; //●

   @Override
   public void init() throws ServletException {
      super.init();
      SpringBeanAutowiringSupport
         .processInjectionBasedOnCurrentContext(this);

   }

   protected void doGet(HttpServletRequest request,
         HttpServletResponse response)
         throws ServletException, IOException {
      request.setAttribute("mybean", mybean2);
      request.getRequestDispatcher("/index.jsp").forward(request, response);
   }
```

```
  protected void doPost(HttpServletRequest request,
      HttpServletResponse response)
      throws ServletException, IOException {
    String message = request.getParameter("message");
    beanService.doService(message); //●
    response.sendRedirect("sample");
  }
}
```

ここでは、doPostでメッセージを送信してきたら、MyBeanEventServiceのdoServiceを呼び出してメッセージを追加しています。動作としては先程までと同じですが、MyBeanのaddMessageを直接実行するのでなく、MyBeanEventServiceに処理を任せるようにしている点が異なります。

これを実行し、実際にフォームからメッセージを送信すると、コンソールに以下のように出力されるのがわかるでしょう。

```
doService!
create MyBeanEvent!
MyBeanEvent is occured!!
```

図4-41：フォームを送信すると、doServiceした後にMyBeanEventが発生しているのがコンソールで確認できる。

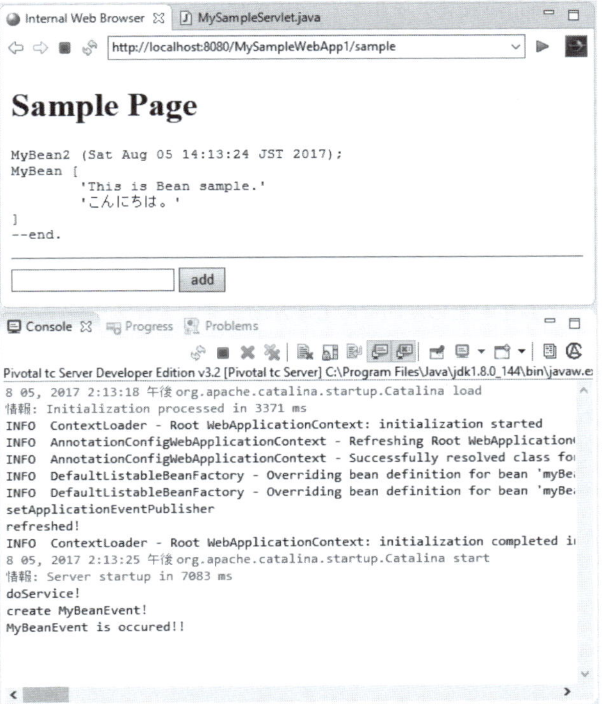

doServiceした後、MyBeanEventが作成され、そしてMyBeanEventが発生していることがよくわかりますね。MyBeanEventListenerのonApplicationEventに処理を追加すれば、doServiceする度にイベント処理が呼び出され、必要な作業が自動的に行われるようになる、というわけです。

このようにオリジナルのイベントを利用することで、Bean間のやり取りに応じて、さまざまな処理を後付けられるようになります。基本的なサービス自体は変更せず、イベントリスナーをカスタマイズすることで処理を追加できるわけですね。

すべて@Autowiredでインスタンスを取得すべし！

ここまで、さまざまなクラスを作成してきました。全体のソースコードを見てみると、非常に面白いことに気が付きます。それは、「**BeanやBean構成クラスをnewしているところがない**」という点です。

MyBeanやMyBean2は、@BeanでBeanを作成するメソッドでのみnewされており、それ以外の場所では一切newしていません。Bean構成クラスに至っては、作成した全ソースコードの中で一箇所もnewしていません。独自イベントを利用したサービスなどでも、MyBeanは@Autowiredで紐付けており、newはまったく書かれていません。

このことは、非常に重要です。実は、ソースコードのどこかでnew MyBeanしていたりすると、このプログラムは正常に動かなくなるのです。

DI は「Bean を管理する」もの

Spring DIでは、Bean構成ファイルやクラスを利用してBeanインスタンスを作成します。このとき、忘れてはならないのが「**作成されるBeanは各クラスにつき1つである**」という点です。すなわち、Spring DIのBean機能(Spring Bean)は、あらかじめSpring Beanによって生成されたBeanインスタンスただ１つをさまざまなところで利用するような使い方を前提にしているのです。

従って、Beanとして用意されているクラスのインスタンスをあちこちでnewして利用していたのでは、なんのためのBean管理機能かわからなくなってしまいます。そもそも、直接Beanのインスタンスを作成して細かな設定を行うような処理を、メインプログラムから分離することで誕生したのがDIなのですから。

BeanはBean構成ファイルで定義し、インスタンス生成はSpring DIにまかせる。利用する必要があるなら@Autowiredでフィールドにバインドし、直接newしたりしない。こうした基本をしっかり頭に入れて利用して下さい。

Chapter 5

Spring AOPによるアスペクト指向開発

AOPは「アスペクト」を扱うための機能です。Spring AOPにより、クラスにさまざまな機能を後から必要に応じて挿入できるようになります。AOPの考え方と利用の基本についてここで説明しましょう。

5-1 AOPの働きと利用の基本

AOPは、どのような仕組みなのでしょうか。また、どのようにして実装し、利用するのでしょう。その基本的な使い方についてここで説明しましょう。

AOPとは何か?

DIは、依存性を外部から注入する働きを提供するものでした。Spring DIでは、Beanをあらかじめ構成ファイルや構成クラスで定義しておき、Spring側から必要に応じて、私たちがコーディングするプログラム側に提供するようになっています。つまり、プログラム全体の中で、Beanとして定義されたオブジェクトを本体から切り離して扱えるようにしたわけです。

これを更に進めると、「**メソッド単位の分離**」という考え方にいずれは行き着くでしょう。すなわち、特定のオブジェクトからメソッドを分離し、必要に応じて外部から注入する、という考え方です。これを実現するのが「**AOP**」です。

AOPと「横断的関心事」

AOPは、「**Aspect-Oriented Programming**」の略です。日本語で表わせば「**アスペクト指向プログラミング**」ですね。これは「**アスペクト**」を外部から注入するプログラミングスタイルのことです。

AOPにおける「**アスペクト**」とは、一般に「**横断的関心事**」と呼ばれるものです。クラスの種類などに関係なく、さまざまなところで共通して使われる機能のことです。

例えば、プログラムを開発しているとき、デバッグ用にあちこちでSystem.out.println文を書いて変数やオブジェクトの内容を書き出している人、けっこういるんじゃないでしょうか？　メソッドを呼び出した時と実行した後で必要な値を書き出すような作業ですね。あちこちのメソッドで、こんな具合にして変数やオブジェクトの状態を出力させていれば、プログラムの実行状況がわかり、開発時にはいろいろと役立つ情報を得ることができます。

が、このやり方には大きな問題があります。開発中は便利に使えますが、それでおしまい、というわけにはいきません。プログラムが完成したら、あちこちに書いておいたSystem.out.println文をすべて削除しないといけないのですから。このとき、余計なものまで気づかずに削除してしまいバグが混入してしまう、なんてこともあるでしょう。

こんなとき、こう思ったことはないでしょうか？ **「完成したら、このデバッグ用に書いた System.out.printlnを全部ぱっと削除してくれるようになっていればいいのに」**と。——これが、「**横断的関心事**」なのです。

図5-1：全く関係のないクラスどうしでも、例えばデバッグの処理やテストのための処理などは共通した処理を用意する必要がある。こうした複数のクラスで共通して用意される処理を「横断的関心事」と呼ぶ。

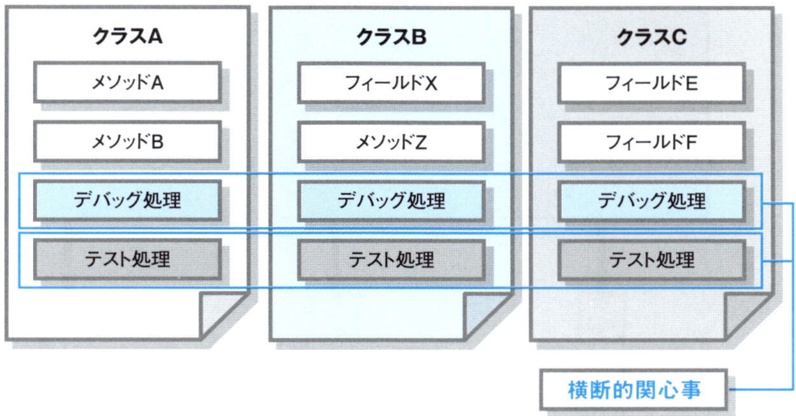

AOPは外部からの「メソッドの注入」

すべてのクラスを横断して同じ処理を組み込んだり、取り外したりする。それがAOPによって実現する機能です。例えば「**変数の値を出力する**」という処理を用意して、これをあらゆるクラスのメソッドの呼び出し前と呼び出し後に実行するように設定できれば、ずいぶんと助かるでしょう。そして完成したら、それらをすべてパッと消してしまえばいいのです。こんな便利なことはありませんね。

Javaなどのオブジェクト指向は、基本的に「**縦方向の処理の流れ**」しか考えません。スーパークラスからサブクラスへ、といった形で処理を考えることはあっても、複数の（継承関係などまったくない）クラスの間で共通した何かを行う、というような考え方はありませんでした。そもそもオブジェクト指向では、1つ1つのクラスは独立してお互いに関係を持たないのですから、これは当然といえば当然です。

こうした縦社会のオブジェクト指向において、横のつながりから処理を実装していくのがAOPなのです。複数のクラスに対し、必要に応じて同一の処理を外部から追加したり、取り除いたりできるようにする。それがAOPの基本的な考え方です。

図5-2：AOPは、クラスの中に外部から特定の処理を挿入する。複数のクラスに共通の処理を一斉に組み込むことができる。

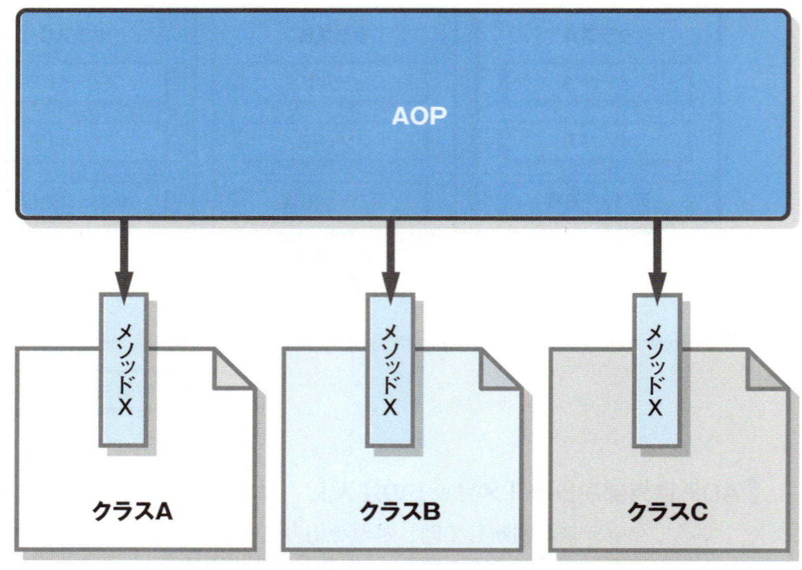

アスペクトの要素と仕組み

AOPでは、外部からクラスに挿入される処理を「**アスペクト**」と呼びます。このアスペクトは、いくつかの要素によって構成されます。それは「**ジョインポイント**」「**ポイントカット**」「**アドバイス**」です。これらは、アスペクトのもっとも基本となる考え方ですので、ここでしっかりと頭に入れておきましょう。

アドバイス

アスペクトにより挿入される処理です。アドバイスにはいくつかの種類があります。例えば、「**メソッドを呼び出す前に実行するアドバイス**」とか、「**実行後に呼び出すアドバイス**」といった具合です。

GUIアプリケーションのイベント処理などでは、「**クリックする前のイベント**」「**クリック後にボタンを離したときのイベント**」というように各種のイベントがあり、それぞれにイベントリスナーを設定して呼び出しますね？　あれと同じような仕組みをイメージするとよいでしょう。「**これはメソッド実行前のアドバイス**」というように、どのタイミングで呼び出されるかを指定してアドバイスは用意されるのです。

ジョインポイント

アドバイスを挿入できる場所のことです。「**場所**」といっても、これはソースコード内の特定の位置のようなものではありません。そのクラスでさまざまな処理が実行される際の**タイミング**のことです。例えば、「**メソッドが呼び出される前**」とか、「**実行された後**」という具合ですね。

ポイントカット

実行している処理がジョインポイントに到達したとき、用意されたアドバイスを実行するかどうかをチェックします。「**こういう場合に実行する**」という具体的な内容が記述されており、それに合致すると、指定のアドバイスが実行されるようになっています。

図5-3：AOPでは、クラスの中で処理を挿入できる場所（ジョインポイント）に、指定の条件をチェックし（ポイントカット）、それに合致したなら用意された処理（アドバイス）を実行するようになっている。

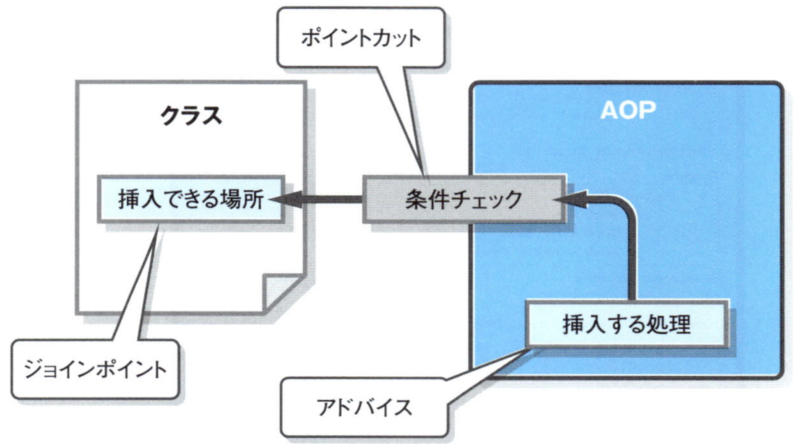

アスペクトが用意されたプログラムでは、実行中、ジョインポイントに処理がやってくると、そこに設定されたポイントカットをチェックし、その結果に応じてアドバイスを実行したり何もせずに次に進んだりします。

重要なのは、「**これらはすべて、クラス本来の機能として用意されていないものだ**」という点です。つまりこれらはすべてAOPによって外部から組み込まれる機能なのです。この点を忘れないで下さい。

また、ジョインポイントとなるタイミングは、（詳しくは後述しますが）基本的にメソッドなどを呼び出す前と後になります。AOPで組み込めるのは、「**メソッドの前後に実行する処理**」が基本だ、とここでは考えておきましょう。

プロジェクトを用意する

では、実際にプロジェクトを作成して、AOPを利用してみることにしましょう。<**File**>メニューの<**New**>から<**Spring Legacy Project**>メニューを選んでください。そして現れたダイアログで以下のように設定します。

Project name	AOPApp1
Use default location	ON
Select Spring version	Default
Templates	Simple Spring Maven
Add project to working sets	OFF

設定したら「**Finish**」ボタンを押してプロジェクトを作成しましょう。これをベースに、必要なファイルを組み込んでいきます。

図5-4：プロジェクト作成のダイアログ。Simple Spring Mavenを選び、「AOPApp1」という名前で作成する。

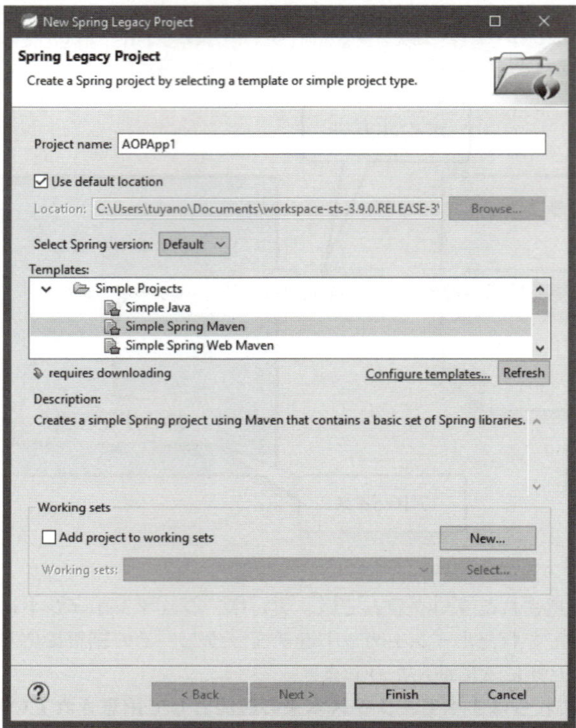

pom.xmlを変更する

まずは、pom.xmlから変更していきましょう。Springの基本的なライブラリのほかにAOP関連のライブラリが必要となります。では、pom.xmlを開いて以下のように書き換えて下さい。

リスト5-1

```
<project
  xmlns="http://maven.apache.org/POM/4.0.0"
  xmlns:xsi="http://www.w3.org/2001/XMLSchema-instance"
  xsi:schemaLocation="http://maven.apache.org/POM/4.0.0
    http://maven.apache.org/xsd/maven-4.0.0.xsd">

  <modelVersion>4.0.0</modelVersion>
  <groupId>org.springframework.samples</groupId>
  <artifactId>AOPApp1</artifactId>
```

```
<version>0.0.1-SNAPSHOT</version>

<properties>

   <!-- Generic properties -->
   <java.version>1.8</java.version>
   <project.build.sourceEncoding>UTF-8</project.build.sourceEncoding>
   <project.reporting.outputEncoding>UTF-8</project.reporting.outputEncoding>

   <!-- Spring -->
   <spring-framework.version>5.0.0.RELEASE</spring-framework.version>

   <!-- aspectj -->
   <aspectjrt-version>1.8.10</aspectjrt-version>

   <logback.version>1.2.3</logback.version>
   <slf4j.version>1.7.25</slf4j.version>

   <!-- Test -->
   <junit.version>4.12</junit.version>

</properties>

<dependencies>

   <!-- Spring and Transactions -->
   <dependency>
      <groupId>org.springframework</groupId>
      <artifactId>spring-context</artifactId>
      <version>${spring-framework.version}</version>
   </dependency>

   <!-- AspectJ -->
   <dependency>
      <groupId>org.springframework</groupId>
      <artifactId>spring-aop</artifactId>
      <version>${spring-framework.version}</version>
   </dependency>
   <dependency>
      <groupId>org.aspectj</groupId>
      <artifactId>aspectjrt</artifactId>
      <version>${aspectjrt-version}</version>
   </dependency>
   <dependency>
```

```
            <groupId>org.aspectj</groupId>
            <artifactId>aspectjweaver</artifactId>
            <version>${aspectjrt-version}</version>
        </dependency>

        <!-- Logging with SLF4J & LogBack -->
        <dependency>
            <groupId>org.slf4j</groupId>
            <artifactId>slf4j-api</artifactId>
            <version>${slf4j.version}</version>
            <scope>compile</scope>
        </dependency>
        <dependency>
            <groupId>ch.qos.logback</groupId>
            <artifactId>logback-classic</artifactId>
            <version>${logback.version}</version>
            <scope>runtime</scope>
        </dependency>

        <!-- Test Artifacts -->
        <dependency>
            <groupId>org.springframework</groupId>
            <artifactId>spring-test</artifactId>
            <version>${spring-framework.version}</version>
            <scope>test</scope>
        </dependency>
        <dependency>
            <groupId>junit</groupId>
            <artifactId>junit</artifactId>
            <version>${junit.version}</version>
            <scope>test</scope>
        </dependency>

    </dependencies>
</project>
```

AOP関連のdependency

ここでは、AOP関連のものとして、以下の3つの<dependency>タグが追加されています。これらによりAOPの基本的な機能が実現されます。

Spring AOP	Springが提供するAOPのフレームワークです。
Aspectjrt	AspectJというAOPフレームワークの提供するライブラリです。
Aspectj Weaver	AspectJを活用するための機能を提供するライブラリです。

この3つは、SpringでAOPを利用する場合、セットで考えて下さい。AOPそのものについてはすべて揃っていなくとも使えますが、付随する機能(アノテーションなど)まで含めて使えるようにするためには、この3つが必要となります。

AspectJとは？

ここで登場する「**AspectJ**」は、Springのフレームワークではありません。AspectJは、Xerox Palo Alto研究所で開発が行われ、現在はEclipse Foundationのプロジェクトとして開発が進められているオープンソースのフレームワークです。このAspectJが、AOPの具体的な実装なのです。

Spring AOPは、このAspectJの機能を核にして作成されています。Spring AOPに限らず、JavaにおけるAOP関連のフレームワークやライブラリはほとんどのものがAspectJを使っているのです。といっても、AspectJの機能そのままというわけではなくSpring AOPにより使いやすくなっています。

ですから、AOPの機能そのものをここで学習をすることはありません。「**基本的にはSpring AOPの使い方として学習するが、そのベースにはAspectJというものが使われているんだ**」という程度に考えておけばよいでしょう。

Beanインターフェイスを作成する

では、AOPのためのクラス類を作成していきましょう。AOPは、あるクラスに、外部から機能を挿入します。ということは、ベースとなるクラスと、そこに追加する機能を持ったクラスが必要になります。また、利用するクラスはSpringの場合、Beanとして設計されますので、このBeanを利用するメインクラスも用意することになるでしょう。

まずは、Beanから作成をしていきましょう。ここでは、まずインターフェイスを作成し、それを実装する形でBeanを作っていきます。では、インターフェイスから作成します。

プロジェクトから「**src/main/java**」のフォルダアイコンを選択した状態で、<**File**>メニューの<**New**>内から、<**Interface**>メニューを選んで下さい。これが、インターフェイス作成のためのメニューになります。**第3章**で、既にあるクラスを元にインターフェイスを生成する機能(<**Extract Interface...**>メニュー)を使いましたが、最初からインターフェイスを作成する場合にはこちらのメニューを利用します。

メニューを選ぶと画面にダイアログが現れますので、そこに以下のように記述をしていきましょう。

Source folder	ソースコードファイルの保管場所ですね。これは「AOPApp1/src/main/java」としておきます。
Package	配置するパッケージの指定です。ここでは、「jp.tuyano.spring.aop1」としておきます。
Enclosing type	内部クラスとするためのものでした。これはOFFのままにしておきます。
Name	インターフェイス名を指定します。ここでは「IMyBean」としておきます。
Modifiers	修飾子の指定です。今回は「public」を選択したままにしておきます。

Extended interfaces	継承するインターフェイスを指定します。今回は空白のままでOKです。
Generate comments	コメント生成のための機能です。今回はOFFのままにしておきます。

以上を設定し、「**Finish**」ボタンをクリックすると、src/main/java内に「**jp.tuyano.spring.aop1**」というパッケージを作成し、その中に「**IMyBean.java**」が作成されます。

図5-5：インターフェイスの作成ダイアログ。「IMyBean」という名前で作成する。

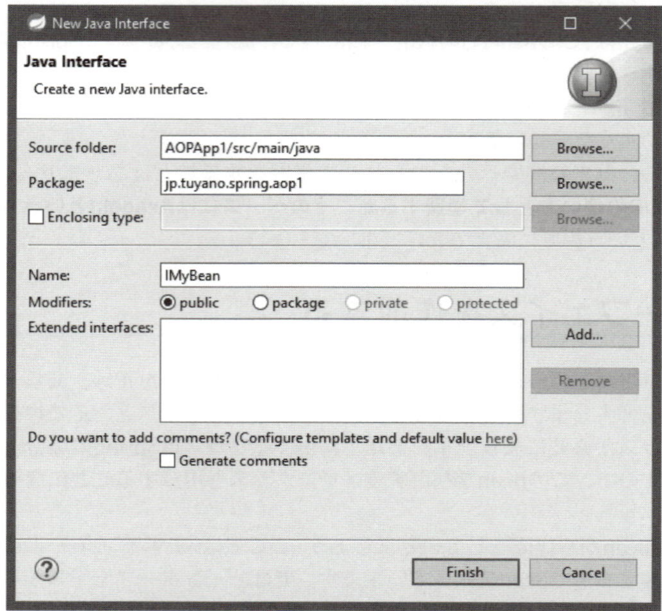

IMyBean.java を編集する

では、作成されたIMyBean.javaのソースコードを編集しましょう。ここでは以下のように記述しておきます。

リスト5-2

```
package jp.tuyano.spring.aop1;

public interface IMyBean<T> {
  public void setDataObject(T obj);
  public T getDataObject();
  public void addData(Object obj);
  public String toString();
}
```

総称型を使い、オブジェクトを保管し、取り出すアクセサメソッドを定義しておきました。またデータ追加用のaddDataというメソッドも用意してあります。クラスの内容そのものは、比較的シンプルですね。なお、toStringはスーパークラスにあるメソッドですから改めて書く必要がないように思うかもしれませんが、ここではimplementsしたクラス側にtoStringを用意させるために敢えて入れおきました。

IMyBean実装クラスを作成する

では、このIMyBeanを実装するクラスを作成しましょう。＜**File**＞メニューの＜**New**＞内から＜**Class**＞メニューを選びます。そして以下のように設定を行います。

Source folder	AOPApp1/src/main/java(デフォルトのまま)
Package	jp.tuyano.spring.aop1(デフォルトのまま)
Enclosing type	OFF
Name	MyBean1
Modifiers	「public」のみON
Superclass	java.lang.Object(デフォルトのまま)
Interfaces	「Add...」ボタンをクリックし、現れたダイアログで、「IMyBean」と入力すると、「IMyBean -jp.tuyano.spring.aop1」という項目が選択可能になる。これを選択してOKすると、「jp.tuyano.spring.aop1.IMyBean<T>」と設定される
それ以降のチェックボックス	「Inherited abstract methods」のみONに、他はOFFにする

図5-6:クラス作成のダイアログ。IMyBeanインターフェイスを実装し、MyBean1という名前で作成する。

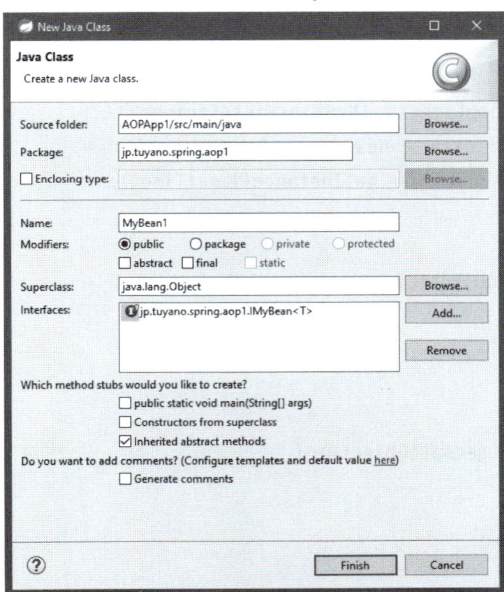

図5-7：Interfacesの「Add...」ボタンのダイアログで、「IMyBean」とタイプすると候補が現れる。

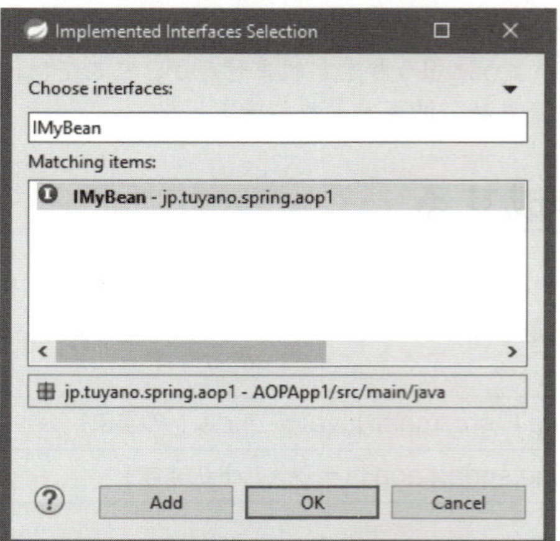

MyBean1.javaを記述する

ソースコードが作成されたら、これを元に加筆してソースコードを完成させましょう。以下のように記述して下さい。

リスト5-3

```
package jp.tuyano.spring.aop1;

import java.text.SimpleDateFormat;
import java.util.ArrayList;
import java.util.Calendar;
import java.util.Date;
import java.util.List;

public class MyBean1 implements IMyBean<List<String>> {
  private List<String> data = new ArrayList<String>();
  private Date date = Calendar.getInstance().getTime();

  @Override
  public void setDataObject(List<String> obj) {
    data = obj;
  }

  @Override
  public List<String> getDataObject() {
    return data;
  }

  @Override
```

```
    public void addData(Object obj) {
        data.add(obj.toString());
    }

    @Override
    public String toString() {
        String result = "MyBean1 [data=";
        for(String s : data){
            result += s + ", ";
        }
        SimpleDateFormat fm = new SimpleDateFormat("yyyy-MM-dd");
        result += "date=" + fm.format(date) + "]";
        return result;
    }
}
```

List<String>フィールドを用意し、これにデータを保管するような形にしてあります。また、Beanの内容を出力するためtoStringも用意してあります。

Bean構成ファイルを作成する

では、このMyBean1を利用するためのBean構成ファイルを作成しましょう。src/main/resourcesを選択し、＜**File**＞メニューの＜**New**＞内から＜**Spring Bean Configuration File**＞メニューを選びます。

Bean構成ファイルの基本設定

「**New Spring Bean Definition file**」というBean構成ファイル作成のためのダイアログが現れます。ここで以下のように設定し、「**Next**」ボタンで次に進んで下さい。

Enter or select the parent folder	「AOPApp1/src/main/resources」と入力されていればOKです。違っていたなら、下のリストからAOPApp1プロジェクトのsrc/main/resourcesフォルダを選択して下さい。
File name	「bean.xml」と入力します。
Add Spring project nature if required	ONのままでOKです。

図5-8：Bean構成ファイルの作成ダイアログ。保存場所とファイル名を入力する。

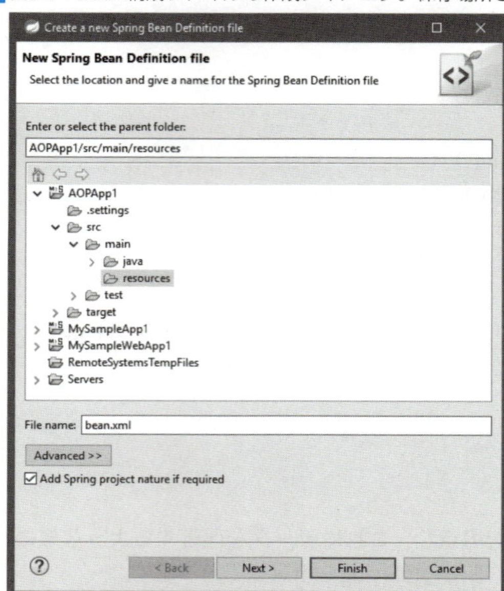

XSD の設定

続いて、XSD名前空間の設定画面が現れます。一覧リストから、以下の項目を探してチェックをONにしてください。

aop - http://www.springframework.org/schema/aop
beans - http://www.springframework.org/schema/beans
context - http://www.springframework.org/schema/context

それぞれの項目を選択してチェックをONにすると、下のリストにXSDのバージョンがいくつか表示されます。すべてリストの一番上にあるもの(バージョン指定のないもの)を選んでおきましょう。

図5-9：XSDの設定。aop、beans、contextをONにしておく。

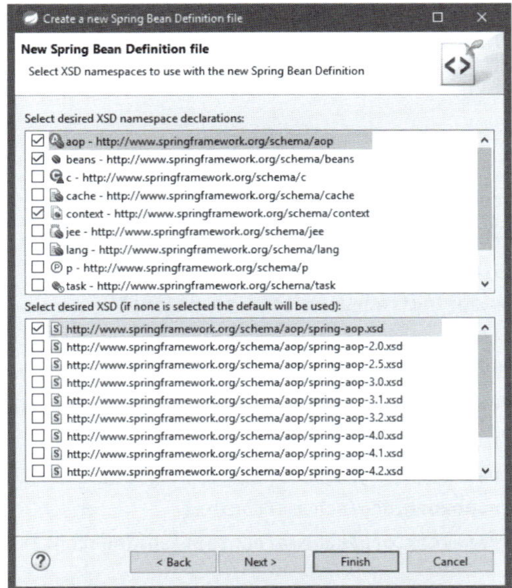

Bean Config Setsの設定

「**Select Beans Config Sets to add the new Spring Bean difinition to:**」という表示が現れます。これはデフォルトのまま、「**Finish**」ボタンを押して終了します。これで、Bean構成ファイルが作成されます。

図5-10：Bean Config Setsの設定。そのままFinishすればOKだ。

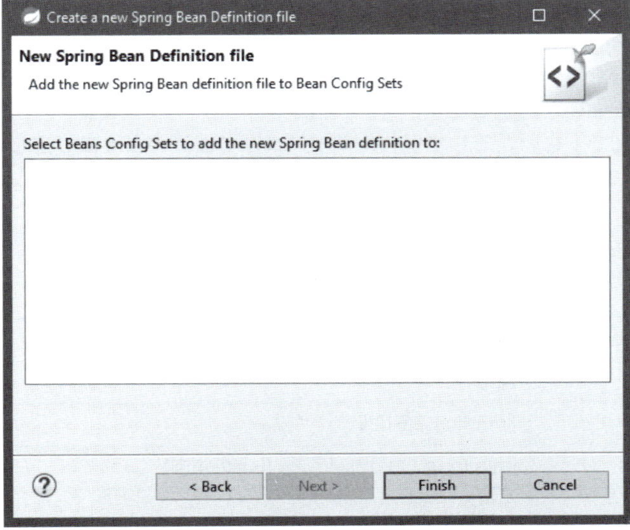

bean.xmlを編集する

では、作成したbean.xmlのソースコードを作成しましょう。以下のように記述して下さい。<beans>タグ部分は既に生成されているはずですから、**<bean>**タグを追加するだけです。

リスト5-4

```
<?xml version="1.0" encoding="UTF-8"?>
<beans xmlns="http://www.springframework.org/schema/beans"
  xmlns:xsi="http://www.w3.org/2001/XMLSchema-instance"
  xmlns:aop="http://www.springframework.org/schema/aop"
  xmlns:context="http://www.springframework.org/schema/context"
  xsi:schemaLocation="http://www.springframework.org/schema/beans
    http://www.springframework.org/schema/beans/spring-beans.xsd
    http://www.springframework.org/schema/aop
    http://www.springframework.org/schema/aop/spring-aop.xsd
    http://www.springframework.org/schema/context
    http://www.springframework.org/schema/context/spring-context.xsd">

  <bean id="bean1" class="jp.tuyano.spring.aop1.MyBean1"></bean>

</beans>
```

ここでは、MyBean1クラスを「**bean1**」という名前で利用します。これでBeanを利用する環境は整いました。

Bean利用クラスを作成する

では、MyBeanを利用するプログラムを作成しましょう。パッケージエクスプローラーからsrc/main/javaを選択した状態で、＜**File**＞メニューの＜**New**＞内から＜**Class**＞メニューを選んで下さい。そして現れたダイアログで以下のように設定します。設定後、「**Finish**」ボタンを押して**App**クラスを作成して下さい。

Source folder	AOPApp1/src/main/java(デフォルトのまま)
Package	jp.tuyano.spring.aop1(デフォルトのまま)
Enclosing type	OFF
Name	App
Modifiers	「public」のみON
Superclass	java.lang.Object(デフォルトのまま)
Interfaces	空白のまま
それ以降のチェックボックス	「public static void main(String[] args)」「Inherited abstract methods」の2つをONに、他はOFFにする

図5-11：クラス作成ダイアログ。Appという名前で作成する。

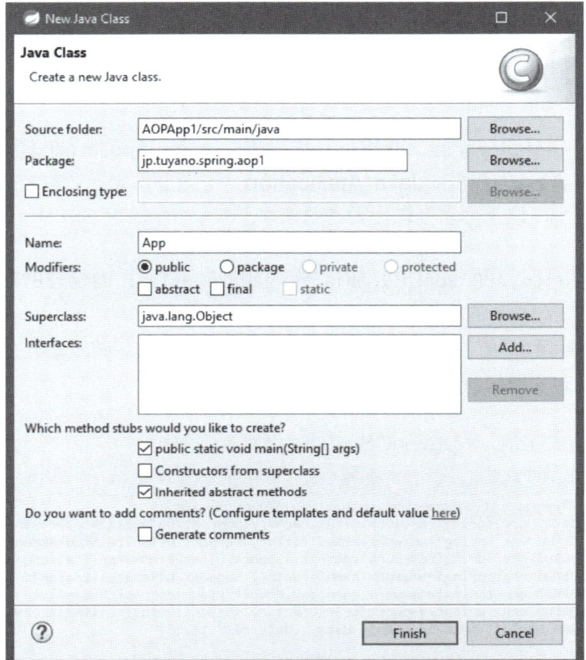

App クラスを記述する

では、作成されたApp.javaを開き、ソースコードを記述しましょう。まだAOPは使っていません。Spring DIの一般的なBean利用の処理をそのまま記述すればよいでしょう。

リスト5-5

```
package jp.tuyano.spring.aop1;

import org.springframework.context.ApplicationContext;
import org.springframework.context.support.ClassPathXmlApplicationContext;

public class App {
  private static ApplicationContext app;

  @SuppressWarnings("unchecked")
  public static void main(String[] args) {
    app = new ClassPathXmlApplicationContext("bean.xml");
    IMyBean<String> bean = (IMyBean<String>) app.getBean("bean1");
    bean.addData("Hello AOP World!");
    bean.addData("this is sample data.");
    System.out.println(bean);
  }
}
```

ClassPathXmlApplicationContextでbean.xmlの内容を元にApplicationContextインスタンスを生成し、そこからgetBeanでMyBean1を取り出しています。後はaddDataでダミーデータを追加し、そのまま出力するだけです。MyBean1の取得にDIを利用していますが、特にわかりにくい点はありませんね。

では、実際にアプリケーションを実行してみましょう。App.javaを選択し、＜**Run**＞メニューの＜**Run As**＞内から＜**Java Application**＞を選びます。これでAppクラスが実行され、コンソールに以下のように出力されます。

```
MyBean1 [data=Hello AOP World!, this is sample data., date=2017-10-18]
```

MyBean1が取得され、そこにメッセージを保管しているのが確認できますね。ここまでは、DIの基本として既に説明済みです。

図5-12：Appクラスを実行する。MyBeanの内容が出力される。

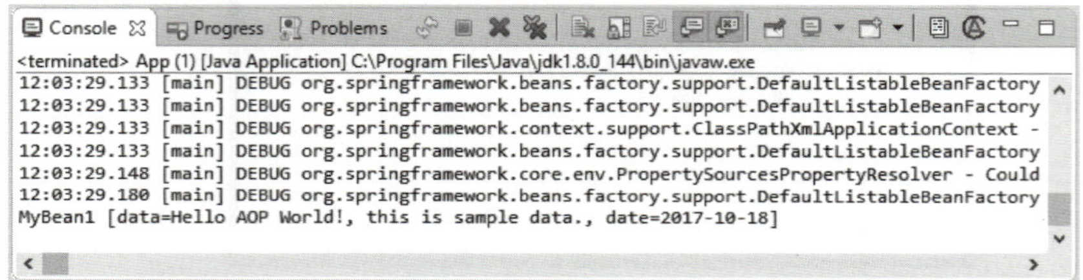

アスペクトクラスを作成する

では、このMyBean1に、外部から機能を挿入してみましょう。そのためにアスペクト(Aspect)クラスを作成します。

プロジェクトエクスプローラーからsrc/main/javaを選択した状態で、＜**File**＞メニューの＜**New**＞内から＜**Class**＞メニューを選んで下さい。画面に、クラス作成のためのダイアログが現れます。ここで以下のように設定をして下さい。

Source folder	AOPApp1/src/main/java(デフォルトのまま)
Package	jp.tuyano.spring.aop1(デフォルトのまま)
Enclosing type	OFF
Name	MyBeanAspect
Modifiers	「public」のみON
Superclass	java.lang.Object(デフォルトのまま)
Interfaces	空白のまま
それ以降のチェックボックス	「Inherited abstract methods」をONに、他はOFFにする

設定したら「**Finish**」ボタンを押して、クラスを作成しましょう。これで**MyBeanAspect.java**が作成されます。

図5-13：クラス作成のダイアログ。MyBeanAspectという名前で作成する。

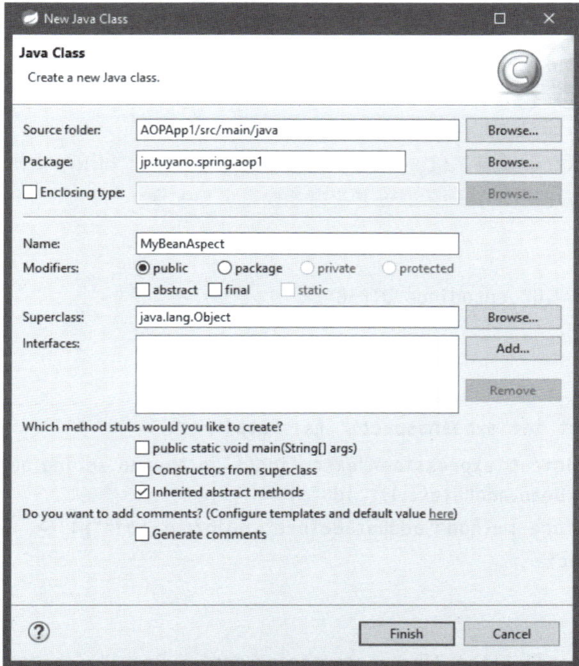

MyBeanAspect.javaを記述する

では、作成されたMyBeanAspect.javaのソースコードを記述しましょう。以下のように内容を作成して下さい。

リスト5-6

```
package jp.tuyano.spring.aop1;

import org.aspectj.lang.JoinPoint;

public class MyBeanAspect {

  public void addDataBefore(JoinPoint joinPoint) {
    System.out.println("*addData before...*");
    String args = "args: \"";
    for(Object ob : joinPoint.getArgs()){
      args += ob + "\" ";
    }
    System.out.println(args);
  }
}
```

これで完成です。特に難しそうな処理も見当たりません。引数の「**JoinPoint**」は、アスペクトが組み込まれる場所(ジョインポイント)に関する情報を扱うためのクラスです(JoinPointクラスについては後述します)。

内容については後述するとして、とにかくAOP利用のプログラムを完成させてしまいましょう。

bean.xmlに追記する

作成したアスペクトクラスは、やはりBeanとして登録して利用します。では、bean.xmlを開き、以下のようにソースコードを書き換えましょう。

リスト5-7

```
<?xml version="1.0" encoding="UTF-8"?>
<beans ……略……>

  <aop:config>
    <aop:aspect id="mybeanaspect1" ref="aop1">
      <aop:pointcut expression="execution(* jp.tuyano.spring.aop1.
          IMyBean.addData(..))" id="p1"/>
      <aop:before method="addDataBefore" pointcut-ref="p1"/>
    </aop:aspect>
  </aop:config>

  <bean id="bean1" class="jp.tuyano.spring.aop1.MyBean1"></bean>
  <bean id="aop1"  class="jp.tuyano.spring.aop1.MyBeanAspect"></bean>

</beans>
```

MyBeanAspectを**aop1**という名前でBean登録していますね。そして、**<aop:config>**という見慣れないタグが記述されています。これが今回のポイントです。

説明の前に、実際にプログラムを実行してみてください。すると、以下のようにコンソールに出力されることがわかります。

```
*addData before...*
args: "Hello AOP World!"
12:11:52.766 [main] DEBUG org.springframework.beans.factory.support.
DefaultListableBeanFactory …略…
*addData before...*
args: "this is sample data."
MyBean1 [data=Hello AOP World!, this is sample data., date=2017-10-18]
```

図5-14：実行すると、MyBean1のaddDataでデータを追加するたびにMyBeanAspectのaddDataBeforeが呼び出されていることがわかる。

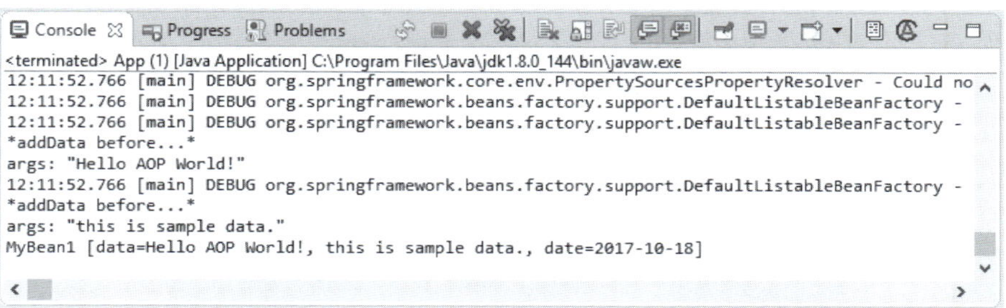

MyBean1を出力する前に、いくつもの出力がされています。これは、MyBeanAspectクラスに用意されたaddDataBeforeによるものです。MyBean1でaddDataを実行すると、その直前にaddDataBeforeが呼び出され、メソッドに渡される引数の内容を出力していたのです。

アスペクトの設定

AOPでは、アスペクトクラスに用意されたメソッドを、Bean内の指定の場所に挿入し、Beanの機能を改変します。そのためには、「**どのメソッドを、どういう役割をするものとしてどこに組み込むか**」ということが明確になっていなければいけません。それを記述したのが、bean.xmlの**<aop:config>**というタグです。

この<aop:conffig>タグには、アスペクトで挿入する処理に関する設定が記述されていました。

```
<aop:aspect id="名前" ref="アスペクト用Beanの指定">
  <aop:pointcut expression="実行内容" id="名前"/>
  <aop:アドバイス method="メソッド名" pointcut-ref=pointcut名"/>
</aop:aspect>
```

アスペクトの設定は、このような形で定義されます。**<aop:pointcut>**と**<aop:アドバイス>**というのは、だいたい2つがセットになっており、必要に応じていくつも記述されます。では、これらの働きについて整理しておきましょう。

<aop:aspect> について

アスペクトの内容を記述するためのタグです。引数には**id**と**ref**が用意されます。idは、この設定の名前、そしてrefはこの設定が適用されるアスペクト用BeanのID名が指定されます。

リスト5-7のbean.xmlでは、**<bean id="aop1">**としてアスペクトクラスのBeanが登録されていました。このaop1のアスペクト設定を記述したのが、**<aop:aspect id="mybeanaspect1" ref="aop1">**というタグだった、というわけです。

このように、<aop:aspect>タグは、適用するアスペクトクラスのBeanごとに用意します。複数のBeanがあれば、その数だけこのタグが記述されます。

<aop:pointcut> について

これは「**ポイントカット**」を設定するタグです。ポイントカットは、アスペクトが挿入される場所(ジョインポイント)に処理が到達したときに、その状況をチェックして、アスペクトで実行する内容(アドバイス)を実行するかどうかを決めます。

このタグには、名前となる**id**と、「**expression**」が属性として用意されています。expressionが、ポイントカットでアドバイスを実行するかどうかを決める条件に相当するのです。ここでは、以下のように記述されていました。

```
expression="execution(* jp.tuyano.spring.aop1.IMyBean.addData(..))"
```

これは、jp.tuyano.spring.aop1.IMyBean.addDataメソッドが呼び出されるときを示します。expressionには、このように「**execution(○○)**」という形で、それが呼び出されるタイミングを示すメソッドが記述されます。これにより、そのメソッドが呼び出されるときに関するポイントカットが用意されます。

なお、パッケージ名の前にあるアスタリスク(*)は、ワイルドカード(どんなものにも合致する特殊な記号)です。また、引数にある「**..**」は、引数のワイルドカードに相当するもので、「**どんな引数でもOK**」であることを示しています。これらを使わずに記述すると、今回のexpressionは以下のようになります。

```
expression="execution(void jp.tuyano.spring.aop1.IMyBean.addData(Object))"
```

ワイルドカードは、複数のメソッドに対応させるのに役立ちますので、ワイルドカードを使わない正確な書き方と、ワイルドカードを利用した書き方、どちらも書けるようにしておきましょう。

<aop: アドバイス > について

これは、実行するアドバイスに関する設定です。属性として、アスペクトクラスに用意されているメソッドとポイントカットのIDが指定されます。これにより、ポイントカットで指定したメソッドが呼び出される際に、指定のアスペクトクラスにあるメソッドが実行されるようになります。

ここでは、**<aoip:before>**というタグを使っていますが、これは「**beforeアドバイス**」のタグです。アドバイスは、一種類ではありません。アドバイスには、以下のような種類があります。

before	メソッドの呼び出し前に実行されます。
after	メソッド実行後に呼び出されます。
after-returning	メソッドを実行し、値が返される前に実行されます。
after-throwing	例外が発生した直後に実行されます。
around	ジョインポイントの前後に、自身で定義したタイミングで実行されます。

ここでは、もっとも多用される基本のアドバイスとしてbeforeを使ってみました。これは以下のように記述されていました。

```
<aop:before method="addDataBefore" pointcut-ref="p1"/>
```

methodには、実行するメソッド名が指定されます。そしてpointcut-refには、ポイントカット(**<aop:pointcut>タグのid**)を指定します。これで、指定のポイントカットに設定したメソッドが呼び出される前に、methodに設定したメソッドが呼び出されるようになります。

> **Note**
> そのほかのアドバイスについては、後ほど改めて利用してみます。

5-2 Spring AOPの機能を理解する

Spring AOPには、AOP機能を利用するために自動プロキシやAOP用アノテーションといったものが用意されています。これらの基本的な使い方について説明しましょう。

自動プロキシを利用する

これでAOPを設定して自動的に処理を外部から挿入するやり方はわかりました。このやり方の最大のネックは、やはり「**<aop:config>タグの書き方がわかりにくい**」ということでしょう。いくつものタグを組み合わせて記述しなければならないため、書き間違いなどが発生しやすいのです。

Beanの利用では、Bean構成ファイルを使わず、クラスとして定義し、アノテーションで設定情報を渡すやり方が用意されていました。AOPの場合も、実は同じように「**アノテーションでAOPの設定を指定する**」という方法が用意されています。

Spring AOPには「**自動プロキシ**」という機能があります。これはアノテーションを読み取り、それを元に自動的にアスペクトを挿入する機能です。この自動プロキシと、AOP用のアノテーションを組み合わせることで、面倒なAOPの設定を記述しなくともAOPが使えるようになります。

MyBeanAspectを書き換える

では、実際にやってみましょう。アスペクトクラスであるMyBeanAspect.javaを開き、以下のようにソースコードを変更して下さい。

リスト5-8

```
package jp.tuyano.spring.aop1;

import org.aspectj.lang.JoinPoint;
import org.aspectj.lang.annotation.Aspect;
import org.aspectj.lang.annotation.Before;

@Aspect
public class MyBeanAspect {

    @Before("execution(* jp.tuyano.spring.aop1.IMyBean.addData(..))")
    public void addDataBefore(JoinPoint joinPoint) {
        System.out.println("*addData before...*");
        String args = "args: \"";
        for(Object ob : joinPoint.getArgs()){
            args += ob + "\" ";
        }
        System.out.println(args);
    }
}
```

追記したのは、クラスの宣言に付いている「**@Aspect**」と、メソッドの前にある「**@Before**」の2つのアノテーションです。これにより、MyBeanAspectがアスペクトクラスとして認識され、addDataBeforeがBeforeアドバイスと認識されるようになります。また、これらを利用するためimport文が増えています。

bean.xmlを変更する

続いて、Bean構成ファイルであるbean.xmlを書き換えましょう。以下のように変更して下さい。なお<beans>の属性は長いので省略してあります。

リスト5-9

```
<?xml version="1.0" encoding="UTF-8"?>
<beans ……略……>

    <aop:aspectj-autoproxy/>
    <bean id="bean1" class="jp.tuyano.spring.aop1.MyBean1"></bean>
    <bean id="aop1"  class="jp.tuyano.spring.aop1.MyBeanAspect"></bean>

</beans>
```

AspectJ Autoproxyについて

ここでは、あのわかりにくい<aop:config>タグが消えました。代わりに追加されたのは、**<aop:aspectj-autoproxy/>**というタグです。このタグが、自動プロキシ機能をONにする働きをします。

自動プロキシは、アノテーションでアスペクトを生成するため、Bean構成ファイルには一切アスペクト関連のタグを記述する必要がありません。実にシンプルですね！

実際にApp.javaを実行して、問題なく動くことを確認しておきましょう。ちゃんとAOPによるaddDataBeforeも組み込まれて動いていることがわかります。

図5-15：Appを実行する。問題なくAOPのメソッドも組み込まれ、呼び出されることが確認できる。

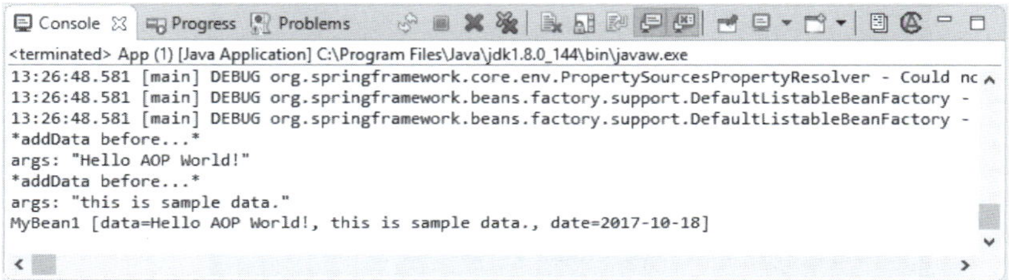

Bean構成クラスを使う

続いて、Bean構成ファイルもクラスに変更しましょう。＜**File**＞メニューの＜**New**＞内から＜**Class**＞メニューを選んで下さい。画面に、クラス作成のためのダイアログが現れたら、以下のように設定しましょう。

Source folder	AOPApp1/src/main/java(デフォルトのまま)
Package	jp.tuyano.spring.aop1(デフォルトのまま)
Enclosing type	OFF
Name	MyBeanConfig
Modifiers	「public」のみON
Superclass	java.lang.Object(デフォルトのまま)
Interfaces	空白のまま
それ以降のチェックボックス	「Inherited abstract methods」をONに、他はOFFにする

図5-16：クラス作成のダイアログ。MyBeanConfigという名前で作成する。

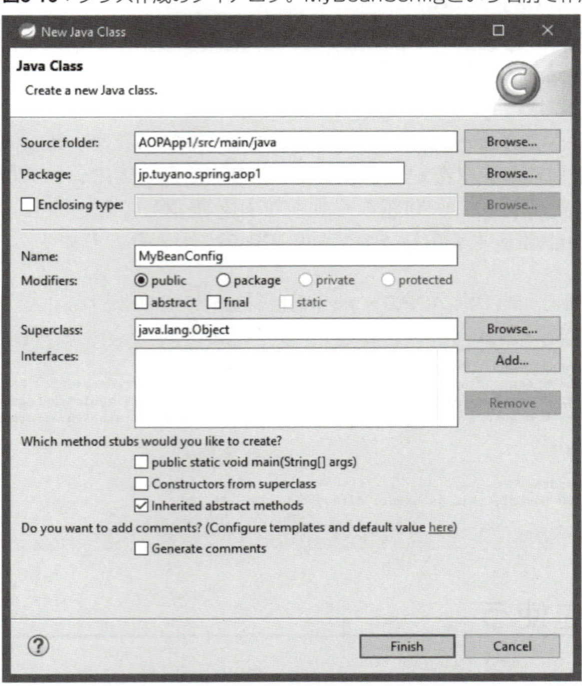

MyBeanConfig.java を変更する

「**Finish**」ボタンをクリックすると「**MyBeanConfig.java**」ファイルが生成されます。これを開き、ソースコードを編集しましょう。以下のように書き換えて下さい。

リスト5-10

```
package jp.tuyano.spring.aop1;

import org.springframework.context.annotation.Bean;
import org.springframework.context.annotation.Configuration;
import org.springframework.context.annotation.EnableAspectJAutoProxy;

@Configuration
@EnableAspectJAutoProxy
public class MyBeanConfig {

  @Bean
  public MyBean1 bean1() {
    return new MyBean1();
  }

  @Bean
```

```
  public MyBeanAspect aop1() {
    return new MyBeanAspect();
  }
}
```

ここでは、MyBean1とMyBeanAspectを返すメソッドを用意し、それぞれ@Beanアノテーションを指定してあります。これで両者をBeanとして扱うためのBean構成クラスが用意できました。

@EnableAspectJAutoProxyについて

既にBean構成クラスの作り方は説明していますが、今回はクラス宣言の部分に「**@EnableAspectJAutoProxy**」という見慣れないアノテーションが追加されています。

これは、実はbean.xmlにあった**<aop:aspectj-autoproxy/>**なのです。自動プロキシ機能を利用するために、このアノテーションを記述する必要があったのです。

bean.xmlからタグを取り除く

これでBean構成クラスが用意できました。Bean関係はこのクラスを利用して生成しますから、bean.xmlはもう必要ありません。削除することはありませんが、念のため、Beanの設定を消しておきましょう。

リスト5-11

```
<?xml version="1.0" encoding="UTF-8"?>
<beans ……略……>

</beans>
```

このように、<beans>タグ内を空っぽにしておきましょう。これで、bean.xmlから一切Beanが生成されなくなります。すなわち、これ以後のプログラムで利用されるBeanは、すべてMyBeanConfigクラスから作られることが明確になります。

Appクラスを変更する

では、App.javaを書き換え、Bean構成クラスからBeanを生成するようにしてみましょう。以下のように変更して下さい。

リスト5-12

```
package jp.tuyano.spring.aop1;

import org.springframework.context.ApplicationContext;
import org.springframework.context.annotation.AnnotationConfigApplicationContext;

public class App {
  private static ApplicationContext app;
```

```
  @SuppressWarnings("unchecked")
  public static void main(String[] args) {
    app = new AnnotationConfigApplicationContext(MyBeanConfig.class);
    IMyBean<String> bean = (IMyBean<String>) app.getBean("bean1");
    bean.addData("Hello AOP World!");
    bean.addData("this is sample with Config Class.");
    System.out.println(bean);
  }
}
```

これで変更は終わりです。実際に実行して動作を確認してみてください。自動プロキシを使わず、Bean構成ファイルからBeanを生成していたときと同じように動いたでしょうか。

図5-17：Appを実行し、正常にaddDataBeforeも呼び出されていることを確認する。

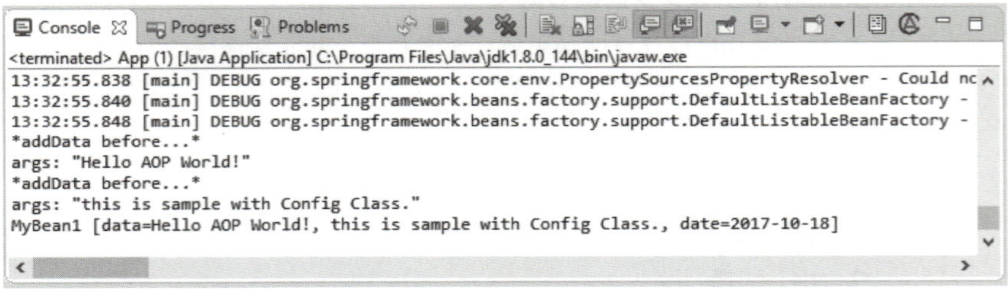

```
<terminated> App (1) [Java Application] C:\Program Files\Java\jdk1.8.0_144\bin\javaw.exe
13:32:55.838 [main] DEBUG org.springframework.core.env.PropertySourcesPropertyResolver - Could nc
13:32:55.840 [main] DEBUG org.springframework.beans.factory.support.DefaultListableBeanFactory -
13:32:55.848 [main] DEBUG org.springframework.beans.factory.support.DefaultListableBeanFactory -
*addData before...*
args: "Hello AOP World!"
*addData before...*
args: "this is sample with Config Class."
MyBean1 [data=Hello AOP World!, this is sample with Config Class., date=2017-10-18]
```

AOP関連アノテーション

今回のポイントは、アスペクトクラスで利用したAOP関連のアノテーションです。これは、Bean構成ファイルに記述する**<aop:○○>**といったタグの働きを代用します。これらについて説明しておきましょう。

@Aspect

アスペクトクラスの宣言に付けられている**@Aspect**アノテーションは、このクラスがアスペクトクラスであることを示すものです。これは、**<aop:aspect>**タグに相当するものといってよいでしょう。

@Before("execution(実行内容)")

これは、**Beforeアドバイス**の設定を行うタグです。このアノテーション1つで、Bean構成ファイルに記述した**<aop:pointcut>**タグと**<aop:before>**タグ両方の働きをしています。というより、<aop:pointcut>の部分だけ（要するに、executionの指定だけ）用意すれば、そのbeforeアドバイスとしてこのメソッドが設定される、というわけですね。

ここでは使っていませんが、そのほかに用意されているアノテーションについても、一通り説明しておきましょう。

@After("execution(実行内容)")

これは、指定のポイントカットの処理が実行された後で呼び出されるアドバイスを設定します。**<aoip:after>**タグに相当します。やはり引数にexecutionの指定を用意します。これにより、指定されたポイントカットの直後にこのメソッドが実行されます。

@AfterReturning(value="execution(実行内容)", returning=" 変数名 ")

指定のポイントカットで値が返される際に実行されるアドバイスの設定です。**<aop:after-returning>**タグに相当します。引数にはvalueとreturningを用意し、それぞれexecutionの指定と戻り値の変数名を用意します。

@AfterThrowing(value="execution(実行内容)", throwing=" 変数名 ")

指定のポイントカットで**例外**が発生した際に実行されるアドバイスの設定です。引数にはvalueとthrowingが用意され、ここでexecutionの指定とthrowされる変数名を用意します。

@Around("execution(実行内容)")

指定のポイントカットの**前後**に実行されるアドバイスを設定します。引数には、executionの指定を用意します。

様々なアドバイスを利用する

AOP関連のアノテーションの多くは、アドバイスに関連しています。アドバイスは、その種類によって使い方が微妙に違ってきます。

サンプルではBeforeアドバイスを利用しましたが、これはポイントカット指定されたメソッドの呼び出し前に実行されるものでした。これと対となるものとしてAfterアドバイスがあり、こちらはポイントカットの後で実行されるものになります。この2つは、引数の書き方や設定するメソッドの定義の仕方も同じであり、ほとんど使い方は変わりありません。

が、その他のアドバイスは、使い方などがやや異なっています。実際に使ってみないと、具体的な使い分けがよくわからないでしょう。そこで、サンプルとしてもう1つBeanクラスを作り、これらのアドバイスを利用したアスペクトクラスを作ってみることにしましょう。

MyBean2クラスを作成する

まず、Beanクラスをもう1つ作成しましょう。既にIMyBeanインターフェイスを定義していますので、これを実装した別のクラスを用意することにします。

＜**File**＞メニューの＜**New**＞内から＜**Class**＞メニューを選び、現れたクラス作成のダイアログで以下のように設定しましょう。

Source folder	AOPApp1/src/main/java(デフォルトのまま)
Package	jp.tuyano.spring.aop1(デフォルトのまま)
Enclosing type	OFF
Name	MyBean2
Modifiers	「public」のみON
Superclass	java.lang.Object(デフォルトのまま)
Interfaces	空白のまま
それ以降のチェックボックス	「Inherited abstract methods」をONに、他はOFFにする

図5-18：クラス作成のダイアログ。MyBean2という名前で作成する。

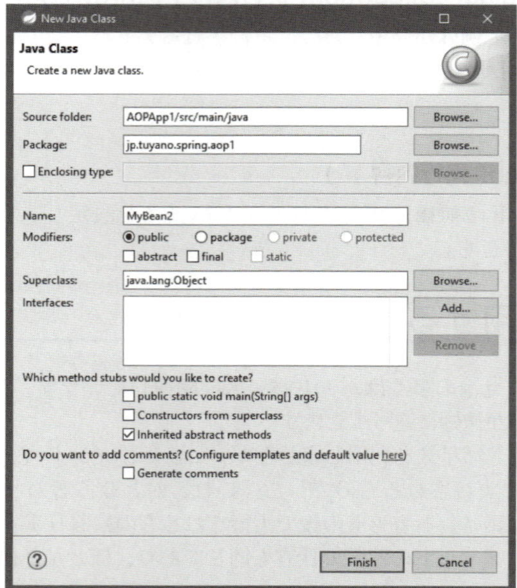

MyBean2.java の変更

「**Finish**」ボタンで新たに「**MyBean2.java**」が作成されたら、これを開いてソースコードを以下のように書き換えて下さい。

リスト5-13

```
package jp.tuyano.spring.aop1;

import java.text.SimpleDateFormat;
import java.util.ArrayList;
import java.util.Calendar;
import java.util.Date;
import java.util.List;
```

```
public class MyBean2  implements IMyBean<List<Integer>> {
  private List<Integer> data = new ArrayList<Integer>();
  private Date date = Calendar.getInstance().getTime();

  @Override
  public void setDataObject(List<Integer> obj) {
    data = obj;
  }

  @Override
  public List<Integer> getDataObject() {
    return data;
  }

  @Override
  public void addData(Object obj) {
    data.add(Integer.parseInt(obj.toString()));
  }

  @Override
  public String toString() {
    String result = "MyBean1 [data=";
    for(Integer n : data){
      result += n + ", ";
    }
    SimpleDateFormat fm = new SimpleDateFormat("yyyy-MM-dd");
    result += "date=" + fm.format(date) + "]";
    return result;
  }
}
```

基本的な処理はMyBean1とほぼ同じです。MyBean2では、**List<Integer>**をdataフィールドに指定し、整数値を保管するようにしておきました。基本的な処理の仕方はMyBean1とまったく同じです(そもそも同じインターフェイスをimplementsしていますから)。

MyBeanConfigに追記する

作成したMyBean2を、Beanとして登録しましょう。MyBeanConfig.javaを開き、MyBeanConfigクラスに以下のメソッドを追加して下さい。

リスト5-14

```
@Bean
public MyBean2 bean2() {
  return new MyBean2();
}
```

これで、bean2という名前でMyBean2がBean登録されます。後は、これを利用するようにプログラムを書き換えるだけです。

mainメソッドを修正する

では、2つのBeanを利用するようにAppクラスのmainメソッドを変更してみましょう。ここでは以下のように書き換えてみます。

リスト5-15

```
@SuppressWarnings("rawtypes")
public static void main(String[] args) {
   app = new AnnotationConfigApplicationContext(MyBeanConfig.class);
   IMyBean bean1 = (IMyBean) app.getBean("bean1");
   bean1.addData("Hello AOP World!");
   System.out.println(bean1);
   IMyBean bean2 = (IMyBean) app.getBean("bean2");
   bean2.addData("Hello AOP World!");
   System.out.println(bean2);
}
```

MyBean1とMyBean2を作成し、どちらもaddDataでテキストを追加するようにしました。MyBean2はIntegerをListに保管しますから、このままでは例外が発生します。この状態でプログラムを実行して、挙動を確認しよう、というわけです。

図5-19：現段階では実行するとNumberFormatExceptionが発生する。

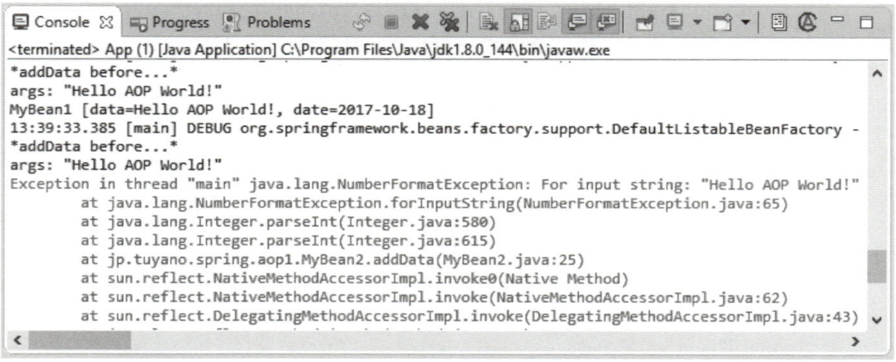

```
Console  Progress  Problems
<terminated> App (1) [Java Application] C:\Program Files\Java\jdk1.8.0_144\bin\javaw.exe
*addData before...*
args: "Hello AOP World!"
MyBean1 [data=Hello AOP World!, date=2017-10-18]
13:39:33.385 [main] DEBUG org.springframework.beans.factory.support.DefaultListableBeanFactory -
*addData before...*
args: "Hello AOP World!"
Exception in thread "main" java.lang.NumberFormatException: For input string: "Hello AOP World!"
	at java.lang.NumberFormatException.forInputString(NumberFormatException.java:65)
	at java.lang.Integer.parseInt(Integer.java:580)
	at java.lang.Integer.parseInt(Integer.java:615)
	at jp.tuyano.spring.aop1.MyBean2.addData(MyBean2.java:25)
	at sun.reflect.NativeMethodAccessorImpl.invoke0(Native Method)
	at sun.reflect.NativeMethodAccessorImpl.invoke(NativeMethodAccessorImpl.java:62)
	at sun.reflect.DelegatingMethodAccessorImpl.invoke(DelegatingMethodAccessorImpl.java:43)
```

アスペクトクラスにアドバイスを追加する

では、アスペクトクラスにアドバイスを用意しましょう。今回は、**@AfterReturning**、**@AfterThrowing**、**@Around**の3つのアドバイスを利用してみます。MyBeanAspect.javaを開き、以下のようにソースコードを書き換えて下さい。

リスト5-16

```
package jp.tuyano.spring.aop1;

import org.aspectj.lang.ProceedingJoinPoint;
import org.aspectj.lang.annotation.AfterReturning;
import org.aspectj.lang.annotation.AfterThrowing;
import org.aspectj.lang.annotation.Around;
import org.aspectj.lang.annotation.Aspect;

@Aspect
public class MyBeanAspect {

  @AfterReturning(value="execution(* jp.tuyano.spring.aop1.IMyBean.
    toString())", returning="str")
  public void toStringAfterReturning(String str) {
    System.out.println("*toString returning...*");
    System.out.println("return:" + str);
    System.out.println("*...end toString returning*");
  }

  @AfterThrowing(value="execution(* jp.tuyano.spring.aop1.MyBean2.
      addData(..))", throwing="e")
  public void addDataAfterThrowing(Exception e) {
    System.out.println("*Except in addData...*");
    System.out.println(e.getLocalizedMessage());
    System.out.println("*...end Except in addData*");
  }

  @Around("execution(* jp.tuyano.spring.aop1.MyBean1.addData(..))")
  public void toStringAround(ProceedingJoinPoint joinPoint) {
    System.out.println("*around addData...*");
    System.out.println("before:" + joinPoint.getTarget());
    try {
      joinPoint.proceed();
    } catch (Throwable e) {
      e.printStackTrace();
    }
    System.out.println("after:" + joinPoint.getTarget());
    System.out.println("*...end around addData.*");
  }
}
```

内容については後で触れるとして、書き終えたらAppクラスを実行してみてください。ここではmainメソッドでMyBean1とMyBean2のBeanを取り出し、それぞれを実行する処理を用意してありました。これを実行すると、コンソールに以下のように出力されるのがわかります。

```
*addData before...*
args: "Hello AOP World!"
MyBean1 [data=Hello AOP World!, date=2017-10-18]
13:39:33.385 [main] DEBUG org.springframework.beans.factory.support.
DefaultListableBeanFactory - …略…
*addData before...*
args: "Hello AOP World!"
Exception in thread "main" java.lang.NumberFormatException: For input
string: "Hello AOP World!"
  ……スタックトレースの内容……
```

mainでは、Integerを渡すべきところにわざとStringを渡していますので、当たり前ですが実行すると例外が発生します。が、そこまでの過程で、上記のような内容が出力されることがわかります。

MyBean1インスタンスを操作しているところでは、@Aroundと@AfterReturningのアドバイスが実行されているのがわかります。またMyBean2では、途中で例外が発生しているため、@AfterThrowingが呼び出されています。

図5-20：実行すると、addDataの前後と、例外の発生前にメッセージが出力されているのがわかる。

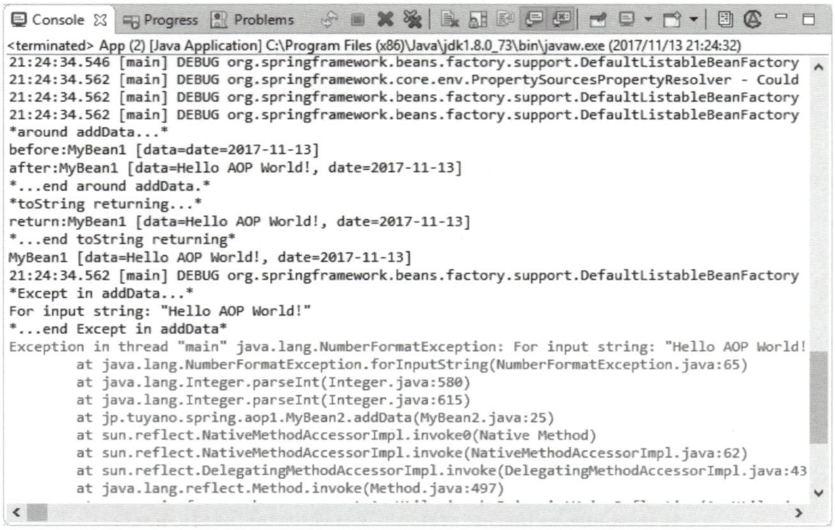

```
Console ☒  Progress  Problems
<terminated> App (2) [Java Application] C:\Program Files (x86)\Java\jdk1.8.0_73\bin\javaw.exe (2017/11/13 21:24:32)
21:24:34.546 [main] DEBUG org.springframework.beans.factory.support.DefaultListableBeanFactory
21:24:34.562 [main] DEBUG org.springframework.core.env.PropertySourcesPropertyResolver - Could
21:24:34.562 [main] DEBUG org.springframework.beans.factory.support.DefaultListableBeanFactory
21:24:34.562 [main] DEBUG org.springframework.beans.factory.support.DefaultListableBeanFactory
*around addData...*
before:MyBean1 [data=date=2017-11-13]
after:MyBean1 [data=Hello AOP World!, date=2017-11-13]
*...end around addData.*
*toString returning...*
return:MyBean1 [data=Hello AOP World!, date=2017-11-13]
*...end toString returning*
MyBean1 [data=Hello AOP World!, date=2017-11-13]
21:24:34.562 [main] DEBUG org.springframework.beans.factory.support.DefaultListableBeanFactory
*Except in addData...*
For input string: "Hello AOP World!"
*...end Except in addData*
Exception in thread "main" java.lang.NumberFormatException: For input string: "Hello AOP World!
        at java.lang.NumberFormatException.forInputString(NumberFormatException.java:65)
        at java.lang.Integer.parseInt(Integer.java:580)
        at java.lang.Integer.parseInt(Integer.java:615)
        at jp.tuyano.spring.aop1.MyBean2.addData(MyBean2.java:25)
        at sun.reflect.NativeMethodAccessorImpl.invoke0(Native Method)
        at sun.reflect.NativeMethodAccessorImpl.invoke(NativeMethodAccessorImpl.java:62)
        at sun.reflect.DelegatingMethodAccessorImpl.invoke(DelegatingMethodAccessorImpl.java:43
        at java.lang.reflect.Method.invoke(Method.java:497)
```

@AfterReturningについて

では、各アドバイスを見ていきましょう。まずは、@AfterReturningからです。これは、値を返すメソッドで、実際に値がreturnされた後で実行されます。ここでは以下のようにアノテーションとメソッドが書かれています。

```
@AfterReturning(value="execution(* jp.tuyano.spring.aop1.IMyBean.toString())",
returning="str")
public void toStringAfterReturning(String str) {……}
```

valueには、toStringメソッドが指定されているのがわかります。そしてreturningには、**str**という変数名が指定されています。このstrは、**toStringAfterReturning**メソッドの引数と同じであることに気がつくでしょう。

このように、@AfterReturningを設定するメソッドでは、引数にreturningで指定した変数を用意する必要があります。また、この引数は、executionで指定されたメソッドの戻り値と同じ型でなければいけません。

@AfterThrowingについて

@AfterThrowingは、例外が発生した際に実行されるアドバイスを指定します。これは以下のように記述されていました。

```
@AfterThrowing(value="execution(* jp.tuyano.spring.aop1.MyBean2.addData(..))",
throwing="e")
public void addDataAfterThrowing(Exception e) {……}
```

valueのexecutionは、既におなじみですからわかりますね。@AfterThrowingのポイントは、**throwing**です。ここでは「**e**」という変数名が指定されています。この変数名は、その後に続く**addDataAfterThrowing**メソッドの引数と同じにする必要があります。

また、addDataAfterThrowingメソッドの引数は、発生する例外クラスと同じでなければいけません。例外が発生すると、その発生した例外がこのメソッドに引数として渡されるのです。

@Aroundについて

わかりにくいのが、@Aroundです。これは、ポイントカットで指定したメソッドの呼び出し前から実行後までの範囲で利用できるものです。といっても、1つのアドバイスで「**呼び出される前から実行した後まで**」どうやって対応させるのか？　と不思議に思うかもしれません。

まずは、書き方を見てみましょう。これは以下のように記述されます。

```
@Around("execution(* jp.tuyano.spring.aop1.MyBean1.addData(..))")
public void toStringAround(ProceedingJoinPoint joinPoint) {……}
```

書き方は、@Beforeや@Afterなどと同じ形をしています。@Aroundの引数には単にexecutionを指定するだけです。

この@Aroundが指定されるメソッドの引数には、**ProceedingJoinPoint**というクラスのインスタンスが用意されています。これは、ジョインポイントの実行中プロセスを管理するクラスです。今回のサンプルでは、toStringAroundメソッド内で以下のような処理が用意されていました。

```
try {
  joinPoint.proceed();
} catch (Throwable e) {
  e.printStackTrace();
}
```

引数で渡されるProceedingJoinPointインスタンスの「**proceed**」というメソッドが実行されています。これは、実行する直前でペンディング状態になっているプロセスを実行します。これにより、@Aroundが設定されたメソッドの処理が実行されます。

proceedにより、メソッドが実行されますので、その後に書かれた処理はメソッド実行後(すなわち、@Afterと同じタイミング)に処理されることになります。このように、@Aroundは、そのメソッド内でポイントカット設定したメソッドの処理を実行することで、「**メソッド呼び出し前**」と「**実行後**」をまとめて扱えるようになっていたのです。

JoinPointクラスについて

@Before、@Afterといったアドバイスで引数として用意されるのが、「**JoinPoint**」クラスです。これは、その名の通りジョインポイントに関する情報を管理します。このクラス内のメソッドを利用することで、ジョインポイントの状況(つまりは、ポイントカットで設定してあるメソッドの呼び出しや実行後の状況)がわかります。

では、主なメソッドについてまとめておきましょう。

toStringの拡張

```
java.lang.String toShortString()
java.lang.String toLongString()
```

JoinPointでは、通常のtoStringの他に、2種類のString値を取得するためのメソッドが用意されています。これらにより、JoinPointの内容を整理して取り出すことができます。

ターゲットの取得

```
java.lang.Object getTarget()
```

ジョインポイントのターゲット(要するに、ポイントカットで設定されているインスタンス)を取得します。ここから、そのインスタンスのメソッドやフィールドなどを呼び出し、その内容を操作することができます。

引数情報の取得

```
java.lang.Object[] getArgs()
```

ポイントカットに設定されたメソッドに渡される引数の情報を取り出すものです。これで得られた配列から取り出したObjectを、必要に応じてキャストして利用します。

メソッド定義情報の取得

```
Signature getSignature()
```

ポイントカットに設定されたメソッドの定義に関する情報を取り出すものです。戻り値には**org.aspectj.lang**パッケージの**Signature**クラスのインスタンスが渡されます。このクラスには、以下のようなメソッドが用意されています。

java.lang.String getName()	メソッド名を返します。
java.lang.Class getDeclaringType()	定義されているクラス（インターフェイス）を返します。
java.lang.String getDeclaringTypeName()	定義されているクラス（インターフェイス）をString値として返します。

これらを利用し、ポイントカット設定されているメソッドをチェックし、そのメソッドに応じた処理などを行うことができます。AOPによる処理の挿入は、開発段階でさまざまな情報を取得して表示したり、整理したりするのに使われることが多いでしょう。こうしたメソッドにより、「**そのメソッドはどういう状況に置かれているか**」を把握しやすくなります。

AOPの処理を取り除くには？

以上、AOPを利用した処理の組み込みについて一通り説明をしてきました。が、最後に「**組み込んだ処理をどうやって取り外すのか**」についても触れておきましょう。

これは、実は簡単です。いろいろやり方はありますが、ここではBean設定からAOP関連の部分を削除する方法を説明しておきましょう。

Beanの設定は、MyBeanConfigというクラスに用意してありましたね。では、MyBeanConfig.javaを開き、クラス定義の前にある以下のアノテーションを削除して下さい。

```
@EnableAspectJAutoProxy
```

そして、プログラムを実行してみましょう。すると、AOPで組み込まれた処理によるメッセージは表示されず、Appクラスのmainの出力だけが表示されるようになります。AOP関係は、完全に取り除かれたのです。

図5-21：実行すると、AOP関連のメッセージが表示されなくなった。

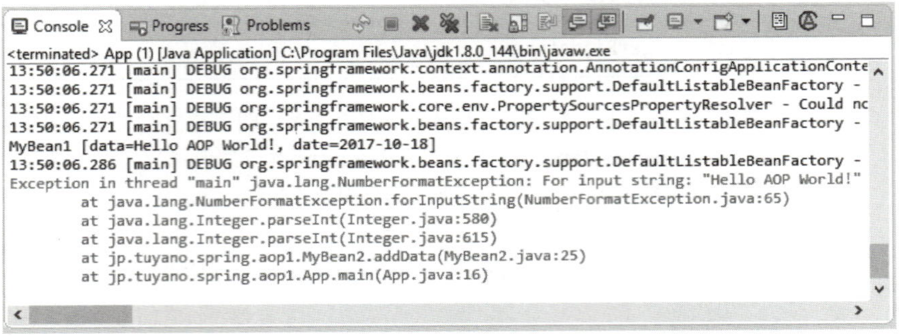

```
Console  Progress  Problems
<terminated> App (1) [Java Application] C:\Program Files\Java\jdk1.8.0_144\bin\javaw.exe
13:50:06.271 [main] DEBUG org.springframework.context.annotation.AnnotationConfigApplicationConte
13:50:06.271 [main] DEBUG org.springframework.beans.factory.support.DefaultListableBeanFactory -
13:50:06.271 [main] DEBUG org.springframework.core.env.PropertySourcesPropertyResolver - Could nc
13:50:06.271 [main] DEBUG org.springframework.beans.factory.support.DefaultListableBeanFactory -
MyBean1 [data=Hello AOP World!, date=2017-10-18]
13:50:06.286 [main] DEBUG org.springframework.beans.factory.support.DefaultListableBeanFactory -
Exception in thread "main" java.lang.NumberFormatException: For input string: "Hello AOP World!"
	at java.lang.NumberFormatException.forInputString(NumberFormatException.java:65)
	at java.lang.Integer.parseInt(Integer.java:580)
	at java.lang.Integer.parseInt(Integer.java:615)
	at jp.tuyano.spring.aop1.MyBean2.addData(MyBean2.java:25)
	at jp.tuyano.spring.aop1.App.main(App.java:16)
```

Bean構成ファイル（ここでは、bean.xml）を利用している場合は、<beans>タグ内に記述した、

```
<aop:aspectj-autoproxy/>
```

このタグを削除して下さい。これだけで、用意してあったすべてのAOP関連の処理が実行されなくなります。

Aspectクラスはどうする？

ここで、「**AOP関係の処理として作成したAspectクラス（ここでは、MyBeanAspect）はどうすればいいんだ？**」と疑問を持った人もいるかもしれません。これは、ただのクラスですので、そのままにしておいても問題はありません。Beanとして登録されなくなれば、使われることはないのですから。ただし、「**デバッグ用に作ったクラスがそのままなのは気持ちが悪い**」という人は、クラスを削除してもかまいません。

ただし、構成クラスに@Beanアノテーションを付けたAspectクラスのBean取得メソッドがありますから、これも合わせて削除しておく必要があります。この部分ですね。

```
@Bean
public MyBeanAspect aop1() {
  return new MyBeanAspect();
}
```

Bean構成ファイル（bean.xml）を使っている場合は、同様にAspectクラスのBean登録タグを削除しておきます。

```
<bean id="aop1"  class="jp.tuyano.spring.aop1.MyBeanAspect"></bean>
```

これで、Aspect関連は完全に取り除かれます。個々のBeanクラスには何ら手を加えていないため、これらは修正の必要はまったくありません。AOPの「**横断的関心事**」というものがどんなに簡単に処理をON/OFFできるか、実感できたのではないでしょうか。

Chapter 6

リソースとプロパティ

Springの各種フレームワークでは、リソースとプロパティが重要な役割を果たします。Springの基本がわかったところで、次に進む前に、フレームワーク利用の基礎知識であるリソースとプロパティの使い方についてしっかり理解しておくことにしましょう。

6-1 リソースのロード

リソースを読み込むために、SpringではBean構成ファイルやクラスを使ったリソース処理の機能がいろいろと用意されています。その基本的な使い方を覚えて、リソースの読み込みについてしっかりと理解しましょう。

Springとリソースの利用

Springを利用する際、強く感じるのは「**リソースの扱いの重要性**」でしょう。Bean構成ファイルを使う場合、まずはそのファイルを正しく読み込んでBeanを生成しなければいけません。リソースを正確に扱うことはSpringにおいて非常に重要なのです。

第5章まででBean構成ファイルを利用した際には、ClassPathXmlApplicationContextというクラスを利用しました。これはXMLファイルを読み込み、Beanを生成するApplicationContextでした。Bean構成ファイルについてはこのように専用のクラスが用意されています。が、そうでないファイルをリソースとして用意することも多いでしょう。

Javaでは、リソースを扱う場合、それがファイルなのかどうかよく考えなければいけません。アプリケーションでは、必要なものをすべてJARファイルにまとめて配布したりしますから、開発段階ではファイルであったものも、実際には「**圧縮ファイルのデータの一つ**」になっている場合もあります。

またMavenを利用する場合、開発段階とビルドされた状態とでは、ファイル類のディレクトリ構成が変わっていたりします。そうしたことに注意しながらリソースを利用するのは、けっこう面倒なものです。Springでは、リソースを扱うための専用機能を用意しており、それを利用することで余計なことに煩わされることなくリソースを利用できるようにしています。

ここでは、リソースの扱いについてまとめておくことにしましょう。

サンプルプロジェクトの用意

まずは、サンプルとなるプロジェクトを用意しましょう。＜**File**＞メニューの＜**New**＞内から＜**Spring Legacy Project**＞メニューを選び、現れたダイアログで以下のように設定しましょう。

Project name	MySampleApp2
Use default location	ON
Select Spring version	Default
Templates	Simple Spring Maven
Add project to working sets	OFF

設定したら「**Finish**」ボタンを押してプロジェクトを作成しましょう。これをベースに、必要なファイルを組み込んでいきます。

図6-1：Simple Spring Mavenのプロジェクトを新たに作成する。

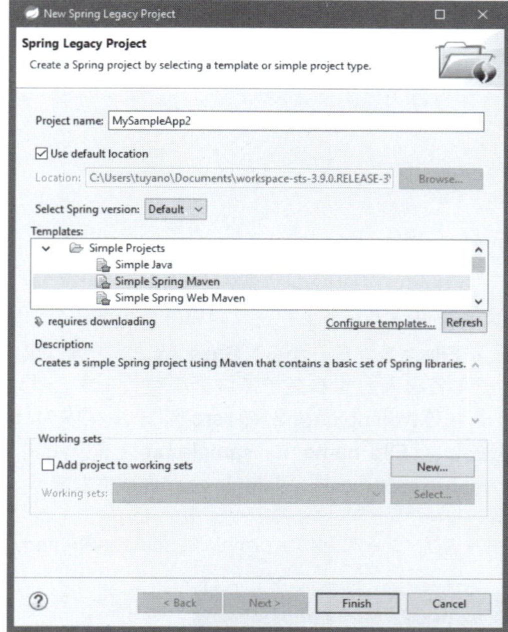

pom.xmlについて

プロジェクトを作ったら、次に行うのはpom.xmlへの追記ですが、ここでは、これはありません。ここで取り上げる機能はSpringのコアに用意されているものなので、新たに追加するものは特にないのです。ただし、バージョン関係は新しいものに変更しておきたいところですね。

第2章で作成したMySampleApp1のpom.xmlの内容をコピーし、MySampleApp2のpom.xmlにペーストしましょう。そして、jp.tuyano.spring.sample1をjp.tuyano.spring.sample2に(2ヶ所)、MySampleApp1をMySampleApp2に(1ヶ所)書き換えます。これで、最新のバージョンのライブラリを利用したpom.xmlができます。

リソースファイルの作成

では、実際にリソースの扱いを試してみるため、簡単なリソースファイルを用意してみましょう。ここではシンプルなテキストファイルを作成し、利用してみます。

＜**File**＞メニューの＜**New**＞内から、＜**Untitled Text File**＞メニューを選んで下さい。エディタ部分に「**Untitiled 1**」という名前で新たにテキストエディタが開かれます。まだこの状態では、ファイルは保存されてはいません。ここにテキストを書いて保存すればいいのです。では、適当にサンプルのテキストを書いておきましょう。

リスト6-1

```
this is sample text file.
Hello Spring!
```

図6-2：＜Untitled Text File＞メニューで新しいテキストファイルを作成し、テキストを記入しておく。

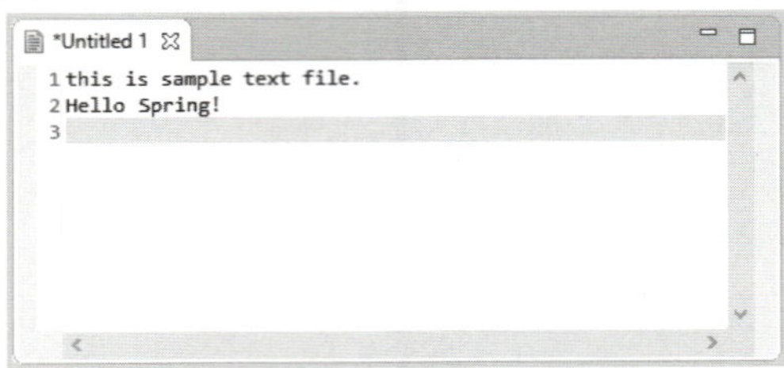

ここでは、こんなテキストを書いておきました。内容は自由ですので好きなように書いて下さい。記述したら、＜**File**＞メニューから＜**Save As...**＞を選びます。

画面に保存場所とファイル名を入力するダイアログが現れます。プロジェクトのリストから、このプロジェクト（MySampleApp2）の「**src**」フォルダ内の「**main**」内にある「**resources**」フォルダを選択し、「**File name**」に「**sample.txt**」と記入して「**OK**」ボタンを押して下さい。これでsrc/main/resources内にsample.txtが作成されます。

図6-3：＜Save As...＞メニューを選び、ダイアログでsrc/main/resources内にsample.txtという名前で保存をする。

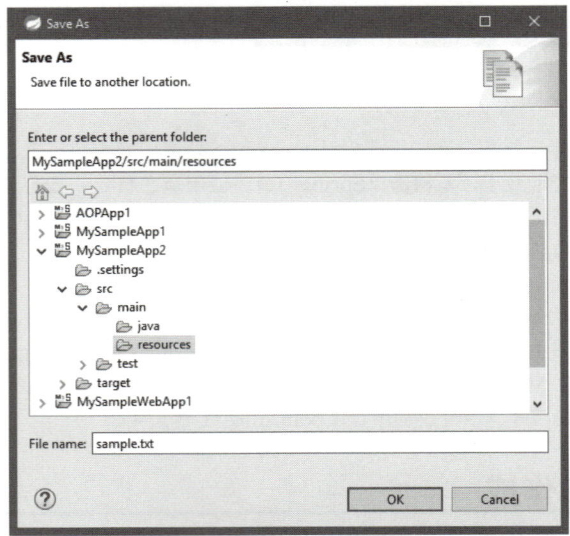

Appクラスを作成する

では、このsample.txtを読み込んで利用するクラスを作成しましょう。＜**File**＞メニューの＜**New**＞内から＜**Class**＞メニューを選んで下さい。そして現れたダイアログで以下のように設定します。設定後、「**Finish**」ボタンを押してAppクラスを作成して下さい。

Source folder	MySampleApp2/src/main/java(デフォルトのまま)
Package	jp.tuyano.spring.sample2
Enclosing type	OFF
Name	App
Modifiers	「public」のみON
Superclass	java.lang.Object(デフォルトのまま)
Interfaces	空白のまま
それ以降のチェックボックス	「public static void main(String[] args)」「Inherited abstract methods」の2つをONに、ほかはOFFにする

図6-4：クラス作成のダイアログで、jp.tuyano.spring.sample2パッケージにAppという名前で作成をする。

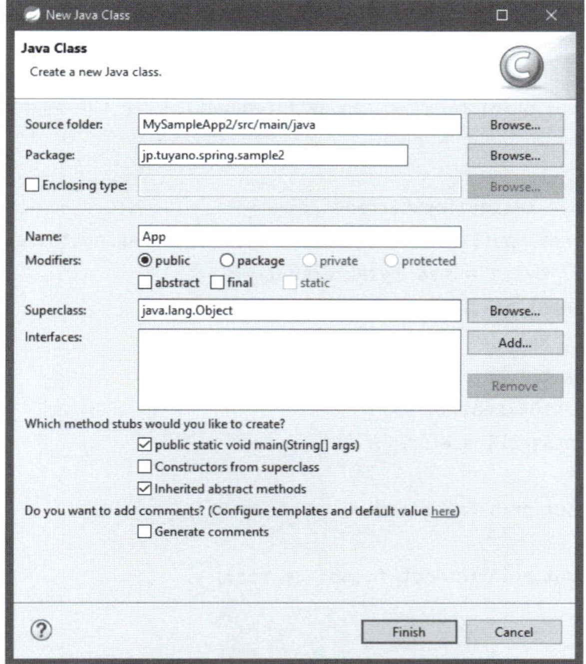

App.java を記述する

では、作成された「**App.java**」を開き、ソースコードを作成しましょう。以下のように記述して下さい。

リスト6-2

```
package jp.tuyano.spring.sample2;

import java.io.BufferedInputStream;
import java.io.IOException;
```

```
import java.io.InputStream;

import org.springframework.context.ApplicationContext;
import org.springframework.context.support.StaticApplicationContext;
import org.springframework.core.io.Resource;

public class App {
  private static ApplicationContext app;
  public static void main(String[] args) {
    app = new StaticApplicationContext();
    Resource res = app.getResource("classpath:sample.txt");
    if (res.exists()) {
      try {
        System.out.println("URI:" + res.getURI());
      } catch (IOException e) {
        e.printStackTrace();
      }
      System.out.println("*" + res.getFilename() + "* ==========");
      InputStream input = null;
      try {
        input = res.getInputStream();
        BufferedInputStream buf_input = new BufferedInputStream(input);
        byte[] bytes = new byte[10240];
        buf_input.read(bytes);
        String xml_str = new String(bytes).trim();
        System.out.println(xml_str);
      } catch (IOException e) {
        e.printStackTrace();
      }
      System.out.println("* end * ==========");
    } else {
      System.out.println("not found:" + res);
    }
  }
}
```

記述したら、パッケージエクスプローラーから「**App.java**」を選択し、＜**Run**＞メニューの＜**Run As**＞内から＜**Java Application**＞メニューを選んでAppクラスを実行して下さい。実行すると、コンソールに以下のようなテキストが出力されます。

```
URI:file:……ワークスペースのパス……/MySampleApp2/target/classes/sample.txt
*sample.txt* ==========
this is sample text file.
Hello Spring!
```

```
* end * ==========
```

最初にsample.txtのパス（URI形式で記述されたもの）が出力され、その後にsample.txtの内容が書き出されます。リソースファイルとして用意したsample.txtがきちんと利用できていることがわかりますね。

図6-5：実行すると、sample.txtの内容を読み込み出力する。

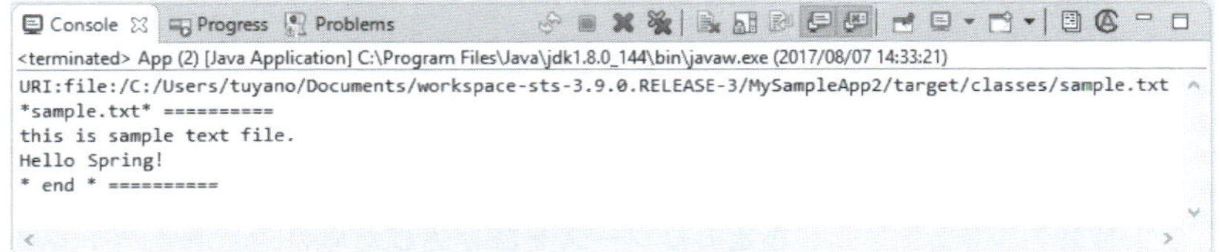

StaticApplicationContextとResource

ここで、リソースファイルの読み込みを行うのに2つの新しいクラスが登場しています。「**StaticApplicationContext**」と「**Resource**」です。これらのクラスを中心に、処理の流れを見ていきましょう。

StaticApplicationContext クラスとは？

Spring利用のプログラムでは、実行してまず最初に行うことは「**ApplicationContextの用意**」でしょう。これまでは、ClassPathXmlApplicationContextやAnnotationConfigApplicationContextを使ってApplicationContextを作成しました。これらはBean構成ファイルやクラスから設定情報を読み込むためのApplicationContextを生成するものでした。が、ここでは、特にBean構成ファイルなどは用意していませんので、これらのクラスを利用するわけにはいきません。

そこで利用したのが「**StaticApplicationContext**」というクラスです。これはBean構成ファイルなどを使わないApplicationContextです。これは本来、JavaのコードでApplicationContextの設定を実装するために用意されているクラスですが、「**Bean構成ファイルなどを何もないけど、ApplicationContextだけ用意したい**」という場合にも役立ちます。使い方は単純で、何も引数などを指定せず、ただnewするだけです。

```
app = new StaticApplicationContext();
```

Resource クラスとは？

作成されたApplicationContextを使い、ここからリソースを取り出します。それを行っているのが以下の文です。

```
Resource res = app.getResource("classpath:sample.txt");
```

リソースデータは、「**Resource**」というクラスとして扱われます。リソースを利用するには、ApplicationContextから「**getResource**」メソッドを使って指定のリソースにアクセスするためのResourceインスタンスを取得します。

これで、sample.txtを読み込むための準備が整いました。後はこのResourceインスタンスから、必要な情報を取り出していくだけです。

リソースの存在チェック

```
if (res.exists()) {……
```

最初にifで「**exists**」というメソッドをチェックしています。これは、そのリソースが存在するかどうかをチェックします。戻り値は真偽値で、存在すればtrueが返されます。

getResourceは、実は引数に指定したリソースが見つからなくともインスタンスは作成されます。これは「**指定のリソースを読み込むためのResourceインスタンス**」であり、getResourceした時点で指定されたリソースを実際に読み込んでいるわけではないのです。ですから、リソースを扱う際には、まずexistsで存在チェックを行う必要があります。

ファイルのURIとファイル名

```
System.out.println("URI:" + res.getURI());
System.out.println("*" + res.getFilename() + "* ==========");
```

その先では、ResourceインスタンスからリソースのURIとファイル名を取り出しています。それを行っているのが「**getURI**」「**getFilename**」といったメソッドです。Resourceには、こうしたリソースの情報を得るためのメソッドがいろいろと用意されています。

InputStreamを取得する

```
input = res.getInputStream();
```

リソースに書かれているテキストを読み取るには、「**getInputStream**」でInputStreamを取得し、これを利用して読み込みます。後は、一般的なストリームの処理と変わりありません。ここではBufferedInputStream を作成し、そこからreadでbyte配列にデータを読み込んでいます。後は、これを元にしてStringを生成し、出力するだけです。

リソース文字列について

Resourceの基本的な使い方は比較的シンプルです。getResourceで指定のリソースをResourceインスタンスとして取り出し、必要なメソッドを呼び出していくだけです。

ただし、注意しておくべき点が1つあります。それは「**どうやってリソースを指定するか**」です。getResourceの引数には、**"classpath:sample.txt"**と書かれていました。「**sample.txt**」はわかりますが、その前の「**classpath:**」というのは一体何でしょうか？

これは、「**リソース文字列**」(Resource strings)と呼ばれるものです。Springではリソースを指定する場合、その場所の指定を行いやすくするためにリソース文字列を用意しています。これは、

"リソース文字列 : パスなどの指定"

このように、パスなどのリソースの指定の前にコロンで区切って記述します。

このリソース文字列は、getReourceだけで利用するわけではありません。Spring全般にわたって広く用いられます。例えば、**第4章**でWebアプリケーションのプロジェクト(MySampleWebApp1)を作成したとき、Bean構成ファイル(application-config.xml)を利用するためにweb.xmlにこんなタグを記述していましたね。

```
<context-param>
  <param-name>contextConfigLocation</param-name>
  <param-value>classpath:spring/application-config.xml</param-value>
</context-param>
```

ここで<param-value>に指定されている「**classpath:spring/application-config.xml**」もやはり、リソース文字列を使ってファイルを指定していたのです。このようにリソース文字列は、Springでファイルを扱うシーンではどこでも利用されます。

このリソース文字列はいくつかの種類が用意されており、それによってリソースの指定の仕方が変わってきます。以下に整理しておきましょう。

classpath:

クラスが置かれている場所からの**相対パス**として指定するのに用いられます。クラスが置かれるのはsrc/main内です。Mavenでは、Javaソースコードはsrc/main/java内に、リソースはsrc/main/resources内に配置しますが、これらは実はビルドすると同じ場所にまとめられます。従って、src/main/resourcesに配置したファイルを指定するのには、このclasspath:で相対パスを指定するやり方がもっとも適しています。

file:

プラットフォームのファイルシステムによる**絶対パス**として、リソースを指定するのに用いられます。これはアプリケーション内ではなく、外部に配置されたファイルなどを指定するのに用いられます。注意したいのは、パスの指定は「**プラットフォームのファイルシステム**」に依存するという点です。例えば、WindowsでCドライブの「**spring**」フォルダ内に「**sample.txt**」というファイルがあった場合、以下のように指定することになります(どちらの書き方でもOKです)。

```
"file:c:\\spring\sample.txt"
"file:/c:/spring/sample.txt"
```

しかし、これがmacOSのドライブにあった場合には、書き方は変わってきます。以下のように記述しなければいけないでしょう。

```
"file:/spring/sample.txt"
```

多くの場合、開発環境とデプロイ先のサーバー環境は異なっています。プラットフォームが変わればファイルの指定の仕方も変わってくるので注意して下さい。

http:

これはHTTPプロトコルの**URL**としてリソースを指定します。主にネットワーク上にあるリソースを指定するのに用いられます。これによりネットワーク経由でテキストなどをダウンロードし、リソースとして利用することができます。

Bean構成ファイルをファイルシステムから読み込む

リソースを利用するもっとも重要な操作は、Bean構成ファイルからApplicationContextを取得する処理でしょう。これまで、ClassPathXmlApplicationContextを利用し、てXMLファイルからBean情報を取得していました。

これは非常に便利ですが、このClassPathXmlApplicationContextはクラスの配置されている場所からBean構成ファイルを取得するためのクラスです。もし、アプリケーション外からファイルを読み込みたい……というときにはどうすればいいのでしょう。

こうした場合には、「**FileSystemXmlApplicationContext**」というクラスを利用します。では、これを使って外部からBean構成ファイルを読み込み、Beanを利用してみましょう。

MyBean クラスの作成

では、サンプルとしてBeanクラスを作成しましょう。＜**File**＞メニューの＜**New**＞内から＜**Class**＞メニューを選び、現れたダイアログで以下のように設定します。設定後、「**Finish**」ボタンを押してAppクラスを作成して下さい。

Source folder	MySampleApp2/src/main/java(デフォルトのまま)
Package	jp.tuyano.spring.sample2
Enclosing type	OFF
Name	MyBean
Modifiers	「public」のみON
Superclass	java.lang.Object(デフォルトのまま)
Interfaces	空白のまま
それ以降のチェックボックス	「Inherited abstract methods」をONに、ほかはOFFにする

図6-6：クラスの作成ダイアログで、MyBeanという名前で作成する。

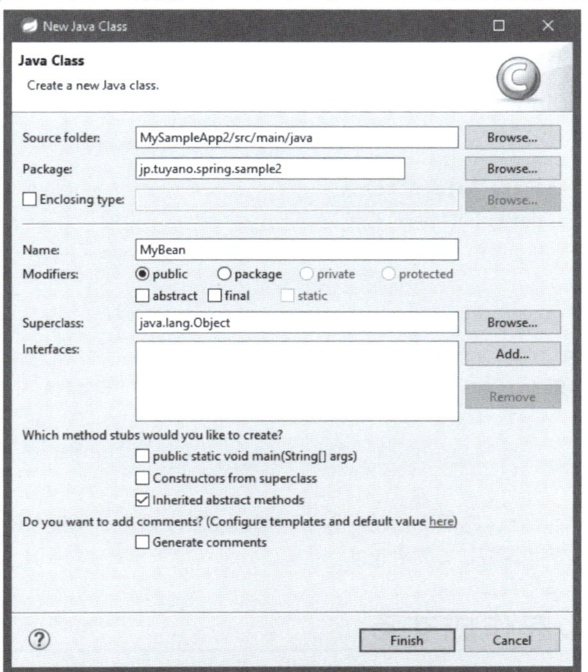

MyBean.java を記述する

作成したら、「**MyBean.java**」ファイルを開き、ソースコードを編集しましょう。ここでは、Beanを利用するサンプルですので、簡単なメッセージを保管するだけのシンプルなものを用意しておきます。

リスト6-3

```
package jp.tuyano.spring.sample2;

import java.util.Calendar;
import java.util.Date;

public class MyBean {
  private String message;
  private Date date = Calendar.getInstance().getTime();

  public String getMessage() {
    return message;
  }

  public void setMessage(String message) {
    this.message = message;
```

```
  }

  public Date getDate() {
    return date;
  }

  public void setDate(Date date) {
    this.date = date;
  }

  @Override
  public String toString() {
    return "MyBean [message=" + message + ", date=" + date + "]";
  }
}
```

messageプロパティと、内部で日時を保管するdateだけのある単純なBeanです。コンストラクタもここでは省略しておきます。

Bean構成ファイルを作成する

では、Bean構成ファイルを作成しましょう。<**File**>メニューの<**New**>内から<**Spring Bean Configuration File**>メニューを選び、現れたダイアログで以下のように設定していきます。

■保存場所とファイル名の設定画面

Enter or select the parent folder	MySampleApp2/src/main/resources
File name	bean.xml
Add Spring project nature if required	ONのまま

図6-7：Bean構成ファイルの作成ダイアログ。bean.xmlという名前で設定する。

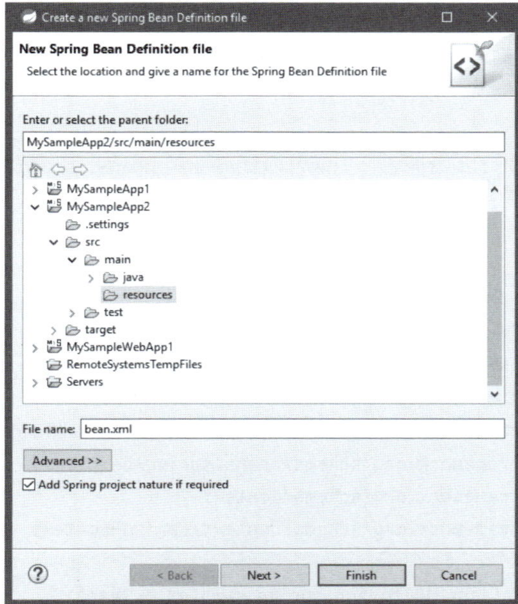

XSDの設定

beans	http://www.springframework.org/schema/beans
context	http://www.springframework.org/schema/context

（XSDのバージョンは、すべてリストの一番上にあるバージョン指定のないものを選ぶ）

図6-8：XSDの設定。beansとcontextをONにする。

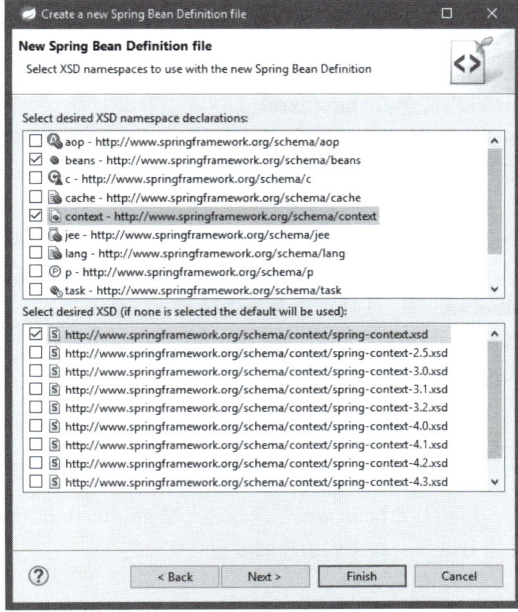

■Bean Config Setsの設定

デフォルトのまま、「**Finish**」ボタンを押して終了します。これでbean.xmlがsrc/main/resources内に作成されます。

bean.xml を編集する

作られたbean.xmlファイルを開き、先ほどのMyBeanをBeanとして登録しましょう。以下のように書き換えて下さい。

リスト6-4

```
<?xml version="1.0" encoding="UTF-8"?>
<beans xmlns="http://www.springframework.org/schema/beans"
  xmlns:xsi="http://www.w3.org/2001/XMLSchema-instance"
  xmlns:context="http://www.springframework.org/schema/context"
  xsi:schemaLocation="http://www.springframework.org/schema/beans
  http://www.springframework.org/schema/beans/spring-beans.xsd
  http://www.springframework.org/schema/context
  http://www.springframework.org/schema/context/spring-context.xsd">

  <bean id="bean1" class="jp.tuyano.spring.sample2.MyBean">
    <property name="message" value="this is sample bean!" />
  </bean>

</beans>
```

ここではmessageプロパティに簡単なメッセージを設定してあります。ほかは特に説明するまでもないでしょう。

bean.xml をドライブのルートに移動

作成されたbean.xmlをプロジェクト外に移動しましょう。パッケージエクスプローラーからsrc/main/resources内にある「**bean.xml**」のアイコンをドラッグし、デスクトップにドロップすると、bean.xmlがデスクトップに移動します。これを、そのままCドライブのルートに移動して下さい。

もし、うまくデスクトップに移動できなかった場合は、プロジェクトのフォルダを直接開いて操作して下さい。プロジェクトは、ユーザーの「**ドキュメント**」フォルダ内に作成される「**workspace-sts-xxx**」というフォルダ（xxxはバージョン名）の中に保存されています。この中から「**MySampleApp2**」内の「**src**」「**main**」「**resources**」とフォルダを開いていけば、そこにbean.xmlが見つかります。

App.javaを書き換える

では、App.javaを開き、移動したbean.xmlを読み込んでApplicationContextを生成し、利用するように書き換えましょう。以下のように変更して下さい。

リスト6-5
```
package jp.tuyano.spring.sample2;

import org.springframework.context.ApplicationContext;
import org.springframework.context.support.FileSystemXmlApplicationContext;

public class App {
  private static ApplicationContext app;

  public static void main(String[] args) {
    app = new FileSystemXmlApplicationContext("file:/c:/bean.xml"); // ●
    MyBean bean = (MyBean) app.getBean("bean1");
    System.out.println(bean);
  }
}
```

Note

●部分の"file:/c:/bean.xml"は、macOSでは"file:/bean.xml"になります。

これで完成です。Appクラスを実行してみましょう。正しくbean.xmlが読み込めれば、コンソールに以下のような内容が出力されるはずです。

```
MyBean [message=this is sample bean!, date=……日時のテキスト……]
```

問題なくMyBeanインスタンスが生成され利用できていることがわかるでしょう。

図6-9：実行すると、MyBeanの内容が表示される。

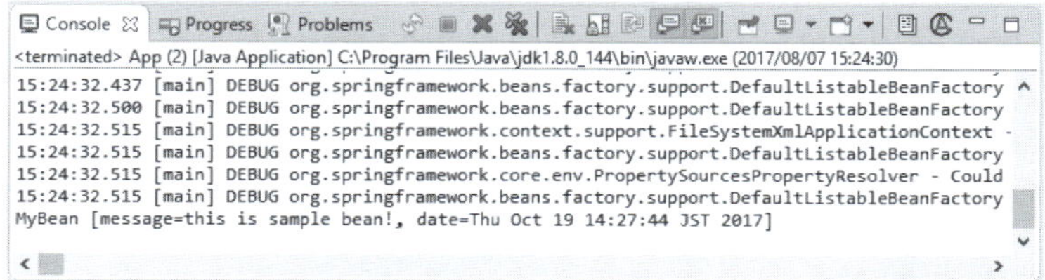

FileSystemXmlApplicationContextの利用

mainでCドライブのルートにあるbean.xmlを読み込んでApplicationContextを生成しています。これを行っているのが「**FileSystemXmlApplicationContext**」クラスです。

```
new FileSystemXmlApplicationContext( Bean構成ファイルの指定 );
```

このようにインスタンスを作成することで、指定のBean構成ファイルを使った

ApplicationContextが作成されます。この引数には、**"file:/c:/bean.xml"**というように「**file:**」リソース文字列が使われています。これにより、プロジェクト外にあるファイルをリソースとして利用することができたのです。

FileSystemXmlApplicationContextは、外部ファイルを利用する関係上、だいたいこのように「**file:**」リソース文字列を使ってファイルを指定します。もちろん、classpath:なども使えますが、それならClassPathXmlApplicationContextを使えばいいだけであり、わざわざ、FileSystemXmlApplicationContextを使う意味がありません。

「**ClassPathXmlApplicationContextではclasspath:、FileSystemXmlApplicationContextではfile:を使うのが基本**」とここで頭に入れておくとよいでしょう。

6-2 プロパティの利用

プログラムで利用される値は、プロパティファイルとして用意されます。このプロパティファイルを読み込み、Bean構成ファイルなどで利用するための基本についてここで説明しましょう。

プロパティファイルを利用する

Beanでは、さまざまな値を**プロパティ**として保管し、利用します。このプロパティの利用について考えてみましょう。まずは、プロパティの値の「**Beanからの分離**」についてです。

Beanにプロパティが用意されており、それをBean作成時に設定する場合、Bean構成ファイルなどでその値を指定しておくことが可能でした。例えば、**リスト6-4**のサンプルでは、このようにしてMyBeanの定義を記述していました。

```
<bean id="bean1" class="jp.tuyano.spring.sample2.MyBean">
  <property name="message" value="this is sample bean!" />
</bean>
```

これは確かに便利ですが、プロパティの値そのものまでXMLのコードとして記述しなければいけません。

Javaでは、各種のプロパティは**プロパティファイル**として作成し、それを読み込んで利用しました。プロパティファイルはただのテキストであり、プロパティ名とその値をただ記述するだけのシンプルなファイルです。Beanのプロパティをすべてプロパティファイルとして Bean構成ファイルから切り離せば、Beanに保管する情報の管理は更にしやすくなります。

プロパティファイルの作成

では、実際にやってみましょう。まずはプロパティファイルから作成しましょう。プロジェクトエクスプローラーでsrc/main/resourcesを選択し、＜**File**＞メニューから＜**New**＞内の＜**File**＞メニューを選んで下さい。プロパティファイルは専用のウィザードなどは用意されていないので、一般のテキストファイルとして作成をします。

画面にダイアログが現れたら、File nameに「**bean.properties**」と入力し「**Finish**」ボタンを押します。これでsrc/main/resources内に「**bean.properties**」ファイルが作成されます。

図6-10：ファイルの作成ダイアログ。bean.propertiesという名前で作る。

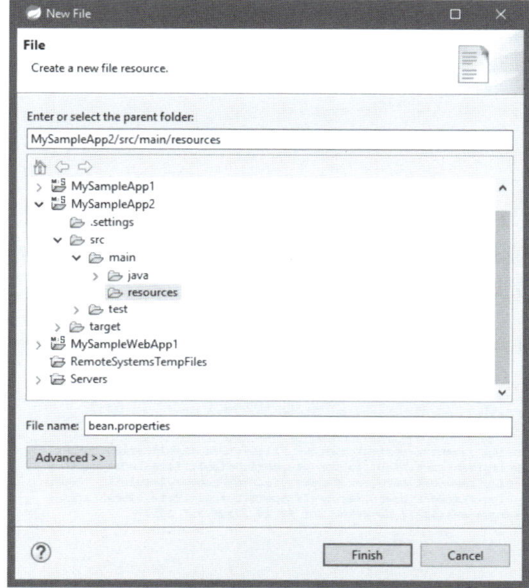

ファイルができたら、これを開いてプロパティを記述しましょう。bean.propertiesに以下のように記述して下さい。

リスト6-6

```
bean.message=Hello! this is sample message.
```

MyBeanで利用する**bean.messageというプロパティ**を用意してあります。ここに、作成するMyBeanのmessageプロパティに設定するメッセージを書いておきます。

Bean構成ファイルを変更する

では、このプロパティファイルからプロパティを読み取ってBeanに設定してみましょう。Beaの設定を記述しているbean.xmlは、先ほどCドライブのルートに移動してしまいました。このファイルは、後でもとに戻しますから、もうしばらくこの場所においたままで使うことにしましょう。

このファイルを開いて（テキストエディタ等で開いて構いません）、以下のように編集して下さい。

リスト6-7

```
<?xml version="1.0" encoding="UTF-8"?>
<beans ……略……>

  <context:property-placeholder location="classpath:bean.properties"/>

  <bean id="bean1" class="jp.tuyano.spring.sample2.MyBean">
    <property name="message" value="${bean.message}" />
  </bean>

</beans>
```

これで変更は終わりです。Appクラスは全く変更する必要はありません。書き換えが終わったらAppクラスを実行し、MyBeanが生成されてコンソールに出力されるのを確認しておきましょう。messageには、bean.propertiesのbean.messageに設定した値が設定されていることがわかります。

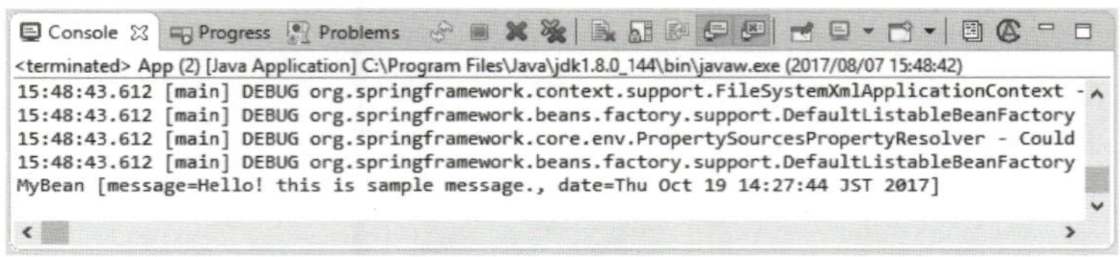

図6-11：Appクラスを実行すると、プロパティファイルから値を取り出してMyBeanのmessageに設定する。

Property Placeholderでプロパティを利用する

ここではbean.xmlに、プロパティファイルからプロパティをロードして利用するためのタグが追加されています。

```
<context:property-placeholder location="classpath:bean.properties"/>
```

<context:property-placeholder>タグは、「**Property Placeholder**」という機能を利用するためのタグです。これは文字通り、プロパティの保管場所をまとめた情報です。このタグで指定されたプロパティファイルを読み込み、プロパティ類をまとめて扱えるようにします。

ここには属性として**location**が用意されており、ここでプロパティファイルを指定します。ここではsrc/main/resourcesに配置していますから、**classpath:**を使ってファイルを指定しています。

これで、プロパティを指定のファイルから読み込んだProperty Placeholderが用意されます。**<bean id="bean1">**では、ここからプロパティの値を取り出して設定しています。

```
<property name="message" value="${bean.message}" />
```

valueに、**${bean.message}**という値が設定されているのがわかります。このように、

${プロパティ名}という形で記述することで、Property Placeholderで読み込まれたプロパティの値を代入することができるのです。

プロパティをコード内から利用する

Bean構成ファイルでプロパティファイルの値を利用するのは、このように比較的簡単でした。では、Javaのコード内から利用する場合はどうなるでしょうか。

Javaには**Properties**クラスがあり、プロパティファイルをロードして利用するための基本的な仕組みは用意されています。これを組み合わせ、Bean構成ファイルから読み込んだプロパティを利用できるようにしてみましょう。

bean.propertiesを追記する

まずは、ここで、新たに作成するBeanで利用するプロパティを作成しておきましょう。「**bean.properties**」を開き、以下のように追記しておいて下さい。

リスト6-8

```
keeper.to=taro@yamda
keeper.from=hanako@flower
```

これで、keeper.toとkeeper.fromというプロパティが追加されました。ここでは、次に作成するMyBeanKeeperクラスで扱うプロパティなので、このような名前にしておきました。

では、次に作るBeanから、これらの値を利用するようにしましょう。

MyBeanKeeperクラスを作成する

Beanのプロパティの働きを更に明確にするため、もう1つBeanクラスを作成しておくことにします。<**File**>メニューの<**New**>内から<**Class**>メニューを選び、現れたダイアログで以下のように設定します。設定後、「**Finish**」ボタンを押してMyBeanKeeperクラスを作成して下さい。

Source folder	MySampleApp2/src/main/java(デフォルトのまま)
Package	jp.tuyano.spring.sample2
Enclosing type	OFF
Name	MyBeanKeeper
Modifiers	「public」のみON
Superclass	java.lang.Object(デフォルトのまま)
Interfaces	空白のまま
それ以降のチェックボックス	「Inherited abstract methods」をONに、ほかはOFFにする

図6-12：クラス作成のダイアログ。MyBeanKeeperという名前で作る。

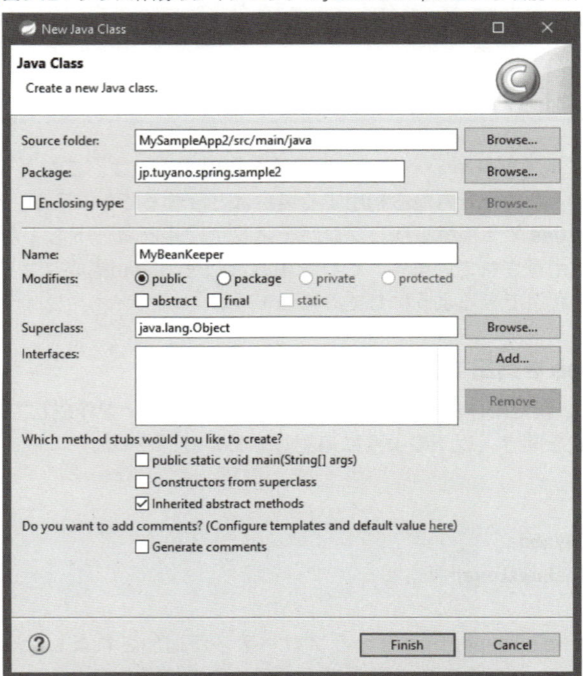

MyBeanKeeper.java を編集する

これでsrc/main/javaのjp.tuyano.spring.sample2パッケージ内に「**MyBeanKeeper.java**」が作成されます。では、このファイルを開いて以下のようにソースコードを書き換えましょう。

リスト6-9

```
package jp.tuyano.spring.sample2;

public class MyBeanKeeper {
  private MyBean bean;
  private String from;
  private String to;

  public MyBeanKeeper(MyBean mybean, String from, String to) {
    super();
    this.bean = mybean;
    this.from = from;
    this.to = to;
  }

  public MyBean getBean() {
```

```
        return bean;
    }
    public void setBean(MyBean bean) {
        this.bean = bean;
    }
    public String getFrom() {
        return from;
    }
    public void setFrom(String from) {
        this.from = from;
    }
    public String getTo() {
        return to;
    }
    public void setTo(String to) {
        this.to = to;
    }

    @Override
    public String toString() {
        return "MyBeanKeeper [bean=" + bean + ", from=" + from + ", to=" + to + "]";
    }
}
```

このMyBeanKeeperクラスは、MyBeanインスタンスを保管するbeanと、from、toというプロパティを持っています。「**Bean内にBeanが保持される**」という、**Beanの入れ子状態**の一例として作成しておきました。

bean.xmlを変更する

続いて、プロパティファイルをPropertiesクラスのインスタンスとして扱うためのBeanを登録しましょう。Beaの設定を記述しているbean.xmlは、Cドライブのルートに移動しておきました。このファイルを、Project Explorerのsrc/main/resourcesにドラッグ＆ドロップして戻しておきましょう。ドラッグ＆ドロップでうまく戻せないときは、プロジェクトのフォルダを開いて直接ファイルをフォルダに移動して下さい。

ファイルをプロジェクト内の元の場所に戻したら、以下のように修正して下さい。

リスト6-10

```
<?xml version="1.0" encoding="UTF-8"?>
<beans ……略……>

    <context:property-placeholder location="classpath:bean.properties"/>

    <bean id="bean1" class="jp.tuyano.spring.sample2.MyBean">
```

```
    <property name="message" value="${bean.message}" />
  </bean>

  <bean id="mybeanprops"
    class="org.springframework.beans.factory.config.PropertiesFactoryBean">
    <property name="location">
      <value>classpath:bean.properties</value>
    </property>
  </bean>

</beans>
```

ここでは、「**PropertiesFactoryBean**」というクラスのBeanを登録しています。これにより、プロパティファイルからプロパティを読み込み、PropertiesインスタンスのBeanとして利用できるようになります。このPropertiesFactoryBeanについては後述しますので、とりあえず先にサンプルを完成させてしまいましょう。

App.javaを変更する

では、MyBeanとMyBeanKeeperを利用したサンプルを作りましょう。App.javaを開き、以下のようにソースコードを書き換えて下さい。なお、ここではわかりやすくするためにbean.xmlの配置場所を**"classpath:/bean.xml"**にしてあります。すでに述べたように、src/main/resources内にbean.xmlを戻して実行して下さい。

リスト6-11

```
package jp.tuyano.spring.sample2;

import java.util.Properties;
import org.springframework.context.ApplicationContext;
import org.springframework.context.support.ClassPathXmlApplicationContext;

public class App {
  private static ApplicationContext app;
  private static Properties mybeanProps;

  public static void main(String[] args) {
    app = new ClassPathXmlApplicationContext("classpath:/bean.xml");
    MyBean bean = (MyBean) app.getBean("bean1");

    mybeanProps = (Properties)app.getBean("mybeanprops");
    String from = mybeanProps.getProperty("keeper.from");
    String to = mybeanProps.getProperty("keeper.to");
    MyBeanKeeper keeper = new MyBeanKeeper(bean, from, to);
    System.out.println(keeper);
  }
}
```

記述したら、Appクラスを実行して動作を確認してみましょう。ここではコンソールに以下のようなメッセージが出力されます。

```
MyBeanKeeper [bean=MyBean [message=Hello! this is sample message.,
date=Thu Oct 19 14:27:44 JST 2017], from=hanako@flower, to=taro@yamda]
```

MyBeanKeeperインスタンスにMyBeanと、プロパティファイルからロードしたfrom、toの値が設定されていることがわかるでしょう。

図6-13：Appを実行すると、MyBeanKeeperに保管されたMyBeanそのほかのプロパティが表示される。

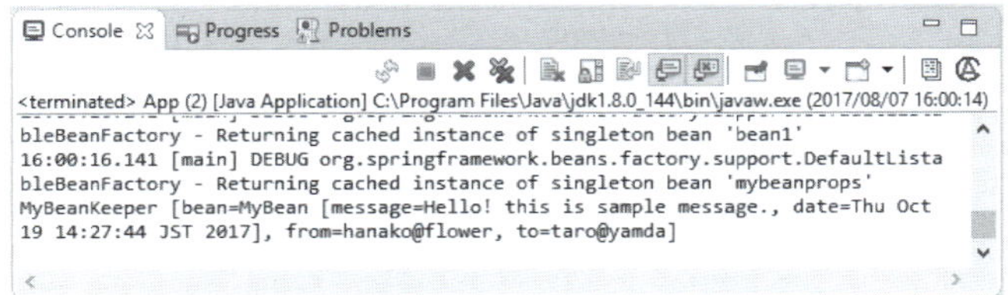

Bean から Properties インスタンスを得る

では、コードをチェックしましょう。ここでは、以下のように**Properties**を保管するフィールドを用意してあります。

```
private static Properties mybeanProps;
```

PropertiesはJava SEに用意されているクラスです。プロパティファイルから読み込んだプロパティをPropertiesとしてフィールドに保管しておき、それを利用するようにしてあります。ではこのPropertiesインスタンスはどのようにして取得されているのか。それは以下の部分です。

```
mybeanProps = (Properties)app.getBean("mybeanprops");
```

ApplicationContextのgetBeanでmybeanpropsを取得し、これをPropertiesにキャストしているだけです。このmybeanpropsというBeanは、bean.xmlに追記した**PropertiesFactoryBean**クラスのBeanです。非常に奇妙に感じるでしょうが、このPropertiesFactoryBeanをBeanとして登録すると、これを**getBean**すれば（PropertiesFactoryBeanではなく）Propertiesインスタンスが取り出せるのです。

```
String from = mybeanProps.getProperty("keeper.from");
String to = mybeanProps.getProperty("keeper.to");
```

後は、取得したPropertiesからgetPropertyメソッドで必要なプロパティの値を取り出して利用するだけです。Java SEでProperetiesをファイルからロードするのに比べるとシンプルな操作になっていることがわかるでしょう。

PropertiesFactoryBeanについて

このPropertiesFactoryBeanクラスは、Beanを操作するための機能を提供します。**リスト6-10**では、以下のように記述されていました。

```
<bean id="名前"
  class="org.springframework.beans.factory.config.PropertiesFactoryBean">
  <property name="location">
    <value>プロパティファイルの指定</value>
  </property>
</bean>
```

<property>を使って「**location**」という属性を用意しています。ここにプロパティファイルを指定することで、そのプロパティファイルをロードしたPropertiesFactoryBeanインスタンスを生成させることができます。

なお、ここでは1つのプロパティファイルだけですが、複数のファイルを利用したい場合は以下のように記述することもできます。

```
<bean id="名前"
  class="org.springframework.beans.factory.config.PropertiesFactoryBean">
  <property name="locations">
    <list>
      <value>プロパティファイルの指定</value>
      ……必要なだけ<value>タグを用意……
    </list>
  </property>
</bean>
```

<property name="locations">タグ内に、**<list>**タグを用意し、その中に<value>タグを用意することで、複数のプロパティファイルを指定することができます。<property>のnameが"locations"となっていることに注意して下さい("location"ではありません)。

BeanWrapperによるBean情報の取得

Beanのプロパティを扱う場合、単純にアクセサメソッドを利用して値を操作するのが一般的ですが、「**文字列でプロパティ名を指定して値を操作する**」という方法も覚えておくと便利です。これには「**BeanWrapper**」というクラスを利用します。

このBeanWrapperを利用すると何が便利なのか。実際に利用例を見てみましょう。App.javaを以下のように書き換えてみてください。

リスト6-12

```
package jp.tuyano.spring.sample2;
```

```
import java.beans.PropertyDescriptor;
import org.springframework.beans.BeanWrapper;
import org.springframework.beans.BeanWrapperImpl;
import org.springframework.context.ApplicationContext;
import org.springframework.context.support.ClassPathXmlApplicationContext;

public class App {
  private static ApplicationContext app;

  public static void main(String[] args) {
    app = new ClassPathXmlApplicationContext("classpath:/bean.xml");
    MyBean bean = (MyBean) app.getBean("bean1");

    bean.setMessage("Hello, How are you?");
    MyBeanKeeper keeper = new MyBeanKeeper(bean, "taro@yamada",
      hanako@flower");
    BeanWrapper wrapper = new BeanWrapperImpl(keeper);
    PropertyDescriptor[] descriptors = wrapper.getPropertyDescriptors();
    for (PropertyDescriptor descriptor : descriptors) {
      String name = descriptor.getName();
      Object value =  wrapper.getPropertyValue(name);
      System.out.println(name + ":" + value);
    }
  }
}
```

図6-14：BeanWrapperImplを利用して、MyBeanKeeperのプロパティを順に書き出していく。

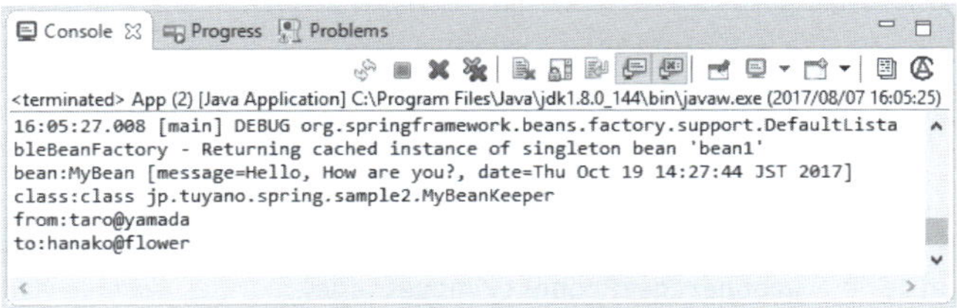

ここでは、Bean構成ファイルから取得したMyBeanKeeperを引数にしてBeanWrapperインスタンスを作成し、そこから必要な情報を取り出しています。これを実行するとコンソールに以下のように出力されます。

```
bean:MyBean [message=Hello, How are you?,date=Thu Oct 19 14:27:44 JST 2017]
class:class jp.tuyano.spring.sample2.MyBeanKeeper
from:taro@yamada
to:hanako@flower
```

MyBeanKeeperに保管されているプロパティが、すべて書き出されていることがわかるでしょう。

Note

classはMyBeanKeeperに明示的に用意されているプロパティではありませんが、すべてのクラスに必ず用意されているものです。

BeanWrapper 利用の流れを整理する

では、ここで行っている処理を整理していきましょう。まず最初に、BeanWrapperインスタンスを取得するところからです。

```
BeanWrapper wrapper = new BeanWrapperImpl(keeper);
```

BeanWrapperというのは、実はインターフェイスであり、その実装クラスは**BeanWrapperImpl**というクラスとして用意されています。引数にBean構成ファイルから取得したMyBeanKeeperインスタンスを渡しています。これで、MyBeanKeeperインスタンスのプロパティなどを操作するためのBeanWrapperインスタンスが生成されます。このようにBeanWrapperは、操作するBeanのインスタンスごとに作成します。

```
PropertyDescriptor[] descriptors = wrapper.getPropertyDescriptors();
```

ここでは、まずMyBeanKeeperに用意されているプロパティ情報を取り出しています。各プロパティの情報は「**PropertyDescriptor**」というクラスとして用意されています。この「**getPropertyDescriptors**」は、各プロパティの情報をPropertyDescriptorの配列として取り出します。

```
for (PropertyDescriptor descriptor : descriptors) {……
```

forを使い、配列から順にPropertyDescriptorを取得して処理を行っていきます。ここでは、プロパティ名を取り出し、その値を取り出して出力しています。

```
String name = descriptor.getName();
Object value =  wrapper.getPropertyValue(name);
```

プロパティ名は、PropertyDescriptorの「**getName**」で得ることができます。特定のプロパティ名を指定してその値を取り出すには、BeanWrapperの「**getPropertyValue**」が利用できます。

これでプロパティ名とその値がセットで用意できました。後はそれを出力するだけです。

MyBeanKeeperをBean構成ファイルに登録する

Javaのコードで、プロパティファイルからプロパティを読み取り、Beanのインスタンスを生成する方法は、これで一通りわかりました。では、これらのインスタンス(MyBeanとMyBeanKeeperのインスタンス)をBean構成ファイルに登録し、Beanを取り出してみましょう。

bean.xmlを以下のように記述すればよいでしょう。

リスト6-13

```
<?xml version="1.0" encoding="UTF-8"?>
<beans ……略……>

  <context:property-placeholder location="classpath:bean.properties"/>

  <bean id="bean1" class="jp.tuyano.spring.sample2.MyBean">
    <property name="message" value="${bean.message}" />
  </bean>

  <bean id="beankeeper1" class="jp.tuyano.spring.sample2.MyBeanKeeper">
    <constructor-arg type="jp.tuyano.spring.sample2.MyBean"
      name="mybean" ref="bean1" />
    <constructor-arg type="String" name="from" value="${keeper.from}" />
    <constructor-arg type="String" name="to" value="${keeper.to}" />
  </bean>

</beans>
```

MyBeanKeeperのように、Beanの中に別のBeanが入れ子になってプロパティとして組み込まれている場合、どのようにしてBeanをプロパティ設定するかを考えないといけません。ここでは**<constructor-arg>**でコンストラクタの引数としてMyBeanインスタンスを指定しています。

```
<constructor-arg type="jp.tuyano.spring.sample2.MyBean"
  name="mybean" ref="bean1" />
```

typeにMyBeanを、**name**にmybeanプロパティを指定しています。通常ならvalueに値を設定するのにvalueを使いますが、ここでは「**ref**」を使っています。これは、オブジェクトの参照を指定し、ここに生成されているBeanのIDを指定することで、そのBeanがプロパティの値として設定されます。

つまり、**ref="bean1"**とすることで、**<bean id="bean1">**で生成されているBeanが値として設定されるようになっていたのです。ここでは<constructor-arg>で指定していますが、**<property>**でプロパティを設定する場合もまったく同様です。

このように、Beanの中に別のBeanがプロパティとして組み込まれているような場合には、組み込むBeanをrefで設定することでBeanの中にBeanを組み込むことができます。このやり方はBean構成ファイルで複雑な構造のBeanを登録する際に多用されますので、ここで覚えておきましょう。

Appを実行する

では、bean.xmlに登録されたBeanが利用できるか、Appクラスを書き換えて確かめておきましょう。以下のように変更し、実行してみてください。

リスト6-14

```
package jp.tuyano.spring.sample2;

import org.springframework.context.ApplicationContext;
import org.springframework.context.support.ClassPathXmlApplicationContext;

public class App {
  private static ApplicationContext app;

  public static void main(String[] args) {
    app = new ClassPathXmlApplicationContext("classpath:/bean.xml");
    MyBean bean = (MyBean) app.getBean("bean1");
    System.out.println(bean);
    MyBeanKeeper beankeeper = (MyBeanKeeper) app.getBean("beankeeper1");
    System.out.println(beankeeper);
  }
}
```

これを実行すると、MyBeanとMyBeanKeeperの内容が出力されます。どちらのBeanも問題なくBean構成ファイルから取り出せることが確認できるでしょう。

図6-15：Appクラスを実行すると、MyBeanとMyBeanKeeperの内容が出力される。

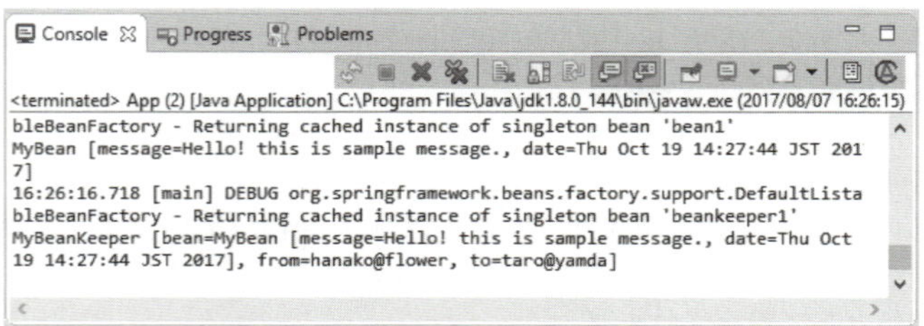

6-3 プロパティエディタ

さまざまなクラスをプロパティとしてBean構成ファイルで扱えるようにするために必要となるのが「プロパティエディタ」です。ここではその基本的な使い方から、独自のプロパティエディタの作成と登録まで、一通り説明しましょう。

プロパティエディタについて

Bean内にインスタンスをプロパティとして用意している場合、Bean構成ファイルなどでそのBeanを登録しようとすると、あらかじめ使用するインスタンスをBean登録して利用しないといけません。これはちょっと面倒ですし、例えばDateのように汎用性が高くあちこちのBeanにプロパティとして利用されているような場合には問題があります（Beanは1クラスにつき1インスタンスしか登録できないため）。

そもそも、こうしたプロパティに設定するインスタンスは、Beanとして登録する必要はないでしょう。完成したBeanだけ登録すればいい話です。ただ「**そのままではプロパティに値として設定できないから、仕方なくBeanを用意している**」としたら、その考え方は間違っています。

こうした場合には、そのクラスをプロパティとして利用できるような仕組みを用意してやるのです。そのために用意されるのが「**プロパティエディタ**」です。これは、**特定のクラスのインスタンスを値として保管するプロパティ**を扱うための機能を提供します。「**機能**」というとわかりにくいですが、これは**インスタンスを別の値に変換するための手続き**をまとめたものなのです。

例えば、Bean構成ファイルに<property>タグとして値を記述するためには、その値がテキストとして記述可能でなければいけません。つまり、わかりやすくいえばプロパティエディタとは「**プロパティに設定するインスタンスをテキストとして用意できるようにするための機能を提供するもの**」といえます。

プロパティエディタを何に使うのかといえば、Bean構成ファイルなどでタグとしてプロパティを記述できるようにするのが第一の目的といってよいでしょう。そのために、「**テキストでインスタンスが記述できるようにするためのプロパティエディタ**」は多用されるのです。

ビルトイン・プロパティエディタ

このプロパティエディタは、よく使われるクラスについては、Springに標準で用意されています。「**ビルトイン・プロパティエディタ**」（Built-in PropertyEditor）と呼ばれ、これを利用することで、いちいちプロパティエディタのクラスを自分で作成せずにプロパティにインスタンスを設定できるようになります。

では、用意されているビルトイン・プロパティエディタについて簡単にまとめておきましょう。

ByteArrayPropertyEditor	Byte配列を生成します。
ClassEditor	クラス名からクラスを生成します。
CustomBooleanEditor	Boolean(要するに真偽値)を生成します。
CustomCollectionEditor	コレクションを生成します。
CustomDateEditor	日付(Date)を生成します。
CustomNumberEditor	数値関連クラスとして値を生成します。
FileEditor	Fileインスタンスとして値を生成します。
InputStreamEditor	InputStreamを生成します。
LocaleEditor	Localeとして生成します。
PatternEditor	Patternインスタンスとして生成します。
PropertiesEditor	Propertiesインスタンスとして生成します。
StringTrimmerEditor	トリミング済みStringとしてインスタンス生成します。
URLEditor	URLインスタントして生成します。

これらから、利用したいプロパティエディタをBeanとしてBean構成ファイルなどに記述することで、プロパティを用意できるようになります。

CustomDateEditorの利用

では、実際にプロパティエディタを使ってみましょう。ここでは例として**CustomDateEditor**を利用して、Dateのプロパティを扱えるようにしてみます。

サンプルで作成したMyBeanクラスには、作成した日時を保管するdateプロパティを用意してありました。これはインスタンス作成時にその日時を示すDateインスタンスが設定されるようになっていました。このdateプロパティをBean構成ファイルにCustomDateEditorを利用して記述してみましょう。

bean.properties に日付を追記

まず、日時を示すテキストをプロパティとして用意しておきましょう。bean.propertiesファイルを開き、以下のようにプロパティを追加して下さい。

リスト6-15

```
bean.date=2001-12-24
```

MyPropertyEditorRegistrar クラスの作成

次に行うのは、**PropertyEditorRegistrar**クラスの作成です。PropertyEditorRegistrarクラスは、その名の通り、プロパティエディタの登録を行うクラスです。<**File**>メニューの<**New**>内から<**Class**>メニューを選び、以下のように作成をして下さい。

Source folder	MySampleApp2/src/main/java(デフォルトのまま)
Package	jp.tuyano.spring.sample2
Enclosing type	OFF
Name	MyPropertyEditorRegistrar
Modifiers	「public」のみON
Superclass	java.lang.Object(デフォルトのまま)
Interfaces	「Add」ボタンをクリックし、現れたダイアログに「PropertyEditorRegistar」と入力して現れたorg.springframework.beans.PropertyEditorRegistrarを選択する
それ以降のチェックボックス	「Inherited abstract methods」をONに、ほかはOFFにする

図6-16:＜Class＞メニューのダイアログでMyPropertyEditorRegistrarクラスを作成する。

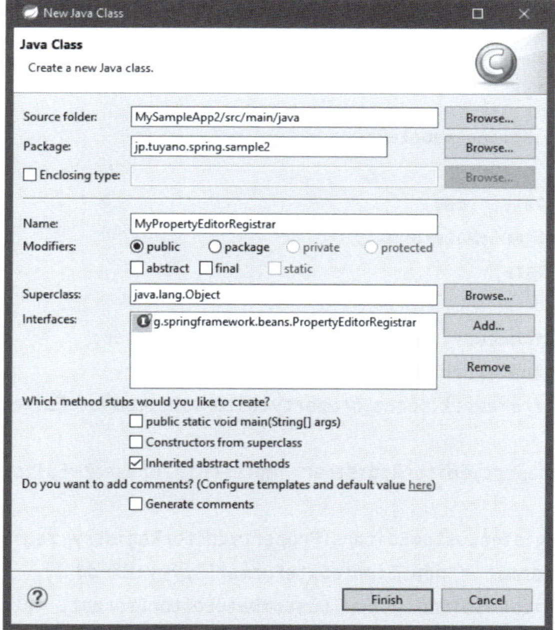

図6-17：Interfacesの「Add」ボタンをクリックし、現れたダイアログでPropertyEditorRegistarとタイプするとインターフェイスが表示されるのでそれを選択する。

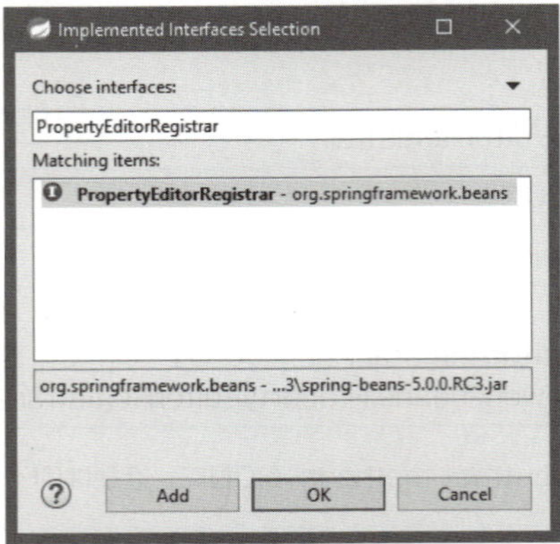

これでMyPropertyEditorRegistrar.javaが作成されます。このソースコードを以下のように修正して完成させましょう。

リスト6-16

```
package jp.tuyano.spring.sample2;

import java.text.DateFormat;
import java.text.SimpleDateFormat;
import java.util.Date;

import org.springframework.beans.PropertyEditorRegistrar;
import org.springframework.beans.PropertyEditorRegistry;
import org.springframework.beans.propertyeditors.CustomDateEditor;

public class MyPropertyEditorRegistrar implements PropertyEditorRegistrar {
   @Override
   public void registerCustomEditors(PropertyEditorRegistry registry) {
      DateFormat format = new SimpleDateFormat("yyyy-MM-dd");
      CustomDateEditor editor = new CustomDateEditor(format, false);
      registry.registerCustomEditor(Date.class, editor);
   }
}
```

registerCustomEditors メソッドについて

PropertyEditorRegistrarは、インターフェイスです。これをimplementsしたクラスでは、**registerCustomEditors**というメソッドをオーバーライドする必要があります。ここで、プロパティエディタの登録を行います。

このメソッドでは、PropertyEditorRegistryというクラスのインスタンスが引数として渡されます。この中の「**registerCustomEditor**」というメソッドを使ってプロパティエディタの登録を行います。このメソッドは以下のように呼び出します。

```
《PropertyEditorRegistry》.registerCustomEditor(《Class》,《CustomEditor》);
```

ここでは、CustomDateEditorという日時の値のプロパティエディタを登録しています。これは、Dateインスタンスをプロパティとして扱うためのものですので、registerCustomEditorメソッドの引数に、Date.classとPropertyEditorRegistryインスタンスを指定します。

CustomDateEditorクラスは、以下のようにしてインスタンスを作成しておきます。

```
new CustomDateEditor(《DateFormat》, 真偽値 );
```

第1引数には、フォーマットに使うDateFormatインスタンスを指定します。第2引数は、emptyを許可するかを示す真偽値で、ここではfalse(許可しない)にしてあります。

bean.xml を追記する

このMyPropertyEditorRegistrarを、Beanに登録してプロパティエディタを使えるようにし、bean.propertiesの値を読み取ってdateプロパティに設定できるように、Bean構成ファイルを変更しましょう。bean.xmlを開き、以下のようにソースコードを書き換えて下さい。

リスト6-17

```
<?xml version="1.0" encoding="UTF-8"?>
<beans ……略……>

  <context:property-placeholder location="classpath:bean.properties" />

  <bean class="org.springframework.beans.factory.config.CustomEditorConfigurer">
    <property name="propertyEditorRegistrars">
      <list>
        <bean class="jp.tuyano.spring.sample2.MyPropertyEditorRegistrar"/>
      </list>
    </property>
  </bean>

  <bean id="bean1" class="jp.tuyano.spring.sample2.MyBean">
    <property name="message" value="${bean.message}" />
    <property name="date" value="${bean.date}" />
  </bean>

  <bean id="beankeeper1" class="jp.tuyano.spring.sample2.MyBeanKeeper">
    <constructor-arg type="jp.tuyano.spring.sample2.MyBean"
      name="mybean" ref="bean1" />
```

```
    <constructor-arg type="String" name="from" value="${keeper.from}" />
    <constructor-arg type="String" name="to" value="${keeper.to}" />
  </bean>

</beans>
```

これで変更は終わりです。Appクラスはそのままにしておいていいでしょう。Appクラスを実行し、どのように出力されるか確かめてみてください。以下のように出力されることがわかるでしょう。

```
19:54:02.136 [main] DEBUG ……
MyBean [message=Hello! this is sample message., date=Mon Dec 24 00:00:00
JST 2001]
19:54:02.136 [main] DEBUG ……
MyBeanKeeper [bean=MyBean [message=Hello! this is sample message., date=Thu
Oct 19 14:27:44 JST 2017], from=hanako@flower, to=taro@yamda]
```

MyBeanKeeperのdateは、実行した日時がそのまま表示されますが、MyBeanのdateは、2001年12月24日の午前0時が設定されています。MyBeanでは独自に設定した日時が表示されていることがよくわかるでしょう。

図6-18：Appクラスを実行すると、MyBeanでは2001年12月24日の午前0時に日時が設定されて表示される。

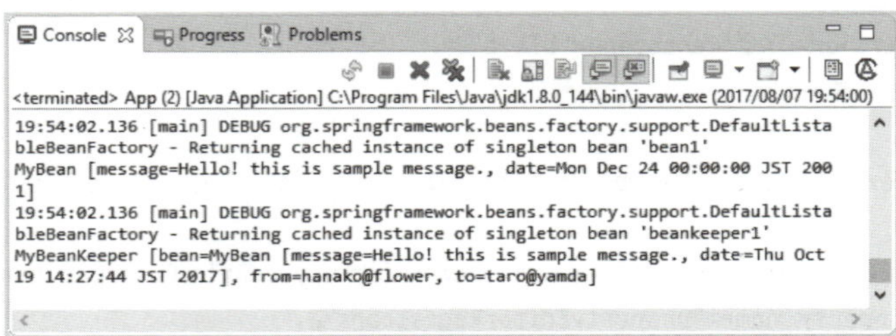

CustomEditorConfigurerタグについて

では、bean.xmlに記述されたタグを見ながら、どのようにしてCustomDateEditorが利用されているのかを見ていきましょう。

bean.xmlでは、「**CustomEditorConfigurer**」というタグが追加されています。これは、プロパティエディタの設定を管理するクラスです。ここで、先ほど作成したPropertyEditorRegistrarクラスを追加しておきます。

このタグは、以下のような形になっています。

```
<bean class="org.springframework.beans.factory.config.CustomEditorConfigurer">
  <property name="propertyEditorRegistrars">
    <list>
      <bean class="登録するクラス"/>
      ……必要なだけ<bean>を用意……
```

```
      </list>
    </property>
</bean>
```

CustomEditorConfigurerのBeanのプロパティとして、**propertyEditorRegistrars**という値を用意します。そしてその中に**<list>**というタグを用意し、ここにPropertyEditorRegistrarをBeanとして追加していきます。これで、登録されたPropertyEditorRegistrarの**registerCustomEditors**メソッドが呼び出され、プロパティエディタの登録が実行される、というわけです。

プロパティエディタの登録方法

PropertyEditorRegistrarクラスでは、registerCustomEditorsメソッドの中で、PropertyEditorRegistryクラスのregisterCustomEditorメソッドを呼び出してプロパティエディタを登録していかなければいけません。

Springには、標準でいくつかのプロパティエディタが用意されていますが、これらはnewしたインスタンスをregisterCustomEditorで組み込んでいくことになります。いくつかプロパティエディタの登録について簡単に説明しておきましょう。

URLEditor

URLをプロパティとする場合のプロパティエディタです。コンストラクタは、引数を持たないデフォルトコンストラクタが用意されています。

■コンストラクタ

```
public URLEditor()
```

こうしたデフォルトコンストラクタが用意されているプロパティエディタは、FileEditorやLocaleEditorなどいろいろあります。こうしたものは、引数の用意が要りませんから、単にnewするだけでインスタンスを用意できます。非常に単純ですね。

CustomBooleanEditor

これは、Booleanをプロパティとする場合に用いられます。デフォルトコンストラクタはなく、空の値を受け取るかどうかを示す、真偽値の値が1つだけ用意されたコンストラクタがあります。

■コンストラクタ

```
public CustomBooleanEditor(boolean allowEmpty)
```

CustomNumberEditor

CustomNumberEditorは、Numberのサブクラスをプロパティとする場合に利用するプロパティエディタです。コストラクタを調べると、以下のように定義されていることがわかります。

■コンストラクタ

```
public CustomNumberEditor(Class<? extends Number> numberClass,
  boolean allowEmpty) throws IllegalArgumentException
```

第1引数としてNumberを継承するクラスを指定し、第2引数に空の値を許可するかどうか示す真偽値を用意します。

CustomCollectionEditor

コレクション関係のプロパティを扱うプロパティエディタです。コンストラクタを調べると、以下のようになっていることがわかります。

■コンストラクタ

```
public CustomCollectionEditor(Class<? extends Collection> collectionType)
```

引数としてコレクションクラスが用意されているだけの、シンプルなものであることがわかりますね。

カスタムプロパティエディタの作成

ビルトインで用意されているプロパティエディタを利用する場合は、PropertyEditorRegistrarクラスのregisterCustomEditorsメソッドでプロパティエディタの登録処理を追記していけばいいことがわかりました。が、ビルトインで用意されているのは、汎用性の高いクラスのみです。

独自に定義したクラスをプロパティとして利用するような場合には、プロパティエディタそのものを作らなければいけません。これは、そう難しいものではないので、作り方を覚えておきましょう。
プロパティエディタは、**java.beans.PropertyEditorSupport**クラスを継承して作成します。その基本的な形は以下のようになります。

■プロパティエディタクラスの基本形

```
public class クラス名 extends PropertyEditorSupport {
  @Override
  public void setAsText(String text) {
    ……値を設定する処理……
  }
}
```

PropertyEditorSupport継承クラスでは「**setAsText**」というメソッドをオーバーライドします。これは、Bean構成ファイルの**<bean>**タグにプロパティを設定したときに利用されます。**<property>**タグの**value**に用意したテキストが、このsetAsTextの引数に渡され、呼び出されるのです。このメソッド内でプロパティに値を設定する処理を記述します。

MyBeanTypeEditorを作成する

では、実際にサンプルを作成してみましょう。MyBeanKeeperクラスでは、MyBeanをbeanプロパティとして保持しています。このMyBeanプロパティを扱うためのプロパティエディタを作成してみましょう。

<**File**>メニューの<**New**>内から<**Class**>メニューを選んで下さい。そして現れたダイアログで以下のように設定します。設定後、「**Finish**」ボタンを押してクラスを作成して下さい。

Source folder	MySampleApp2/src/main/java(デフォルトのまま)
Package	jp.tuyano.spring.sample2
Enclosing type	OFF
Name	MyBeanTypeEditor
Modifiers	「public」のみON
Superclass	java.beans.PropertyEditorSupport
Interfaces	空白のまま
それ以降のチェックボックス	「Inherited abstract methods」をONに、ほかはOFFにする

図6-19：クラス作成のダイアログ。MyBeanTypeEditorという名前で作成する。

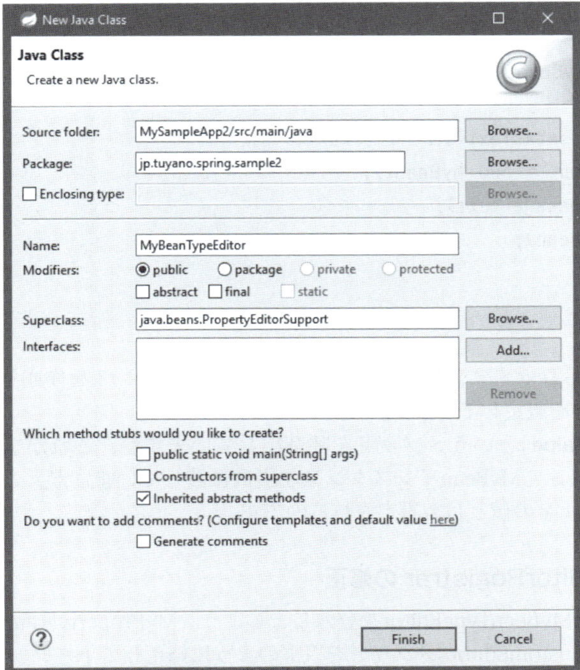

図6-20：Superclassの「Browse...」ボタンで現れるダイアログからPropertyEditorSupportと入力すると候補が表示される。

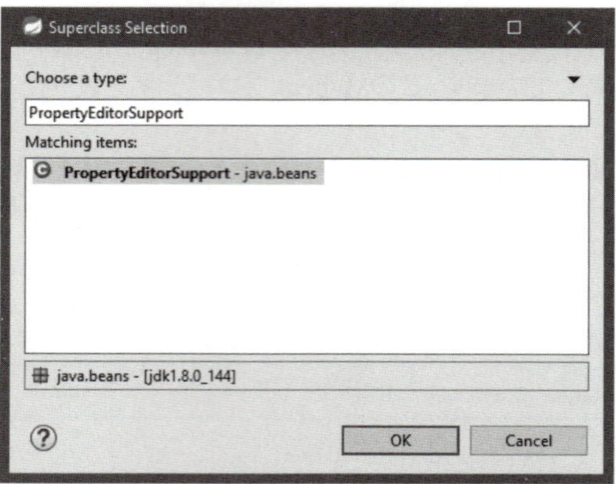

MyBeanTypeEditor.java を編集する

ソースコードファイルが作成されたらこれを書き換えます。MyBeanTypeEditor.javaを開き、以下のように記述して下さい。

リスト6-18

```
package jp.tuyano.spring.sample2;

import java.beans.PropertyEditorSupport;

public class MyBeanTypeEditor extends PropertyEditorSupport {
  @Override
  public void setAsText(String text) {
    MyBean bean = new MyBean();
    bean.setMessage(text);
    setValue(bean);
  }
}
```

ここでは、setAsTextメソッドで、新たにMyBeanインスタンスを作成し、setMessageで引数のテキストを設定しています。

その後に「**setValue**」というメソッドを呼び出していますが、これがプロパティに値を設定します。ここでMyBeanインスタンスを引数に渡していますが、こうすることでMyBeanがプロパティの値として設定されるのです。

MyPropertyEditorRegistrar の修正

では、作成したMyBeanTypeEditorを登録しましょう。MyPropertyEditorRegistrar.javaを開き、registerCustomEditorsメソッドを以下のように修正して下さい。

リスト6-19

```
@Override
public void registerCustomEditors(PropertyEditorRegistry registry) {
  DateFormat format = new SimpleDateFormat("yyyy-MM-dd");
  CustomDateEditor dateEditor = new CustomDateEditor(format, false);
  registry.registerCustomEditor(Date.class, dateEditor);
  MyBeanTypeEditor myBeanEditor = new MyBeanTypeEditor();
  registry.registerCustomEditor(MyBean.class, myBeanEditor);
}
```

ここではMyBeanTypeEditorクラスのインスタンスを作成し、それをMyBean.classと一緒にregisterCustomEditorで登録しています。これで、MyBeanのプロパティとしてMyBeanTypeEditorが使われるようになりました。

bean.xmlの修正

では、用意したMyBeanTypeEditorを使ってみましょう。bean.xmlを開き、MyBeanKeeperのBeanを登録している<bean>タグを以下のように修正して下さい。

リスト6-20

```
<bean id="beankeeper1" class="jp.tuyano.spring.sample2.MyBeanKeeper">
  <constructor-arg type="jp.tuyano.spring.sample2.MyBean"
    name="mybean" value="this is new MyBean!" />
  <constructor-arg type="String" name="from" value="${keeper.from}" />
  <constructor-arg type="String" name="to" value="${keeper.to}" />
</bean>
```

ここでは、**<constructor-arg>**でMyBeanを引数として指定してありますが、MyBeanのインスタンスは指定してありません。**name="mybean" value="this is new MyBean!"**というように、nameとvalueだけ指定してあります。valueのテキストを元に、MyBeanTypeEditorによってMyBeanインスタンスが作成されるため、これでMyBeanが使えるようになるのです。

プロパティエディタは、このようにBean構成ファイルなどによりBeanを生成する際、自動的にインスタンスを生成します。ここでは、<constructor-arg>タグによってMyBeanインスタンスを生成してBeanとして登録する必要が生じたとき、MyBeanTypeEditorのsetAsTextによってvalueの値をsetMessageで設定されたインスタンスが生成されていたのです。

では、実際にAppクラスを実行して、プログラムが正常に動作するのを確認しておきましょう。Beanとして生成されたMyBeanと、MyBeanKeeper内のMyBeanが別のインスタンスになっていることがわかるでしょう。

図6-21：Appクラスを実行する。valueのテキストからMyBeanが生成されているため、MyBeanKeeper内のMyBeanの内容が、直前にBeanから生成されたMyBeanとは別のものになっている。

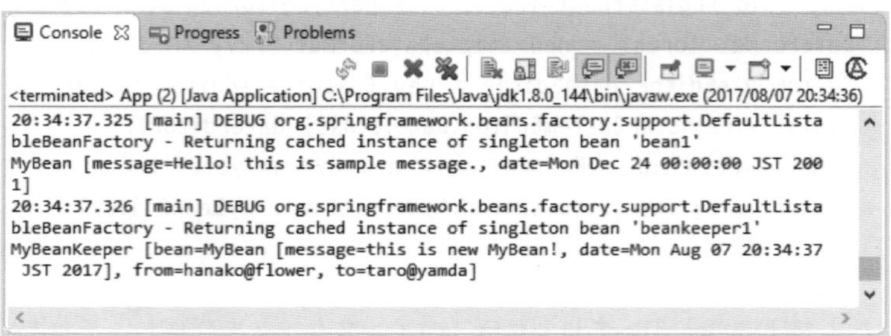

このように、独自のBeanクラスを専用のプロパティエディタで登録できるようになると、Bean管理も各段に簡単に行えるようになります。プロパティエディタの作成と利用の基本がわかったら、実際に簡単なBeanを作ってオリジナルのプロパティエディタを試してみるとよいでしょう。

Chapter 7

Spring Dataによるデータアクセス

データベース関連の機能はSpring Dataというフレームワークにまとめられています。この基本とも言える「Spring JDBC」と「Spring Data JPA」の使い方について説明していきましょう。

7-1 Spring JDBCの利用

Javaのデータベースアクセスの基本はJDBCです。これを更に使いやすくしたJdbcTemplateを利用したデータベースアクセスについて説明しましょう。

Spring Dataについて

アプリケーション開発を行うとき、「**データのアクセス**」は常に問題となる部分です。データベースをどうするか？　から始まって、どのような形で実装するか、その方法は千差万別、どうすればいいのか選択肢が多すぎて途方に暮れてしまう人も多いことでしょう。

Springを使えば、これらがすべてシンプルに解決……となればいいのですが、さすがにそうはいきません。対象となる技術があまりに幅広いので、それらをすべてひとまとめにしてしまうと、逆に使いにくいものになってしまいます。それよりも、さまざまな用途ごとに、それぞれの用途に応じて使いやすくするための技術を用意したほうが実際には役に立ちます。

Springでは、データアクセスに関する技術は「**Spring Data**」というフレームワークとして用意されています。Spring Dataは、1つのライブラリファイルがぽつんとあるのではなく、用途ごとに複数が用意されています。

皆さんの多くが利用するのは、「**SQLデータベース**」でしょう。SQLデータベースの場合、Spring Dataに用意されている「**Spring Data JPA**」というフレームワークが中心となるでしょう。この基本的な使い方がわかれば、データベースアクセスの大半は解決できるでしょう。本書では、このSpring Data JPAを中心に説明していくことになります。

このほか、データベース関係の技術として、JDBCを利用するための「**Spring JDBC**」も用意されています。こちらについても簡単に説明をしておくことにします。

図7-1：Springでは、Spring Dataに更に細かなフレームワークが用意されている。また、JDBCを扱うSpring JDBCもある。

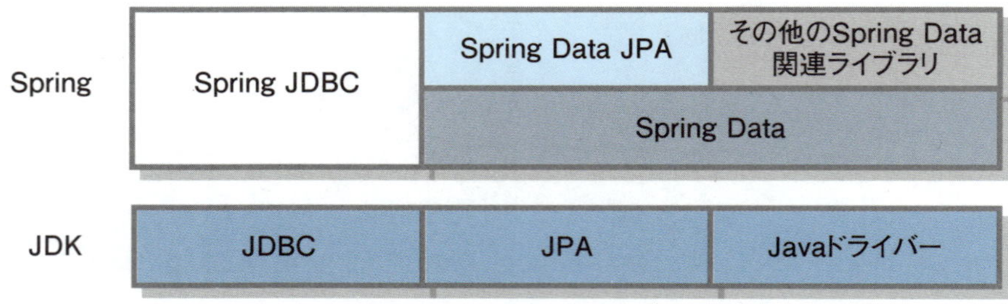

プロジェクトを用意する

まずは、新しいプロジェクトを用意しましょう。＜**File**＞メニューの＜**New**＞内から＜**Spring Legacy Project**＞メニューを選び、現れたダイアログで以下のように設定しましょう。

Project name	DataApp1
Use default location	ON
Select Spring version	Default
Templates	Simple Spring Maven
Add project to working sets	OFF

設定したら「**Finish**」ボタンを押してプロジェクトを作成して下さい。これをベースに、必要なファイルを組み込んでいくことにしましょう。

図7-2：Spring Legacy Projectの作成ダイアログ。Simple Spring Mavenを選択し、DataApp1という名前で作成する。

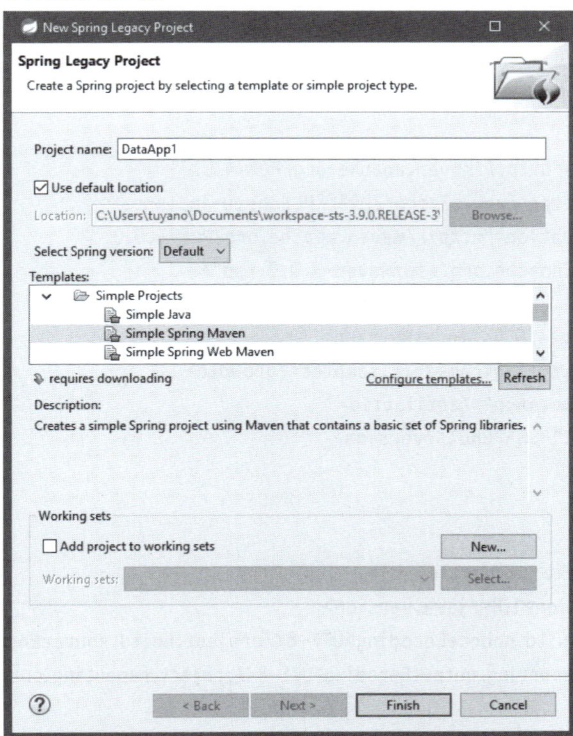

Column JDK 9は注意！

この章で作成するプログラムは、JDK 9では動作しません。これは、Spring Dataの内部で使っているJAXB (Java Architecture for XML Binding) ライブラリがJDK 9に用意されていないためです。Java EEモジュールは、JDKには用意されていません。このため、Java EEのライブラリを別途用意しなければならないのです。

JDK 8をインストールしている人は、このプロジェクトだけでもJDK 8を利用するのが一番確実でしょう。プロジェクトの「**JRE System Library**」を右クリックして<**Properties...**>メニューを選んで、現れたダイアログで使用JREをJDK 8に変更して利用して下さい。

JDK 9しか用意していないという人は、Run Configurationにオプションを追記する必要があります。一度プロジェクトを実行した後、<**Run**>メニューの<**Run Configurations...**>メニューを選んで、作成されたRun Configurationを選択します（「**Java Application**」項目内に作成されています）。そして「**Arguments**」タブを選択し、「**VM arguments**」に「**--add-modules java.xml.bind**」と記入して下さい。これでモジュールが追加され動作するようになります。

pom.xml の変更

では、プロジェクトで必要なライブラリ類をpom.xmlに記述していきましょう。ここではデータベースアクセスに関するライブラリをプロジェクトにいくつか追加する必要があります。そのためのタグをpom.xmlに追記しておきます。

リスト7-1

```
<project xmlns="http://maven.apache.org/POM/4.0.0"
  xmlns:xsi="http://www.w3.org/2001/XMLSchema-instance"
  xsi:schemaLocation="http://maven.apache.org/POM/4.0.0
  http://maven.apache.org/xsd/maven-4.0.0.xsd">

  <modelVersion>4.0.0</modelVersion>
  <groupId>org.springframework.samples</groupId>
  <artifactId>DataApp1</artifactId>
  <version>0.0.1-SNAPSHOT</version>

  <properties>

    <!-- Generic properties -->
    <java.version>1.8</java.version>
    <project.build.sourceEncoding>UTF-8</project.build.sourceEncoding>
    <project.reporting.outputEncoding>UTF-8</project.reporting.outputEncoding>

    <!-- Spring -->
    <spring-framework.version>5.0.0.RELEASE</spring-framework.version>

    <!-- Hibernate / JPA -->
```

```
    <hibernate.version>5.2.10.Final</hibernate.version>

    <!-- H2 database -->
    <h2.version>1.4.196</h2.version>

    <!-- Logging -->
    <logback.version>1.2.3</logback.version>
    <slf4j.version>1.7.25</slf4j.version>

    <!-- Test -->
    <junit.version>4.12</junit.version>

  </properties>

  <dependencies>
    <!-- Spring and Transactions -->
    <dependency>
      <groupId>org.springframework</groupId>
      <artifactId>spring-context</artifactId>
      <version>${spring-framework.version}</version>
    </dependency>
    <dependency>
      <groupId>org.springframework</groupId>
      <artifactId>spring-tx</artifactId>
      <version>${spring-framework.version}</version>
    </dependency>

    <!-- Logging with SLF4J & LogBack -->
    <dependency>
      <groupId>org.slf4j</groupId>
      <artifactId>slf4j-api</artifactId>
      <version>${slf4j.version}</version>
      <scope>compile</scope>
    </dependency>
    <dependency>
      <groupId>ch.qos.logback</groupId>
      <artifactId>logback-classic</artifactId>
      <version>${logback.version}</version>
      <scope>runtime</scope>
    </dependency>

    <!-- Hibernate -->
    <dependency>
      <groupId>org.hibernate</groupId>
```

```
        <artifactId>hibernate-entitymanager</artifactId>
        <version>${hibernate.version}</version>
    </dependency>

    <!-- jdbc -->
    <dependency>
        <groupId>org.springframework</groupId>
        <artifactId>spring-jdbc</artifactId>
        <version>${spring-framework.version}</version>
    </dependency>

    <!-- h2 database -->
    <dependency>
        <groupId>com.h2database</groupId>
        <artifactId>h2</artifactId>
        <version>${h2.version}</version>
    </dependency>

    <!-- Test Artifacts -->
    <dependency>
        <groupId>org.springframework</groupId>
        <artifactId>spring-test</artifactId>
        <version>${spring-framework.version}</version>
        <scope>test</scope>
    </dependency>
    <dependency>
        <groupId>junit</groupId>
        <artifactId>junit</artifactId>
        <version>${junit.version}</version>
        <scope>test</scope>
    </dependency>
  </dependencies>
</project>
```

Spring JDBC と H2 について

ここでのポイントは、データベース関連のフレームワークライブラリです。これは、1つではありません。さまざまな役割を持つものを複数組み込んでいます。ざっと説明しておきましょう。

■Spring Tx

これは、Spring Lagecy Projectを作成すると標準で組み込まれていました。Spring Txは、**トランザクション**のためのフレームワークです。データベースを利用する際にはトランザクション機能は不可欠ですので、必ず用意しておきます。

Hibernate EntityManager

Spring Dataでは、データベースへのアクセスを行う際、「**エンティティマネージャー**」と呼ばれる機能を利用します。この実装が、Hibernate EntityManagerというフレームワークです。

エンティティマネージャーの実装は、さまざまなサードパーティのライブラリで提供されていますが、ここではHibernateが開発するものを使っています。エンティティマネージャーの仕様は決まっていますので、他のサードパーティ製エンティティマネージャーを利用することもできます。

Spring JDBC

Spring JDBCはSpring Dataの一部ではないのですが、JDBCを利用したデータベースアクセスの機能を提供するSpringの重要なライブラリです。これはデータベース利用のもっとも基本的なものといえますので、まずはこれから利用していくことにします。

H2 Database

H2は、Pure Javaのデータベースエンジンライブラリです。Spring Dataを利用するためには、当たり前ですがデータベースを準備しないといけません。MySQLやPostgreSQLなどを用意してもいいのですが、ここではソフトウェアのインストールなどが不要なH2を利用することにします。

Springではデータベース関連の設定を変更するだけでデータベースを別のものに切り替えることができますので、「**どのデータベースを使って勉強するか**」はあまり重要ではありません。H2で一通り使い方を学んだら、データベースの設定をそれぞれが利用するデータベースに変更すればいいのですから。

「**トランザクション**」「**エンティティマネージャー**」「**JDBC**」「**データベース**」、この4つがSpringでデータベースを扱う際の基本となります。「**Spring Dataは？**」と思った人。実は、まだSpring Dataの<dependency>は用意してありません。まずはJDBCを利用したアクセスについて説明し、その後でSpring Dataについて説明をします。Spring Data関連の<dependency>はその際に追加をします。

Bean構成ファイルの作成

では、プロジェクトに必要なファイルを用意しておきましょう。まずは、Bean構成ファイルからです。＜**File**＞メニューの＜**New**＞内から＜**Spring Bean Configuration File**＞メニューを選び、現れたダイアログで以下のように設定します。

保存場所とファイル名の設定画面

Enter or select the parent folder	DataApp1/src/main/resources
File name	bean.xml
Add Spring project nature if required	ONのまま

図7-3：Bean構成ファイルの作成ダイアログ。bean.xmlという名前に設定する。

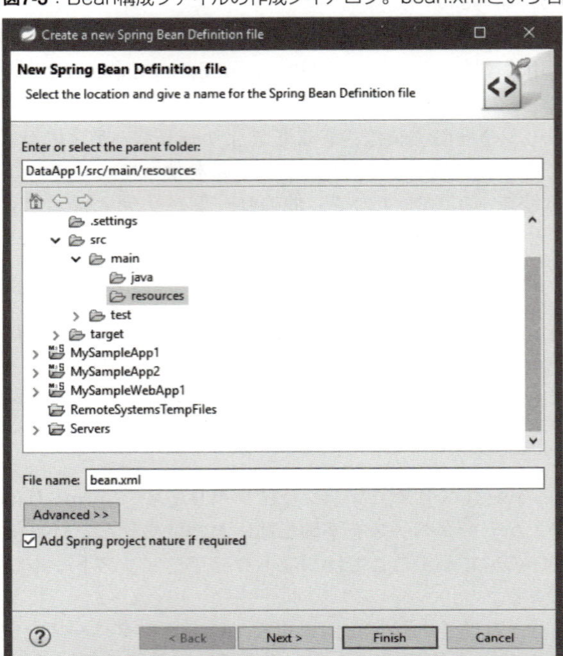

XSDの設定

beans	http://www.springframework.org/schema/beans
context	http://www.springframework.org/schema/context
jdbc	http://www.springframework.org/schema/jdbc
tx	http://www.springframework.org/schema/tx

（XSDのバージョンは、すべてリストの一番上にあるバージョン指定のないもの）

図7-4：XSDの設定。beans、context、jdbc、tx（隠れているときはスクロールすると下に出てくる）をONにする。

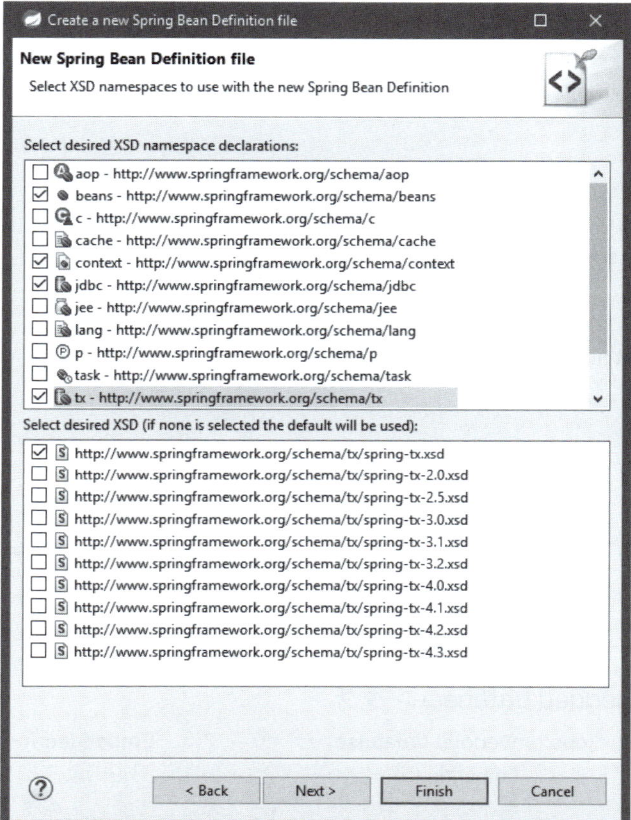

Bean Config Setsの設定

デフォルトのまま、「**Finish**」ボタンを押して終了します。これでbean.xmlがsrc/main/resources内に作成されます。

bean.xml を編集する

では、作成されたbean.xmlを編集しましょう。以下のように内容を書き換えて下さい。

リスト7-2

```
<?xml version="1.0" encoding="UTF-8"?>
<beans xmlns="http://www.springframework.org/schema/beans"
  xmlns:xsi="http://www.w3.org/2001/XMLSchema-instance"
  xmlns:context="http://www.springframework.org/schema/context"
  xmlns:tx="http://www.springframework.org/schema/tx"
  xmlns:jdbc="http://www.springframework.org/schema/jdbc"
  xsi:schemaLocation="http://www.springframework.org/schema/beans
  http://www.springframework.org/schema/beans/spring-beans.xsd
  http://www.springframework.org/schema/tx
```

```
    http://www.springframework.org/schema/tx/spring-tx.xsd
    http://www.springframework.org/schema/jdbc
    http://www.springframework.org/schema/jdbc/spring-jdbc.xsd
    http://www.springframework.org/schema/context
    http://www.springframework.org/schema/context/spring-context.xsd">

  <!-- jdbc  -->
  <jdbc:embedded-database id="dataSource" type="H2">
    <jdbc:script location="classpath:script.sql" />
   </jdbc:embedded-database>

  <bean class="org.springframework.jdbc.core.JdbcTemplate">
    <constructor-arg ref="dataSource" />
  </bean>
</beans>
```

データソースとJDBCテンプレート

ここでは、**<!-- jdbc -->**の下にある**<jdbc:embedded>**タグと、その下の**<bean>**タグの2つの要素だけが用意されています。それぞれの役割について整理しておきましょう。

<jdbc:embedded-database> タグ

最初にある**<jdbc:embedded-database>**というタグは、**Embeddedデータベース**という機能に関連します。Embeddedデータベースというのは、H2のようにJavaのライブラリとして組み込んで利用するタイプのデータベースのことです。このタグは、その定義を行うためのものです。

```
<jdbc:embedded-database id="名前" type="種類">
  ……ここに追加情報を記述……
</jdbc:embedded-database>
```

typeにはデータベースの種類を記述します。現時点で「**H2**」「**HSQL**」「**Derby**」の3種類のデータベースエンジンに対応しています。

リスト7-2は、この<jdbc:embedded-database>内に**<jdbc:script>**というタグを追記しています。これはlocationに指定したSQLファイルを読み込んで起動時に実行します。**location="classpath:script.sql"**としてありますから、src/main/resources/内にあるscript.sqlを読み込んで実行するようになります。

JdbcTemplate の Bean 登録

その後にある**<bean>**タグは、**class="org.springframework.jdbc.core.JdbcTemplate"**というクラスをBeanに登録します。このJdbcTemplateは、JDBCを利用するための基本的な機能を提供するクラスです。

ここでは、コンストラクタへの引数として**<constructor-arg>**タグが1つ用意されています。このタグでは、ref="dataSource"が指定されており、先ほどの<jdbc:embedded-database>タグで生成されたBeanが**dataSource**として渡されていることがわかります。

dataSourceとは、データベースの接続に関する情報をまとめたものです。通常は、DataSourceクラスとして作成しておくのですが、Embeddedデータベースを利用することで、データベースの種類を指定しただけで自動的にDataSourceを用意することができたのです。

データベースの接続に関する設定は、実はこれですべてです。単に<jdbc:embedded-database>タグのtypeで「**H2**」を指定しているだけ。アクセス先のアドレスもデータベース名も、利用者名もパスワードも何も用意してないのに、これでちゃんと接続できてしまうのです。

SQLファイル(script.sql)を作成する

続いて、先ほどの<jdbc:embedded-database>タグで設定していたSQLファイルを作成しましょう。これは、SQLのクエリー文を記述したテキストファイルです。

SQLファイルの作成

パッケージエクスプローラーからプロジェクトのsrc/main/resourcesを選択して下さい。そのまま、＜**File**＞メニューの＜**New**＞内から、＜**File**＞メニューを選びます。これでファイル作成のダイアログが現れるので、ファイル名に「**script.sql**」と入力し、「**resources**」フォルダを選択した状態でファイルを作成しましょう。

図7-5：ファイル名に「script.sql」と入力してファイルを作成する。

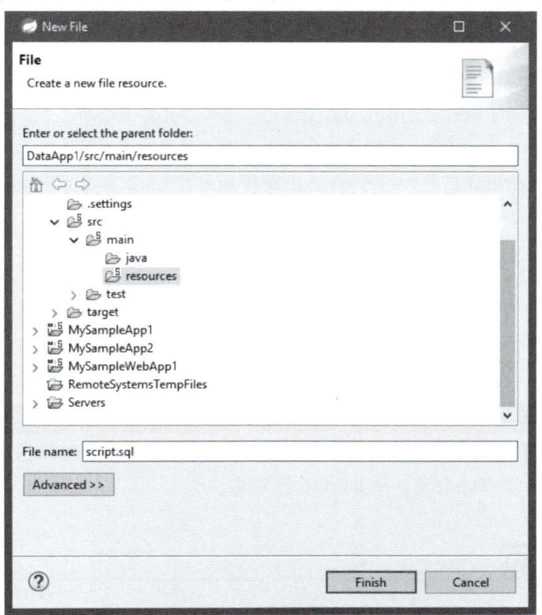

SQLファイルを編集する

では、作成したscript.sqlを開き、中身を編集しましょう。このファイルには、SQLの文をそのまま記述しておきます。ソースコードを以下のように入力して下さい。

リスト7-3

```
CREATE TABLE mypersondata (
  id INTEGER PRIMARY KEY AUTO_INCREMENT,
  name VARCHAR(20) NOT NULL,
  mail VARCHAR(50),
  age INTEGER
);

INSERT INTO mypersondata (name, mail, age) VALUES('taro', 'taro@yamada', 34);
INSERT INTO mypersondata (name, mail, age) VALUES('hanako', 'hanako@flower', 28);
```

Column script.sqlが開けない！

script.sqlをダブルクリックして開こうとすると、別のエディタなどが起動してしまう人もいたことでしょう。これは、STSにsql拡張子のファイルを編集する専用エディタがないためです。

script.sqlを右クリックし、ポップアップしたメニューから<**Open with**>内の<**Text Editor**>メニューを選んで開いて下さい。これで普通のテキストファイルとして開かれ、編集できるようになります。

作成する mypersondata テーブル

テーブルの作成は、アプリケーションを起動した際に実行されます。H2はメモリ内にデータベースを構築するため、アプリケーションが終了すると保存したデータベースはすべて消えてしまいます。そこで毎回、起動時にテーブルを作成し、ダミーのデータを追加する処理を実行するようにしておくのです。

ここでは、「**mypersondata**」というテーブルを作成しています。id、name、mail、ageという項目からなるシンプルなテーブルですね。このテーブルに、ダミーとしていくつかレコードを追加したものを用意していた、というわけです。

INSERTで追加しているデータは、それぞれで適当に書き換えて構いません。動作を確認するのに使うため、なるべく多くのサンプルデータをレコードとして追加するようにしましょう。

Note

H2は、ファイルにデータベースを保存する使い方もできます。特に設定をしていないとメモリに保存するようになる、ということです。

Appクラスを作成する

では、実際にH2データベースにアクセスするサンプルを作成しましょう。<**File**>メニューの<**New**>内から<**Class**>メニューを選んで下さい。そして現れたダイアログで以下のように設定します。設定後、「**Finish**」ボタンを押してAppクラスを作成して下さい。

Source folder	DataApp1/src/main/java(デフォルトのまま)
Package	jp.tuyano.spring.data1
Enclosing type	OFF
Name	App
Modifiers	「public」のみON
Superclass	java.lang.Object(デフォルトのまま)
Interfaces	空白のまま
それ以降のチェックボックス	「public static void main(String[] args)」「Inherited abstract methods」の2つをONに、他はOFFにする

図7-6：クラスの作成ダイアログ。Appという名前を付け、mainメソッドを生成するようにしておく。

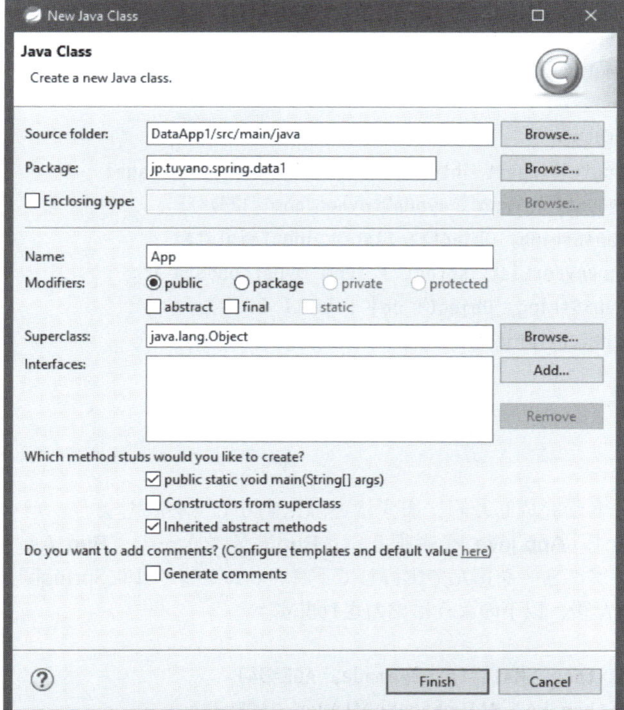

App.java を編集する

src/main/java内に「**jp.tuyano.spring.data1**」というパッケージが作成され、その中に「**App.java**」ファイルが作成されます。ではこのファイルを開き、ソースコードを変更しましょう。以下のように書き換えて下さい。

リスト7-4

```
package jp.tuyano.spring.data1;

import java.util.List;
import java.util.Map;

import org.springframework.context.ApplicationContext;
import org.springframework.context.support.ClassPathXmlApplicationContext;
import org.springframework.jdbc.core.JdbcTemplate;

public class App {

  private static JdbcTemplate jdbcTemplate;
  private static ApplicationContext context;

  public static void main(String[] args) {

    context = new ClassPathXmlApplicationContext("classpath:/bean.xml");
    jdbcTemplate = context.getBean(JdbcTemplate.class);

    jdbcTemplate
      .execute("insert into mypersondata (name,mail,age)
        values('tuyano','syoda@tuyano.com',123)");
    List<Map<String, Object>> list = jdbcTemplate
        .queryForList("select * from mypersondata");
    for (Map<String, Object> obj : list) {
      System.out.println(obj);
    }
  }
}
```

ソースコードが完成したら、まずは実際に動かしてみましょう。パッケージエクスプローラーから「**App.java**」を選択し、＜**Run**＞メニューの＜**Run As**＞内から＜**Java Application**＞メニューを選んで実行して下さい。コンソールにSpring関連のデバッグ情報が出力された後、以下のように出力されます。

```
{ID=1, NAME=taro, MAIL=taro@yamada, AGE=34}
{ID=2, NAME=hanako, MAIL=hanako@flower, AGE=28}
{ID=3, NAME=tuyano, MAIL=syoda@tuyano.com, AGE=123}
```

図7-7：実行すると、テーブルに保管されたレコードの内容が出力される。

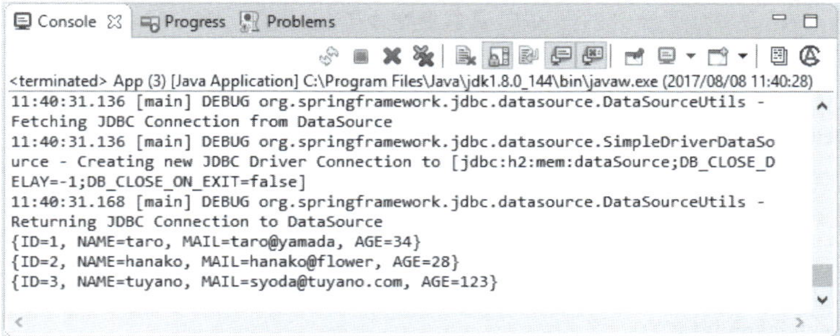

mypersondataテーブルに保管されているレコードを順に出力した結果です。あらかじめ用意しておいたSQLファイルでテーブルとダミーのレコードが作成され、それをAppクラスのmain内で取り出していることが確認できます。

JdbcTemplateの基本操作

では、実際にどのような処理を行っているのか、内容を見てみましょう。このサンプルでは、JdbcTemplateを利用した2つの操作を行っています。この2つは、SQLデータベース操作のもっとも基本となるものです。

mainメソッドでは、まず**ApplicationContext**と**JdbcTemplate**を取り出しています。

```
context = new ClassPathXmlApplicationContext("classpath:/bean.xml");
jdbcTemplate = context.getBean(JdbcTemplate.class);
```

これでApplicationContextからJdbcTemplateが取り出せました。後は、このインスタンスからメソッドを呼び出してデータベースにアクセスを行えばいいのです。

executeによるクエリー実行

最初に行っているのは、レコードの追加です。SQLファイルでダミーレコードの追加はしていますが、やはりJavaのコードで行う方法も知っておくべきでしょう。

```
jdbcTemplate.execute("insert into mypersondata (name,mail,age) values
('tuyano','syoda@tuyano.com',123)");
```

これがその部分です。引数のテキストが長いので複雑そうに見えるかもしれませんが、実は、呼び出しているのは以下のようにとてもシンプルなメソッドです。

```
《JdbcTemplate》.execute(……実行するSQLクエリー……);
```

executeは、引数にStringで指定したクエリーをデータベースに送って実行します。SQLのクエリーでは、レコードの追加をするINSERT文のように、実行した結果としてレコードを取得しないものが多数あります。レコードの追加や削除、テーブルの作成・削除などといったものは、すべて「**データベースから結果を受け取る**」ためのものではありません。ただ、データベースに「**これをやって**」と頼むだけのものです。こうしたクエリーの実行は、executeを使って行うことができます。

queryForList によるリストの取得

もう1つの処理は、mypersondataテーブルにあるレコードを取り出すためのものです。これは、以下の部分になります。

```
List<Map<String, Object>> list = jdbcTemplate.queryForList("select * from
mypersondata");
```

JdbcTemplateの「**quryForList**」は、クエリーをデータベースに送信し、その結果をリスト(java.util.List)として受け取るものです。返されたリストは、1つ1つのレコードの情報がMapインスタンスにまとめられ、保管されています。このListから、繰り返しで順にMapを取り出して処理をしていけばいいわけですね。

```
for (Map<String, Object> obj : list) {
  System.out.println(obj);
}
```

ここでは、単に取り出したMapを出力しているだけですが、ここから更にキーを取得し、値を取り出せば、1つ1つの項目の値を細かに処理することもできるでしょう。

後はSQLクエリー次第

これで、JdbcTemplateを使ったデータベースアクセスの基本はわかりました。「**まだレコードの追加と全レコード検索しかやってない**」って?　そう、その通り。ですが、この2つがわかれば、後は説明しなくとも使えるようになるのです。

ここで実行したのは、executeとqueryForListの2つのメソッドでした。この2つのメソッドの引数に指定していたテキストがどんなものだったか、よく思い出してみて下さい。

```
insert into mypersondata (name,mail,age) values('tuyano','syoda@tuyano.com',123)
select * from mypersondata
```

どちらも、ただのSQLクエリー文が書かれていることに気づいたはずです。そう、これらのメソッドは、ただSQLのクエリーをデータベースに送信するだけのものだったのです。ただ、「**結果としてレコードを返すか返さないか**」でメソッドが2つに分かれていただけなのです。

従って、後はもう、Javaではなくて、SQLの話になってしまいます。レコードの削除も検索も、Javaのコードは全く同じ。ただ引数のSQL文が変わるだけの話です。JdbcTemplateは、このようにSQLデータベースにアクセスするための必要最小限の機能だけを提供するものなのです。

7-2 Spring Data JPAの利用

データベースアクセスをより容易に行えるようにするのが「JPA」です。これをSpringから利用するための基本について説明しましょう。

pom.xmlにSpring Data JPAを追加する

ここまでの説明は、すべてSpring JDBCを利用したものでした。いよいよSpring Data JPAを使って、**JPA**(Java Persistence API)を利用したデータベースアクセスを行うことにしましょう。

JPAは、**永続化**のためのAPIです。これ自体はSpringのものではなく、Java SE/EEで用意されている機能です。データを保管し、永続的に利用できるようにするための基本的な枠組み、それがJPAです。

またJPAは、**ORM**の機能も提供します。ORMとは「**Object Relational Mapping**」の略で、リレーショナルデータベースのデータをJavaのオブジェクトにマッピングするための仕組みです。これにより、Javaのオブジェクトと同じ感覚でデータベースのレコードを扱えるようになります。

こうしたJPAをSpringの環境内で利用するためのフレームワークがSpring Data JPAというわけです。

Spring Data JPAの利用に必要なもの

Spring Data JPAは、JPAを利用するためにさまざまなファイル類を必要とします。用意するものを最初に整理しておきましょう。

① Spring Data JPA ライブラリ

当然ですが、ライブラリを追加しなければいけません。これはpom.xmlに追記することになるでしょう。

②エンティティクラス

「**エンティティ**」というのは、JPAで扱うデータを保管するオブジェクトのことです。データベースでは、各テーブルにレコードとしてデータを保管しますが、JPAではこのレコードに相当するものをエンティティというクラスとして扱います。エンティティには、データだけでなく、そのエンティティを処理するための機能なども実装されます。

JPAからデータベースのテーブルを利用する場合、**テーブルごとに**その内容を実装したエンティティクラスを作成する必要があります。

③ persistence.xml ファイル

JPAでは、**永続性ユニット**と呼ばれるものを使います。これは自分で作成するわけではなくて､ライブラリなどに含まれて提供されているものを利用します。アプリケーションで利用する永続性ユニットの定義を記述したのが｢**persistence.xml**｣です。このファイルを作成し、永続性ユニットの定義を記述しておきます。

④ Bean 構成ファイル

Bean構成ファイルには、JPAの機能を利用するためのBean定義を追記しておく必要があります。これは**<bean>**タグとして用意しておきます。

⑤プロパティファイル

persistence.xmlやBean構成ファイルなどで使われる値は、プロパティファイルとして用意しておくとよいでしょう。そうすることでデータベース関連の設定変更などを容易にします。

⑥ App クラス

最後に、当然ですがデータベースを利用するプログラム本体(Appクラス)も書き換えなければいけません｡JdbcTemplateを利用するものから､JPAを利用する形に変更します。

これらのファイルの作成や変更をすべて行うことで、JPAが利用可能となるのです。少々面倒ですが､一通りできてしまえば､後はJdbcTemplateを利用するよりもぐっとデータベースアクセスが簡単になります。

pom.xmlの変更

では､順に作業をしていきましょう｡まずは､pom.xmlの修正からです｡ファイルを開き､<dependencies>タグ内に以下のタグを追記して下さい。

リスト7-5

```
<dependency>
  <groupId>org.springframework.data</groupId>
  <artifactId>spring-data-jpa</artifactId>
  <version>1.11.6.RELEASE</version>
</dependency>

<dependency>
  <groupId>org.springframework</groupId>
  <artifactId>spring-orm</artifactId>
  <version>${spring-framework.version}</version>
</dependency>
```

これで、**Spring Data JPA**と**Spring ORM**のライブラリ類がプロジェクトから利用できるようになります。なお、Spring JDBCのライブラリは削除しないで下さい。引き続き利用しますので、消してしまうとプログラムが正常に動かなくなります。

Spring Data JPAは、ここで使うJPAベースのフレームワークですね。Spring ORMは、ORM(Object Releational Mapping)のためのフレームワークで、ORMを利用するのに必要となります。

エンティティクラスの作成

JPAでは、扱うデータ(データベーステーブルの**レコード**に相当するもの)となるのは「**エンティティ**」と呼ばれるクラスです。これはObjectを継承したごく普通の**JavaBean**クラスですが、アノテーションなどを追加することでエンティティとして扱うことができるようになります。

では、クラスを作成しましょう。ここでは、サンプルで作成したmypersondataテーブルを扱うためのクラス「**MyPersonData**」を作成することにしましょう。＜**File**＞メニューの＜**New**＞内から＜**Class**＞メニューを選んで下さい。そして現れたダイアログで以下のように設定します。設定後、「**Finish**」ボタンを押してクラスを作成して下さい。

Source folder	DataApp1/src/main/java(デフォルトのまま)
Package	jp.tuyano.spring.data1
Enclosing type	OFF
Name	MyPersonData
Modifiers	「public」のみON
Superclass	java.lang.Object(デフォルトのまま)
Interfaces	空白のまま
それ以降のチェックボックス	「Inherited abstract methods」をONに、他はOFFにする

図7-8：クラス作成のダイアログ。MyPersonDataという名前で作成する。

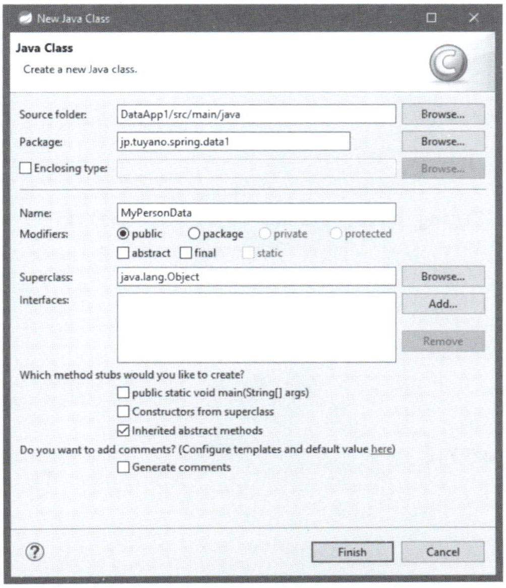

MyPersonData.java を編集する

ファイルを作成したら、MyPersonData.javaを開き、ソースコードを編集しましょう。以下のように書き換えて下さい。

リスト7-6

```
package jp.tuyano.spring.data1;

import javax.persistence.Column;
import javax.persistence.Entity;
import javax.persistence.GeneratedValue;
import javax.persistence.GenerationType;
import javax.persistence.Id;
import javax.persistence.Table;

@Entity
@Table(name="mypersondata")
public class MyPersonData {

  @Id
  @Column
  @GeneratedValue(strategy = GenerationType.IDENTITY)
  private long id;

  @Column(length=50, nullable=false)
  private String name;

  @Column(length=100, nullable=true)
  private String mail;

  @Column(nullable=true)
  private int age;

  public MyPersonData() {
  }

  public MyPersonData(String name, String mail, int age) {
    this();
    this.name = name;
    this.mail = mail;
    this.age = age;
  }

  public String getName() {
    return name;
  }
```

```
    public void setName(String name) {
        this.name = name;
    }

    public String getMail() {
        return mail;
    }

    public void setMail(String mail) {
        this.mail = mail;
    }

    public int getAge() {
        return age;
    }

    public void setAge(int age) {
        this.age = age;
    }

    public long getId() {
        return id;
    }

    @Override
    public String toString() {
        return "MyPersonData [id=" + id + ", name=" + name +
                ", mail=" + mail + ", age=" + age + "]";
    }
}
```

値を保管するためのprivateフィールドとアクセサ、コンストラクタ、toStringがあるだけのシンプルなクラスですね。

エンティティのためのアノテーション

ただし、作成したエンティティクラスには、さまざまなアノテーションが付けられています。これらを付加することで、このクラスがエンティティとしての性格を付与されているといってよいでしょう。では、これらのアノテーションについて説明しておきましょう。

@Entity

このクラスをエンティティとしてJPAに認識させるためのアノテーションです。エンティティとして扱うクラスには、必ずこのアノテーションを付けておきます。

@Table(name="mypersondata")

やはり、エンティティクラスに付けるアノテーションです。これは、このエンティティと関連付けられるテーブルを指定します。引数にはnameを用意し、これに関連付けるテーブル名を指定します。

このアノテーションは省略することもできます。省略した場合は、クラス名がそのままテーブル名として扱われます。

@Id

フィールドに付けられるアノテーションです。これは、そのフィールドがレコードのID(テーブルのプライマリキーに相当するもの)として扱われることを示します。これは、エンティティクラスにあるフィールドに必ず1つ付けなければいけません。

@Column(name= 名前 , length= 整数 , nullable= 真偽値)

フィールドに付けられるアノテーションです。これは、そのフィールドが対応するテーブル内の項目(コラム)に関連します。これを付けることで、そのフィールドがテーブルの項目に対応するものであることが示されます。

エンティティクラスには、テーブルの項目とは無関係のフィールドを用意することもできますが、何も目印となるものがないと、「**これはテーブルの項目の値を示すものなのか、それとも何の関係もないフィールドなのか**」がわからなくなります。このため、テーブルの項目となるフィールドには、この@Columnアノテーションを付けるのです。

引数は、ここでは重要なものとして以下の3つを挙げておきます。これらはいずれも省略できます。

name	対応するテーブルの項目名を指定します。省略した場合はフィールド名がそのまま項目の名前として扱われます。
length	値の長さを示します。vchar型の項目などにフィールドを対応させるときに使います。値の長さを指定しない型では用意する必要はありません。
nullable	nullを許可するかどうかを示します。trueにすれば値がない状態(null)を許可します。省略するとtrue(nullを許可)と判断されます。

@GeneratedValue(strategy = GenerationType 値)

値を作成して設定するための、フィールドに指定されるアノテーションです。

引数にある「**strategy**」は、**値を生成する方法**を指定します。これはGenerationType列挙型から指定します。ここでは、strategy = GenerationType.IDENTITYと指定していますが、これはこの項目がIDとして認識されることを示します。IDなどの値を自動入力させる(データベースにおけるオートインクリメントに相当する機能)場合は、これを指定すればいいでしょう。

――この他にもJPAのアノテーションは多数あるのですが、とりあえずここに登場したものだけ理解できれば、基本的なエンティティクラスは作成できるようになるでしょう。

persistene.xmlファイルを作成する

次に行うのは、「**persistence.xml**」の作成です。これはJPAで必要となる「**永続性ユニット**」の定義を行います。peresisence.xmlは、クラスが置かれる場所に「**META-INF**」というフォルダを用意し、その中に配置します。

META-INFの作成

まずは、このフォルダを作成しましょう。<**File**>メニューの<**New**>内から<**Folder**>メニューを選んで下さい。そして現れたダイアログで以下のように設定を行いましょう。

Enter or select the parent folder	フォルダの作成場所です。下のリストから「resources」フォルダを選択します(「DataApp1/src/main/resources」と表示されます)。
Folder name	フォルダ名です。「META-INF」と入力します。

「**Advanced>>**」ボタンは使いませんので、そのままにしておきます。「**Finish**」ボタンをクリックすると、src/main/resources内に「**META-INF**」フォルダが作成されます。

図7-9：フォルダの作成ダイアログ。META-INFという名前でsrc/main/resources内に作成する。

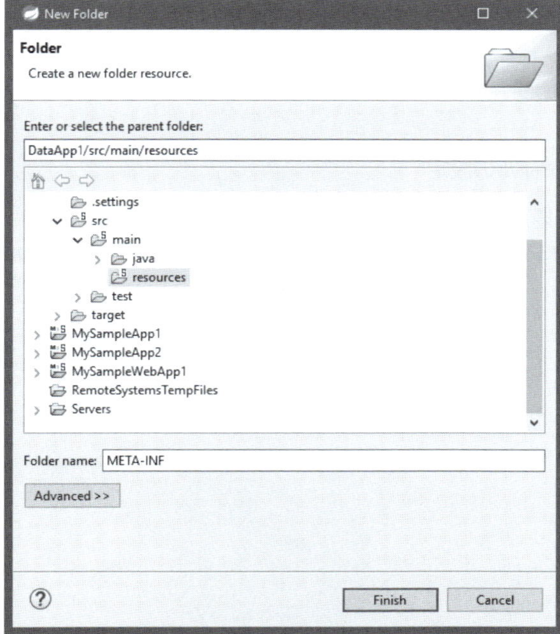

persistence.xml の作成

続いて、persistence.xmlを作成します。パッケージエクスプローラーから「**META-INF**」フォルダを選択し、＜**File**＞メニューの＜**New**＞内から＜**Other...**＞メニューを選んで下さい。そして現れたダイアログで以下のように設定していきます。

❶ウィザードの選択

一覧リストから、「**XML**」フォルダ内にある「**XML File**」を選び、次に進みます。

図7-10：新規作成ウィザードのダイアログから「XML File」を選ぶ。

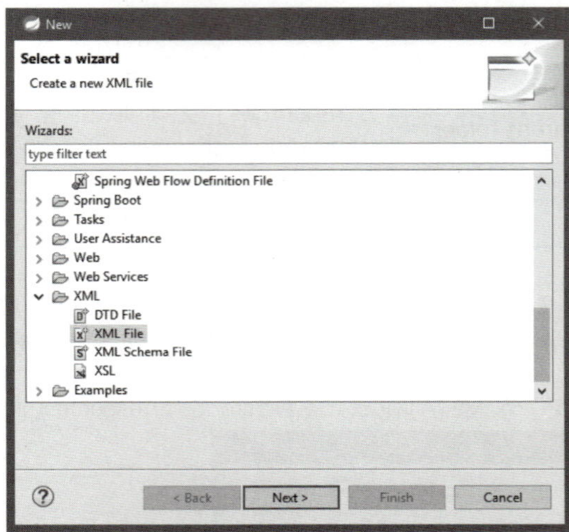

❷作成するXMLファイルの設定

ファイルの保存場所とファイル名を入力する画面に進みます。DataApp1/src/main/resources/META-INFを選択し、File nameに「**persistence.xml**」と入力して次に進みます。

図7-11：XMLファイルの保存場所とファイル名を入力する。

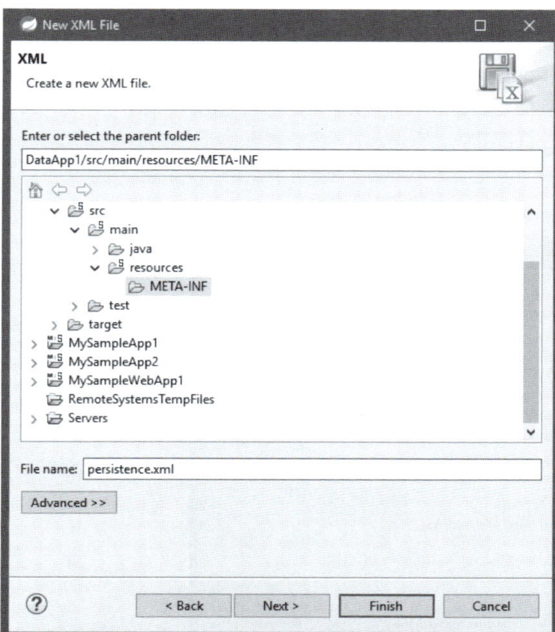

❸テンプレートからXMLを作成

XMLファイルを何から作成するかを選択する画面になります。ラジオボタンの一番下（Create XML file from an XML template）を選んで次に進みます。

図7-12：テンプレートの種類を選択する。

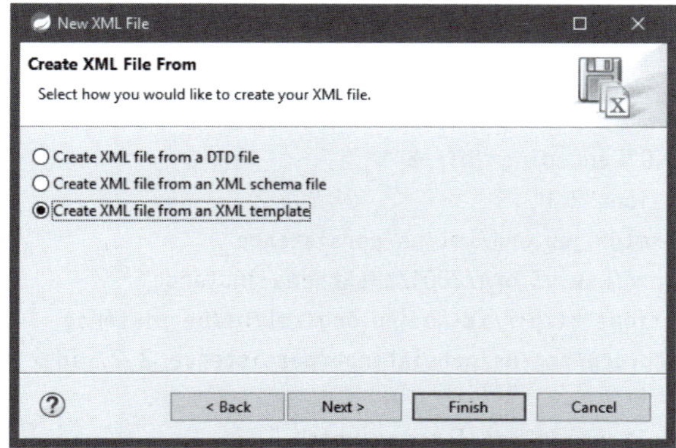

❹テンプレートの選択

テンプレートを選ぶ画面になります。「**Use XML Temlate**」のチェックをONにし、リストにある「**xml declaration**」という項目を選択して「**Finish**」ボタンを押し、ファイルを作成します。これでsrc/main/resourcesの「**META-INF**」内に「**persistemce.xml**」ファイルが作成されます。

図7-13：xml declarationを選択してFinishする。

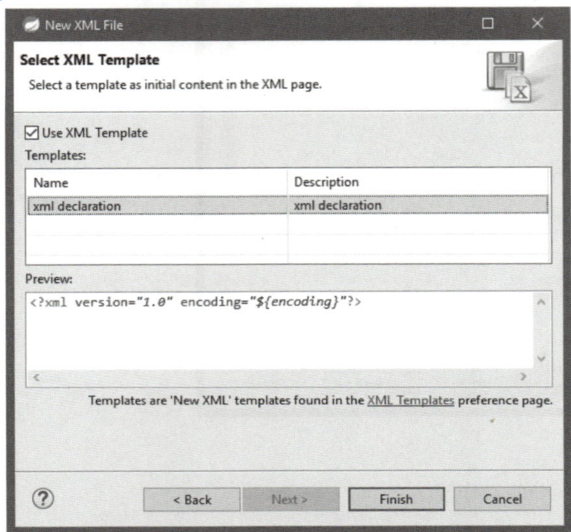

persistence.xmlを編集する

ファイルができたら、内容を記述していきましょう。persistence.xmlを開き、以下のようにソースコードを記述して下さい。

リスト7-7

```
<?xml version="1.0" encoding="UTF-8"?>
<persistence version="2.1"
  xmlns="http://xmlns.jcp.org/xml/ns/persistence"
  xmlns:xsi="http://www.w3.org/2001/XMLSchema-instance"
  xsi:schemaLocation="http://xmlns.jcp.org/xml/ns/persistence
  http://xmlns.jcp.org/xml/ns/persistence/persistence_2_2.xsd">

  <persistence-unit name="persistence-unit"
    transaction-type="RESOURCE_LOCAL">
    <provider>org.hibernate.ejb.HibernatePersistence</provider>
    <properties>
      <property name="hibernate.dialect"
        value="org.hibernate.dialect.H2Dialect" />
```

```
        <property name="hibernate.hbm2ddl.auto" value="create" />
        <property name="javax.persistence.jdbc.driver"
          value="${jdbc.driverClassName}" />
        <property name="javax.persistence.jdbc.url" value="${jdbc.url}" />
        <property name="javax.persistence.jdbc.user"
          value="${jdbc.username}" />
        <property name="javax.persistence.jdbc.password"
          value="${jdbc.password}" />
      </properties>
    </persistence-unit>
</persistence>
```

永続性ユニットの定義について

このpersistence.xmlは、永続性ユニットの情報を記述しています。ここに記述されているタグは、整理するとだいたい以下のような構造になっています。

```
<persistence>
  <persistence-unit>
    <provider />
    <properties>
      ……各種のプロパティ……
    <properties>
  </persistence-unit>
</persistence>
```

<persistence>が、このXMLファイルのルートとなるタグです。この中に記述されている<persistence-unit>が、永続性ユニットの記述になります。では、これらのタグについて簡単に整理しましょう。

<persistence-unit> タグ

永続性ユニットのタグです。このタグには2つの属性が記述されています。**name**は、永続性ユニットの名前です。**transaction-type**というのは、エンティティを管理するプログラム(エンティティマネージャーと呼ばれます)によって利用されるトランザクションタイプを指定します。**"RESOURCE_LOCAL"**は、独自にトランザクションを管理します。transaction-typeを省略すると、デフォルトの「**JTA(Java Transaction API)**」が設定されます。

<provider> タグ

永続性ユニットの**プロバイダー**を指定します。プロバイダーというのは、**JPAの具体的な実装クラス**のことです。ここでは、org.hibernate.ejb.HibernatePersistenceを指定しています。パッケージ名からわかるように、これは**Hibernate**が提供するプロバイダーです。Hibernateというのは、Javaの世界で広く使われているORMフレームワークですね。ここが提供しているプロバイダーをここでは利用していたのです。プロバイダーは、その他にもさまざまなベンダーから提供されています。

<properties> タグ

プロバイダーを利用する上で必要となるプロパティをまとめてあります。ここでは以下のようなプロパティが<property>タグで用意されています。

hibernate.dialect	DialectというHibernateのプロバイダーで利用されるクラスです。"org.hibernate.dialect.H2Dialect"が設定されます。
hibernate.hbm2ddl.auto	テーブルを自動生成します。"create"を指定します。
javax.persistence.jdbc.driver	ドライバークラスです。"${jdbc.driverClassName}"を指定します。
javax.persistence.jdbc.url	データベースのアドレスです。"${jdbc.url}"を指定します。
javax.persistence.jdbc.user	利用者名です。"${jdbc.username}"を指定します。
javax.persistence.jdbc.password	パスワードです。"${jdbc.password}"を指定します。

これらの値で、**${○○}**とあるのは、後ほど作成する**プロパティファイル**から読み込んだ値を利用しています。ここに用意されたプロパティは、Hibernateのプロバイダーを利用するのに必要となるものです。プロバイダーが変われば、用意される項目も異なる場合があるので注意して下さい。

Column Hibernateのプロバイダーってどこにあったの？

ここでは、Hibernateのプロバイダーを利用していますが、「**Hibernateなんてどこにあったの？**」と思った人もいることでしょう。

pom.xmlを見てみると、org.hibernateの「**hibernate-entitymanager**」が追加されていたことに気がつくはずです。この中に、Hibernateのプロバイダーが用意されていたのです。プロジェクトを作成すると、最初からpom.xmlにこの項目が追加されます。Springでは、Hibernateのプロバイダーがほぼ標準として利用されていると考えてよいでしょう。

プロパティファイルを作成する

続いて、persistence.xmlやBean構成ファイルで利用する値を記述したプロパティファイルを用意しましょう。先にJDBCを利用した時は特に使いませんでしたが、だいぶ細かな項目が増えてきますので、ここではプロパティファイルを作っておくことにします。

src/main/resourcesを選択し、＜**File**＞メニューの＜**New**＞内から＜**File**＞メニューを選んで下さい。そして現れたダイアログで、保存場所を「**DataApp1/src/main/resources**」に、ファイル名を「**bean.properties**」にしてファイルを作成して下さい。

図7-14：プロパティファイル作成ダイアログ。bean.propertiesという名前で作成する。

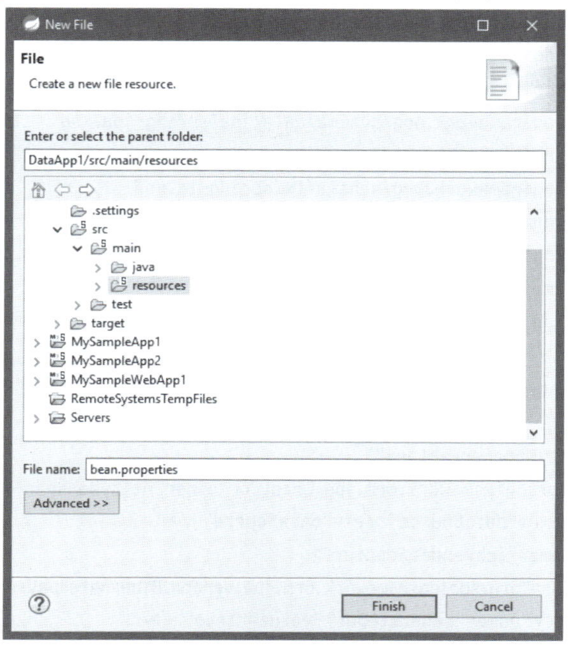

bean.propertiesファイルが作成されたら、以下のように記述をしましょう。

リスト7-8

```
jdbc.type=H2
jdbc.scriptLocation=classpath:script.sql
jdbc.driverClassName=org.h2.Driver
jdbc.url=jdbc:h2:mem:mydata
jdbc.username=sa
jdbc.password=
```

Bean構成ファイルを変更する

Bean構成ファイルもいろいろと書き換えるところがあります。bean.xmlを開き、以下のようにソースコードを書き換えて下さい。

リスト7-9

```
<?xml version="1.0" encoding="UTF-8"?>
<beans xmlns="http://www.springframework.org/schema/beans"
  xmlns:xsi="http://www.w3.org/2001/XMLSchema-instance"
  xmlns:context="http://www.springframework.org/schema/context"
  xmlns:jpa="http://www.springframework.org/schema/data/jpa"
  xmlns:tx="http://www.springframework.org/schema/tx"
```

```
  xmlns:jdbc="http://www.springframework.org/schema/jdbc"
  xsi:schemaLocation="http://www.springframework.org/schema/beans
  http://www.springframework.org/schema/beans/spring-beans.xsd
  http://www.springframework.org/schema/data/jpa
  http://www.springframework.org/schema/data/jpa/spring-jpa.xsd
  http://www.springframework.org/schema/tx
  http://www.springframework.org/schema/tx/spring-tx.xsd
  http://www.springframework.org/schema/jdbc
  http://www.springframework.org/schema/jdbc/spring-jdbc.xsd
  http://www.springframework.org/schema/context
  http://www.springframework.org/schema/context/spring-context.xsd">

  <context:property-placeholder location="classpath:bean.properties" />

  <bean id="entityManagerFactory"
    class="org.springframework.orm.jpa.LocalContainerEntityManagerFactoryBean">
    <property name="dataSource" ref="dataSource" />
    <property name="jpaVendorAdapter">
      <bean class="org.springframework.orm.jpa.vendor.HibernateJpaVendorAdapter">
        <property name="generateDdl" value="true" />
        <property name="database" value="${jdbc.type}" />
      </bean>
    </property>
  </bean>

  <!-- jdbc  -->
  <jdbc:embedded-database id="dataSource" type="H2">
    <jdbc:script location="${jdbc.scriptLocation}" />
  </jdbc:embedded-database>

</beans>
```

変更されたBean構成ファイルの内容

ここでは、細かなところで変更がされているので注意して下さい。では、変更点について以下に整理しておきましょう。

XML定義について

ルートとなる<beans>には、新たな定義が追加されています。以下の項目です。これによりJPA関連のタグが使えるようになります。

属性の追加

```
xmlns:jpa="http://www.springframework.org/schema/data/jpa"
```

xsi:schemaLocationへの追加

```
http://www.springframework.org/schema/data/jpa
http://www.springframework.org/schema/data/jpa/spring-jpa.xsd
```

EntityManagerFactoryについて

もっとも大きな変更は、「**EntityManagerFactory**」という新たなBeanが追加されたことです。これは以下のような構成をしています。

```
<bean id="entityManagerFactory" class="クラスの指定">
  <property name="dataSource" ref="データソースの指定" />
  <property name="jpaVendorAdapter">
    <bean class="ベンダーアダプタークラス">
      ……必要なプロパティ……
    </bean>
  </property>
</bean>
```

EntityManagerFactoryは、「**エンティティマネージャー(EntityManager)**」を生成します。これは、JPAでデータベースにアクセスする際に重要な役割を果たすクラスです。

ここでは、**LocalContainerEntityManagerFactoryBean**というSpringに用意されているクラスを利用しています。また**ベンダーアダプター**としてHibernateJpaVendorAdapterを設定しておきます。

dataSourceは、persistence.xmlで定義しておいた永続性ユニットの名前になっていることに気がついたでしょう。これにより、用意した永続性ユニットを使ったエンティティマネージャーを用意できます。

AppクラスでJPAを利用する

では、Appクラスを書き換えてJPAを使った簡単な処理を実行してみましょう。App.javaを開いて以下のように書き換えて下さい。

リスト7-10

```
package jp.tuyano.spring.data1;

import javax.persistence.EntityManager;

import org.springframework.context.ApplicationContext;
import org.springframework.context.support.ClassPathXmlApplicationContext;
import org.springframework.orm.jpa.LocalContainerEntityManagerFactoryBean;

public class App {

  private static ApplicationContext context;
```

```
  private static EntityManager manager;

  public static void main(String[] args) {

    context = new ClassPathXmlApplicationContext("classpath:/bean.xml");
    LocalContainerEntityManagerFactoryBean factory =
      context.getBean(LocalContainerEntityManagerFactoryBean.class);
    manager = factory.getNativeEntityManagerFactory().createEntityManager();

    MyPersonData data = manager.find(MyPersonData.class, 1L);
    System.out.println(data);
  }
}
```

変更したらAppクラスを実行してみましょう。Spring関連のデバッグ情報がずらりとコンソールに出力された後、以下のような文が表示されます。

```
MyPersonData [id=1, name=taro, mail=taro@yamada, age=34]
```

図7-15：Appクラスを実行すると、MyPerronDataの内容が出力される。

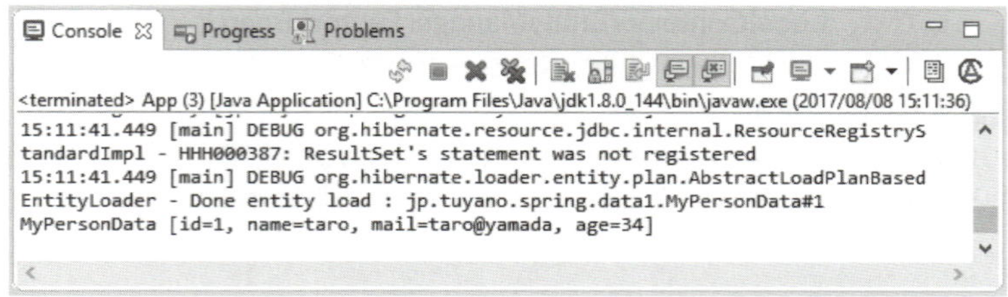

リスト7-10は、IDが1のデータを取得し、表示する処理を書いています。その実行結果がこのように表示されたのですね。

EntityManagerを使ってエンティティを取り出す

サンプルにはごく短い処理しか用意されていませんが、これはJPAを利用するための必要最小限の処理だけを実装しているためです。まずはJPA利用の基本についてしっかりと理解しておきましょう。

EntityManager フィールドの用意

```
private static ApplicationContext context;
private static EntityManager manager;
```

Appクラスでは、ApplicationContextとともに「**EntityManager**」というクラスを保管するフィールドを用意してあります。このEntityManagerこそが、JPA利用の鍵となるクラスです。

実をいえば、ここでは単にmain内からEntityManagerを利用しているだけなのでフィールドとして用意する必要はないのですが、複数のメソッドから利用されるケースが多いので、ここでもフィールドに保管する形にしてあります。

LocalContainerEntityManagerFactoryBeanの取得

```
context = new ClassPathXmlApplicationContext("classpath:/bean.xml");
LocalContainerEntityManagerFactoryBean factory =
  context.getBean(LocalContainerEntityManagerFactoryBean.class);
```

EntityManagerを利用するためには、まず「**EntityManagerFactory**」を用意する必要があります。これは文字通り、EntityManagerを作成するための専用クラスです。

EntityManagerを取得する方法は、実装の仕方によってさまざまです。ここでは、Bean構成クラスに**LocalContainerEntityManagerFactoryBean**というクラスをBean登録してありました。ここからEntityManagerFactoryを作成することにします。

まず、ApplicationContextを取得し、getBeanでLocalContainerEntityManagerFactoryBeanインスタンスを取り出します。

EntityManagerの作成

```
manager = factory.getNativeEntityManagerFactory().createEntityManager();
```

LocalContainerEntityManagerFactoryBeanには「**getNativeEntityManagerFactory**」というメソッドがあり、これを呼び出すことでEntityManagerFactoryが取得できます。

このEntityManagerFactoryから、「**createEntityManager**」メソッドを呼び出して、EntityManagerインスタンスが作成されます。

これで、JPA利用の準備は完了です。後は、EntityManagerを使ってデータベースにアクセスすればいいのです。

IDでエンティティを取得する「find」

サンプルでは、「**IDを指定してエンティティを取得する**」という操作をしています。これには、EntityManagerの「**find**」を使います。このメソッドは以下のように呼び出します。

findメソッドの基本形

```
変数 = 《EntityManager》.find(《Class》, 《Object》);
```

第1引数には、検索するエンティティクラスのClassクラス(クラス情報のクラス。classプロパティの値として用意されています)を指定します。第2引数には、プライマリキーに指定したフィールドの値となるObjectクラスのインスタンスを用意します。

ここでは、MyPersonDataのid = 1のエンティティを取得しています。MyPersonDataはプライマリキーとなるフィールドに**long**値のフィールドを指定していましたから、第2引数には**Long**を指定します。mainでfindを実行している部分を見ると、このようになっていましたね。

```
MyPersonData data = manager.find(MyPersonData.class, 1L);
```

これでidフィールドの値が1のMyPersonDataが取り出せた、というわけです(オートボクシングにより、第2引数は普通のlong値でOKです)。ちなみに、指定したIDのエンティティが見つからないと、戻り値はnullになります。例外は発生しません。

7-3 JPAの基本操作

JPAを利用したデータベースアクセスでは、「Data Access Object」(DAO)と呼ばれるクラスを用意し、アクセス全体をまとめます。DAOを作りながら、データベースの基本的なアクセス処理について整理していきましょう。

DAOインターフェイスを作成する

では、EntityManagerを使ってデータベースアクセスを行っていきましょう。そのための下準備として、まずは**DAO**を用意しておくことにします。

DAOとは「**Data Access Object**」のことです。これはデータベースなどへの具体的なアクセス処理を実装し、外部からデータベースに直接アクセスする部分を抽象化します。データベース特有の細かな処理などがメインのプログラムに分散していると非常にメンテナンスがしにくくなります。そこでDAOでそうしたアクセス処理をまとめ、メインプログラムからは抽象化されたメソッドを呼び出すだけで済むようにするのが目的です。

では、DAOのインターフェイスから作成していきましょう。パッケージエクスプローラーからsrc/main/java内のjp.tuyano.spring.data1パッケージを選択し、<**File**>メニューの<**New**>内から<**Interface**>メニューを選んで下さい。画面にダイアログが現れるので、以下のように設定をし、「**Finsh**」ボタンを押してインターフェイスを作成して下さい。

Source folder	DataApp1/src/main/java(デフォルトのまま)
Package	jp.tuyano.spring.data1
Enclosing type	OFF
Name	MyPersonDataDao
Modifiers	「public」のみON
Extended interfaces	空白のまま
Generate comments	OFFにする

図7-16：インターフェイスの作成ダイアログ。MyPersonDataDaoという名前で作成する。

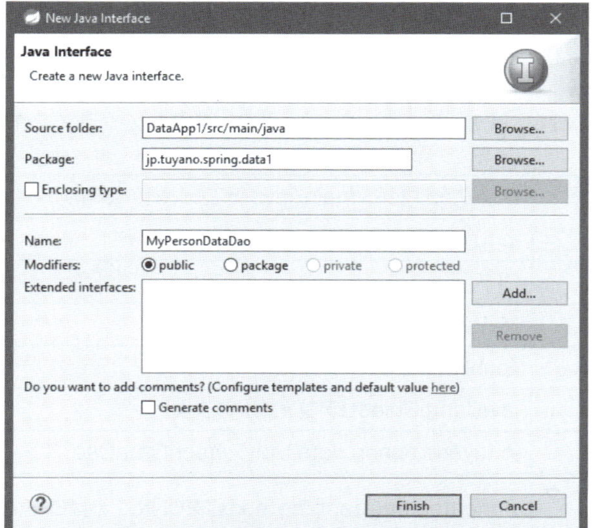

MyPersonDataDao インターフェイスを記述する

「**MyPersonDataDao.java**」ファイルが作成されたら、これを開いてソースコードを編集しましょう。以下のように記述をして下さい。

リスト7-11

```
package jp.tuyano.spring.data1;

import java.util.List;

public interface MyPersonDataDao<T> {

   public List<T> getAllEntity();
   public List<T> findByField(String field, String find);
   public void addEntity(T entity);
   public void updateEntity(T entity);
   public void removeEntity(T data);
   public void removeEntity(Long id);
}
```

ここでは、全エンティティの取得、エンティティの検索、エンティティの追加・更新・削除といった操作を一通り用意してみました。これらをDAOとして実装すれば、データベースアクセスは格段に楽になりますね！

MyPersonDataDaoImplクラスの作成

では、MyPersonDataDaoインターフェイスの実装クラスを作成しましょう。<**File**>メニューの<**New**>内から<**Class**>メニューを選んで下さい。そして現れたダイアログで以下のように設定します。設定後、「**Finish**」ボタンを押してクラスを作成して下さい。

Source folder	DataApp1/src/main/java(デフォルトのまま)
Package	jp.tuyano.spring.data1
Enclosing type	OFF
Name	MyPersonDataDaoImpl
Modifiers	「public」のみON
Superclass	java.lang.Object(デフォルトのまま)
Interfaces	jp.tuyano.spring.data1.MyPersonDataDao<T>
それ以降のチェックボックス	「Inherited abstract methods」をONに、他はOFFにする

図7-17：クラスの作成ダイアログ。MyPersonDataDaoImplという名前で作る。Interfaceは、「Add」ボタンでMyPersonDataDaoを追加しておく。

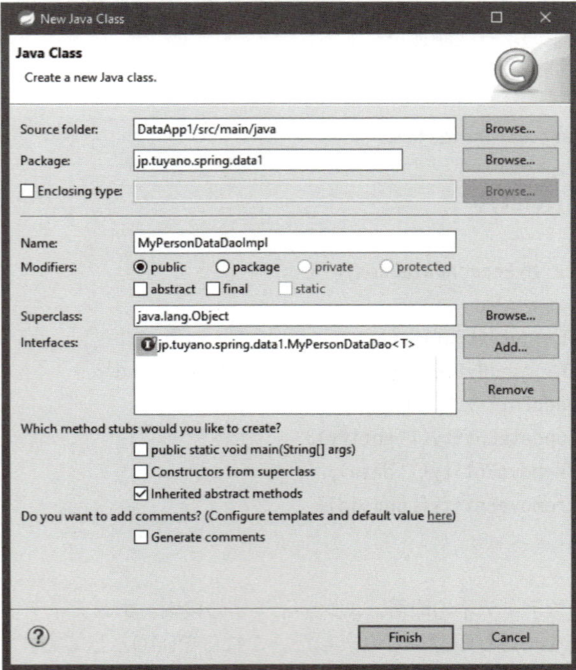

MyPersonDataDaoImpl クラスを編集する

「**MyPersonDataDaoImpl.java**」ファイルが作成されたら、これを開いてソースコードを編集しましょう。とりあえずですが、以下のように記述して下さい。

リスト7-12

```
package jp.tuyano.spring.data1;

import java.util.List;

import javax.persistence.EntityManager;

public class MyPersonDataDaoImpl<MyPersonData>
        implements MyPersonDataDao<MyPersonData> {

    private EntityManager manager = null;

    public MyPersonDataDaoImpl(EntityManager manager) {
        super();
        this.manager = manager;
    }

    public List<MyPersonData> getAllEntity() {
        // TODO Auto-generated method stub
        return null;
    }

    @SuppressWarnings({ "unchecked", "rawtypes" })
    public List findByField(String field, String find) {
        // TODO Auto-generated method stub
        return null;
    }

    public void addEntity(Object entity) {
        // TODO Auto-generated method stub
    }

    public void updateEntity(Object entity) {
        // TODO Auto-generated method stub
    }

    public void removeEntity(Object data) {
        // TODO Auto-generated method stub
    }

    public void removeEntity(Long id) {
        // TODO Auto-generated method stub
    }
}
```

まだインターフェイスに用意されているメソッド類は実装されていません。追記したのはコンストラクタとEntityManagerのフィールドです。**インスタンス作成時にEntityManagerをフィールドに保管し、以後、メソッドが呼び出された際にはこのEntityManagerを利用してデータベースアクセス処理を行おう**、というわけです。

全エンティティの検索

では、用意したDAOクラスにメソッドを実装していきながらJPAのデータベース利用について考えていくことにしましょう。まずは、全エンティティを取得する**getAllEntity**メソッドからです。MyPersonDataDaoImplクラスのgetAllEntityを以下のように書き換えて下さい。

リスト7-13

```
// import javax.persistence.Query;

public List<MyPersonData> getAllEntity() {
  Query query = manager.createQuery("from MyPersonData");
  return query.getResultList();
}
```

これでメソッドは完成です。では、これを利用するサンプルを挙げておきましょう。Appクラスのmainメソッドを以下のように書き換えて試してみて下さい。

リスト7-14

```
// import java.util.List; 追加

public static void main(String[] args) {
  context = new ClassPathXmlApplicationContext("classpath:/bean.xml");
  LocalContainerEntityManagerFactoryBean factory =
    context.getBean(LocalContainerEntityManagerFactoryBean.class);
  manager = factory.getNativeEntityManagerFactory().createEntityManager();

  MyPersonDataDao<MyPersonData> dao =
    new MyPersonDataDaoImpl<MyPersonData>(manager);
  List<MyPersonData> list = dao.getAllEntity();
  for(MyPersonData person : list) {
    System.out.println(person);
  }
}
```

これを実行すると、全てのMyPersonDataエンティティを取得して順に出力していきます。mainでは、MyPersonDataDaoインスタンスを作成した後、getAllEntityを呼び出し、戻り値をforで繰り返し出力しています。非常に単純にエンティティの取得が行えるようになりますね！

図7-18：Appクラスを実行すると、MyPersonDataの全エンティティが出力される。

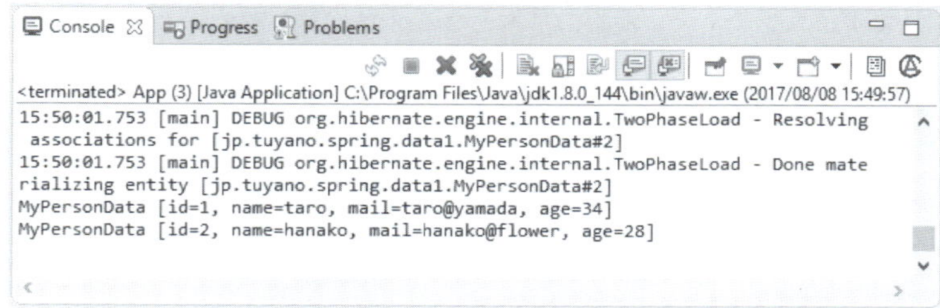

createQueryについて

では、getAllEntityで行っている処理を見てみましょう。ここでは、2つの操作を行っています。1つは「**createQuery**」、もう1つは「**getResultList**」です。

createQueryでQueryを作成する

```
Query query = manager.createQuery("from MyPersonData");
```

ここでは、EntityManagerにあるcreateQueryを呼び出し、Queryというインスタンスを作成しています。このcreateQueryというのは、「**JPQL**」を利用して、SQLデータベースにアクセスするクエリー文に相当する機能を持つQueryクラスのインスタンスを作成する働きをします。

JPQLとは「**Java Persistence Query Language**」の略で、SQL言語をベースにして更に簡略化したようなデータ問い合わせ言語です。基本的には、SQLの文法そのままといった感じなのですが、特にデータ検索についてはずいぶんとシンプルに記述できます。

ここでcreateQueryの引数に指定されているテキストを見ると、"from MyPersonData"となっていますね。SQLのfrom節だけが書かれていて、SQLならば当然必要となる「**select**」の節がありません。これで、ちゃんと必要なデータを取り出すことができるのです。

createQueryで作成されるQueryは、「**selectでレコードを検索する**」ことを目的としています。後述しますが、その他のデータベース操作(エンティティの追加や更新、削除など)は、そのためのメソッドが別に用意されています。JPQLは、基本的にselect文を実行するためのものなのです。ですから、select節を省略したシンプルな書き方ができるのですね。

JPQLを使って作成されたQueryは、その中のメソッドを呼び出すことで実行結果を取得できます。ここでは**List**として結果を取得するメソッドを呼び出しています。

```
return query.getResultList();
```

この「**getResultList**」は、JdbcTemplateにあったqueryForListメソッドと同じようなものといってよいでしょう。クエリーを実行して取得されたレコードを、指定のエンティティクラスのインスタンスのListとして取り出すためのものです。ここでは

MyPersonDataを検索していますので、List<MyPersonData>インスタンスとして取り出されます。エンティティ検索の基本となるメソッドと考えてよいでしょう。

値を指定して検索する

続いて、**findByField**メソッドを実装しましょう。これは**フィールド名**と**値**を引数に指定して呼び出すと、そのフィールドに指定の値が保管されているエンティティを検索します。

では、MyPersonDataDaoImplクラスのfindByFieldメソッドを以下のように書き換えましょう。

リスト7-15

```
@SuppressWarnings({ "unchecked", "rawtypes" })
public List<MyPersonData> findByField(String field, String find) {
  Query query = manager.createQuery("from MyPersonData where " +
    field + " = '" + find + "'");
  return query.getResultList();
}
```

このメソッドも、基本的にはgetAllEntityと大きな違いはありません。ここでは以下のようにしてJPQLのクエリー文を作成しています。

```
"from MyPersonData where " + field + " = '" + find + "'"
```

例えば、**findByField("name", "hanako")**というように呼び出したら、生成されるJPQLのクエリー文は、"from MyPersonData where name = 'hanako'"といったテキストになります。where節により検索する条件が用意されていることがわかるでしょう。

では、このfindByFieldの利用例を挙げておきましょう。Appクラスのmainメソッドを以下のように書き換えて実行してみて下さい。

リスト7-16

```
public static void main(String[] args) {
  context = new ClassPathXmlApplicationContext("classpath:/bean.xml");
  LocalContainerEntityManagerFactoryBean factory =
    context.getBean(LocalContainerEntityManagerFactoryBean.class);
  manager = factory.getNativeEntityManagerFactory().createEntityManager();

  MyPersonDataDao<MyPersonData> dao = new
    MyPersonDataDaoImpl<MyPersonData>(manager);
  List<MyPersonData> list = dao.findByField("name", "hanako"); //●
  for(MyPersonData person : list) {
    System.out.println(person);
  }
}
```

この例では、●マークの部分でfindByFieldを呼び出し、nameフィールドの値が'hanako'のエンティティを検索して表示しています。戻り値の処理は基本的に先ほどのgetAllEntityと同じでよいでしょう。このようにwhere節と組み合わせれば、複雑な検索も行えるようになります。

図7-19：Appクラスを実行すると、nameの値がhanakoのエンティティだけを検索し表示する。

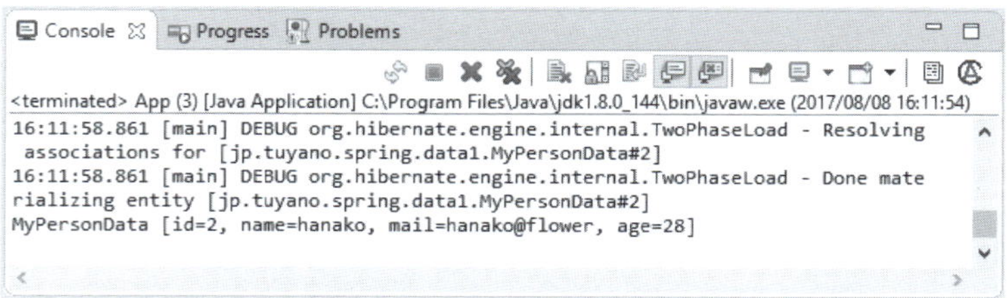

エンティティの追加

続いて、エンティティを追加する「**addEntity**」メソッドです。MyPersonDataDaoImplクラスのaddEntityメソッドを以下のように変更しましょう。

リスト7-17

```
// import javax.persistence.EntityTransaction;

public void addEntity(Object entity) {
   EntityTransaction transaction = manager.getTransaction();
   transaction.begin();
   manager.persist(entity);
   manager.flush();
   transaction.commit();
}
```

これで完成です。動作確認用にAppクラスのmainを以下のように書き換えて実行してみて下さい。

リスト7-18

```
public static void main(String[] args) {
   context = new ClassPathXmlApplicationContext("classpath:/bean.xml");
   LocalContainerEntityManagerFactoryBean factory =
      context.getBean(LocalContainerEntityManagerFactoryBean.class);
   manager = factory.getNativeEntityManagerFactory().createEntityManager();

   MyPersonDataDao<MyPersonData> dao = new
      MyPersonDataDaoImpl<MyPersonData>(manager);
   MyPersonData personData = new MyPersonData("tuyano","syoda@tuyano.com",123);
   dao.addEntity(personData);
```

```
    List<MyPersonData> list = dao.getAllEntity();
    for(MyPersonData person : list) {
        System.out.println(person);
    }
}
```

実行すると、コンソールに全エンティティが表示されます。表示されるエンティティの中に、「**tuyano**」という項目が増えていることがわかるでしょう。これが、addEntityで追加したエンティティです。

図7-20：Appクラスを実行すると、3つ目のエンティティが増えていることがわかる。

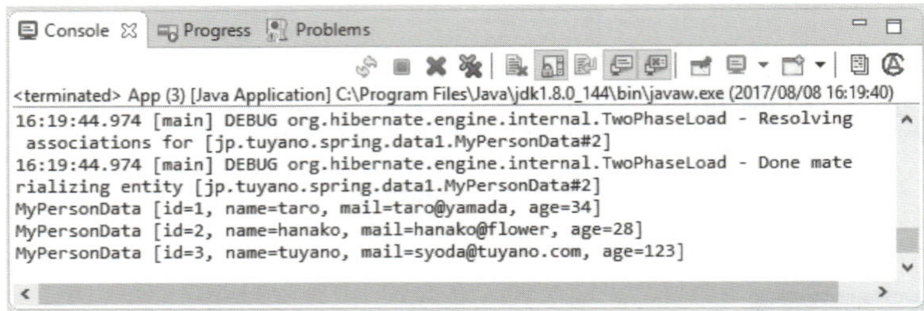

EntityTransactionによるトランザクション

では、addEntityで行っていることをチェックしていきましょう。ここでは、「**トランザクション**」と呼ばれる機能が使われています。これは一連の処理をまとめて実行する機能ですね。データベース関係をJavaから利用する場合には不可欠な機能といってもよいでしょう。

エンティティの追加は、内部的にはデータベースにレコードを追加保存する作業を行っているわけで、こうしたデータの書き換えを要する処理は、その間、外部から処理の割り込みがあるとデータの**整合性**に問題が起こってしまいます。このためトランザクションを使って一連の作業を一括処理させるのが基本です。

EntityTransaction の取得

```
EntityTransaction transaction = manager.getTransaction();
```

最初に、トランザクションを管理する「**EntityTransaction**」というクラスのインスタンスを取得します。これはEntityManagerの「**getTransaction**」を呼び出します。これでトランザクションのためのEntityTransactionが得られます。

以後は、このEntityTransactionのメソッドを使ってトランザクション処理を操作していきます。

トランザクションを開始する begin

```
transaction.begin();
```

トランザクションを使うには、まず「**begin**」を呼び出してトランザクションを開始します。これを呼び出し、これ以後、EntityManagerを使ってエンティティの操作を行うと、それらはすべてトランザクション内で実行されるようになります。

エンティティを保存する persist

```
manager.persist(entity);
```

エンティティを保存する処理は、EntityManagerの「**persist**」メソッドを利用します。引数に保存するエンティティクラスのインスタンスを渡すと、そのインスタンスを保存します。

ただし！　この時点では、まだ実際に保存されているわけではないので注意して下さい。この段階は、いわば「**Entity操作の作業がキャッシュされた**」という状態であり、このまま進めば保存される予定ですが、現時点ではまだされてはいないのです。

フラッシュする flush

```
manager.flush();
```

EntityMangerの「**flush**」を呼び出し、フラッシュします。これは、キャッシュに残っている処理をすべて実行させせます。

トランザクションを実行する commit

```
transaction.commit();
```

一通りの作業を設定し終えたら、「**commit**」でトランザクション中の処理をまとめて実行します。これにより、begin以降の処理が全て実行され、トランザクションは終了します。

実際には、flushやcommitはしなくとも通常はトランザクションを完了する際にキャッシュされた処理も含めてすべて実行されるはずですので、問題はないでしょう。ただトランザクション処理の基本として「**ビギンし、フラッシュし、コミットする**」という流れは基本といってよく、こうして明示的にこれらの処理を実行していったほうが確実でしょう。

エンティティの更新(updateEntity)

エンティティの更新も、基本的にはエンティティの追加と同じような処理の仕方になります。トランザクションを使い、更新のためのメソッドをその中で実行します。

では、MyPersonDataDaoImplクラスの**updateEntity**メソッドを以下のように書き換えましょう。

リスト7-19

```
public void updateEntity(Object entity) {
  EntityTransaction transaction = manager.getTransaction();
```

```
    transaction.begin();
    manager.merge(entity);
    manager.flush();
    transaction.commit();
}
```

では、これも利用例を挙げておきましょう。Appクラスのmainメソッドを以下のように書き換えて実行して下さい。

リスト7-20

```
public static void main(String[] args) {
    context = new ClassPathXmlApplicationContext("classpath:/bean.xml");
    LocalContainerEntityManagerFactoryBean factory =
            context.getBean(LocalContainerEntityManagerFactoryBean.class);
    manager = factory.getNativeEntityManagerFactory().createEntityManager();

    MyPersonDataDao<MyPersonData> dao = new
        MyPersonDataDaoImpl<MyPersonData>(manager);
    MyPersonData personData = manager.find(MyPersonData.class, 1L);
    personData.setName("*** " + personData.getName() + " ***");
    dao.updateEntity(personData);

    List<MyPersonData> list = dao.getAllEntity();
    for(MyPersonData person : list) {
        System.out.println(person);
    }
}
```

id = 1のエンティティを取り出し、そのnameの値を変更する処理です。実行すると、id = 1のエンティティのnameを「*** ○○ ***」という値に変更します。出力されるエンティティをよく見てみると、id = 1のものだけがnameの値を変更されていることが確認できるでしょう。

図7-21：Appクラスを実行する。id = 1のnameが書き換わっている。

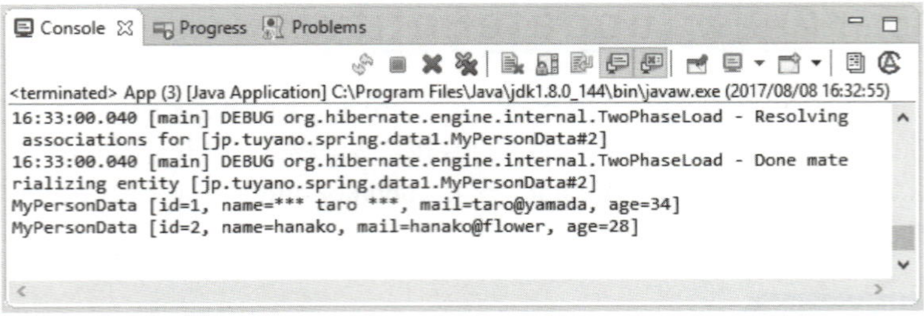

```
Console ☒  Progress  Problems
<terminated> App (3) [Java Application] C:\Program Files\Java\jdk1.8.0_144\bin\javaw.exe (2017/08/08 16:32:55)
16:33:00.040 [main] DEBUG org.hibernate.engine.internal.TwoPhaseLoad - Resolving
 associations for [jp.tuyano.spring.data1.MyPersonData#2]
16:33:00.040 [main] DEBUG org.hibernate.engine.internal.TwoPhaseLoad - Done mate
rializing entity [jp.tuyano.spring.data1.MyPersonData#2]
MyPersonData [id=1, name=*** taro ***, mail=taro@yamada, age=34]
MyPersonData [id=2, name=hanako, mail=hanako@flower, age=28]
```

mergeによるエンティティの更新

ここではupdateEntityメソッドでエンティティの更新処理をしています。見ればわかるように、「**beginによるトランザクションの実行**」「**flushによるキャッシュのフラッシュ**」「**commitによるコミット**」といったトランザクションの基本は全く同じです。違っているのは、ただトランザクション内で実行しているメソッドだけです。

```
《EntityManager》.merge( エンティティのインスタンス );
```

「**merge**」は、引数に指定されたエンティティを、データベースに保存されているエンティティにマージ(融合)します。これにより、そのエンティティのフィールドの値は新しい値に変更されます。

エンティティの削除(removeEntity)

残るは、エンティティの削除です。ここでは2つのメソッドを作成しておきました。MyPersonDataDaoImplクラスにある2つの「**removeEntity**」メソッドをそれぞれ以下のように書き換えて下さい。

リスト7-21

```
public void removeEntity(Object data) {
  EntityTransaction transaction = manager.getTransaction();
  transaction.begin();
  manager.remove(data);
  manager.flush();
  transaction.commit();
}

public void removeEntity(Long id) {
  MyPersonData entity = manager.find(MyPersonData.class, id);
  this.removeEntity(entity);
}
```

後は、これを利用するサンプルを用意するだけですね。Appクラスのmainメソッドを下のように書き換えて実行してみましょう。

リスト7-22

```
public static void main(String[] args) {
  context = new ClassPathXmlApplicationContext("classpath:/bean.xml");
  LocalContainerEntityManagerFactoryBean factory =
    context.getBean(LocalContainerEntityManagerFactoryBean.class);
  manager = factory.getNativeEntityManagerFactory().createEntityManager();

  MyPersonDataDao<MyPersonData> dao = new
```

```
      MyPersonDataDaoImpl<MyPersonData>(manager);
    dao.removeEntity(1L);

    List<MyPersonData> list = dao.getAllEntity();
    for(MyPersonData person : list) {
      System.out.println(person);
    }
  }
```

id=1のMyPersonDataエンティティを削除する例です。mainメソッドでは、**dao.removeEntity(1L);**というようにしてエンティティの削除を行っています。実行すると、確かにid=1のエンティティが消えていることが確認できます。

図7-22：Appクラスを実行すると、id = 1のエンティティが削除されているのがわかる。

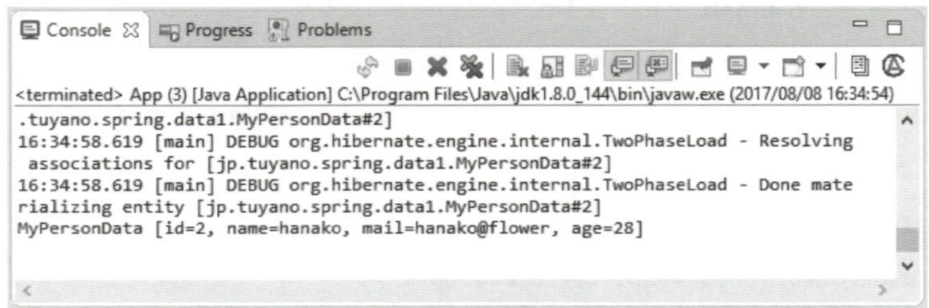

removeによるエンティティの削除

ここでは2つのremoveEntityを作成していますが、実際に削除を行っているのは1つのみです。もう1つは、内部から別のremoveEntityを呼び出しています。

ここで行っているのは、もはやおなじみとなった「**トランザクションの開始**」「**フラッシュ**」「**コミット**」といったトランザクション処理と、その中で実行している「**remove**」という処理です。removeは、

```
《EntityManager》.remove( エンティティ );
```

このように、削除するエンティティを引数に指定して実行します。これで引数に指定したエンティティを削除します。

注意したいのは、このエンティティは、findなどの検索操作で**テーブルから取得したエンティティを使う**、という点です。同じ値だからと、new Entityしたものをremoveしてもエンティティが示すテーブルのレコードを削除できないことがあります。

Bean構成クラスを利用する

ここまでJPAを利用した処理について説明をしてきましたが、「**思った以上に面倒くさいな**」と思った人も多いのではないでしょうか。persistence.xmlにbean.xml、エンティティクラス、DAOクラス。こうしたものを用意してようやくアクセスができるようになりま

す。Javaのクラス関係はしょうがないとして、設定ファイルはもう少しなんとかならないのか、と思ったかもしれません。

Springでは、設定ファイルをクラスで実装することもできました。JPAを扱う場合も、これは同様です。Bean構成クラスを定義すれば、面倒なXMLファイルを書かずに済むのです。では、やってみましょう。

＜**File**＞メニューの＜**New**＞内から＜**Class**＞メニューを選び、現れたダイアログで以下のように設定をしてMyAppConfigクラスを作成して下さい。

Source folder	DataApp1/src/main/java(デフォルトのまま)
Package	jp.tuyano.spring.data1(デフォルトのまま)
Enclosing type	OFF
Name	MyAppConfig
Modifiers	「public」のみON
Superclass	java.lang.Object(デフォルトのまま)
Interfaces	空白のまま
それ以降のチェックボックス	「Inherited abstract methods」をONに、他はOFFにする

図7-23：MyAppConfigクラスを作成する。

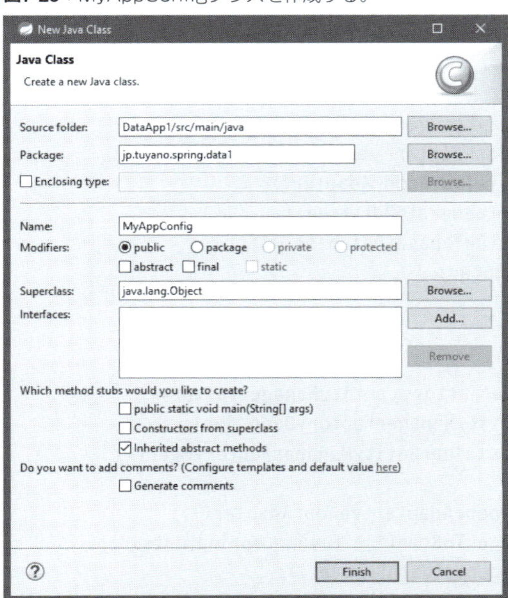

ソースコードファイルが作成されたら、以下のように内容を書き換えてクラスを完成させておきましょう。

リスト7-23

```
package jp.tuyano.spring.data1;

import javax.persistence.EntityManagerFactory;
import javax.sql.DataSource;

import org.springframework.context.annotation.Bean;
import org.springframework.context.annotation.Configuration;
import org.springframework.jdbc.datasource.embedded.EmbeddedDatabase;
import org.springframework.jdbc.datasource.embedded.EmbeddedDatabaseBuilder;
import org.springframework.jdbc.datasource.embedded.EmbeddedDatabaseType;
import org.springframework.orm.jpa.JpaVendorAdapter;
import org.springframework.orm.jpa.LocalContainerEntityManagerFactoryBean;
import org.springframework.orm.jpa.vendor.Database;
import org.springframework.orm.jpa.vendor.HibernateJpaVendorAdapter;

@Configuration
public class MyAppConfig {

   @Bean
   public DataSource dataSource() {
      EmbeddedDatabaseBuilder builder = new EmbeddedDatabaseBuilder();
      builder.setType(EmbeddedDatabaseType.H2);
      builder.addScript("script.sql");
      return builder.build();
   }

   @Bean
   public JpaVendorAdapter vendorAdapter() {
      HibernateJpaVendorAdapter vendorAdapter =
            new HibernateJpaVendorAdapter();
      vendorAdapter.setGenerateDdl(true);
      vendorAdapter.setDatabase(Database.H2);
      return vendorAdapter;
   }

   @Bean
   public EntityManagerFactory entityManagerFactory() {
      LocalContainerEntityManagerFactoryBean factory =
            new LocalContainerEntityManagerFactoryBean();

      factory.setJpaVendorAdapter(vendorAdapter());
      factory.setPackagesToScan("jp.tuyano.spring.data1");
      factory.setDataSource(dataSource());
      factory.afterPropertiesSet();
      return factory.getObject();
   }
}
```

App クラスを修正する

作成したMyAppConfigの内容は後で説明することにして、先にプログラムを完成させてしまいましょう。次に修正するのは、App.javaです。mainメソッドを以下に差し替えて下さい。

リスト7-24

```
// import org.springframework.context.annotation.
  AnnotationConfigApplicationContext;  追記

public static void main(String[] args) {
  context = new AnnotationConfigApplicationContext(MyAppConfig.class);
  EntityManagerFactory factory = context.getBean(EntityManagerFactory.class);
  manager = factory.createEntityManager();

  MyPersonDataDao<MyPersonData> dao = new
    MyPersonDataDaoImpl<MyPersonData>(manager);

  List<MyPersonData> list = dao.getAllEntity();

  for(MyPersonData person : list) {
    System.out.println(person);
  }
}
```

bean.xml/persistence.xml の修正

これでプログラムは完成です。設定関係は不要になるので削除しておきましょう。bean.xmlの<beans>タグ内に記述したタグ、そしてpersistence.xmlの<persistence>タグ内に記述したもの（<persistence-unit>タグ）をすべて削除して下さい。これで、設定ファイルの内容は空になりました。

修正ができたら、Appクラスを実行してみましょう。MyPersonDataの内容が出力されます。ちゃんとデータベースにアクセスできているのが確認できます。

図7-24：Appを実行すると、MyPersonDataの内容が出力される。

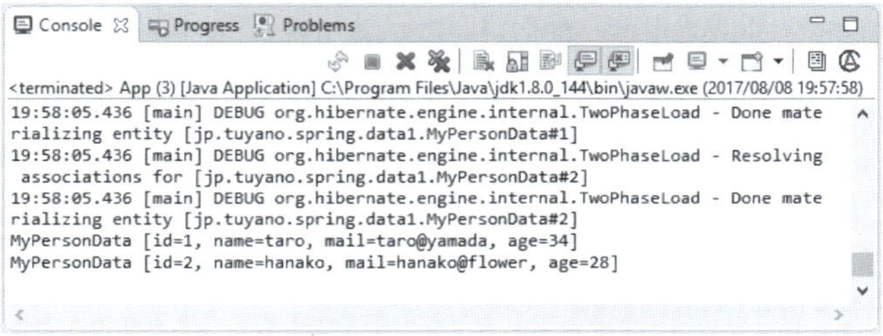

```
Console  Progress  Problems
<terminated> App (3) [Java Application] C:\Program Files\Java\jdk1.8.0_144\bin\javaw.exe (2017/08/08 19:57:58)
19:58:05.436 [main] DEBUG org.hibernate.engine.internal.TwoPhaseLoad - Done mate
rializing entity [jp.tuyano.spring.data1.MyPersonData#1]
19:58:05.436 [main] DEBUG org.hibernate.engine.internal.TwoPhaseLoad - Resolving
 associations for [jp.tuyano.spring.data1.MyPersonData#2]
19:58:05.436 [main] DEBUG org.hibernate.engine.internal.TwoPhaseLoad - Done mate
rializing entity [jp.tuyano.spring.data1.MyPersonData#2]
MyPersonData [id=1, name=taro, mail=taro@yamada, age=34]
MyPersonData [id=2, name=hanako, mail=hanako@flower, age=28]
```

Bean構成ファイルのBean作成

では、MyAppConfigクラスに用意したBean作成のメソッドを見てみましょう。ここでは、3つのBeanを作成するメソッドが用意されています。**DataSource**、**JpaVendorAdapter**、**EntityManagerFactory**です。

DataSource の作成

DataSourceは、データベースのソースを管理します。これは、**EmbeddedDatabaseBuilder**というクラスのインスタンスを作成し、そこから生成します。

ここでは、EmbeddedDatabaseBuilderインスタンスを作成してから、データベースのタイプを設定します。

```
builder.setType(EmbeddedDatabaseType.H2);
```

setTypeは、データベースタイプを設定します。タイプは、EmbeddedDatabaseTypeに用意されている値を使って設定します。ここでは、H2を指定してあります。

```
builder.addScript("script.sql");
```

続いて、実行するSQLスクリプトファイルを組み込みます。これは、先に作成してあったscript.sqlをそのまま組み込んでいます。

```
return builder.build();
```

最後に、buildを使ってDataSourceを作成し、これをreturnします。この処理は、bean.xmlに用意されている、以下のタグによるBean生成処理を置き換えるものです。

```
<jdbc:embedded-database id="dataSource" type="H2">
```

JpaVendorAdapter の作成

続いて、**JpaVendorAdapter**の作成です。これは、vendorAdapterというメソッドとして用意してあります。

```
HibernateJpaVendorAdapter vendorAdapter = new HibernateJpaVendorAdapter();
```

JpaVendorAdapterはインターフェイスです。このインターフェイスをimplementsしたクラスがいろいろと用意されており、それらを使ってJpaVendorAdapterを用意します。ここでは、**HibernateJpaVendorAdapter**というクラスを使っています。

```
vendorAdapter.setGenerateDdl(true);
```

インスタンス作成後、setGenerateDdlというメソッドをtrueに設定しています。これは、データベースを生成できるようにします。

```
vendorAdapter.setDatabase(Database.H2);
```

続いて、データベースをH2に設定しています。setDatabaseでは、Databaseクラスに用意されている値を使ってデータベースを設定します。

こうして作成したHibernateJpaVendorAdapterインスタンスをreturnします。これは、bean.xml内にあった**<bean id="entityManagerFactory">**タグの中の**<property name="jpaVendorAdapter">**タグ部分を置き換えます。

EntityManagerFactoryの作成

最後に、**EntityManagerFactory**インスタンスの作成です。これは、**entityManagerFactory**メソッドで行っています。

ここでは、まず**LocalContainerEntityManagerFactoryBean**というクラスのインスタンスを作成しています。

```
LocalContainerEntityManagerFactoryBean factory =
    new LocalContainerEntityManagerFactoryBean();
```

インスタンス作成後、メソッドを呼び出して各種の設定をしていきます。以下の3つを設定しています。

JpaVendorAdapterの設定

```
factory.setJpaVendorAdapter(vendorAdapter());
```

PackagesToScan(スキャンするパッケージの設定)

```
factory.setPackagesToScan("jp.tuyano.spring.data1");
```

DataSourceの設定

```
factory.setDataSource(dataSource());
```

最後に、afterPropertiesSetというメソッドを呼び出しています。これはプロパティ類を設定した後で実行するメソッドです。こうして用意されたEntityManagerFactoryから、getObjectというメソッドを呼び出すことで、EntityManagerFactoryを得ることができます。

このメソッドで行っていることは、bean.xml内の**<bean id="entityManagerFactory">**タグの置き換えです。

——ざっとBean構成クラスを使ってSpring Data JPAを利用するサンプルについて説明をしました。Bean構成ファイルは、面倒ですが、書き方さえわかってしまえばそう難しいものではありません。Bean構成クラスは、Javaで設定を用意できるという点はわかりやすいのですが、用意するクラスやそこにあるメソッド類を理解していくのはけっこう大変です。

どちらのやり方でもSpring Data JPAは使えるので、自分にとってわかりやすい方法を覚えて使えるようにしておきましょう。

Chapter 8

Spring Dataを更に活用する

Spring Dataは、Webアプリケーションでも多用されます。またこれを活用するには、JPQLというクエリー言語を活用するための仕組みやバリデーションなどについても学ぶ必要があります。こうした諸機能についてここで説明しましょう。

8-1 WebアプリケーションにおけるSpring Data JPA

WebアプリケーションでSpring Data JPAを利用するケースは非常に多いでしょう。ここでWebアプリケーションへの組み込み方と使い方の基本についてまとめましょう。

Webアプリケーションプロジェクトの作成

データベースアクセスを多用するプログラムというのは、ローカルなアプリケーションよりWebアプリケーションのほうがはるかに多いかもしれません。実際にSpring JPAを利用するシーンも、やはりWebアプリケーションが圧倒的でしょう。そこで、ここまでの基本を踏まえて、Webアプリケーションでの利用について考えてみましょう。

まずは、Webアプリケーションのプロジェクトから作成をしていくことにします。

＜Spring Project＞メニューを選ぶ

＜**File**＞メニューの＜**New**＞内から、＜**Spring Legacy Project**＞メニューを選び、プロジェクト作成のためのダイアログウインドウを呼び出します。現れたダイアログで、以下のように設定を行いましょう。

Project name	「DataWebApp1」と入力します。
Use default location	ONのままにします。
Select Sprig version	Defaultのままにします(Templatesを選択すると選べます)。
「Templates」リスト	「Simple Projects」フォルダ内の「Simple Spring Web Maven」を選択します。
Add project to work sets	OFFのままにしておきます。

以上を設定したら、「**Finish**」ボタンを押してプロジェクトを作成して下さい。

図8-1：Simple Spring Web Mavenのテンプレートを使い、DataWebApp1という名前でプロジェクトを作る。

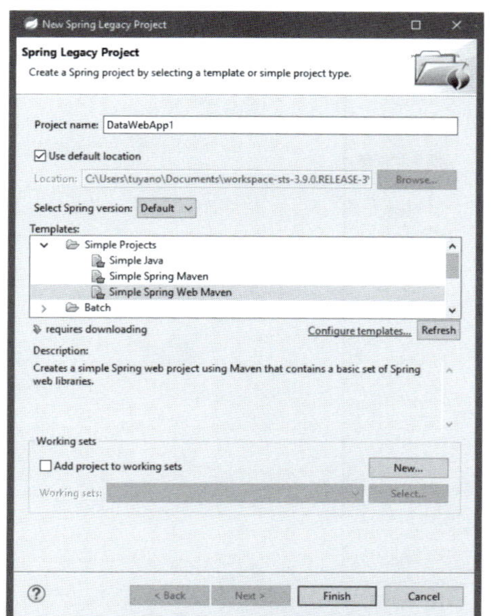

プロジェクトをアップデートする

作成後、パッケージエクスプローラーからプロジェクトのフォルダを右クリックし、現れたメニューから、<**Maven**>内の<**Update Project...**>メニューを選びます。

画面にダイアログウインドウが現れるので、アップデートするプロジェクト(DataWebApp1)のチェックがONになっていることを確認して、「**OK**」ボタンを押して下さい。これでプロジェクトのアップデートが実行されます。

図8-2：＜Update Project...＞メニューで現れるダイアログで、DataWebApp1にチェックして「OK」ボタンを押す。これでプロジェクトがアップデートされる。

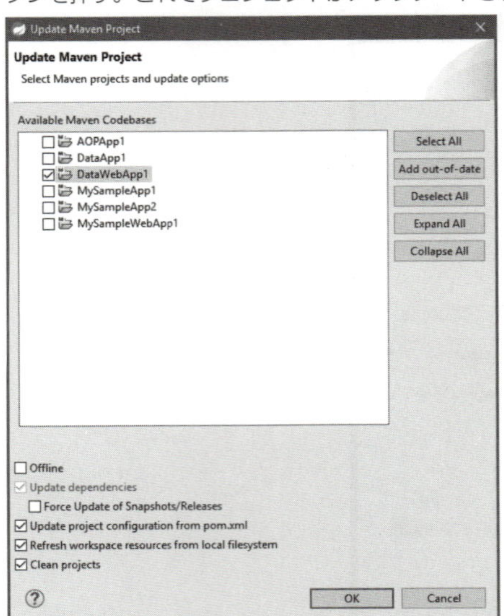

Maven install を実行する

続いて、Maven installコマンドを実行します。パッケージエクスプローラーからプロジェクトを選択し、＜**Run**＞メニューの＜**Run As**＞内にある＜**Maven install**＞メニューを選んで下さい。これで実行できる状態となりました。

pom.xmlを変更する

では、pom.xmlの変更から行いましょう。作成されたプロジェクトのpom.xmlを開き、以下のように書き換えて下さい。

リスト8-1

```
<project xmlns="http://maven.apache.org/POM/4.0.0"
  xmlns:xsi="http://www.w3.org/2001/XMLSchema-instance"
  xsi:schemaLocation="http://maven.apache.org/POM/4.0.0
    http://maven.apache.org/xsd/maven-4.0.0.xsd">

  <modelVersion>4.0.0</modelVersion>
  <groupId>jp.tuyano.spring.websample1</groupId>
  <artifactId>MySampleWebApp1</artifactId>
  <version>0.0.1-SNAPSHOT</version>
  <packaging>war</packaging>

  <properties>
```

```
    <!-- Generic properties -->
    <java.version>1.8</java.version>
    <project.build.sourceEncoding>UTF-8</project.build.sourceEncoding>
    <project.reporting.outputEncoding>UTF-8</project.reporting.outputEncoding>

    <!-- Web -->
    <jsp.version>2.2</jsp.version>
    <jstl.version>1.2</jstl.version>
    <servlet.version>3.1.0</servlet.version>

    <!-- Spring -->
    <spring-framework.version>5.0.0.RELEASE</spring-framework.version>

    <!-- Hibernate / JPA -->
    <hibernate.version>5.2.10.Final</hibernate.version>

    <!-- H2 database -->
    <h2.version>1.4.196</h2.version>

    <!-- Logging -->
    <logback.version>1.2.3</logback.version>
    <slf4j.version>1.7.25</slf4j.version>

    <!-- Test -->
    <junit.version>4.12</junit.version>

</properties>

<dependencies>

    <!-- Spring MVC -->
    <dependency>
        <groupId>org.springframework</groupId>
        <artifactId>spring-webmvc</artifactId>
        <version>${spring-framework.version}</version>
    </dependency>

    <!-- Other Web dependencies -->
    <dependency>
        <groupId>javax.servlet</groupId>
        <artifactId>jstl</artifactId>
        <version>${jstl.version}</version>
    </dependency>
    <dependency>
```

```
        <groupId>javax.servlet</groupId>
        <artifactId>javax.servlet-api</artifactId>
        <version>${servlet.version}</version>
        <scope>provided</scope>
    </dependency>
    <dependency>
        <groupId>javax.servlet.jsp</groupId>
        <artifactId>jsp-api</artifactId>
        <version>${jsp.version}</version>
        <scope>provided</scope>
    </dependency>

    <!-- Hibernate -->
    <dependency>
        <groupId>org.hibernate</groupId>
        <artifactId>hibernate-entitymanager</artifactId>
        <version>${hibernate.version}</version>
    </dependency>

    <!-- jdbc -->
    <dependency>
        <groupId>org.springframework</groupId>
        <artifactId>spring-jdbc</artifactId>
        <version>${spring-framework.version}</version>
    </dependency>

    <!--  Spring Data JPA -->
    <dependency>
        <groupId>org.springframework.data</groupId>
        <artifactId>spring-data-jpa</artifactId>
        <version>2.0.0.RELEASE</version>
    </dependency>

    <!-- Spring ORM -->
    <dependency>
        <groupId>org.springframework</groupId>
        <artifactId>spring-orm</artifactId>
        <version>${spring-framework.version}</version>
    </dependency>

    <!-- h2 database -->
    <dependency>
        <groupId>com.h2database</groupId>
        <artifactId>h2</artifactId>
```

```
        <version>${h2.version}</version>
      </dependency>

      <!-- Logging with SLF4J & LogBack -->
      <dependency>
        <groupId>org.slf4j</groupId>
        <artifactId>slf4j-api</artifactId>
        <version>${slf4j.version}</version>
        <scope>compile</scope>
      </dependency>
      <dependency>
        <groupId>ch.qos.logback</groupId>
        <artifactId>logback-classic</artifactId>
        <version>${logback.version}</version>
        <scope>runtime</scope>
      </dependency>

      <!-- Test Artifacts -->
      <dependency>
        <groupId>org.springframework</groupId>
        <artifactId>spring-test</artifactId>
        <version>${spring-framework.version}</version>
        <scope>test</scope>
      </dependency>
      <dependency>
        <groupId>junit</groupId>
        <artifactId>junit</artifactId>
        <version>${junit.version}</version>
        <scope>test</scope>
      </dependency>

    </dependencies>

</project>
```

追記したのは、spring-jdbc、h2、spring-data-jpa、spring-orm、spring-aspectsといったライブラリです。

必要なファイル類をコピーする

では、JPA利用のためのファイル類を用意しましょう。が、また最初から全て作るのは大変ですから、**第7章**のDataApp1プロジェクトにあるファイルをコピーして使うことにしましょう。以下のように作業をして下さい。

クラス関係

DataApp1のsrc/main/java内にある「**jp.tuyano.spring.data1**」パッケージを選択し、＜**Edit**＞ファイルから＜**Copy**＞を選んで下さい。これでパッケージごとコピーできます。そしてDataWebApp1のsrc/main/javaを選択して＜**Paste**＞メニューを選べば、パッケージとその中にあるソースコードファイルがまとめてペーストされます。

META-INF

persistence.xmlがあるMETA-INFもフォルダごとコピーしましょう。DataApp1の「**META-INF**」フォルダを選択して＜**Copy**＞メニューを選び、DataApp1のsrc/main/resourcesを選択して＜**Paste**＞メニューを選びます。これでこの中にMETA-INFフォルダとその中のpersistence.xmlがペーストされます。

リソースファイル類

「**bean.properties**」と「**script.sql**」もコピーして使います。が、これらはペーストする場所を変えておきます。DataApp1のbean.propertiesとscript.sqlを選択してコピーし、DataWebApp1のsrc/main/resources内にある「**spring**」フォルダを選択してペーストして下さい。これで、このフォルダの中に2つのファイルがペーストされます。

bean.properties の変更

コピー＆ペーストしてもってきたファイルのうち、bean.propertiesは一部変更が必要です。このファイルを開き、以下の文を書き換えて下さい。

```
(変更前)  jdbc.scriptLocation=classpath:script.sql
(変更後)  jdbc.scriptLocation=classpath:spring/script.sql
```

見ればわかるように、リソースファイル類の配置場所を「**spring**」フォルダ内に移動したので、それに合わせてファイルのロケーションを変更してあります。

図8-3：DataApp1からコピー＆ペーストした項目。これで基本的なファイルは揃った。

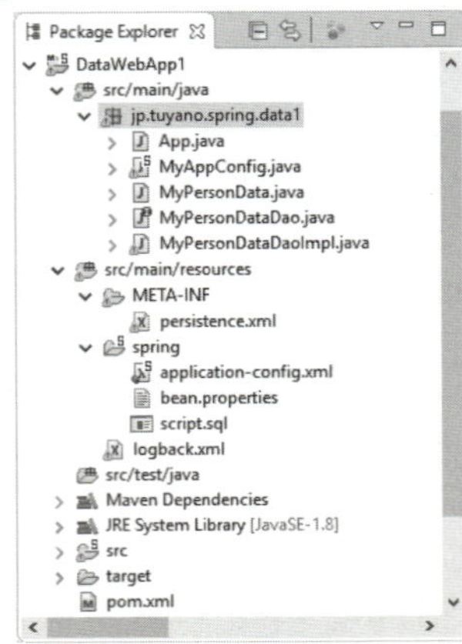

application-config.xmlを編集する

アプリケーションの設定を記述してある**application-config.xml**を編集しましょう。ここでは、JPA関連のBeanもまとめて登録しておくことにします。**第7章**で、Bean構成クラスを使った処理についても説明しましたが、とりあえずここでは基本のXMLファイルを使う形で説明をしていきましょう。

リスト8-2

```
<?xml version="1.0" encoding="UTF-8"?>

<beans xmlns="http://www.springframework.org/schema/beans"
  xmlns:xsi="http://www.w3.org/2001/XMLSchema-instance"
  xmlns:context="http://www.springframework.org/schema/context"
  xmlns:jpa="http://www.springframework.org/schema/data/jpa"
  xmlns:tx="http://www.springframework.org/schema/tx"
  xmlns:jdbc="http://www.springframework.org/schema/jdbc"
  xsi:schemaLocation="http://www.springframework.org/schema/beans
    http://www.springframework.org/schema/beans/spring-beans.xsd
    http://www.springframework.org/schema/data/jpa
    http://www.springframework.org/schema/data/jpa/spring-jpa.xsd
    http://www.springframework.org/schema/tx
    http://www.springframework.org/schema/tx/spring-tx.xsd
    http://www.springframework.org/schema/jdbc
    http://www.springframework.org/schema/jdbc/spring-jdbc.xsd
    http://www.springframework.org/schema/context
    http://www.springframework.org/schema/context/spring-context.xsd">

  <context:property-placeholder location="classpath:spring/bean.properties" />

  <context:annotation-config />
  <context:component-scan base-package="jp.tuyano.spring.data1" />

  <bean
    class="org.springframework.orm.jpa.support.
      PersistenceAnnotationBeanPostProcessor" />

  <bean id="entityManagerFactory"
    class="org.springframework.orm.jpa.LocalContainerEntityManagerFactoryBean">
    <property name="dataSource" ref="dataSource" />
    <property name="jpaVendorAdapter">
      <bean class="org.springframework.orm.jpa.vendor.HibernateJpaVendorAdapter">
        <property name="generateDdl" value="true" />
        <property name="database" value="${jdbc.type}" />
      </bean>
    </property>
```

```
  </bean>

  <!-- jdbc  -->
  <jdbc:embedded-database id="dataSource" type="H2">
    <jdbc:script location="${jdbc.scriptLocation}" />
  </jdbc:embedded-database>

</beans>
```

context関連のタグについて

リスト8-2では、**<context:○○>**というタグが2つ追加になっています。これらは主にアノテーションを利用します。以下に整理しておきましょう。

```
<context:annotation-config />
```

アノテーションによるBean配置などの処理を行えるようにします。

```
<context:component-scan base-package="jp.tuyano.spring.data1" />
```

コンポーネントを検索するパッケージを指定します。ここではjp.tuyano.spring.data1を指定しておきました。

persistence.xmlの修正

また、**第7章**の最後にBean構成クラスを使う例を紹介した際、persistence.xmlの<persistence-unit>タグも削除していたはずですね。これも、**リスト7-7**を参照して元の状態に戻しておいて下さい。ここではBean構成クラスは使わないので、Beanと永続性ユニットの設定を用意しておかないと、JPA関連が正しく機能しないので注意しましょう。

これで、リソース関係はひとまず終わりです。script.sqlは、コピー&ペーストしたままで問題ありません。web.xmlは変更が必要ですが、これはサーブレットを作成した後で行いましょう。

AbstractMyPerrsonDataDaoクラスの作成

となると、次に必要な変更は、Javaのソースコード関係になるでしょう。まずはDAO関連から考えてみます。DAOは、MyPersonDataDaoインターフェイスと、それをimplementsするMyPersonDataDaoImplクラスという構成になっていました。ここでは、この間に更に抽象クラスを1つ挟むことにしましょう。 ＜**File**＞メニューの＜**New**＞内から＜**Class**＞メニューを選んで下さい。そして現れたダイアログで以下のように設定します。設定後、「**Finish**」ボタンを押してクラスを作成して下さい。

Source folder	DataWebApp1/src/main/java(デフォルトのまま)

Package	jp.tuyano.spring.data1
Enclosing type	OFF
Name	AbstractMyPerrsonDataDao
Modifiers	「public」をON
Superclass	java.lang.Object(デフォルトのまま)
Interfaces	「jp.tuyano.spring.data1.MyPersonDataDao」をAddしておく
それ以降のチェックボックス	「Inherited abstract methods」をONに、他はOFFにする

図8-4：クラス作成のダイアログ。MyPersonDataDaoインターフェイスを追加し、AbstractMyPerrsonDataDaoという名前で作成しておく。

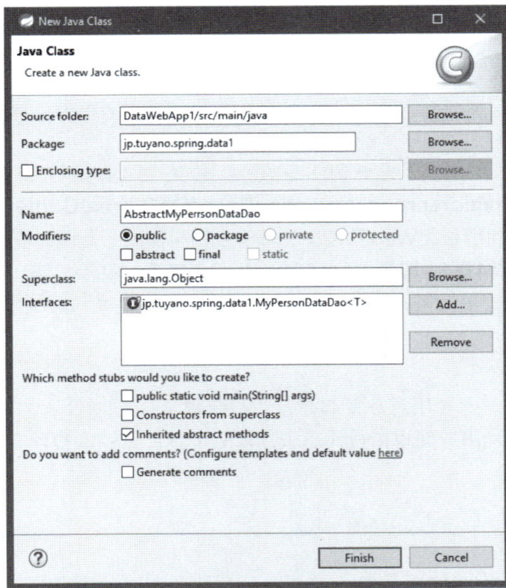

図8-5：Interfacesの「Add...」ボタンで現れるダイアログ。MyPersonDataDaoとタイプすると候補が現れる。

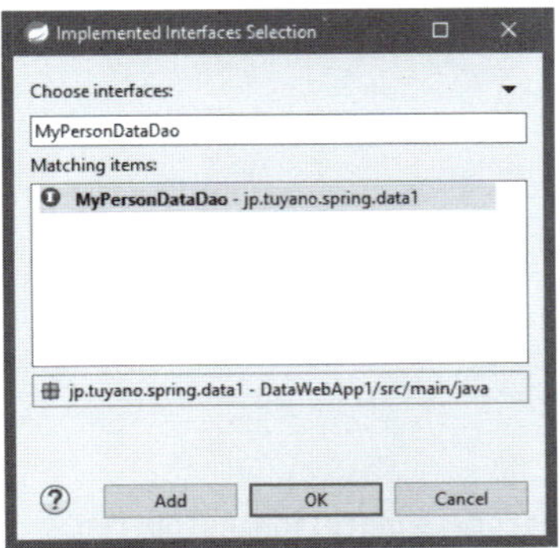

AbstractMyPerrsonDataDao.java を編集する

ソースコードファイルが作成されたら、これを開いて編集しましょう。AbstractMyPerrsonDataDao.javaの内容を以下のように書き換えて下さい。

リスト8-3

```
package jp.tuyano.spring.data1;

import org.springframework.web.context.support.SpringBeanAutowiringSupport;

public abstract class AbstractMyPerrsonDataDao<T> implements MyPersonDataDao<T> {

  public void init(){
    SpringBeanAutowiringSupport
      .processInjectionBasedOnCurrentContext(this);
  }
}
```

ここでは、initというメソッドが1つだけ実装されています。ここで、**SpringBeanAutowiringSupport.processInjectionBasedOnCurrentContext**を呼び出しています。これは、DIを利用したWebアプリケーションを作成した時に登場しましたが、覚えているでしょうか（**第4章4-2節**中の「**@Autowiredを使う**」参照）。@AutowiredなどのアノテーションでフィールドにBeanを関連付ける機能を使えるようにするためのものでしたね。

抽象クラスにこのメソッドを用意しておき、これを継承してDAOクラスを作成することで、アノテーションの利用を簡単に行えるようにしよう、というわけです。

DAOクラスの変更

続いて、MyPersonDataDaoImplクラスです。これは、AbstractMyPerrsonDataDaoを継承する形に変更することにしましょう。

リスト8-4

```
package jp.tuyano.spring.data1;

import java.util.List;

import javax.persistence.EntityManager;
import javax.persistence.EntityTransaction;
import javax.persistence.PersistenceContext;
import javax.persistence.Query;

import org.springframework.beans.factory.annotation.Autowired;
```

```
import org.springframework.context.ApplicationContext;
import org.springframework.orm.jpa.LocalContainerEntityManagerFactoryBean;
import org.springframework.stereotype.Service;
import org.springframework.web.context.support.SpringBeanAutowiringSupport;

@Service
public class MyPersonDataDaoImpl
    extends AbstractMyPerrsonDataDao {

  @Autowired
  private ApplicationContext context;

  @Autowired
  private LocalContainerEntityManagerFactoryBean factory;

  @PersistenceContext
  private EntityManager manager;

  public MyPersonDataDaoImpl() {
    init();
  }

  public List<MyPersonData> getAllEntity() {
    Query query = manager.createQuery("from MyPersonData");
    return query.getResultList();
  }

  public List<MyPersonData> findByField(String field, String find) {
    Query query = manager.createQuery("from MyPersonData where "
      + field + " = '" + find + "'");
    return query.getResultList();
  }

  public void addEntity(Object entity) {
    EntityManager manager = factory.
      getNativeEntityManagerFactory().createEntityManager();
    EntityTransaction transaction = manager.getTransaction();
    transaction.begin();
    manager.persist(entity);
    System.out.println("add:" + entity);
    manager.flush();
    transaction.commit();
  }
```

```
    public void updateEntity(Object entity) {
        EntityManager manager = factory.
            getNativeEntityManagerFactory().createEntityManager();
        EntityTransaction transaction = manager.getTransaction();
        transaction.begin();
        manager.merge(entity);
        manager.flush();
        transaction.commit();
    }

    public void removeEntity(Object data) {
        EntityManager manager = factory.
            getNativeEntityManagerFactory().createEntityManager();
        EntityTransaction transaction = manager.getTransaction();
        transaction.begin();
        manager.remove(data);
        manager.flush();
        transaction.commit();
    }

    public void removeEntity(Long id) {
        MyPersonData entity = manager.find(MyPersonData.class, id);
        this.removeEntity(entity);
    }

}
```

アノテーションについて

リスト8-4の**MyPersonDataDaoImpl**では、見慣れないアノテーション類が増えていますね。これらは、主にクラスやフィールドにBeanを割り当てるためのものです。以下に整理しておきましょう。

@Service

このクラスを**サービス**として登録します。サービスというのは、Webアプリケーションにある各種のサーブレットなどから呼び出して利用できるプログラムです。この@Serviceアノテーションを付けておくことで、このクラスをBean構成ファイルなどに登録することなく他のクラスから利用できるようになります。

@Autowired

Beanを自動的にバインドするためのアノテーションです。**第4章**でDIを利用したWebアプリケーションを作成したときに登場しましたね。これを付けておくと、Bean構成ファイルなどでBeanとして登録されているものから一致するクラスのBeanをフィールドに代入します。

@PersistenceContext

永続化コンテキストを設定します。これは一般的には**EntityManagerインスタンスを自動的に設定する**と考えておくとよいでしょう。これも、EntityManagerをBeanとしてBean構成ファイルに記述しておく必要はありません。

コンストラクタについて

```
SpringBeanAutowiringSupport
  .processInjectionBasedOnCurrentContext(this);
```

リスト8-3のコンストラクタで呼び出しているinitメソッドでは、このようなメソッドが実行されています。**リスト4-12**でも登場しましたね。これによりインスタンス生成時に@AutowiredなどのアノテーションにBeanが自動的に設定されるようになります。

サーブレットのスーパークラスを作成する

では、DAOクラスを利用してデータベースにアクセスするサーブレットを作成しましょう。これも、サーブレット全体のスーパークラスとなるサーブレットをまず作っておくことにします。

ここでは、実際にサーブレットとしてweb.xmlに組み込むわけではないので、一般のクラスとして作成をします。<**File**>メニューの<**New**>内から<**Class**>メニューを選んで下さい。そして現れたダイアログで以下のように設定します。設定後、「**Finish**」ボタンを押してクラスを作成して下さい。

Source folder	DataWebApp1/src/main/java(デフォルトのまま)
Package	jp.tuyano.spring.data1
Enclosing type	OFF
Name	BeanAutowiringFilterServlet
Modifiers	「public」をON
Superclass	「javax.servlet.http.HttpServlet」を設定
Interfaces	空白のまま
それ以降のチェックボックス	「Inherited abstract methods」をONに、他はOFFにする

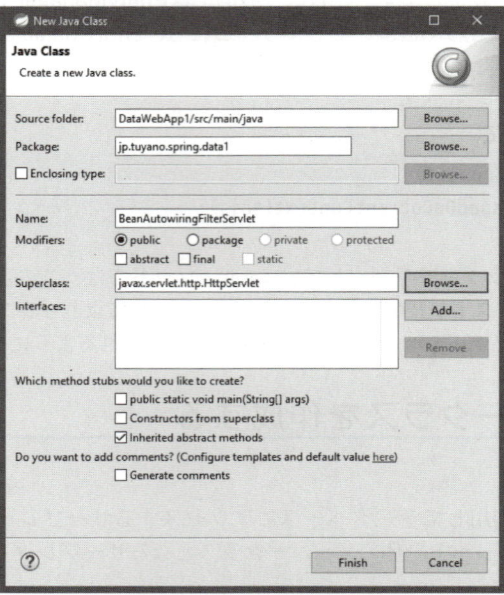

図8-6：クラス作成のダイアログ。HttpServletを継承し、BeanAutowiringFilterServletという名前で作成する。

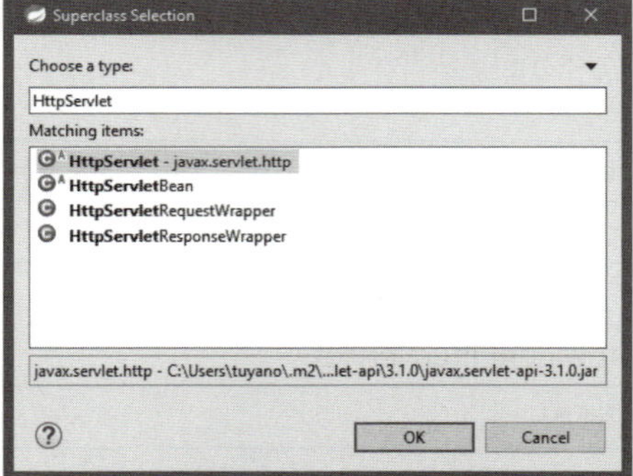

図8-7：Superclassの「Browse...」ボタンのダイアログ。HttpServletとタイプすると候補が現れる。

BeanAutowiringFilterServlet.java を編集する

ソースコードファイルが作成されたら、編集しましょう。BeanAutowiringFilterServlet.javaを開き、以下のように書き換えて下さい。

リスト8-5

```
package jp.tuyano.spring.data1;

import javax.servlet.ServletException;
import javax.servlet.http.HttpServlet;

import org.springframework.web.context.support.SpringBeanAutowiringSupport;
```

```
public class BeanAutowiringFilterServlet extends HttpServlet {
  private static final long serialVersionUID = 1L;

  @Override
  public void init() throws ServletException {
    super.init();
    SpringBeanAutowiringSupport
      .processInjectionBasedOnCurrentContext(this);
  }
}
```

このサーブレットも、やっていることはSpringBeanAutowiringSupport.processInjectionBasedOnCurrentContextを呼び出すだけです。これを継承してサーブレットを作れば、いちいちこのメソッドを呼び出さなくて済みます。

サーブレットを作る

では、実際に利用するサーブレットを作成しましょう。ここでは「**MyPersonDataServlet**」という名前で用意しておくことにします。以下の手順で作業しましょう。

❶Select a wizardから「**Servlet**」を選ぶ

＜File＞メニューの＜New＞内から、＜Other...＞メニューを選び、現れたダイアログウインドウにあるリストから「**Web**」内の「**Servlet**」を選びます。選択したら「**Next**」ボタンで次に進んで下さい。

図8-8：新規作成ウィザードのダイアログから「Servlet」を選択する。

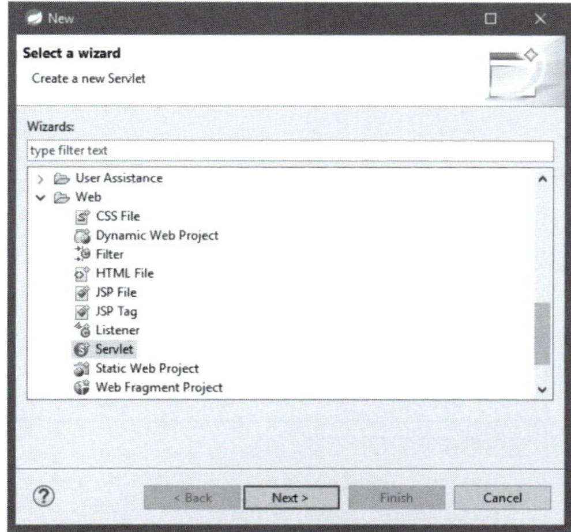

❷サーブレットの設定をする

作成するサーブレットの設定を行う画面に進みます。ここでは以下のように設定を行い、次に進んで下さい。

Project	作成するプロジェクトを選びます。「DataWebApp1」を選択して下さい。
Source folder	「/DataWebApp1/src/main/java」としておきます。
Java package	「jp.tuyano.spring.data1」と入力します。
Class name	「MyPersonDataServlet」としておきます。
Superclass	「jp.tuyano.spring.data1.BeanAutowiringFilterServlet」に修正しておきます。
Use an existing Servlet class or JSP	OFFにしておきます。

図8-9：作成するサーブレットの設定を行う。MyPersonDataServletと名前を入力する。

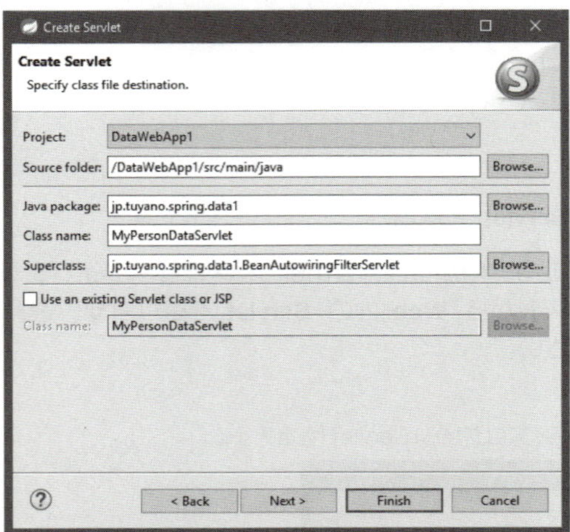

❸パラメータとURLの設定

サーブレットの初期化パラメータやURLマッピングに関する設定画面に進みます。それぞれ以下のように設定して下さい。

Name	サーブレット名を指定するところです。 「MyPersonDataServlet」と設定しておきます。
Description	空白のままでOKです。
Initialization parameters	初期化パラメータは何も用意しません。
URL mappings	ここでは「/person」と設定しておきます。

図8-10：サーブレットのURLを設定する。URL mappingsの項目を選択して「Edit...」ボタンを押し、/personと変更しておく。

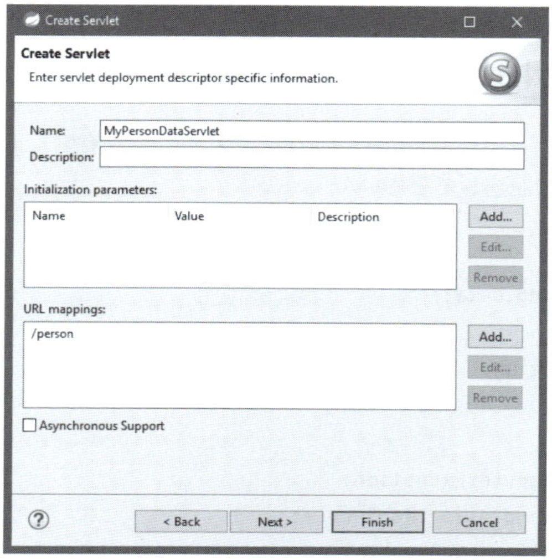

❹生成するインターフェイス・メソッドの設定

サーブレットの修飾子、インターフェイス、生成するメソッドといったものを設定する画面に進みます。以下のように設定を行いましょう。

Modifiers	publicのみON、他はOFFのままにしておきます。
Interfaces	ここでは使わないので、空白のままにしておきます。
Which method stubs woudl you like to create?	ここでは「Inherited abstrat methods」「doGet」「doPost」の3つをONにしておきます。

図8-11：修飾子、インターフェイス、生成メソッドの設定。メソッドはInherited abstrat methods、doGet、doPostだけONにしておく。

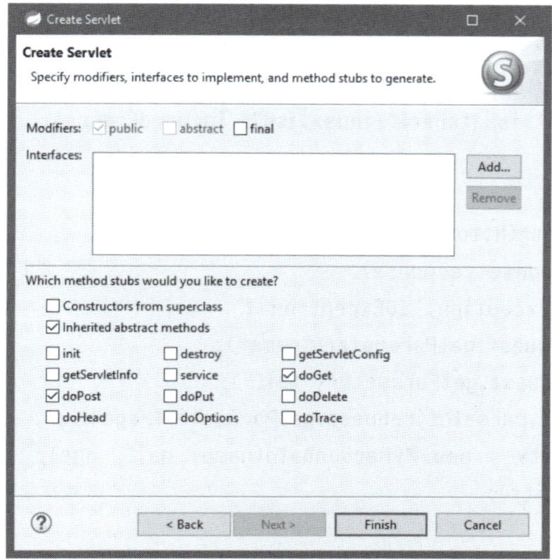

以上を設定した後、「**Finish**」ボタンを押せば、サーブレットのソースコードファイルがjp.tuyano.spring.data1パッケージ内に作成されます。

MyPersonDataServletクラスを編集する

では、作成されたMyPersonDataServlet.javaのソースコードを編集しましょう。ファイルを開き、以下のように記述して下さい。

リスト8-6

```
package jp.tuyano.spring.data1;

import java.io.IOException;
import java.util.List;

import javax.servlet.ServletException;
import javax.servlet.annotation.WebServlet;
import javax.servlet.http.HttpServletRequest;
import javax.servlet.http.HttpServletResponse;

import org.springframework.beans.factory.annotation.Autowired;

@WebServlet("/person")
public class MyPersonDataServlet extends BeanAutowiringFilterServlet {
  private static final long serialVersionUID = 1L;

  @Autowired
  private MyPersonDataDaoImpl dao;

  protected void doGet(HttpServletRequest request,
      HttpServletResponse response)
      throws ServletException, IOException {
    List<MyPersonData> list = dao.getAllEntity();
    request.setAttribute("entities", list);
    request.getRequestDispatcher("/index.jsp").forward(request, response);
  }

  protected void doPost(HttpServletRequest request,
      HttpServletResponse response)
      throws ServletException, IOException {
    String name = request.getParameter("name");
    String mail = request.getParameter("mail");
    int age = Integer.parseInt(request.getParameter("age"));
    MyPersonData entity = new MyPersonData(name, mail, age);
    dao.addEntity(entity);
```

```
        response.sendRedirect("person");
    }
}
```

ここでは、普通に/personにアクセスすると全エンティティを表示し、フォームから/personにPOST送信するとエンティティを追加するようにします。実際の画面表示はJSPで行いますので、エンティティのデータ等を準備する処理を用意しています。

基本的なメソッドとしてdoGet、doPostの2つを用意しています。@Autowiredアノテーションのほか、これらの働きについて簡単にまとめておきましょう。

@Autowired について

```
@Autowired
private MyPersonDataDaoImpl dao;
```

privateフィールドとしてMyPersonDataDaoImplインスタンスを保管するようにしていますね。このフィールドには、@Autowiredアノテーションが付けられています。これにより、**Beanとして登録されているMyPersonDataDaoImplインスタンスが自動的にこのフィールドに代入**されます。

doGet について

doGetで行っているのは、非常にシンプルな処理です。DAOクラスの**getAllEntity**を呼び出してListを取得し、これをrequestにアトリビュートとして設定します。

```
List<MyPersonData> list = dao.getAllEntity();
request.setAttribute("entities", list);
```

これで、検索されたエンティティのListをJSP側で取り出せるようになります。後はフォワードでindex.jspを画面に表示させます。

```
request.getRequestDispatcher("/index.jsp").forward(request, response);
```

doPost について

こちらは、JSPに用意したフォームを送信してエンティティを保存する処理を行います。まず、送られた名前、メールアドレス、年齢の値を変数に取り出します。

```
String name = request.getParameter("name");
String mail = request.getParameter("mail");
int age = Integer.parseInt(request.getParameter("age"));
```

ここでは、サンプルということでparseIntの例外処理などは行っていませんので、注意して下さい。値を取り出したら、それを元にMyPersonDataインスタンスを作成し、保存します。

```
MyPersonData entity = new MyPersonData(name, mail, age);
dao.addEntity(entity);
```

これも、既にDAOに処理が用意されていますから、それを呼び出すだけです。これで保存処理は完了です。後は/personにリダイレクトするだけです。

```
response.sendRedirect("person");
```

ここでは全エンティティ表示とエンティティの保存だけやってみましたが、その他の検索やエンティティの更新・削除といった処理も、基本的には同じような形で作成できるでしょう。実際に作業をしている部分は既にDAOクラスにできていますから、サーブレットやJSP側ではそれらを呼び出すだけで済みます。

web.xmlを編集する

作成されたサーブレットはサーブレット登録が必要です。本書の執筆時点では、プロジェクトで生成されるWebアプリケーションは**web-app 2.5**ベースであるため、アノテーションは使わずweb.xmlを利用するようになっています。

しかし、ここでは**web-app 3.1**ベースに変更しましょう。サーブレットはアノテーションを利用する形にし、サーブレット登録関係のタグは削除しておくことにします。また、文字化け防止のためのフィルター設定も追記しておく必要がありますね。

では、以下のようにweb.xmlを書き換えて下さい。

リスト8-7

```
<?xml version="1.0" encoding="ISO-8859-1"?>
<web-app
  xmlns:xsi="http://www.w3.org/2001/XMLSchema-instance"
  xmlns="http://xmlns.jcp.org/xml/ns/javaee"
  xsi:schemaLocation="http://xmlns.jcp.org/xml/ns/javaee
    http://xmlns.jcp.org/xml/ns/javaee/web-app_3_1.xsd"
  version="3.1">

  <display-name>DataWebApp1</display-name>

  <context-param>
    <param-name>contextConfigLocation</param-name>
    <param-value>classpath:spring/application-config.xml</param-value>
  </context-param>

  <listener>
  <listener-class>org.springframework.web.context.ContextLoaderListener
    </listener-class>
  </listener>
```

```
  <filter>
    <filter-name>EncodingFilter</filter-name>
    <filter-class>org.springframework.web.filter.CharacterEncodingFilter
      </filter-class>
    <init-param>
      <param-name>encoding</param-name>
      <param-value>UTF-8</param-value>
    </init-param>
    <init-param>
      <param-name>forceEncoding</param-name>
      <param-value>true</param-value>
    </init-param>
  </filter>
  <filter-mapping>
    <filter-name>EncodingFilter</filter-name>
    <url-pattern>/*</url-pattern>
  </filter-mapping>

  <!-- MyPersonDataServlet -->
  <!-- 使わないのでコメントアウト -->
  <!-- <servlet>
    <description></description>
    <display-name>MyPersonDataServlet</display-name>
    <servlet-name>MyPersonDataServlet</servlet-name>
    <servlet-class>jp.tuyano.spring.data1.MyPersonDataServlet</servlet-class>
  </servlet>
  <servlet-mapping>
    <servlet-name>MyPersonDataServlet</servlet-name>
    <url-pattern>/person</url-pattern>
  </servlet-mapping> -->

</web-app>
```

MyPersonDataServletのサーブレット設定は、クラスをサーブレットとして作成した際に自動追記されているはずです。ですから、実際に記述するのは**フィルター**関係のタグだけでしょう。またSpring MVC関連の記述は今回不要なので削除してあります。

サーブレットの登録は、ここではweb-app 3.1を指定してあるため、サーブレットに用意してある**@WebServlet("/person")**アノテーションによって認識されます。が、web-app 2.5以前の環境で動作させる場合は、コメントアウトしてあるMyPersonDataServletのサーブレット登録タグを有効にして下さい。

application-config.xml の登録について

また、ここでは**<context-param>**というタグを使い、**ApplicationContext**に関す

る設定情報を用意してあります。contextConfigLocationという名前のパラメータに、classpath:spring/application-config.xmlという値を設定しています。

（Webアプリケーションではない）一般的なアプリケーションのmainメソッドでは、ClassPathXmlApplicationContextを使い、bean.xmlを読み込み、Beanを用意していました。これと同様のことを行わせるための設定が、この<context-param>タグ部分です。contextConfigLocationにより、ApplicationContextのBean登録ファイルの配置場所を設定しているのです。これにより、Webアプリケーション起動時にapplication-config.xmlがBean登録ファイルとして読み込まれ、Bean生成が行われるようになります。

index.jspを編集する

最後に、画面表示用のJSPを作成しましょう。「**src**」内の「**main**」内にある「**webapp**」フォルダから「**index.jsp**」を開き、以下のように書き換えて下さい。

リスト8-8

```
<!DOCTYPE html>
<%@page import="java.util.List" %>
<%@page import="jp.tuyano.spring.data1.MyPersonData" %>
<%@ page language="java" contentType="text/html; charset=UTF-8" pageEncoding="UTF-8"%>

<%@ taglib prefix="c" uri="http://java.sun.com/jsp/jstl/core" %>
<%@ taglib prefix="spring" uri="http://www.springframework.org/tags"%>

<html>
<head>
  <meta charset="utf-8">
  <title>Welcome</title>
</head>
<body>
  <h1>JPA Sample</h1>
  <form method="post" action="person">
    <table>
    <tr><td>Name:</td><td><input type="text" name="name"></td></tr>
    <tr><td>Mail:</td><td><input type="text" name="mail"></td></tr>
    <tr><td>Age :</td><td><input type="text" name="age"></td></tr>
    <tr><td></td><td><input type="submit" value="追加"></td></tr>
    </table>
  </form>
  <hr>
  <ol>
  <% for(Object entity : (List)request.getAttribute("entities")){ %>
    <li><%=entity %></li>
  <% } %>
  </ol>
</body>
</html>
```

ここでは、**request.getAttribute**でentitiesの値を取り出し、それをforで繰り返し出力しています。また、name、mail、ageのフィールドを持ち、personにPOST送信するフォームも用意しておきました。

プロジェクトを実行する

これで一通りの作業が終わりました。では、実際にプロジェクトを動かしてみましょう。Webアプリケーションの場合は、サーバーにプロジェクトを追加する必要がありましたね。

Serversビューにあるtc Serverの項目を右クリックし、<**Add and Remove...**>メニューを選んで下さい。

図8-12：tc Serverの項目を右クリックし、<Add and Remove...>メニューを選ぶ。

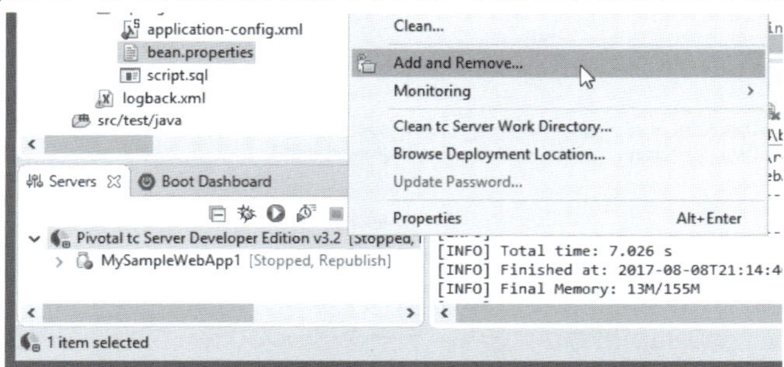

現れたダイアログで、左側のリストにある「**DataWebApp1**」を選択し、「**Add >**」ボタンを押して右側のリストに移動します。そしてFinishします。

図8-13：左側にあるDataWebApp1を選択し、「Add >」ボタンを押して右のリストに移動する。

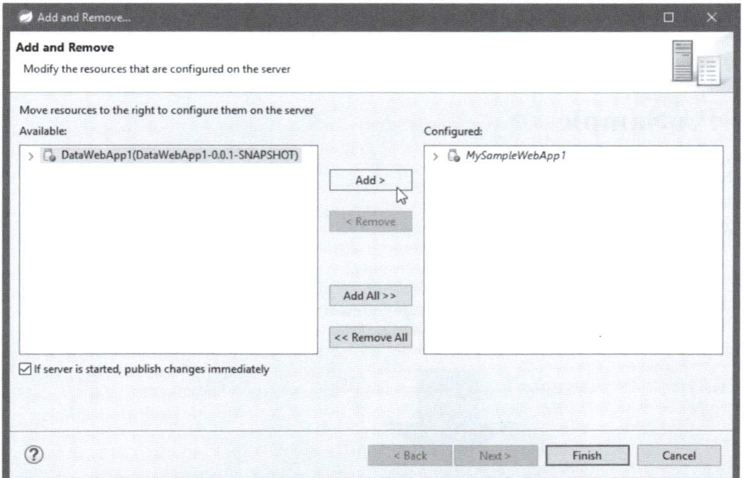

tc Server にアクセスする

　では、Serversからtc Serverを選択し、Startアイコンをクリックしてサーバーを起動して下さい。そして、Webブラウザから以下のアドレスにアクセスしましょう。

```
http://localhost:8080/DataWebApp1/person
```

図8-14：/personにアクセスすると、このような表示が現れる。

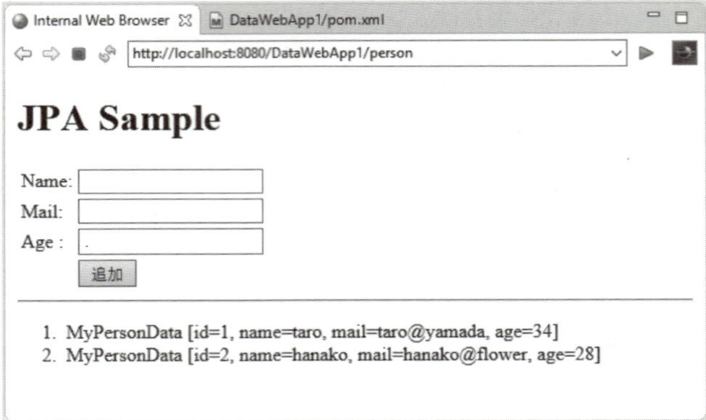

　画面に、フォームとデータの一覧が表示されます。フォームの下には、現在保管されているMyPersonDataが出力されます。データベースのテーブルに問題なくアクセスできていることがわかるでしょう。

　また、フォームにテキストを記入して送信すれば、そのデータが新たに追加されます。データの追加保存も問題なく行えます。これで、WebアプリケーションでSpring Dataによるデータベースアクセスを動かすことができました！

図8-15：フォームにテキストを書いて送信すると、データがエンティティとして保存される。

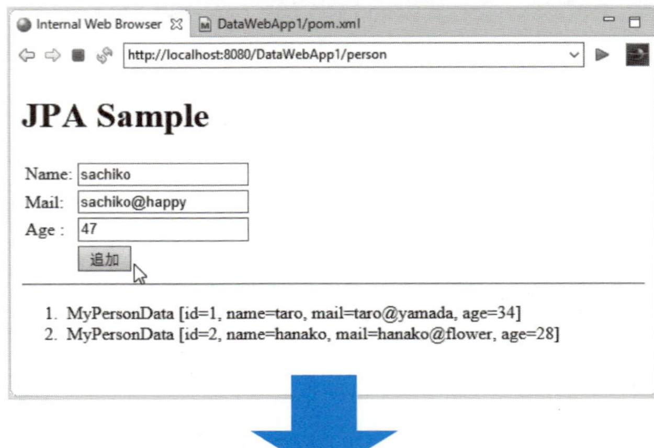

Column デフォルトJDKについて

JDK 9を利用している場合、このプロジェクトをtc Serverで公開してアクセスすると、エラーが発生して動作しないはずです。既に説明したように、JDK 9にはJAXBというライブラリが入っていないためです。

これは、tc Server自体をJDK 8で起動しなければ解決できません。というわけで、ここでのサンプルを実行するには、必ずJDK 8を用意する必要があります。

STSの＜**Window**＞メニューから＜**Preferences**＞メニューを選び、設定ウインドウを呼び出して下さい。そして「**Java**」項目内の「**Installed JREs**」を選択します。ここに利用可能なJRE(JDK含む)が表示されているので、JDK 8のチェックボックスをONにして、デフォルトに設定して下さい。なお、JDK 8が表示されない場合は、「**Add...**」ボタンをクリックし、JDK 8のフォルダを登録してから設定しましょう。

8-2 アノテーションとリポジトリ

JPAによるデータベースアクセスをマスターするには、JPQLの使い方をしっかり理解しておく必要があります。ここではアノテーションを利用したクエリー設定やリポジトリの活用などについて説明していきましょう。

@NamedQueryによるクエリーの作成

データベースアクセスは、つまるところ「**SQLのクエリーをデータベースに送信して結果を得る**」ということに尽きます。が、それをそのまま書いたのではわかりにくくJavaらしくないコードになってしまうために、なんとかしてわかりやすくJavaらしい形でデータベースを利用できるようにしよう、と考え、JPAなどさまざまなライブラリやフレームワークが作られたわけですね。

データベースアクセスについては、JPAやJDBC、またこれらを利用したSpringの機能など、さまざまなものが用意されています。これまでに解説したJDBCやJPAの基本的なやり方のほかに用意されている機能についても、説明していくことにしましょう。

まずは、「**SQLクエリーの実行**」というアプローチについてもう少し掘り下げていくことにしましょう。Spring Data JPAを利用していると、クエリー実行についてさまざまなやり方が用意されていることがわかってきます。それらを理解し、使いこなすことで、もっと便利にデータベースを利用できるようになるはずです。

最初に紹介するのは、「**@NamedQueryアノテーション**」を使ったクエリーの利用です。Spring Data JPAでは、クエリーに関するアノテーションが用意されています。

@Query	クエリーを登録する
@NamedQuery	クエリーに名前を付けて管理する

@Queryについては後ほど利用することになるので、ここでは@NamedQueryの利用について説明していきましょう。

@NamedQueryの使い方

@NamedQueryは、クエリーに名前を付けて記述します。このアノテーションを使って記述したクエリーは、外部からその名前を使って利用することができます。以下のような形で記述します。

```
@NamedQueries (
        {
           @NamedQuery (name=名前 , query="……クエリー文……"),
           ……必要なだけアノテーションを記述……
        }
)
```

@NamedQueriesは、複数の@NamedQueryをまとめて管理するアノテーションです。クエリーは、複数のものをまとめて用意することが多いでしょうから、これを利用して記述するのが一般的でしょう(必要なければ@NamedQueriesを使わず@NamedQueryだけを記述することもできます)。

@NamedQueryアノテーションは、通常、**name**と**query**の引数を用意します。これで名前と実行するクエリーを記述します。ここまで単に「**クエリー**」といってきましたが、これはもちろん、JPQLのクエリー文です。つまりこれは、JPQLをより快適に使えるようにするための工夫、といえます。

エンティティクラスの変更

では、実際に@NamedQueryアノテーションを利用してみましょう。**第7章**で作成してあるエンティティクラスのソースコードファイル「**MyPersonData.java**」を開いて下さい。そしてクラスの宣言までの部分を以下のように書き換えます。

リスト8-9

```
package jp.tuyano.spring.data1;

import javax.persistence.Column;
import javax.persistence.Entity;
import javax.persistence.GeneratedValue;
import javax.persistence.GenerationType;
import javax.persistence.Id;
import javax.persistence.NamedQueries;
import javax.persistence.NamedQuery;
import javax.persistence.Table;

@Entity
@Table(name="mypersondata")
@NamedQueries({
    @NamedQuery(name = "MyPersonData.getAllEntity",
      query = "FROM MyPersonData"),
    @NamedQuery(name = "MyPersonData.findByName",
      query = "FROM MyPersonData WHERE name = :value")
})
public class MyPersonData {……クラスの内容は変更なし……}
```

見ればわかるように、クラスの内容は変更しません。MyPersonDataクラスの手前に、@NamedQueriesアノテーションを追加しているだけです。ここでは、**"MyPersonData.getAllEntity"**と**"MyPersonData.findByName"**という2つの@NamedQueryを用意しておきました。

"MyPersonData.getAllEntity"は、query = "FROM MyPersonData"というように、単純にMyPersonDataをすべて検索するだけのものです。これは説明するまでもないでしょう。

"MyPersonData.findByName"は、query = "FROM MyPersonData WHERE name = :value"というクエリーが設定されています。これはWHEREを利用して特定条件のエンティティを検索しますが、nameの値に「**:value**」が設定されています。このようにコロンではじまる単語は、**変数**を意味します(この変数の意味は、これを具体的に利用する処理を見ればわかるでしょう)。

DAOクラスの変更

では、用意したアノテーションを利用する形にDAOクラスの処理を書き換えてみましょう。MyPersonDataDaoImpl.java（**リスト8-4**）を開き、「**getAllEntity**」メソッドを書き換えて、新たに「**findByName**」メソッドを追加しましょう。

リスト8-10

```
// getAllEntityを以下に変更する
@SuppressWarnings("unchecked")
public List<MyPersonData> getAllEntity() {
   Query query = manager.createNamedQuery("MyPersonData.getAllEntity");
   return query.getResultList();
}

// 新たに追加するメソッド
@SuppressWarnings("unchecked")
public List<MyPersonData> findByName(String value) {
   Query query = manager.createNamedQuery("MyPersonData.findByName")
      .setParameter("value", value);
   return query.getResultList();
}
```

@NamedQuery を使ったクエリーの実行

ここでは、EntityManagerの「**createNamedQuery**」というメソッドを利用しています。これは、引数に指定した名前の@NamedQueryを取得してQueryインスタンスを作成します。これでQueryを作成したら、後はgetResultListで結果を取得すればいいわけです。

createQueryを利用する場合、コード内にクエリー文のテキストリテラルが埋め込まれることになりますが、このようにcreateNamedQueryを利用することで、クエリー文も全てエンティティクラスの中にまとめておくことができます。実行する処理を変更する場合も、エンティティにあるアノテーションを書き換えるだけで済み、非常にわかりやすくなります。

サーブレットを変更する

では、サーブレットを変更して、この2つのメソッドを使ってみましょう。MyPersonDataServlet.javaを開き、doGetとdoPostのメソッドを以下のように書き換えて下さい。

リスト8-11

```
protected void doGet(HttpServletRequest request,
      HttpServletResponse response)
      throws ServletException, IOException {
```

```
    List<MyPersonData> list = dao.getAllEntity();
    request.setAttribute("entities", list);
    request.getRequestDispatcher("/index.jsp").forward(request, response);
}

protected void doPost(HttpServletRequest request,
        HttpServletResponse response)
        throws ServletException, IOException {
    String name = request.getParameter("name");
    List<MyPersonData> list = dao.findByName(name);
    request.setAttribute("entities", list);
    request.getRequestDispatcher("/index.jsp").forward(request, response);
}
```

変更したら、実際にアクセスしてみましょう。/personにアクセスすると、これまでと同様に全エンティティが表示されます。フォームのNameに名前を入力して実行すると、その名前のエンティティだけが表示されます。

doGetとdoPostでは、それぞれDAOのgetAllEntityとfindByNameを呼び出しています。@NamedQueryに用意したクエリーによりエンティティが取得されることがよくわかるでしょう。

図8-16：Nameに名前を書いて送信すると、その名前のエンティティだけを検索して表示する。

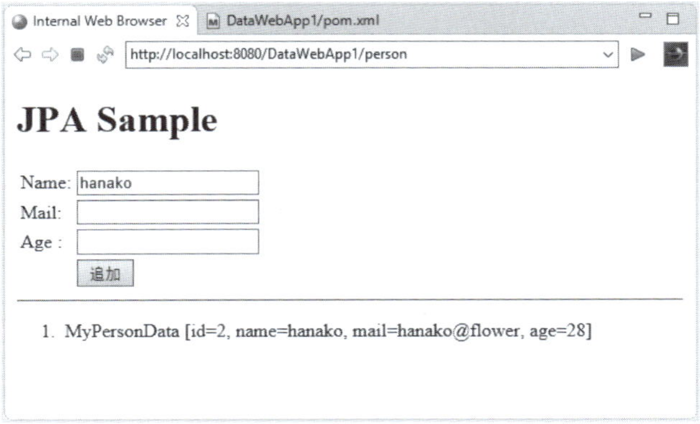

JpaRepositoryの利用

実際にJPAを利用したアプリケーションを作成していくと、Entity操作の基本はどんなアプリケーションでもだいたい似たようなものだということがわかってきます。全エンティティの検索、エンティティの追加・更新・削除、エンティティにある特定の項目の値を使った検索。こうした基本的なもので、大半のデータベースアクセスは事足りてしまいます。

ならば、こうした**汎用的なデータベースアクセス**は、最初から実装しておけばデータベースはもっと簡単に利用できるようになるはずですね。実は、そうした機能がSpring Data JPAにはちゃんと用意されているのです。それが「**JpaRepository**」です。

JpaRepositoryは、JPAの基本機能を実装するための**インターフェイス**です。これをextendsしたインターフェイスを作成することで、特定のエンティティを扱うための基本機能が簡単に揃ってしまうのです。

JpaRepositoryは、「**リポジトリ**」と呼ばれる機能を利用しています。リポジトリは、データベースアクセスのための特別な機能を提供します。インターフェイスとして作成され、そのまま@AutowiredなどでBeanを生成して利用されます。

JpaRepositoryの最大の特徴は「**何も作らない**」ということでしょう。作成するのは、ただ「**入れ物だけのインターフェイス**」のみです。データベースアクセスのための具体的な機能は一切ありません。何もないのに、勝手に動くようになるのです。

JpaRepositoryは、Webアプリケーションだけでなく、**第7章**で作成したような一般的なアプリケーションでも利用することができます。Spring Data JPAを利用しているならば、どんなプログラムでも使える、と考えていいでしょう。

リポジトリの作成

では、実際にリポジトリを使ってみましょう。JpaRepositoryを継承するリポジトリインターフェイスを作成します。＜**File**＞メニューの＜**New**＞内から＜**Interface**＞メニューを選んで下さい。画面にダイアログが現れるので、以下のように設定をし、「**Finsh**」ボタンを押してインターフェイスを作成して下さい。

Source folder	DataWebApp1/src/main/java(デフォルトのまま)
Package	jp.tuyano.spring.data1
Enclosing type	OFF
Name	MyPersonDataDaoRepository
Modifiers	「public」のみON
Extended interfaces	「org.springframework.data.jpa.repository.JpaRepository」をAddする
Generate Comments	OFFにする

図8-17：インターフェイス作成のダイアログ。JpaRepositoryインターフェイスを追加し、MyPersonDataDaoRepositoryという名前で作成する。

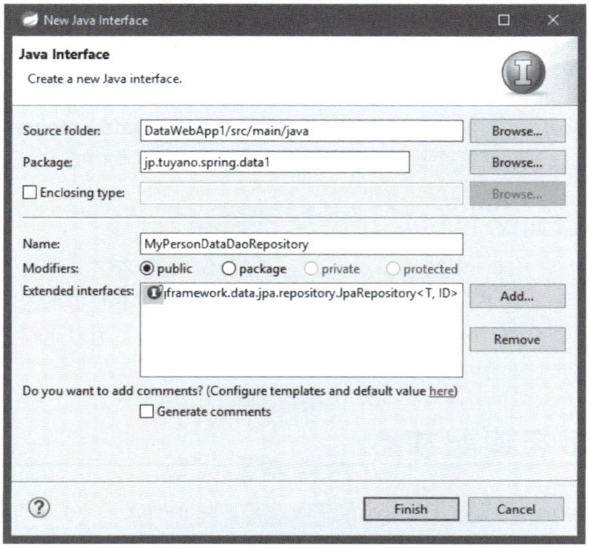

図8-18：Extended interfacesの「Add...」ボタンで現れるダイアログ。JpaRepositoryとタイプすると候補が表示される。

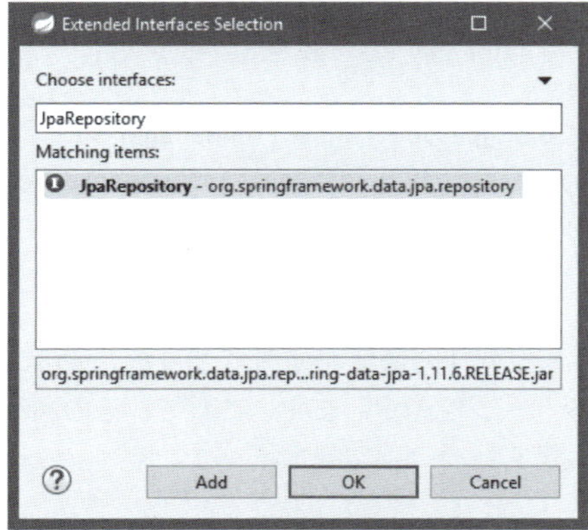

MyPersonDataDaoRepository.java の変更

作成されたMyPersonDataDaoRepository.javaを開き、少しだけ変更を行います。以下のように書き換えて下さい。

リスト8-12

```
package jp.tuyano.spring.data1;

import org.springframework.data.jpa.repository.JpaRepository;
import org.springframework.stereotype.Repository;
```

```
@Repository
public interface MyPersonDataDaoRepository
  extends JpaRepository<MyPersonData, Integer> {
}
```

extends JpaRepositoryの部分の総称型指定を**<MyPersonData, Integer>**と設定しただけです。メソッドなどは何も追加されていません。これでOKなのです。

@Repository について

一番重要なポイントは、実はインターフェイスの前にあるアノテーションです。**@Repository**を付けることで、このインターフェイスがリポジトリであると認識されるようになるのです。これを付けないと、JpaRepositoryを継承してもリポジトリとして扱われないので注意しましょう。

Bean構成ファイルを追記する

続いて、JpaRepositoryを使えるようにするため、Bean構成ファイルに追記をします。application-config.xmlを開き、以下のタグを<beans>内に追加して下さい。

リスト8-13

```
<jpa:repositories base-package="jp.tuyano.spring.data1" />

 <bean id="transactionManager"
  class="org.springframework.orm.jpa.JpaTransactionManager">
  <property name="entityManagerFactory" ref="entityManagerFactory" />
  <property name="dataSource" ref="dataSource" />
</bean>
```

<jpa:repositories>タグが、リポジトリの機能を使えるようにします。base-packageには、リポジトリを検索するパッケージを指定します。これで、そのパッケージからリポジトリを探して使えるようにします。

その下の<bean>タグは、「**TransactionManager**」(トランザクションマネージャ)をBeanとして登録します。リポジトリでは勝手にデータベースアクセス処理を実装してしまうので、そこで利用されるトランザクションを管理する機能が必要となります。それがトランザクションマネージャです。

ここでは、JPAの基本的なトランザクションマネージャである**JpaTransactionManager**クラスをBean登録しています。プロパティとして、**EntityManagerFactory**と**DataSource**を用意します。これにより、指定のEntityManagerとDataSourceを利用してデータベースアクセスを行うためのトランザクションマネージャが用意されます。

サーブレットのスーパークラスを変更する

これでリポジトリはできました。まだ何も実装していませんが、これでいいのです。では、作成したMyPersonDataDaoRepositoryを利用するようにサーブレットを変更しましょう。まず、サーブレットのスーパークラスであるBeanAutowiringFilterServlet.javaを開いて以下のように書き換えて下さい。

リスト8-14

```
package jp.tuyano.spring.data1;

import javax.servlet.ServletException;
import javax.servlet.http.HttpServlet;

import org.springframework.beans.factory.annotation.Autowired;
import org.springframework.web.context.support.SpringBeanAutowiringSupport;

public class BeanAutowiringFilterServlet extends HttpServlet {
  private static final long serialVersionUID = 1L;

  @Autowired
  MyPersonDataDaoRepository repository;

  @Override
  public void init() throws ServletException {
    super.init();
    SpringBeanAutowiringSupport
      .processInjectionBasedOnCurrentContext(this);
  }
}
```

わかりますか？　@AutowiredでMyPersonDataDaoRepositoryを関連付けています。「**でも、MyPersonDataDaoRepository ってインターフェイスじゃ？**」と思ったかもしれません。でも、いいんです。インターフェイスですが、ちゃんと@AutowiredでBeanとしてインスタンスが設定されます。

サーブレットを変更する

では、リポジトリを利用するようにサーブレットを書き換えましょう。MyPersonDataServlet.javaを以下のように変更して下さい。

リスト8-15

```
package jp.tuyano.spring.data1;

import java.io.IOException;
```

```
import java.util.List;

import javax.servlet.ServletException;
import javax.servlet.annotation.WebServlet;
import javax.servlet.http.HttpServletRequest;
import javax.servlet.http.HttpServletResponse;

@WebServlet("/person")
public class MyPersonDataServlet extends BeanAutowiringFilterServlet {
  private static final long serialVersionUID = 1L;

  protected void doGet(HttpServletRequest request,
      HttpServletResponse response)
      throws ServletException, IOException {
    List<MyPersonData> list = repository.findAll(); //●
    request.setAttribute("entities", list);
    request.getRequestDispatcher("/index.jsp").forward(request, response);
  }

  protected void doPost(HttpServletRequest request,
      HttpServletResponse response)
      throws ServletException, IOException {
    String name = request.getParameter("name");
    String mail = request.getParameter("mail");
    int age = Integer.parseInt(request.getParameter("age"));
    MyPersonData entity = new MyPersonData(name, mail, age);
    repository.saveAndFlush(entity); //●
    response.sendRedirect("person");
  }
}
```

変更したら、実際にアクセスして動作を確認してみましょう。/personにアクセスすると全エンティティが表示され、フォームを送信するとそれがエンティティに追加保存されます。動作自体は全く問題なく機能していますね。

ここでは、●の部分でエンティティの取得と保存を行っています。どちらもスーパークラスに用意したMyPersonDataDaoRepositoryインスタンスのメソッドを呼び出していることがわかるでしょう。が、このMyPersonDataDaoRepositoryはインターフェイスであり、何もコードは書いてありません。何もコードはないのに、ちゃんとメソッドは動くのです。ここがリポジトリの不思議なところです。

図8-19：フォームにテキストを書いて送信するとエンティティが保存される。全く問題なく動くことが確認できる。

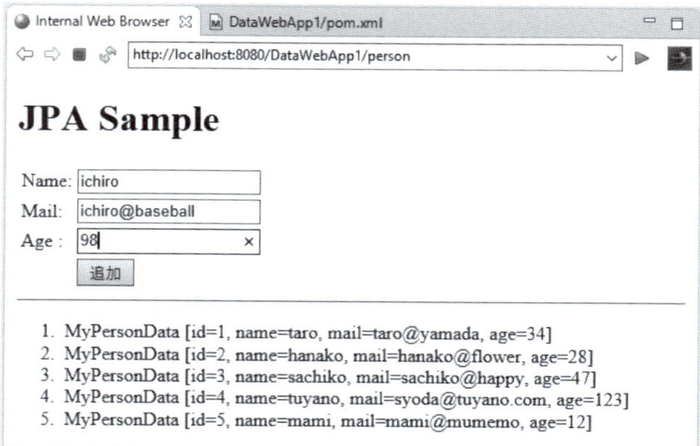

リポジトリの標準メソッド

では、リポジトリにはどのような機能が自動で用意されるのでしょう。デフォルトで利用可能になるメソッドをここで整理しておきましょう。

```
void deleteAllInBatch()
void deleteInBatch(Iterable<T> entities)
```

リポジトリのトランザクションで実行した一連の処理(保存、削除など)をすべて取り消します。引数なしと、対象となるエンティティのコレクションを引数指定した形式が用意されます。

```
long count()
```

エンティティ数をカウントします。

```
void delete(ID id)
void delete(Iterable<ID> ids)
void delete(Sort sort)
```

エンティティを削除します。引数には削除するエンティティのID、IDのコレクション、ソートの設定などが用意できます。

```
List<T> findAll()
List<T> findAll(Iterable<ID> ids)
List<T> findAll(Sort sort)
```

全エンティティをListとして取得します。引数の形式には「**なし**」、IDのコレクション、ソートの設定があります。

```
void flush()
```

フラッシュして変更をデータベースに反映します。

```
T getOne(ID id)
```

引数に指定したIDのエンティティを取得します。

```
<S extends T> List<S>  save(Iterable<S> entities)
```

引数に指定したエンティティのコレクションを保存します。戻り値は、保存されたエンティティのListになります。

```
T saveAndFlush(T entity)
```

引数に指定したエンティティを保存し、フラッシュします(つまり実行するとすぐにデータベースに反映されます)。

基本的に、保存や削除などのメソッドは、saveAndFlush以外はflushするまではデータベースには反映されません。必要な操作を一通り行った後でflushすることで、まとめて変更処理が行えるようになっています。

リポジトリを拡張する

標準では、リポジトリには全エンティティ検索と保存・削除といった機能しかありません。もっと細かな検索なども欲しいところですね。では、メソッドを追加してみましょう。MyPersonDataDaoRepository.javaを開き、以下のように変更してみて下さい。

リスト8-16

```
package jp.tuyano.spring.data1;

import java.util.List;

import org.springframework.data.jpa.repository.JpaRepository;
import org.springframework.stereotype.Repository;

@Repository
public interface MyPersonDataDaoRepository
  extends JpaRepository<MyPersonData, Long> {
```

```
  public List<MyPersonData> findByName(String name);
  public List<MyPersonData> findByMail(String mail);
  public List<MyPersonData> findByAge(int age);
  public List<MyPersonData> findByNameLike(String name);
  public List<MyPersonData> findByMailLike(String mail);
  public List<MyPersonData> findByNameOrMail
    (String name, String mail);
  public List<MyPersonData> findByNameLikeOrMailLike
    (String name, String mail);
  public List<MyPersonData> findByAgeGreaterThan(Integer age);
  public List<MyPersonData> findByAgeLessThan(Integer age);
  public List<MyPersonData> findByAgeGreaterThanOrAgeLessThan
    (Integer age0, Integer age1);
}
```

かなりたくさんのメソッドが追加されました。では、これらのメソッドの一部を利用するようにサーブレットを書き換えてみましょう。MyPersonDataServlet.javaのdoPostを以下のように変更してみて下さい。

リスト8-17

```
protected void doPost(HttpServletRequest request,
    HttpServletResponse response)
    throws ServletException, IOException {
  String name = request.getParameter("name");
  String mail = request.getParameter("mail");
  List<MyPersonData> list = repository
    .findByNameLikeOrMailLike("%" + name + "%", "%" + mail + "%");
  request.setAttribute("entities", list);
  request.getRequestDispatcher("/index.jsp").forward(request, response);
}
```

ここでは、nameとmailのフィールドの値をチェックし、いずれかのテキストを含むエンティティがあれば、すべて検索するようになります。どちらか片方だけでも、両方共にでも入力して検索できます。だいぶ実用性が高くなりましたね。

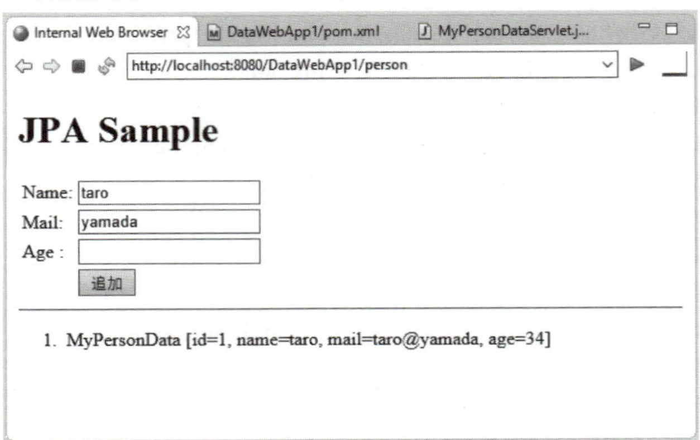

図8-20：NameとMailに検索テキストを記入し送信すると、どちらかのテキストを含むエンティティをすべて検索する。

メソッド名の仕組み

それにしても、リポジトリに設定されたインターフェイスは、ただメソッドの宣言文を書いているだけです。たったそれだけで、こちらで予想した通りの検索を行うメソッドが自動生成されてしまうのは、ちょっと不思議な気がしますね。

その秘密は、メソッドの名前にあります。Spring Data JPAでは、リポジトリのメソッド名を分解してJPQLのクエリーに翻訳し、それを実行する処理を生成しているのです。

例えば、ここで使った「**findByNameLikeOrMailLike**」というメソッドを見てみましょう。メソッド名は**キャメル記法**(単語の1文字目を大文字にしてひとつづきに記述する書き方)で、最初の文字が小文字で始まる形(lower-camelcase)で書かれています。大文字ごとに単語を切り分ければ、1つ1つの単語に分解できます。

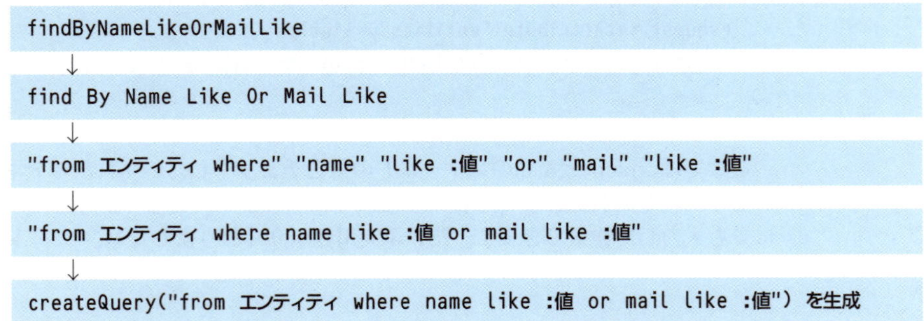
```
findByNameLikeOrMailLike
↓
find By Name Like Or Mail Like
↓
"from エンティティ where" "name" "like :値" "or" "mail" "like :値"
↓
"from エンティティ where name like :値 or mail like :値"
↓
createQuery("from エンティティ where name like :値 or mail like :値") を生成
```

どうです？　こうした流れを見れば、なぜメソッド名だけで的確な検索が行えたのか、わかりますね。

メソッドで認識できる単語

サンプルのfindByNameLikeOrMailLikeを見ればわかるように、メソッドによるJPQL

生成は、単純に単語を機械的に置き換えていっただけではありません。likeならばその後に比較する値を挿入しますし、nameとmailはフィールド名、orは論理和を示すものというように各単語の働きを理解してクエリーを生成していることに気がつきます。

Spring Data JPAには、JpaRepositoryのための辞書があり、これを使ってそれぞれの単語の役割ごとにクエリーを生成していきます。従って、ただ闇雲に単語を連ねていっても認識はされません。フィールド名と、JpaRepositoryで認識可能な単語を正しく組み合わせていく必要があります。

では、どのような単語が利用可能なのでしょうか。ここで整理しておきましょう。

And

2つの項目の値の両方に合致する要素を検索する場合に用いられます。これを使って2つの項目名をつなぎ、それぞれの項目の値として引数を2つ用意すればいいでしょう。

■メソッド例

```
findBy○○And△△
```

■生成されるJPQL

```
from エンティティ where ○○ = ?1 and △△ = ?2
```

Or

2つの項目の値のどちらか一方に合致する要素を検索する場合に用いられます。2つの項目名をつなぎ、それぞれの項目の値として引数を2つ用意します。

■メソッド例

```
findBy○○Or△△
```

■生成されるJPQL

```
from エンティティ where ○○ = ?1 or △△ = ?2
```

Between

2つの引数で値を渡し、両者の間の値を検索するときに用いることができます。これにより指定の項目が一定範囲内の要素を検索します。

■メソッド例

```
findBy○○Between
```

■生成されるJPQL

```
from エンティティ where ○○ between 1? and ?2
```

LessThan

数値の項目で、引数に指定した値より小さいものを検索します。

■メソッド例

```
findBy○○LessThan
```

■生成されるJPQL

```
from エンティティ where ○○ < ?1
```

GreaterThan

数値の項目で、引数に指定した値より大きいものを検索します。

■メソッド例

```
findBy○○GreaterThan
```

■生成されるJPQL

```
from エンティティ where ○○ > ?1
```

After

日時の項目で、引数に指定した値より後のものを検索します。

■メソッド例

```
findBy○○After
```

■生成されるJPQL

```
from エンティティ where ○○ > ?1
```

Before

日時の項目で、引数に指定した値より前のものを検索します。

■メソッド例

```
findBy○○Before
```

■生成されるJPQL

```
from エンティティ where ○○ < ?1
```

IsNull

指定の項目の値がnullのものを検索します。

■メソッド例

```
findBy○○IsNull
```

■生成されるJPQL

```
from エンティティ where ○○ is null
```

IsNotNull、NotNull

指定の項目の値がnullでないものを検索します。NotNullでもいいですし、IsNotNullでも理解します。

■メソッド例

```
findBy○○NotNull
```

```
findBy○○IsNotNull
```

■生成されるJPQL

```
from エンティティ where ○○ not null
```

Like

テキストのあいまい(LIKE)検索用です。指定の項目から値をあいまい検索します。ただし、ワイルドカードの設定までは自動でやってくれないので、引数に渡す値に随時ワイルドカードを付けてやる必要があるでしょう。

■メソッド例

```
findBy○○Like
```

■生成されるJPQL

```
from エンティティ where ○○ like ?1
```

NotLike

あいまい検索で、検索文字列を含まないものを検索します。やはり、ワイルドカードは引数に明示的に用意します。

■メソッド例

```
findBy○○NotLike
```

■生成されるJPQL

```
from エンティティ where ○○ not like ?1
```

StartingWith

あいまい検索で、検索文字列の後にワイルドカードが暗黙の内に付けられたものを用意します。

■メソッド例

```
findBy○○StartingWith
```

■生成されるJPQL

```
from エンティティ where ○○ like '?1%'
```

EndingWith

あいまい検索で、検索文字列の前にワイルドカードが暗黙の内に付けられたものを用意します。

■メソッド例

```
findBy○○EndingWith
```

■生成されるJPQL

```
from エンティティ where ○○ like '%?1'
```

Containing

あいまい検索で、検索文字列の前後にワイルドカードが暗黙の内に付けられたものを用意します。

■メソッド例

```
findBy○○Containing
```

■生成されるJPQL

```
from エンティティ where ○○ like '%?1%'
```

OrderBy

並び順を指定します。通常の検索メソッド名の後に付けるとよいでしょう。また項目名の後にAscやDescを付けることで、昇順か降順かを指定できます。

■メソッド例

```
findBy○○OrderBy△△Asc
```

■生成されるJPQL

```
from エンティティ where ○○ = ?1 order by △△ Asc
```

Not

指定の項目が引数の値と等しくないものを検索します。

■メソッド例

```
findBy○○Not
```

■生成されるJPQL

```
from エンティティ where ○○ <> ?1
```

In

指定の項目の値が、引数のコレクションに用意された値のどれかと一致すれば検索します。

■メソッド例

```
findBy○○In(《Collection<○○>》)
```

■生成されるJPQL

```
from エンティティ where ○○ in ?1
```

NotIn

指定の項目の値が、引数のコレクションに用意されたどの値とも一致しないものを検索します。

■メソッド例

```
findBy○○NotIn(《Collection<○○>》)
```

■生成されるJPQL

```
from エンティティ where ○○ not in ?1
```

True

真偽値の項目がtrueのものだけを検索します。

■メソッド例

```
findBy○○True
```

■生成されるJPQL

```
from エンティティ where ○○ = true
```

False

真偽値の項目がfalseのものだけを検索します。

■メソッド例

```
findBy○○False
```

■生成されるJPQL

```
from エンティティ where ○○ = false
```

@Queryでメソッドを追加する

基本的な単語とフィールドを組み合わせることで、リポジトリに簡単にメソッドを追加できることがわかりました。しかし、これですべての検索が実装できるわけではありません。もっと複雑な検索については、やはり自分でそのためのメソッドを作らなければいけません。

が、この場合も、リポジトリならば非常に簡単にメソッドを追加することができます。**@Query**アノテーションを使い、単にJPQLのクエリー文を付けるだけでいいのです。実際にやってみましょう。

MyPersonDataDaoRepository.javaを開き、MyPersonDataDaoRepositoryインターフェイス内に、以下の文を追記して下さい。

リスト8-18

```
// import org.springframework.data.jpa.repository.Query; 追加

@Query("select name from MyPersonData")
public List<String> getAllName();
```

これは、全エンティティのnameの値だけをまとめて取り出すメソッドです。MyPersonDataDaoRepositoryはインターフェイスですから、実装はありません。ただメソッドの宣言文があるだけです。

その上にある@Queryは、前に取り上げた@NamedQueryと同様にJPQLのクエリー文を設定します。@NamedQueryと違い、クエリーに名前を設定することはできません。ただクエリーを書くだけです。

@Queryをリポジトリインターフェイスのメソッドに記述することで、そのクエリーを実行するメソッドの実装が自動生成されるようになります。

サーブレットの変更

では、このgetAllNameメソッドを利用するようにサーブレットを書き換えてみましょう。MyPersonDataServlet.javaのdoGetメソッドを以下のように変更してみて下さい。

リスト8-19

```
protected void doGet(HttpServletRequest request,
    HttpServletResponse response)
    throws ServletException, IOException {

  List<String> list = repository.getAllName(); //●
  request.setAttribute("entities", list);
  request.getRequestDispatcher("/index.jsp").forward(request, response);
}
```

●マークの部分が変更されています。repository.getAllNameでList<String>インスタンスを取得し、それをentitiesにsetAttributeするように書き換えました。

プロジェクトを実行して/personにアクセスすると、全エンティティの名前だけが表示されます。getAllNameメソッドがきちんと機能していることがわかりますね。

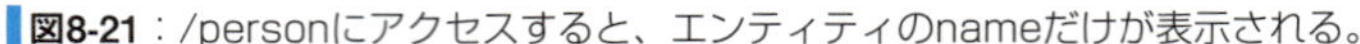

図8-21：/personにアクセスすると、エンティティのnameだけが表示される。

注意すべきは「戻り値」

@Queryアノテーションを用意してリポジトリに独自メソッドを追加する方法は、非常に扱い方が簡単です。が、一つ注意しておくべきことがあります。それはメソッドの「**戻り値**」です。

EntityManagerでは、通常のselect文を実行した場合は、List<MyPersonData>が返されました（**リスト8-4**のgetAllEntityなど）。検索されたレコードが1つ1つエンティティクラスのMyPersonDataインスタンスに変わってまとめらていたのですね。

が、ここでのgetAllNameの戻り値は、List<MyPersonData>ではありません。**List<String>**に変わっています。エンティティのnameの値だけを取り出しますから、Stringにしておけばいいのです。

では、どのようなときにどういう値が得られるのか。整理すると以下のようになります。

複数のインスタンスかどうか

複数のエンティティが返される場合は、配列かListとしてエンティティをまとめたものが返されます。1つのエンティティだけが返される場合は、そのエンティティのインスタンスが返されます。

全項目が返されるかどうか

レコードの全項目が返される場合、そのレコードはエンティティクラスのインスタンスとして返されます。何か1つの項目だけが返される場合は、その項目のタイプの値として返されます。複数項目（ただし、全てではない）の場合は、返される項目の値を配列かListにまとめたものが返されます。

単独の値はそのまま同じタイプの値

例えばcount関数などのように単独の値を返すクエリーの場合は、そのままその値が同じタイプの値で返されます。

このように、「**このクエリーを実行したらどんな形で結果が返されるか**」をきちんと押さえておけば、オリジナルのメソッド作成は簡単に行えます。戻り値の型が合わないと、実行時に例外を発生します。もし実行してエラーになるようなら、指定の型に戻り値が変換できるものかどうかをよく確認しましょう。

8-3 Criteria API

クエリーを使わず、Javaらしいデータベースアクセスを実現したいならば、JPQLよりも「Criteria API」を活用すべきです。このAPIの基本的な使い方についてここで整理しましょう。

Criteria APIの利用

JPQLを使っていると、「**要するにJPAといえども結局はSQLもどきのクエリーを書かないといけないのか**」と思ってしまうかもしれません。確かに、最終的にデータベースにアクセスする部分ではSQLを送らなければならないわけで、ついSQLクエリーとほぼ同じJPQLに頼ってしまうのは仕方ないことかもしれません。

が、「**もっとJavaらしいやり方でコードを書きたい**」という人もきっと多いはずです(本来、JPAなどはその目的のために設計されたのですから)。こうした人のために、JPAでは「**Criteria API**」が用意されています。

Criteria APIというのは、JPQLのクエリーをメソッドの呼び出しによって行えるようにしたものです。クエリーで使われるそれぞれの単語をメソッドの形で用意し、必要なものをメソッドチェーンとして呼び出していくことでクエリーと同じ処理が行えるようにしています。

MyPersonDataDaoImple を変更する

実際にサンプルを見てみたほうが、理解が早いでしょう。まず、DAOクラスであるMyPersonDataDaoImpl.javaを開いて下さい(ここではデータベースアクセスの処理を実際に記述しますから、リポジトリは使いません。DAOクラスを編集して利用します)。そして、getAllEntityメソッドを以下のように書き換えます。

リスト8-20

```
// import javax.persistence.criteria.CriteriaBuilder;
// import javax.persistence.criteria.CriteriaQuery;
```

```
// import javax.persistence.criteria.Root;

public List<MyPersonData> getAllEntity() {
  CriteriaBuilder builder = manager.getCriteriaBuilder();
  CriteriaQuery<MyPersonData> query = builder
    .createQuery(MyPersonData.class);
  Root<MyPersonData> root = query.from(MyPersonData.class);
  query.select(root);
  List<MyPersonData> list = (List<MyPersonData>) manager
    .createQuery(query).getResultList();
  return list;
}
```

サーブレットの変更

getAllEntityの内容については後述するとして、サーブレットを書き換えてプログラムを完成させてしまいましょう。MyPersonDataServlet.javaのdoGetメソッドを以下のように書き換えておきます。

リスト8-21

```
// import org.springframework.beans.factory.annotation.Autowired;

// 以下をフィールドとして用意する
@Autowired
private MyPersonDataDaoImpl dao;

protected void doGet(HttpServletRequest request,
    HttpServletResponse response)
    throws ServletException, IOException {
  List<MyPersonData> list = dao.getAllEntity();
  request.setAttribute("entities", list);
  request.getRequestDispatcher("/index.jsp").forward(request, response);
}
```

書き終えたら、実際に/personにアクセスしてみましょう。全エンティティが表示されます。表示自体は先に作成したgetAllEntityと全く同じですね。ただしここでは、DAOのCriteria APIを利用して同じことをしている、という点が違ってします。

図8-22：Criteria APIを使って全エンティティを表示する。これまでと同様にエンティティが一覧表示される。

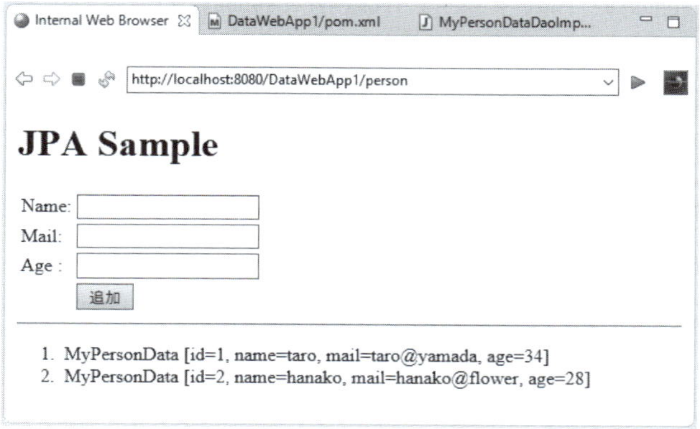

Criteria API利用の流れを理解する

では、先ほどDAOクラスのgetAllEntityに記述した内容をチェックしながら、Criteria APIの使い方について説明していくことにしましょう。Criteria APIは、利用するのに決まった手続きがあります。その流れを理解すれば、利用はそう難しいものではないのです。

❶CriteriaBuilderを取得する

```
CriteriaBuilder builder = manager.getCriteriaBuilder();
```

最初に行うのは、「**CriteriaBuilder**」クラスの用意です。これは、Criteria APIによるデータベースアクセスを行う専用のクエリークラス（後述の**CriteriaQuery**クラス）を生成するためのビルダーです。

❷専用のクエリークラスのインスタンスを作る

```
CriteriaQuery<MyPersonData> query = builder.createQuery(MyPersonData.class);
```

CriteriaBuilderインスタンスから、「**createQuery**」メソッドで「**CriteriaQuery**」クラスのインスタンスを作成します。これが、Criteria APIによるクエリー指定を行うためのクエリークラスです。**リスト8-4**などで、JPQLのクエリーを実行するためのQueryクラスというのを使いましたが、これのCriteria API版と考えればよいでしょう。

引数には、アクセス先のテーブルに対応するエンティティクラス（ここではMyPersonData）のClassクラス（= classプロパティのインスタンス）を指定します。これで、MyPersonDataアクセスのためのCriteriaQueryインスタンスが用意できました。

❸Rootクラスの取得

```
Root<MyPersonData> root = query.from(MyPersonData.class);
```

CriteriaQueryの「**from**」メソッドで、「**Root**」というクラスのインスタンスを取得します。fromメソッドは、JPQLのFROM節に相当します。from(MyPersonData.class)は、「**FROM mypersondata**」というJPQLクエリーに相当し、戻り値のROOTはこのFROM mypersondataというクエリーを示すもの、と考えればよいでしょう。

❹selectする

```
query.select(root);
```

CriteriaQueryの「**select**」メソッドに引数としてRootインスタンスを指定し、呼び出します。ここでは全エンティティを検索しているのでselectメソッドを呼び出すだけですが、検索条件などによっては更に絞り込みのためのメソッドをメソッドチェーンで呼び出していきます。ここで具体的な検索条件の設定がCriteriaQueryに対して行われている、と考えて下さい。

❺createQueryし、getResultListを得る

```
List<MyPersonData> list = (List<MyPersonData>) manager
    .createQuery(query).getResultList();
```

後は、Queryと同じです。EntityManagerのcreateQueryで、引数にCriteriaQueryを指定して呼び出し、更にgetResultListを呼び出して結果をListとして取得しています。

ここまでの処理を見ると、具体的なJPQLのクエリー文は一切登場していません。メソッドの呼び出しだけで検索の設定が行われていることがよくわかります。

フィールドで絞り込む

では、Criteria APIの基本がわかったところで、もう少し具体的な検索を行ってみましょう。まずは、フィールドの値を特定した検索です。

先に**リスト8-10**でDAOクラスを作成したとき、nameの値で検索をする「**findByName**」というメソッドを作りましたね。これを書き換えて、Criteria APIを利用したname検索を行うようにしてみましょう。

リスト8-22

```
public List<MyPersonData> findByName(String value) {
  CriteriaBuilder builder = manager.getCriteriaBuilder();
  CriteriaQuery<MyPersonData> query = builder.createQuery(MyPersonData.class);
  Root<MyPersonData> root = query.from(MyPersonData.class);
  query.select(root).where(builder.like(root.get("name").as(String.class), value));
```

```
    Query jpql = manager.createQuery(query);
    List<MyPersonData> list = (List<MyPersonData>) jpql.getResultList();
    return list;
}
```

MyPersonDataDaoImplクラスのfindByNameメソッドをこのように書き換えたら、MyPersonDataServletのdoPostを以下のように変更しておきましょう。

リスト8-23

```
protected void doPost(HttpServletRequest request,
        HttpServletResponse response)
        throws ServletException, IOException {
    String name = request.getParameter("name");
    List<MyPersonData> list = dao.findByName(name);
    request.setAttribute("entities", list);
    request.getRequestDispatcher("/index.jsp").forward(request, response);
}
```

フォームのNameに検索テキストを記入して送信すると、その名前のエンティティを表示します。例えば、「**taro%**」のように書くことで、taroで始まるエンティティを探すこともできます。

図8-23：Nameに名前を書いて送信すると、その名前のエンティティだけを表示する。

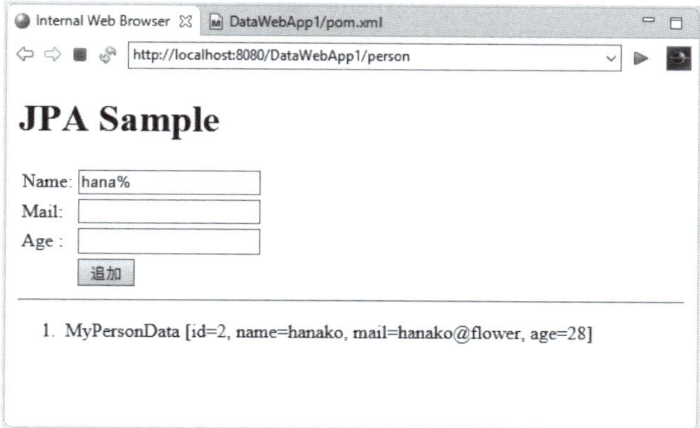

whereメソッドによる条件設定

リスト8-22では、fromでRootインスタンスを取得した後、以下のような文を実行しています。

```
query.select(root).where(builder.like(root.get("name").as(String.class), value));
```

これが、今回のポイントになります。が、いくつものメソッドが組み合わせられているため、ぱっと見には何をやっているのかよくわからないでしょう。selectメソッド以降の部分について細かく整理しておきましょう。

whereによる条件設定

```
《CriteriaQuery》.where(《Expression》);
```

selectの後にメソッドチェーンで続けられている「**where**」が、検索条件の設定を行います。これは、JPQLの「**where**」節の設定を行います。引数には、条件の具体的な内容を用意します。「**Expression**」というクラスのインスタンスとして用意し、式の評価を表すために用いられます。

Expressionは、式の評価を扱うオブジェクトです。例えば、SQLやJPQLのwhereなどでは、「**どのような条件でエンティティを絞り込むか**」を式で表します。が、Criteria APIでは、SQLなどの式を直接記述することはしません。代わりに、式と同様に特定の条件を評価するためのオブジェクトを用意します。それがExpressionです。

CriteriaBuilderによるExpressionの用意

```
《CriteriaBuilder》.like(《Exprssion》)
```

whereの引数には、「**like**」というメソッドが指定されています。これは、あいまい検索に用いられる「**LIKE**」を設定するメソッドです。引数には、やはりExpressionインスタンスを指定します。例えば、JPQL/SQLの「**name like "a"**」という式を表したければ、nameフィールドを表すExpressionと、"a"という値を引数に指定することで、「**name like "a"**」を表すExpressionが得られます。

このlikeメソッドを引数に指定することで、whereであいまい検索の設定がされるようになります。

Rootから項目の指定を得る

```
《Root》.get( 項目名 ).as(《Class》)
```

likeメソッドの引数には、Rootインスタンスの「**get**」と、それにメソッドチェーンで繋げられた「**as**」が記述されています。「**get**」は、Rootから指定した項目の「**Path**」クラスのインスタンスを返すメソッドです。

Pathは、項目を正しく指定するために用意されているオブジェクトです。CriteriaBuilderでは、使用するテーブルの項目を指定するのにPathインスタンスを使います。getにより、指定した項目を表すPathが得られます。

その後のasは、Pathから指定の型で値を表すExpressionインスタンスを取得します。ちょっとわかりにくいですが、get.asと呼び出すことで、"name"項目を示すExpressionインスタンスが用意できたのだ、と考えて下さい。

以上により、nameの項目でLIKEを使った検索条件の設定が用意され、それがWHEREに設定されました。検索条件の設定まで行うと、Criteria APIによる記述はけっこうわかりにくいものになってきます。が、基本的にはJavaのメソッドを呼び出しているだけでクエリー文を完全に追放することはできていますね。

検索条件式のためのメソッドについて

Criteria APIを使いこなすためには、そのために用意されているさまざまなメソッド類の使い方を理解しておかなければいけません。これらについて整理しておきましょう。

まずは、検索条件の式として用いられるメソッドからです。先ほどのlikeメソッドなどのことですね。この条件式として扱われるメソッド類は、CriteriaBuilderに用意されています。

= 演算子

```
《CriteriaBuilder》.equal(《Expression》,《Object》)
《CriteriaBuilder》.equal(《Expression》,《Expression》)
```

第1引数のExpressionで指定されたエンティティのプロパティが、第2引数と等しいかどうかをチェックします。

!= 演算子

```
《CriteriaBuilder》.notEqual(《Expression》,《Object》)
《CriteriaBuilder》.notEqual(《Expression》,《Expression》)
```

equalと反対の働きをします。2つの引数の示すものが等しくないことを調べます。

> 演算子

```
《CriteriaBuilder》.gt(《Expression》,《T》)
《CriteriaBuilder》.gt(《Expression》,《Expression》)
《CriteriaBuilder》.greaterThan(《Expression》,《T》)
《CriteriaBuilder》.greaterThan(《Expression》,《Expression》)
```

第1引数で指定した要素が、第2引数の値より大きいことをチェックします。基本的に数値関係のプロパティで使うものです。2つありますが、どちらも働きは同じです。

>= 演算子

```
《CriteriaBuilder》.ge(《Expression》,《T》)
《CriteriaBuilder》.ge(《Expression》,《Expression》)
《CriteriaBuilder》.greaterThanOrEqualTo(《Expression》,《T》)
《CriteriaBuilder》.greaterThanOrEqualTo(《Expression》,《Expression》)
```

第1引数で指定した要素が、第2引数の値と等しいか大きいことをチェックします。equalとgreaterThanを合わせたものと考えるとよいでしょう。やはり2通りの書き方ができ、働きはどちらも同じです。

< 演算子

```
《CriteriaBuilder》.lt(《Expression》,《T》)
《CriteriaBuilder》.lt(《Expression》,《Expression》)
《CriteriaBuilder》.lessThan(《Expression》,《T》)
《CriteriaBuilder》.lessThan(《Expression》,《Expression》)
```

第1引数で指定した要素が、第2引数の値より小さいことをチェックします。メソッドは2つあり、どちらも働きは同じです。

<= 演算子

```
《CriteriaBuilder》.le(《Expression》,《T》)
《CriteriaBuilder》.le(《Expression》,《Expression》)
《CriteriaBuilder》.lessThanOrEqualTo(《Expression》,《T》)
《CriteriaBuilder》.lessThanOrEqualTo(《Expression》,《Expression》)
```

第1引数で指定した要素が、第2引数の値と等しいか小さいことをチェックします。equalとlessThanを合わせたものです。2つのメソッドはどちらも同じです。

BETWEEN 演算子

```
《CriteriaBuilder》.between(《Expression》,《T》,《T》)
《CriteriaBuilder》.between(《Expression》,《Expression》,《Expression》)
```

3つの引数をもつメソッドです。第1引数で指定した要素が、第2引数と第3引数の間に含まれていることをチェックします。

IS NULL 演算子

```
《CriteriaBuilder》.isNull(《Expression》)
```

引数で指定した要素がnullであることをチェックします。

IS NOT NULL 演算子

```
《CriteriaBuilder》.isNotNull(《Expression》)
```

引数で指定した要素がnullでないことをチェックします。

IS EMPTY 演算子

```
《CriteriaBuilder》.isEmpty(《Expression》)
```

引数で指定した要素が空(空白文字を含む)であることをチェックします。

IS NOT NULL 演算子

```
《CriteriaBuilder》.isNotEmpty(《Expression》)
```

引数で指定した要素が空でないことをチェックします。SQLのIS NOT NULLに相当するものと考えていいでしょう。

LIKE 演算子

```
《CriteriaBuilder》.like(《Expression》,《T》)
```

引数に指定した要素の値が、第2引数の文字列を含んでいるかどうかをチェックします。SQLのlikeと同じく、値の前後に%記号を付けることで、ワイルドカードで文字列を比較できます。

AND 演算子

```
《CriteriaBuilder》.and(《Predicate1》,《Predicate2》)
```

2つの式を示すオブジェクトがいずれも成立することをチェックします。引数には、ここに挙げたようなメソッドを使って作成された式が用意されます。**可変引数**になっており、いくつでも引数を記述することができます。

OR 演算子

```
《CriteriaBuilder》.or(《Predicate1》,《Predicate2》)
```

2つの式を示すオブジェクトのいずれかが成立することをチェックします。andと同様に、ここに挙げたメソッドで作られた式を指定します。これも**可変引数**であり、引数を増やせます。

NOT 演算子

```
《CriteriaBuilder》.not(《Predicate》)
```

引数に指定された式が成立しないことをチェックします。

並べ替えの「orderBy」

検索条件以外の演算子についても触れておきましょう。並べ替えの働きをするメソッド「**orderBy**」からです。

これはCriteriaQueryインスタンスに用意されています。以下のように記述します。

```
《CriteriaQuery》.orderBy(《Order》);
《CriteriaQuery》.orderBy(《List<Order>》);
```

引数には「**Order**」というクラスのインスタンスを指定します。これは並び順を示すためのもので、CriteriaBuilderにある以下のメソッドを使って取得します。

昇順の Order

```
《CriteriaBuilder》.asc(《Expression》);
```

降順の Order

```
《CriteriaBuilder》.desc(《Expression》);
```

開始位置と取得数の指定

データベースでは、多数のデータを決まった数ごとに切り分けて取り出す「**ページネーション**」と呼ばれる技法がよく用いられます。これを行うには、「**何番目のデータからいくつを取り出すか？**」ということを指定できなければいけません。

SQLでは、「**offset**」「**limit**」といった句で、読み取る位置と最大個数を指定しましたが、これに対応するメソッドもちゃんと用意されています。ただし、これはCriteriaQueryではなく、**Query**クラスの機能です。CriteriaQueryを作成し、最終的にQueryインスタンスを作成した際に利用します。

指定の位置から取得する

```
Query 変数 = 《Query》.setFirstResult(《int》);
```

引数に整数値を指定します。最初のエンティティから取得する場合は「**0**」となり、2番目からは「**1**」、3番目からは「**2**」……という具合に値を指定します。

指定の個数を取得する

```
Query 変数 = 《Query》.setMaxResults(《int》);
```

取得する個数を指定します。「**10**」とすれば10個のエンティティを取り出します。メソッド名からもわかるように、設定されるのは得られる「**最大数**」です。例えばエンティティの数が足りない場合には、あるだけが取り出されます。

——以上、まだまだアクセスのためのメソッドはありますが、ここで紹介したものだけでも覚えておけば、データベースの基本的な操作はたいてい実装できるようになるでしょう。

8-4 バリデーション

入力された値が正しいかどうかを確認するのが「バリデーション」です。JPAではアノテーションを利用して簡単にバリデーションを設定できます。その基本的な使い方についてここで説明しましょう。

エンティティとバリデーション

JPAでは、エンティティというクラスのインスタンスとして、テーブルのレコードが扱われます。新たにレコードを追加する際も、エンティティのインスタンスを作成し、それを保存します。

このやり方はとても便利なのですが、エンティティのオブジェクトしか操作しないため、「**そのエンティティに設定されている値は、本当に正しいものか**」ということをあまり考えることなくデータを扱うことになってしまいがちです。

データベースである以上、それぞれの保管する項目には「**こういう値でなければならない**」といった決まり事があるのが普通でしょう。例えばIDはユニークな値でなければいけませんし、重要な項目は必ず値を記入する必須項目としなければいけません。またメールアドレスの項目なら、入力されたテキストがメールアドレスの形式になっているかどうかチェックする必要もあるでしょう。

こうした、「**エンティティとして保管する値が正しい形式になっているか？**」をチェックするために用意されているのが「**バリデーション**」と呼ばれる機能です。

このバリデーション機能は、**JSR-303 Bean Validation API**というJava Community Proccess（JSR）の改定提案に基づいた実装です。JSRによるBean Validation API改定案は、JSR-303の後、JSR-349によりBean Validation API 1.1が策定され、更に**JSR-380**によって2017年8月に**Bean Validation API 2.0**が策定されました。

このBean Validattion APIは、**javax.validation**パッケージとしていくつかのベンダーから実装が作成され公開されています。

Bean Validation APIは、その名の通り「**Beanの内容をチェックするための機能**」です。すなわち、JPAでいうならば、エンティティのインスタンスをチェックするのに活用される機能です。値であれば何でも使えるというわけではないので、注意して下さい。

アノテーションとValidatorクラス

Bean Validation APIは、ごく大雑把に整理すると「**アノテーション**」部分と「**Validator**」クラスから構成されています。チェックするBeanのクラスにバリデーションのルールを示すアノテーションを記述しておくことで、それぞれのフィールドにバリデーションが設定されるのです。後は、その設定を元に、必要に応じて値のチェックが行われます。

値のチェックを行うなどの機能を提供するのが、Validatorクラスです。値のチェックは、手動で行うこともできますが、自動で行わせることもできます。あらかじめ

ValidatorのためのBeanを登録しておけば、例えばエンティティを保存しようとしたりすると自動的に値をチェックし、正しく値が設定されていれば保存され、されていなければ例外が発生するようになります。

Hibernate Validatorをpom.xmlに追加する

では、Bean Validator APIを使ってみましょう。まずは必要なライブラリをpom.xmlに追加します。<dependencies>タグ内に以下のタグを追加して下さい。

リスト8-24

```
<dependency>
  <groupId>org.hibernate</groupId>
  <artifactId>hibernate-validator</artifactId>
  <version>6.0.2.Final</version>
</dependency>
```

ここでは、**Hibernate Validator**というライブラリを組み込んでいます。これはHibernateが提供するValidation APIです。Hibernate独自の機能だけでなく、標準のBean Validation APIのライブラリもこれで自動的に組み込まれます。

Validator用のBeanを登録する

次に行うのは、Bean構成ファイルにValidator用のBeanを登録する作業です。application-config.xmlを開き、<beans>タグ内に以下のタグを追加して下さい。

リスト8-25

```
<bean id="validator"
  class="org.springframework.validation.beanvalidation.LocalValidatorFactoryBean"/>
```

この**LocalValidatorFactoryBean**というクラスは、Validatorを生成するためのファクトリークラスです。これをBeanとして登録しておくことで、Validatorがプロジェクト内のクラスで利用できるようになります。

これで、Bean Validation APIを利用するための準備は整いました。では、実際に利用してみましょう。

MyPersonDataクラスにアノテーションを追加する

まずは、エンティティクラスにバリデーションのためのアノテーションを追記します。MyPersonData.javaを開き、そこに用意されたフィールドに以下のような形でアノテーションを追加していきましょう。

リスト8-26

```
package jp.tuyano.spring.data1;

import javax.persistence.Column;
import javax.persistence.Entity;
import javax.persistence.GeneratedValue;
import javax.persistence.GenerationType;
import javax.persistence.Id;
import javax.persistence.Table;
import javax.validation.constraints.Email;
import javax.validation.constraints.Max;
import javax.validation.constraints.Min;
import javax.validation.constraints.NotEmpty;
import javax.validation.constraints.NotNull;

@Entity
@Table(name="mypersondata")
public class MyPersonData {

   @Id
   @Column
   @GeneratedValue(strategy = GenerationType.IDENTITY)
   private long id;

   @Column(length=50, nullable=false)
   @NotEmpty
   private String name;

   @Column(length=100, nullable=true)
   @NotEmpty
   @Email
   private String mail;

   @Column(nullable=true)
   @NotNull
   @Min(0)
   @Max(150)
   private int age;

   ……以下略……
}
```

ここでは、いくつかのアノテーションが増えています。詳細は後述するとして、ごく簡単に説明しておきましょう。

@NotEmpty	未入力を禁止します。
@Email	メールアドレスの形式のテキストのみ受け付けます。
@Min(0)、@Max(150)	最小値・最大値を指定します。

このように、エンティティクラスのフィールドにアノテーションを記述することで、そのフィールドに設定される値に制約を加えることができます。これにより、正しい形で値が設定されるようにできるのです。

index.jspを変更する

では、バリデーションを使って正しく値が入力されるようにページを変更しましょう。まず、画面表示用の「**index.jsp**」を開いて以下のように書き換えておきましょう。

リスト8-27

```
<!DOCTYPE html>
<%@page import="java.util.List" %>
<%@page import="jp.tuyano.spring.data1.MyPersonData" %>
<%@ page language="java" contentType="text/html; charset=UTF-8"
  pageEncoding="UTF-8"%>

<%@ taglib prefix="c" uri="http://java.sun.com/jsp/jstl/core" %>
<%@ taglib prefix="spring" uri="http://www.springframework.org/tags"%>

<html>
<head>
  <meta charset="utf-8">
  <title>Welcome</title>
</head>
<body>
  <h1>JPA Sample</h1>
  <p><%=request.getAttribute("msg") %></p>
  <table>
  <form method="post" action="person">
  <tr><td>Name:</td><td><input type="text" name="name"
    value="<%=request.getAttribute("name") %>"></td></tr>
  <tr><td>Mail:</td><td><input type="text" name="mail"
    value="<%=request.getAttribute("mail") %>"></td></tr>
  <tr><td>Age :</td><td><input type="text" name="age"
    value="<%=request.getAttribute("age") %>"></td></tr>
  <tr><td></td><td><input type="submit" value="追加"></td></tr>
  </form>
  </table>
  <hr>
  <ol>
```

```
  <% for(Object entity : (List) request.getAttribute("entities")){ %>
  <li><%=entity %></li>
  <% } %>
  </ol>
</body>
</html>
```

基本的にはこれまでと同じですが、ここでは最初に**<%=request.getAttribute("msg") %>**というようにしてmsgの値を最初に表示するようにしています。また**<input type="text">**タグでは、**value属性**を用意して、サーブレット側で用意しておいた値が表示されるようにしておきました。

サーブレットを変更する

では、サーブレットを書き換えましょう。ここではあちこちで細かな変更がありますので、全ソースコードを掲載しておきます。

リスト8-28

```
package jp.tuyano.spring.data1;

import java.io.IOException;
import java.util.List;
import java.util.Set;

import javax.servlet.ServletException;
import javax.servlet.annotation.WebServlet;
import javax.servlet.http.HttpServletRequest;
import javax.servlet.http.HttpServletResponse;
import javax.validation.ConstraintViolation;
import javax.validation.Validator;

import org.springframework.beans.factory.annotation.Autowired;

@WebServlet("/person")
public class MyPersonDataServlet extends BeanAutowiringFilterServlet {
  private static final long serialVersionUID = 1L;

  @Autowired
  private MyPersonDataDaoImpl dao;

  @Autowired
  private Validator validator;

  protected void doGet(HttpServletRequest request,
      HttpServletResponse response)
```

```
        throws ServletException, IOException {

      List<MyPersonData> list = dao.getAllEntity();
      request.setAttribute("msg", "please type my person data.");
      request.setAttribute("name", "");
      request.setAttribute("mail", "");
      request.setAttribute("age", "");
      request.setAttribute("entities", list);
      request.getRequestDispatcher("/index.jsp").forward(request, response);
    }

    protected void doPost(HttpServletRequest request,
        HttpServletResponse response)
        throws ServletException, IOException {
      String name = request.getParameter("name");
      String mail = request.getParameter("mail");
      int age;
      try {
        age = Integer.parseInt(request.getParameter("age"));
      } catch (NumberFormatException e) {
        age = 0;
      }
      MyPersonData entity = new MyPersonData(name, mail, age);
      Set<ConstraintViolation<MyPersonData>> result =
          validator.validate((MyPersonData)entity);
      if (result.isEmpty()) {
        dao.addEntity(entity);
        response.sendRedirect("person");
      } else {
        String msg = "<pre>";
        for(ConstraintViolation<MyPersonData> viola : result){
          msg += viola.getPropertyPath() + ":" + viola.getMessage() + "\n";
        }
        msg += "</pre>";
        request.setAttribute("msg", msg);
        request.setAttribute("name", name);
        request.setAttribute("mail", mail);
        request.setAttribute("age", "" + age);
        request.setAttribute("entities", dao.getAllEntity());
        request.getRequestDispatcher("/index.jsp").forward(request, response);
      }
    }
  }
```

記述したら、サーバーで公開し、/personにアクセスして下さい。そして3つのフィールドに適当に値を記入して送信してみましょう。きちんとした値が入力されていないと、メッセージがフォームの上に表示され、値は保存されません。

図8-24：フォームに適当に値を書いて送信する。正しい形式で書かれていない場合はエラーメッセージが表示され、エンティティは保存されない。

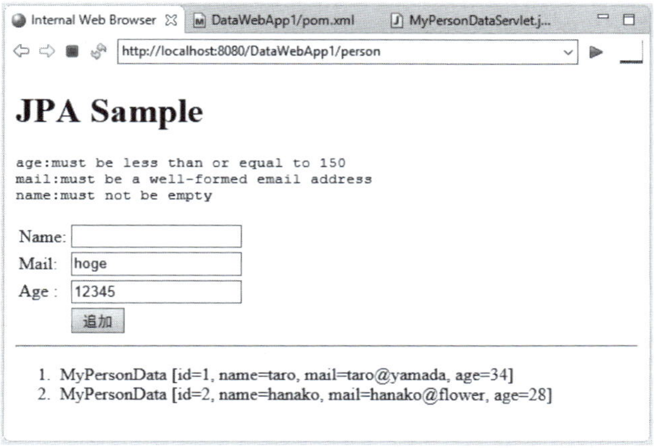

Internal Web Browser　DataWebApp1/pom.xml　MyPersonDataServlet.j...
http://localhost:8080/DataWebApp1/person

JPA Sample

age:must be less than or equal to 150
mail:must be a well-formed email address
name:must not be empty

Name:
Mail: hoge
Age : 12345
追加

1. MyPersonData [id=1, name=taro, mail=taro@yamada, age=34]
2. MyPersonData [id=2, name=hanako, mail=hanako@flower, age=28]

Validatorによるバリデーションのチェック

ここでは、doPostでフォームが送信されたら、そこでバリデーションによる値のチェックを行うようにしています。

実をいえば、バリデーション機能がきちんと設定されていれば、バリデーションの確認処理などを行う必要はありません。エンティティを保存しようとした時点で自動的にバリデーションのチェックが行われ、問題があれば、それに対応する**ValidatorException**という例外が発生します。

この例外を受け取って処理してもいいのですが、ここではValidatorクラスを使ってバリデーションのチェックを手動で行わせています。では処理の流れを見てみましょう。

Beanをフィールドに設定する

```
@Autowired
private Validator validator;
```

ここでは、このようなフィールドを用意してあります。Bean構成ファイルにLocalValidatorFactoryBeanインスタンスをBeanとして登録しておきましたね。これにより、@AutowiredでValidatorインスタンスを自動的に設定できるようになります。

エンティティを作成しバリデーションチェックをする

```
MyPersonData entity = new MyPersonData(name, mail, age);
Set<ConstraintViolation<MyPersonData>> result = validator.validate((MyPersonData)
entity);
```

バリデーションのチェックは非常に簡単です。「**validate**」メソッドで、チェックするエンティティのインスタンスを引数に指定して呼び出すだけです。

呼び出した結果は、「**ConstraintViolation**」というインスタンスをまとめたSetになっています。このSetから順にオブジェクトを取り出して、発生したエラーの処理を行うわけです。

結果が空ならエンティティを保存する

```
if (result.isEmpty()) {
  dao.addEntity(entity);
  response.sendRedirect("person");
```

戻り値のSetから「**isEmpty**」を呼び出し、中身が空かどうかをチェックします。空っぽならば何もエラーが発生しなかったということですから、そのままDAOのaddEntityを呼び出して保存をします。

このDAOのaddEntityメソッド内では、**persist**メソッドを呼び出してエンティティを保存しているわけですが、実はこのpersistが呼び出された段階で、自動的にバリデーションチェックは行われるようになっています。ここでは、Validatorを利用する目的でわざと明示的にvalidateを呼び出していますが、通常は「**persistすれば勝手にバリデーションチェックをしてくれる**」のです。

Note

persistメソッドは、**第7章**の「EntityTransactionによるトランザクション」で説明しています。

ConstraintViolation からメッセージを取り出す

```
String msg = "<pre>";
for(ConstraintViolation<MyPersonData> viola : result){
  msg += viola.getPropertyPath() + ":" + viola.getMessage() + "\n";
}
```

Setが空でなかった場合は、繰り返しを使って順にConstraintViolationインスタンスを取り出し、そこからエラーメッセージを表示していきます。

ここでは、「**getPropertyPath**」と「**getMessage**」というメソッドの値を取り出してまとめています。前者はエラーが発生した項目のフィールド名を、後者はエラーメッセージをそれぞれ返します。これらを1つのテキストにまとめて、JSP側で表示させていたのです。

バリデーション用のアノテーションについて

バリデーションの基本的な使い方がわかったところで、バリデーション用に用意されているアノテーションについてまとめておきましょう。

@Null、@NotNull

これらは「**値がnullである**」「**値がnullでない**」ということをチェックします。引数はなく、アノテーションを記述するだけです。

注意したいのは、「**空の文字列はnullとは判断しない**」という点です。フォームで何も入力しないで送信されたものは、nullではなく「**空の文字列**」になっています。「**空の文字列もダメ**」という場合は、**@NotEmpty**を使います。

■例
```
@Null      @NotNull
```

@Min、@Max

リスト8-26のサンプルで使われていましたね。数値(整数)を入力する項目で、入力可能な値の最小値、最大値を指定します。引数が1つあり、それぞれ最小値、最大値となる数値を指定します。

■例
```
@Min(1000) @Max(1234500)
```

@DecimalMin、@DecimalMax

数値の最小値、最大値を設定します。@Minや@Maxと異なり、**BigDecimal**、**BigInteger**、**String**といったオブジェクトとして数値を設定してある場合も利用できます。基本的な機能は、@Minおよび@Maxとほぼ同じと考えてよいでしょう。

■例
```
@DecimalMin("123")  @DecimalMax("12345")
```

@Digits

実数を扱う場合に利用され、整数部分と小数部分の桁数制限を行います。引数が2つあり、「**integer**」で整数桁数を、「**fraction**」で小数桁数をそれぞれ指定します。

■例
```
@Digits(integer=5, fraction=10)
```

@Email

リスト8-26で使いました。メールアドレスの形式のテキストかどうかをチェックします。メールアドレスの形式になっていないものは、エラーになります。

■例
```
@Email
```

@Future、@Past

Date、**Calendar**といった日時に関する値で利用されます。@Futureは現在より先(将来)の日時かどうかを調べます。@Pastは現在より前(つまり過去)の日時かどうかを調べます。
これは、バリデーションをチェックした日時(すなわちエンティティを保存する日時)を基準として確認をします。

■例
```
@Future    @Past
```

@Size

文字列、配列、コレクションクラスなど複数の値を管理するオブジェクトで使われ、そのオブジェクトに保管される要素数を指定します(文字列は、「**複数の文字**」をまとめて管理するもの、と考えられます)。
引数として「**min**」で最小数、「**max**」で最大数を指定することができます。これらは両方使う必要はなく、どちらか片方のみでも利用できます。

■例
```
@Size(min=1, max=10)
```

@Pattern

正規表現のパターンを指定して入力チェックを行います。「**regexp**」引数を使ってパターンを指定します。

■例
```
@Pattern(regexp="[a-zA-Z]+");
```

Hibernate Validatorのアノテーション

紹介したアノテーションをよく見ると、**リスト8-26**で利用した@NotEmptyがなかったことに気づいた人もいるかもしれません。
今、ざっと説明したアノテーションは、**javax.validation**パッケージに用意されているものです。このjavax.validationパッケージは、Java EEで一般的に用いられているバリデーションです。

が、バリデーションは、javax.validationパッケージだけに用意されているわけではありません。ここでは、Hibernate Validatorのライブラリを利用していますが、このライブラリにはHibernate独自のバリデーション機能も組み込まれているのです。Hibernate独自に実装した機能の中に、アノテーションも用意されています。これらはJavaの標準機能ではありませんが、非常に便利なものですので、併せて使い方を覚えておくとよいでしょう。では、以下に簡単に整理しておきましょう。

@NotEmpty

文字列の項目で、値がnullまたは空白でないかチェックします。@NotNullでは空の文字列はエラーになりませんが、これを使えば空の文字列もエラーになります。引数などは特に必要ありません。

■例

```
@NotEmpty
```

@Length

文字列で利用されます。文字列の長さ(文字数)を指定します。引数に「**min**」「**max**」の2つがあり、それぞれ最小文字数、最大文字数を指定できます。これらは、どちらか片方だけでも利用可能です。

■例

```
@Length(min=5, max=10)
```

@Range

数値の項目で、値の最小値、最大を指定します。引数に「**min**」「**max**」があり、それぞれ最小値、最大値を指定します。@Minおよび@Maxを1つのアノテーションで実装するもの、と考えて下さい。

■例

```
@Range(min=10, max=100)
```

@CreditCardNumber

数値および文字列で用いられます。入力された値が正しいクレジットカード番号の形式かどうかをチェックします。引数はありません。

■例

```
@CreditCardNumber
```

@EAN

文字列で用いて、バーコードの識別番号規格であるEAN(European Article Number)またはUCP(Uniform Product Code Council)のコード番号かどうかをチェックします。引数はありません。

■例

```
@EAN
```

メッセージを日本語化する

バリデーション機能はとても便利なのですが、一つだけ困った点があります。それは「**エラーメッセージが英語**」という点です。やはり日本語環境で利用するならば、日本語でメッセージが表示できないといけません。

エラーメッセージは、実はアノテーションを記述する際に「**message**」という引数を用意することで簡単に変更できます。MyPersonDataの記述を、以下のように書き換えてみて下さい。

リスト8-29

```
@Entity
@Table(name="mypersondata")
public class MyPersonData {

	@Id
	@Column
	@GeneratedValue(strategy = GenerationType.IDENTITY)
	@NotEmpty(message="必須項目です。")
	private long id;

	@Column(length=50, nullable=false)
	@NotEmpty(message="必須項目です。")
	private String name;

	@Column(length=100, nullable=true)
	@NotEmpty(message="必須項目です。")
	@Email(message="メールアドレスが必要です。")
	private String mail;

	@Column(nullable=true)
	@Min(value=0, message="{value}以上でなければいけません。")
	@Max(value=150, message="{value}以下でなければいけません。")
	private int age;

	……以下略……
}
```

これで、ブラウザから/personにアクセスしていろいろとフォームを送信してみましょう。入力に問題があると日本語でエラーメッセージが表示されるようになります。

図8-25：フォームが正しい形式で記入されていないと、日本語でエラーメッセージが表示される。

Chapter 9

Spring MVCによるWeb開発

Spring MVCは、SpringベースのWebアプリケーションを開発するためのフレームワークです。MVCアーキテクチャーに基づくWeb開発を行う際の基本となるものといえます。その考え方を理解し、MVCの基本をマスターしましょう。

9-1 Spring MVCプロジェクトの基本

Webアプリケーション開発では、Model-View-Controller (MVC) というアーキテクチャーが多用されています。これを使った開発の基本となるのが「Spring MVC」です。そのプロジェクトの基本から説明しましょう。

Web開発の基本は「Spring MVC」

Spring MVCは、Webアプリケーション開発のフレームワークです。その名の通り、**MVC** (Model-View-Controller) アーキテクチャーに基づいたWebアプリケーション開発を行うための仕組みを提供するものです。

MVCは、Webアプリケーションの動作を以下のように切り分けて考えるアーキテクチャーです。

Model(モデル)	データ管理のための部分。データベースアクセスなどを担当します。
View(ビュー)	画面表示のための部分。テンプレートを使い、画面の表示を用意します。
Controller(コントローラー)	全体の制御を行う部分。アクセスに応じた処理を行ったり、サーバー側で実行するビジネスロジックなどを用意したりします。

MVCアーキテクチャーでは、アプリケーションをこの3つの部品の形で構築していきます。これまでのように、「**サーブレットを用意して処理を書く**」というようなことはしません。Spring MVCでは、ごく普通のPOJOなクラスとして処理を用意していきます。またSpring Data JPAと連携し、エンティティやリポジトリなどを定義してデータベースにアクセスを行います。

図9-1：MVCアーキテクチャーでは、3つの部品の組み合わせとしてアプリケーションを構築する。

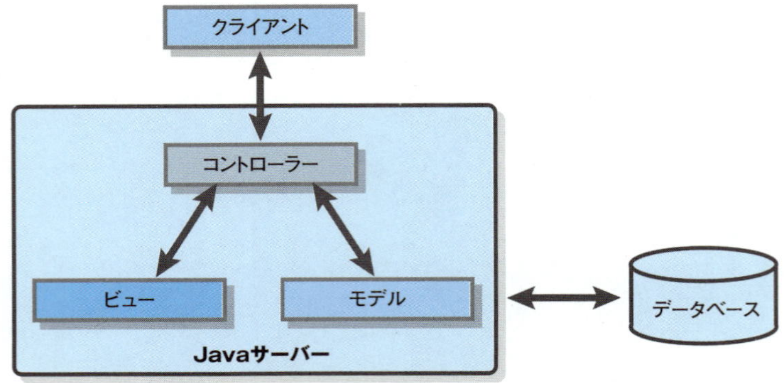

Web 開発＝ MVC

Springでは、「**Webアプリケーション開発はSpring MVCを使うのが基本**」と考えており、Webアプリケーションのプロジェクトでは標準でフレームワークがpom.xmlに組み込まれています。これまでは、MVCの機能を特に使っていなかったため、その部分は削除して利用をしていました。が、Springを利用してWebアプリケーションを作成するなら、Spring MVCを使うのが自然です。

では、実際にSpring MVCを使ったWebアプリケーションを作成しながら、その基本的な使い方を説明していきましょう。

プロジェクトを作成する

では、プロジェクトを作成しましょう。STSの＜**File**＞メニューから＜**New**＞内の＜**Spring Legacy Project**＞メニューを選んで下さい。そして、現れたダイアログで以下のように設定を行い、プロジェクトを作成しましょう。

Project name	プロジェクト名ですね。ここでは「MyMVCApp1」としておきます。
Use default location	チェックをONにしておきます。
Select Spring version	Defaultにしておきます。
Templates	「Simple Projects」内の「Simple Spring Web Maven」を選びます。
Working sets	ここでは使いません。

図9-2：Simple Spring Web MavenテンプレートでMyMVCApp1プロジェクトを作成する。

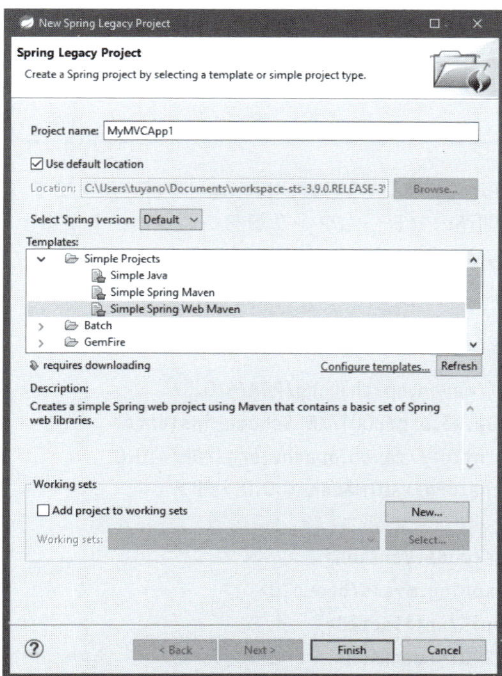

プロジェクトのアップデート

作成したプロジェクトのフォルダ（MyMVCApp1）をProject Explorerで右クリックし、現れたメニューから＜**Maven**＞内の＜**Project Update...**＞メニューを選びます。そして現れたダイアログで、「**MyMVCApp1**」のプロジェクトを選択してアップデートしておきましょう。

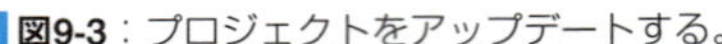
図9-3：プロジェクトをアップデートする。

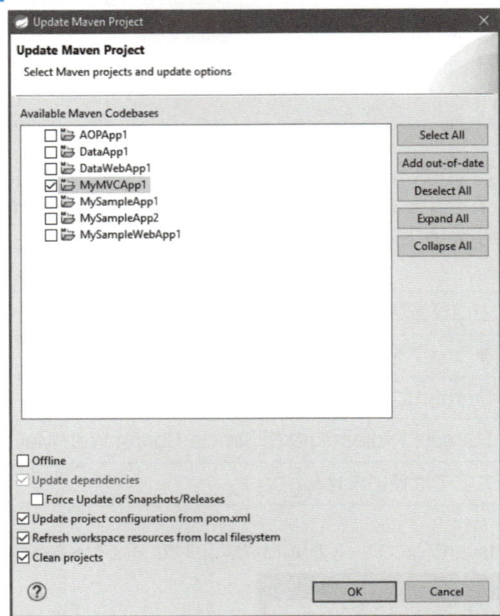

pom.xmlを変更する

プロジェクトを作ったら、最初に行うのは、pom.xmlの書き換えです。Spring MVCのフレームワークと、Web関連のフレームワーク類を一通りロードするようにpom.xmlの内容を書き換えます。「**MyMVCApp1**」フォルダ内にあるpom.xmlをエディタなどで開き、以下のように変更しましょう。

リスト9-1

```
<project xmlns="http://maven.apache.org/POM/4.0.0"
  xmlns:xsi="http://www.w3.org/2001/XMLSchema-instance"
  xsi:schemaLocation="http://maven.apache.org/POM/4.0.0
    http://maven.apache.org/xsd/maven-4.0.0.xsd">

  <modelVersion>4.0.0</modelVersion>
  <groupId>jp.tuyano.spring.mvc1</groupId>
  <artifactId>MyMVCApp1</artifactId>
  <version>0.0.1-SNAPSHOT</version>
```

```
    <packaging>war</packaging>

    <properties>

        <!-- Generic properties -->
        <java.version>1.8</java.version>
        <project.build.sourceEncoding>UTF-8</project.build.sourceEncoding>
        <project.reporting.outputEncoding>UTF-8</project.reporting.outputEncoding>

        <!-- Web -->
        <jsp.version>2.2</jsp.version>
        <jstl.version>1.2</jstl.version>
        <servlet.version>3.1.0</servlet.version>


        <!-- Spring -->
        <spring-framework.version>5.0.0.RELEASE</spring-framework.version>

        <!-- Spring Data JPA -->
        <spring-data-jpa.version>2.0.0.RELEASE</spring-data-jpa.version>

        <!-- Hibernate / JPA -->
        <hibernate.version>5.2.10.Final</hibernate.version>

        <!-- Hibernate validator -->
        <hibernate-validator.version>6.0.2.Final</hibernate-validator.version>

        <!-- H2 database -->
        <h2.version>1.4.196</h2.version>

        <!-- Logging -->
        <logback.version>1.2.3</logback.version>
        <slf4j.version>1.7.25</slf4j.version>

        <!-- Test -->
        <junit.version>4.12</junit.version>

    </properties>

    <dependencies>

        <!-- Spring MVC -->
        <dependency>
            <groupId>org.springframework</groupId>
```

```
        <artifactId>spring-webmvc</artifactId>
        <version>${spring-framework.version}</version>
    </dependency>

    <!-- Other Web dependencies -->
    <dependency>
        <groupId>javax.servlet</groupId>
        <artifactId>jstl</artifactId>
        <version>${jstl.version}</version>
    </dependency>
    <dependency>
        <groupId>javax.servlet</groupId>
        <artifactId>javax.servlet-api</artifactId>
        <version>${servlet.version}</version>
        <scope>provided</scope>
    </dependency>
    <dependency>
        <groupId>javax.servlet.jsp</groupId>
        <artifactId>jsp-api</artifactId>
        <version>${jsp.version}</version>
        <scope>provided</scope>
    </dependency>

    <!-- Spring and Transactions -->
    <dependency>
        <groupId>org.springframework</groupId>
        <artifactId>spring-tx</artifactId>
        <version>${spring-framework.version}</version>
    </dependency>

    <!-- Logging with SLF4J & LogBack -->
    <dependency>
        <groupId>org.slf4j</groupId>
        <artifactId>slf4j-api</artifactId>
        <version>${slf4j.version}</version>
        <scope>compile</scope>
    </dependency>
    <dependency>
        <groupId>ch.qos.logback</groupId>
        <artifactId>logback-classic</artifactId>
        <version>${logback.version}</version>
        <scope>runtime</scope>
    </dependency>
```

```
<!-- Hibernate -->
<dependency>
  <groupId>org.hibernate</groupId>
  <artifactId>hibernate-entitymanager</artifactId>
  <version>${hibernate.version}</version>
</dependency>

<!-- jdbc -->
<dependency>
  <groupId>org.springframework</groupId>
  <artifactId>spring-jdbc</artifactId>
  <version>${spring-framework.version}</version>
</dependency>

<!--  Spring Data JPA -->
<dependency>
  <groupId>org.springframework.data</groupId>
  <artifactId>spring-data-jpa</artifactId>
  <version>${spring-data-jpa.version}</version>
</dependency>

<!-- Spring ORM -->
<dependency>
  <groupId>org.springframework</groupId>
  <artifactId>spring-orm</artifactId>
  <version>${spring-framework.version}</version>
</dependency>

<!-- h2 database -->
<dependency>
  <groupId>com.h2database</groupId>
  <artifactId>h2</artifactId>
  <version>${h2.version}</version>
</dependency>

<!-- Hibernate validator -->
<dependency>
  <groupId>org.hibernate</groupId>
  <artifactId>hibernate-validator</artifactId>
  <version>${hibernate-validator.version}</version>
</dependency>

<!-- Test Artifacts -->
<dependency>
```

```
      <groupId>org.springframework</groupId>
      <artifactId>spring-test</artifactId>
      <version>${spring-framework.version}</version>
      <scope>test</scope>
    </dependency>
    <dependency>
      <groupId>junit</groupId>
      <artifactId>junit</artifactId>
      <version>${junit.version}</version>
      <scope>test</scope>
    </dependency>

  </dependencies>

</project>
```

かなり長いものになりましたが、既に説明済みのものばかりですから「**これが何だかわからない！**」というものはないでしょう。

mvc-config.xmlの修正

作成されたプロジェクトには、3つのXMLファイルが用意されています。**web.xml**、**application-config.xml**、**mvc-config.xml**です。

web.xmlは、Webアプリケーション開発ではおなじみですから説明の要はありませんね。application-config.xmlは、アプリケーション全体の設定を記述するもので、これはとりあえずデフォルトのままで構いません。

mvc-config.xmlは、Spring MVCに関する設定を記述するものです。これは、修正しておく必要があります。このファイルを開いて以下のように記述しておきましょう。

リスト9-2

```
<?xml version="1.0" encoding="UTF-8"?>
<beans
  xmlns="http://www.springframework.org/schema/beans"
  xmlns:xsi="http://www.w3.org/2001/XMLSchema-instance"
  xmlns:mvc="http://www.springframework.org/schema/mvc"
  xmlns:context="http://www.springframework.org/schema/context"
  xsi:schemaLocation="http://www.springframework.org/schema/mvc
    http://www.springframework.org/schema/mvc/spring-mvc.xsd
    http://www.springframework.org/schema/beans
    http://www.springframework.org/schema/beans/spring-beans.xsd
    http://www.springframework.org/schema/context
    http://www.springframework.org/schema/context/spring-context.xsd">

  <context:component-scan base-package="jp.tuyano.spring.mvc1"/>
```

```
    <mvc:annotation-driven />

    <bean class="org.springframework.web.servlet.view.InternalResourceViewResolver">
            <property name="prefix" value="/WEB-INF/view/"/>
            <property name="suffix" value=".jsp"/>
    </bean>

</beans>
```

<context:component-scan>タグで、jp.tuyano.spring.mvc1パッケージをスキャンするようにしてあります。その後の**<mvc:annotation-driven />**は、MVC関係のアノテーションをスキャンするものです。

最後にある**<bean>**タグは、**InternalResourceViewResolver**というBeanの設定で、ビュー関係のテンプレートの配置に関するものです。これにより、/WEB-INF/view/内にあるjsp拡張子のファイルをテンプレートとして取り出し、利用できるようにしています(テンプレートについては、実際に使うようになってから再度説明します)。

RESTコントローラークラスを作る

プロジェクトが用意できたところで、簡単なプログラムを作成してみましょう。MVCアプリケーションでは、プログラムは「**コントローラー**」と呼ばれるクラスとして作成されます。このコントローラーのクラスを作ってみましょう。

＜**File**＞メニューの＜**New**＞内から＜**Class**＞メニューを選んで下さい。そして現れたダイアログで以下のように設定を行います。

Source folder	MyMVCApp1/src/main/java(デフォルトのまま)
Package	jp.tuyano.spring.mvc1
Enclosing type	OFF
Name	HelloController
Modifiers	「public」をON
Superclass	java.lang.Object(デフォルトのまま)
Interfaces	空のまま
それ以降のチェックボックス	「Inherited abstract methods」をONに、他はOFFにする

図9-4：HelloControllerクラスを作成する。

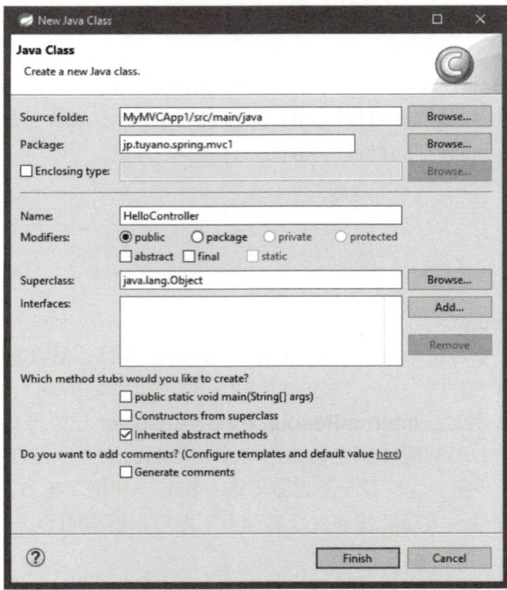

jp.tuyano.spring.mvc1パッケージ内に、新たに「**HelloController.java**」というファイルが作成されます。これを開き、ソースコードを以下のように修正しましょう。

リスト9-3

```
package jp.tuyano.spring.mvc1;

import org.springframework.web.bind.annotation.RestController;
import org.springframework.web.bind.annotation.RequestMapping;

@RestController
public class HelloController {

  @RequestMapping("/")
  public String index() {
    return "Hello, Spring MVC!";
  }
}
```

サーバーに組み込んで実行

修正したら、サーバーに追加しましょう。Serversビューから、Pivotal tc Serverを右クリックし、<**Add and Remove...**>メニューを選んで下さい。そして、左側のリストから「**MyMVCApp1**」を選択し、「Add>>ボタンで右側にアプリを組み込みましょう。

図9-5：<Add and Remove...>メニューのダイアログで、MyMVCApp1をサーバーに組み込む。

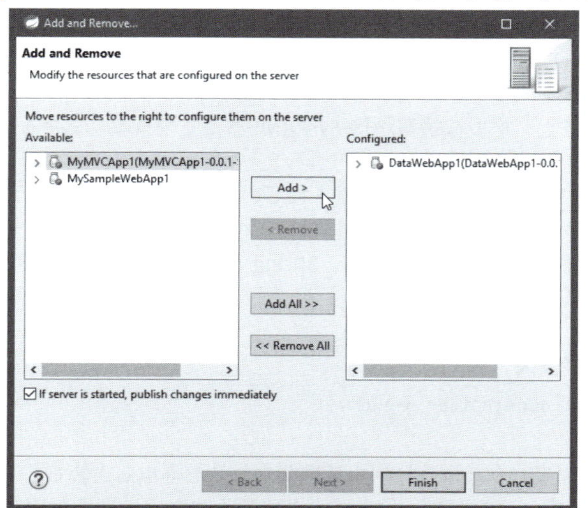

追加したらダイアログを終了し、tc Serverを実行して下さい。そして、以下のアドレスにアクセスしてみましょう。

http://localhost:8080/MyMVCApp1/hello

画面に、「**Hello, Spring MVC!**」とテキストが表示されます。これが、作成したコントローラーを使った表示です。

図9-6：アクセスすると、メッセージが表示される。

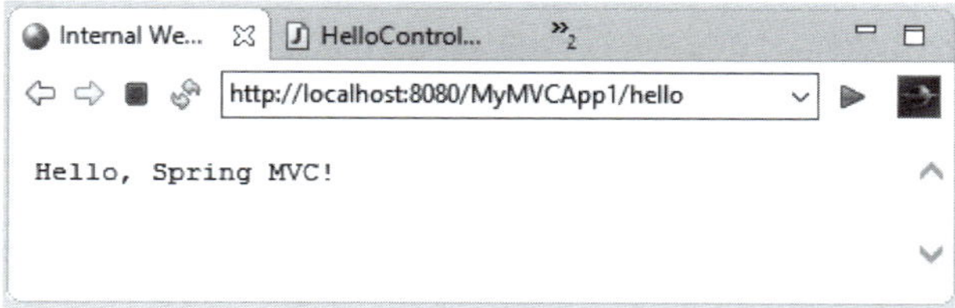

コントローラーの仕組み

ここで作成したHelloControllerクラスは、Webアプリケーションの基本的な部分である「**特定のアドレスにアクセスしたら、何らかの処理を行い、画面にコンテンツを表示する**」という処理を行うものです。ここにも、いくつかのアノテーションが用意されています。ではこのクラスの内容について整理しましょう。

コントローラーの設定

```
@RestController
```

これは、「**RESTコントローラー**」としてこのクラスを利用するためのアノテーションです。

RESTというのは「**Representational State Transfer**」の略で、あちこちのサーバーにプログラムを分散して動くシステムを作るために考案された考え方です。Webに決まった形式でアクセスすると、必要な情報がJSONやXMLなどでやり取りできるようにします。

RESTのシステムを作成するために用意されている専用のコントローラーが、「**RESTコントローラー**」です。@RestControllerは、このクラスがRESTコントローラーであることを示します。これを付けておくだけで、Spring MVCはこのクラスをRESTコントローラーだと認識してくれるのです。

コントローラークラス

```
public class HelloController {……}
```

このクラスは、見てわかるように何ら特殊なクラスを継承も実装もしていない、ただのPOJOなクラスです。コントローラーは、クラスそのものに特別な機能は何も用意する必要がないのです。

リクエストマッピング

```
@RequestMapping("/")
```

メソッドに付けられているアノテーションですね。これは「**リクエストマッピング**」を設定します。

リクエストマッピングというのは、わかりやすくいえば「**このアドレスにアクセスがあったらこの処理を実行する**」という、アドレスと処理をつなぎ合わせる仕組みです。この例ならば、ルートのアドレス(/)にアクセスしたら、このメソッドが呼び出されるようにしていたのです。

RESTコントローラーに限らず、Spring MVCのコントローラーでは、このように@RequestMappingを使ってアドレスに必要な処理を割り当てていきます。

```
public String index() {……}
```

これが、リクエストマッピングにより、アクセスがあったら呼び出される処理です。引数はなく、Stringを返すようになっていますね。この返されるStringが、そのままクライアントに出力されます。

RESTコントローラーは、JSONやXMLなどのテキスト値を出力するだけのシンプルなものですので、このように表示するStringを返すだけで作成できます。

パラメータを渡す

ただテキストを送るだけではちょっと単純すぎますので、パラメータを使って値を送り、その結果を表示させてみましょう。HelloController.javaを以下のように修正して下さい。

リスト9-4

```
package jp.tuyano.spring.mvc1;

import org.springframework.web.bind.annotation.PathVariable;
import org.springframework.web.bind.annotation.RequestMapping;
import org.springframework.web.bind.annotation.RestController;

@RestController
public class HelloController {

  @RequestMapping("/hello/{num}")
  public String index(@PathVariable int num) {
    int total = 0;
    for(int i = 1;i <= num;i++) {
      total += i;
    }
    return "you send: " + num + ".\n"
        + "total: " + total + "!";
  }
}
```

修正ができたら、/hello/100というように、最後にスラッシュを付け、その後に整数値を書いてアクセスしてみて下さい。1からその値までの合計を計算して結果を表示します。

図9-7：/hello/123とアクセスすると、1から123までの合計を計算して表示する。

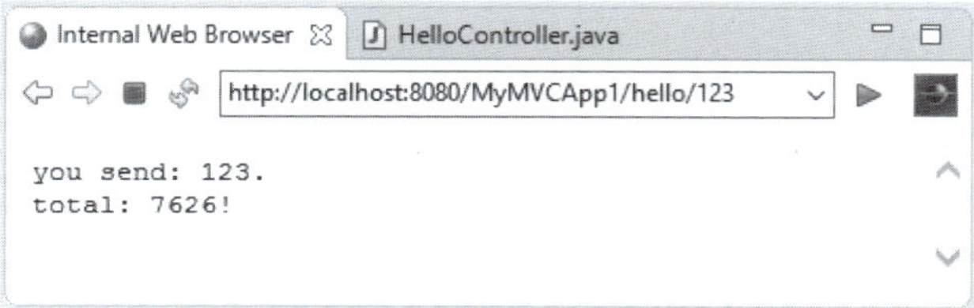

パラメータの扱いについて

ここでは、/hello/123というようにアクセスしたとき、最後の123をパラメータとして取り出せるように、ちょっとした仕掛けをしてあります。@RequestMappingアノテーションを見ると、以下のようになっていますね。

```
@RequestMapping("/hello/{num}")
```

引数の値にある**{num}**が、numという名前で変数を設定しています。このように**{変数}**と記述することで、アドレスの特定部分を変数に取り出すことができます。

indexメソッドの宣言部分を見てみると、このようになっています。

```
public String index(@PathVariable int num) {……
```

@PathVariableというアノテーションは、**パス変数**（**{num}**のことです）の値を引数に割り当てることを示します。つまり、これにより、{num}の値が引数のnumに割り当てられてメソッドが呼び出されるようになるのです。

後は、このnumの値を使って計算をし、結果をreturnすればいい、というわけです。

XMLで出力する

RESTは、必要な情報をJSONやXMLなどの形式で表示します。JSONは、Javaのオブジェクトを変換するのに別途ライブラリなどを用意しないといけないので、ここではJava標準ライブラリで利用できるXMLデータの出力をやってみましょう。

HelloController.javaを以下のように書き換えてみて下さい。

リスト9-5

```
package jp.tuyano.spring.mvc1;

import java.util.ArrayList;
import java.util.List;

import javax.xml.bind.annotation.XmlAccessType;
import javax.xml.bind.annotation.XmlAccessorType;
import javax.xml.bind.annotation.XmlAttribute;
import javax.xml.bind.annotation.XmlElement;
import javax.xml.bind.annotation.XmlRootElement;

import org.springframework.web.bind.annotation.RequestMapping;
import org.springframework.web.bind.annotation.RestController;

@RestController
public class HelloController {
  private int id;

  private List<String> names = new ArrayList<String>();
  private List<String> mails = new ArrayList<String>();

  public HelloController() {
    super();
    names.add("taro");
    names.add("hanako");
    names.add("sachiko");
    names.add("tuyano");
```

```
        names.add("mami");
        mails.add("taro@yamada");
        mails.add("hanako@flower");
        mails.add("sachiko@happy");
        mails.add("syoda@tuyano.com");
        mails.add("mami@mumemo");
    }

    @RequestMapping("/hello")
    public XmlData index() {
        XmlData obj = new XmlData(id, names.get(id), mails.get(id));
        id = ++id == names.size() ? 0 : id;
        return obj;
    }

}

@XmlRootElement(name = "xmldata")
@XmlAccessorType(XmlAccessType.NONE)
class XmlData {

    @XmlAttribute
    private Integer id;

    @XmlElement
    private String name;

    @XmlElement
    private String email;

    public XmlData() {
        super();
        this.id = 0;
        this.name = "noname";
        this.email = "no@mail";
    }

    public XmlData(Integer id, String name, String email) {
        this();
        this.id = id;
        this.name = name;
        this.email = email;
    }
```

```
  public Integer getId() {
    return id;
  }

  public void setId(Integer id) {
    this.id = id;
  }

  public String getName() {
    return name;
  }

  public void setName(String name) {
    this.name = name;
  }

  public String getEmail() {
    return email;
  }

  public void setEmail(String email) {
    this.email = email;
  }
}
```

修正したら、/helloにアクセスをしてみましょう。用意されているデータ(XmlDataクラスのインスタンス)が、アクセスするたびに順に表示されていきます。

図9-8：/helloにアクセスすると、データをXML形式で表示する。

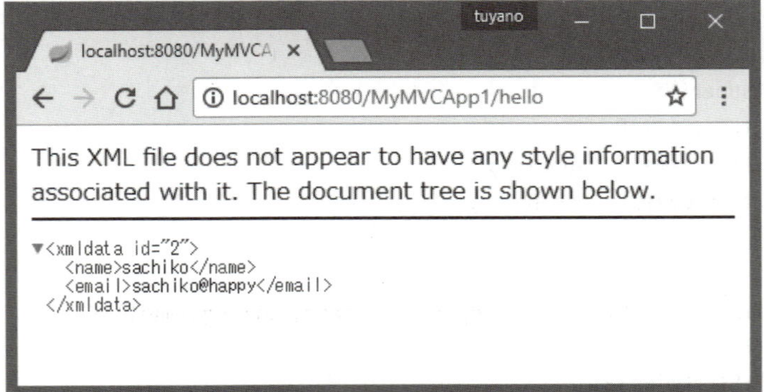

XML 用のクラス定義

ここでは、コントローラーとは別に「**XmlData**」というクラスを用意してあります。これが、XMLデータとして出力されるオブジェクトになります。

XMLに変換するクラスというのは、以下のような形で作成されています。

```
@XmlRootElement(name = "ルートのタグ名")
@XmlAccessorType(XmlAccessType.FIELD)
class クラス{

  @XmlAttribute
  フィールド

  @XmlElement
  フィールド

  ……略……
}
```

クラスには、**@XmlRootElement**と**@XmlAccessorType**というアノテーションが用意されています。

前者は、XMLのルートとなるタグ名を指定するものです。ここで設定した名前でXMLのルートタグが用意されます。

後者は、クラスのフィールド類をXMLにバインドするための設定で、ここではXmlAccessType.FIELDという値を指定してあります。これでフィールド関係がXMLにバインドされるようになります。

クラス内のフィールドには、2種類のアノテーションが用意されています。これらは、それぞれ以下のような役割を果たしています。

@XmlAttribute	XMLの属性であることを示す。
@XmlElement	XMLのエレメントであることを示す。

これらのいずれかをフィールドの前に付けておくことで、そのフィールドの値が属性なのか、エレメントなのかがわかるようになります。

XMLで出力可能なクラスの作り方は、実はこれだけです。いくつかのアノテーションを追加するだけで事足りるのです。

XML 形式で出力させる

indexメソッドは、修正してあります。メソッドの宣言を見ると、こうなっていますね。

```
public XmlData index() {……
```

戻り値が、XmlDataクラスに変わっています。このように(String以外の)クラスを戻り値に指定すると、その戻り値のインスタンスをXMLデータとしてパースした値を出力するようになるのです。

メソッド内では、XmlDataインスタンスを作成しています。

```
XmlData obj = new XmlData(id, names.get(id), mails.get(id));
```

こうしてインスタンスを作成したら、それをそのままreturnします。このように、クラスを戻り値に指定すると、自動的にそのオブジェクトをXMLに変換してくれるのです。もちろん、そのクラスはXML形式で扱えるように設計されている必要があります。

RESTはコントローラーのみ

とりあえず、これでSpring MVCを使って何かを表示する、という最低限の部分はわかりました。といっても、まだMVCの「**Cだけ**」しか使っていません。

RESTコントローラーは、テキストで出力内容を作成して書き出すというシンプルなものです。HTMLを使った複雑な画面表示には向いていませんが、単純な値を表示するぐらいなら十分に使えます。

9-2 ViewとController

MVCアーキテクチャーでWebページを作るには、「ビュー」と「コントローラー」を利用します。これらの基本的な使い方について、ここで一通り頭に入れておきましょう。

ビュー利用の準備を整える

RESTコントローラーは、簡単な値を表示するようなものには使いやすくていいのですが、本格的なWebページを扱う場合はちょっと使いにくくなります。このような場合は、(RESTでない普通の)コントローラーと、テンプレートファイルを組み合わせていくのが一般的です。

まず、「**ビュー**」部分である**テンプレート**をどう扱うか、から説明していきましょう。テンプレートは、実はプロジェクト作成時に最初から使えるような構成になっているのです。「**src**」フォルダの中を展開してみていくと、こんなフォルダが見えるはずです。

図9-9：src内にmain/webapp/WEB-INF/viewという構造でフォルダが用意されている。

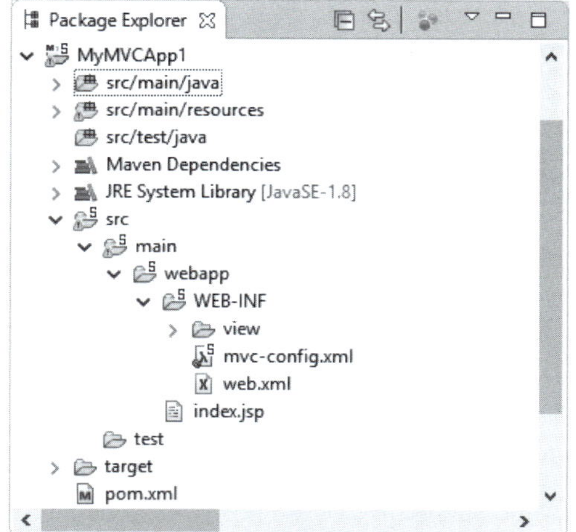

わかりますか？　src/main内に「**webapp**」を作り、その中に「**WEB-INF**」を、更にその中に「**view**」を作成するわけです。この「**view**」フォルダの中に、ビューのファイルを用意することにします。

このフォルダの構成は、どこかで見たことがありますね。そう、これまでSpring Maven ProjectでWebアプリケーションをいくつか作成しましたが、それらで用意されていたのと全く同じフォルダ構成です。「**webapp**」フォルダがWebアプリケーションのフォルダになり、「**WEB-INF**」フォルダがWebアプリケーションの「**WEB-INF**」としてそのまま認識されます。

ビューのファイルは、直接アクセスして表示するのではなく、コントローラーが必要に応じて呼び出すものなので、WEB-INF内に配置して外部から直接アクセスできないようにしておくのが一般的なのです。

ビューの設定について

このテンプレートが配置される「**view**」フォルダ一体、どこで設定されているのでしょうか。

実は、**mvc-config.xml**内に、この設定が記述されていたのです。このファイルを開くと、以下のような**<bean>**タグが用意されているのに気がつくでしょう。

リスト9-6

```
<bean class="org.springframework.web.servlet.view.InternalResourceViewResolver">
        <property name="prefix" value="/WEB-INF/view/"/>
        <property name="suffix" value=".jsp"/>
</bean>
```

これが、その設定部分です。**InternalResourceViewResolver**というのは、リソースを扱うためのクラスで、これにリソースの配置情報を用意してやります。

name="prefix"のタグはビューを指定する際、前に付けられるテキスト、name="suffix"は後に付けられるテキストを示します。例えば、"index"という名前のビューを設定すると、これらの設定により、"/WEB-INF/view/index.jsp"というビューが指定される、というわけです。いちいちファイルのパスをすべて正確に記すよりずっと簡単になりますね。

コントローラーを作成する

では、テンプレートを利用するコントローラーを用意しましょう。Package Explorerでjp.tuyano.spring.mvc1パッケージを選択したまま、＜**File**＞メニューの＜**New**＞内から＜**Class**＞メニューを選び、ダイアログを呼び出します。そして以下のようにクラスの設定を行って下さい。

Source folder	MyMVCApp1/src/main/java(デフォルトのまま)
Package	jp.tuyano.spring.mvc1
Enclosing type	OFF
Name	AppController
Modifiers	「public」をON
Superclass	java.lang.Object(デフォルトのまま)
Interfaces	空のまま
それ以降のチェックボックス	「Inherited abstract methods」をONに、他はOFFにする

図9-10：AppControllerクラスを作成する。

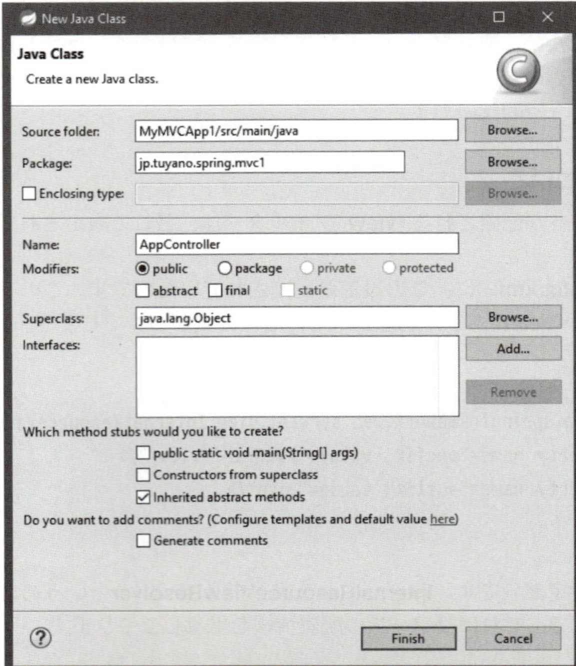

ソースコードの修正

では、コントローラーを作成しましょう。作成されたAppController.javaを開き、以下のようにソースコードを書き換えて下さい。

リスト9-7

```
package jp.tuyano.spring.mvc1;

import org.springframework.stereotype.Controller;
import org.springframework.web.bind.annotation.RequestMapping;

@Controller
public class AppController {

  @RequestMapping("/msg")
  public String message() {
    return "showMessage";
  }
}
```

コントローラーのポイントをチェック

リスト9-7のコントローラーでは、**リスト9-7**のソースコード（HelloController.java）と比べると、2箇所、重要な違いがあります。これらの点について簡単にまとめましょう。

@Controller アノテーション

クラスに付けられたアノテーションが、@RestControllerから**@Controller**に変わりました。これが、一般的なコントローラーとして利用するためのアノテーションになります。

message メソッドの戻り値

@Controllerを指定したクラスの場合、メソッドの戻り値の**String**はそのまま「**表示するテンプレートの名前**」と判断されます。つまり、ここでは**"showMessge"という名前のビュー**を表示させていた、というわけです。

既に説明したように、"showMessage"というビュー名は、自動的に"/WEB-INF/view/showMessage.jsp"という値に置き換えられ、指定のファイルがロードされて表示されるようになります。実に単純ですね！

テンプレートを表示する

では、テンプレートの内容を作成しましょう。「**view**」フォルダ内には、デフォルトで「**showMessage.jsp**」というファイルが用意されています。これは、MVCのビュー用にサンプルとして用意されているファイルです。これをそのまま書き換えて使うことにしましょう。

なお、もしshowMessage.jspというファイルが見つからなかった場合は、＜**File**＞＜**New**＞＜**File**＞メニューでファイルを作成して作業して下さい。

リスト9-8

```
<!DOCTYPE html>
<%@ page language="java"
    contentType="text/html; charset=UTF-8"
    pageEncoding="UTF-8"%>
<html>
  <head>
    <meta charset="utf-8">
    <title>Welcome</title>
    <style>
    body { font-size:14pt; color:#666; }
    h1 { font-size:70pt; color:#aaa; margin:-15px 0px; }
    </style>
  </head>
  <body>
    <h1>Welcome</h1>
    <p>this is sample page.</p>
  </body>
</html>
```

これで一通りの変更はできました。アプリケーションを実行し、Webブラウザから /hello にアクセスしてみましょう。用意しておいたshowMessage.jspの内容がページに表示されます。コントローラーの@RequestMapping("/")を指定していたメソッド(message)が呼び出されると、テンプレートファイルであるshowMessage.jspが表示されるようになっていることがよくわかります。

図9-11：ブラウザからアクセスすると、showMessage.jspの内容を読み込んで表示する。

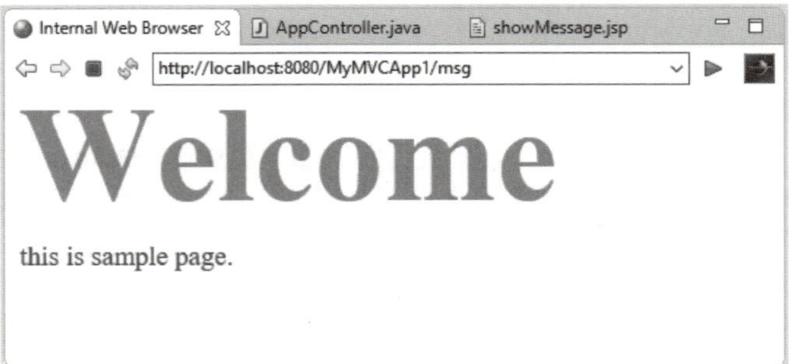

ビューに値を渡す

このように、単純にJSPファイルをビューとして画面に表示するだけなら、簡単に行うことができます。ビューとコントローラーが分離されているのは、それぞれの役割ごとにプログラムを整理し、全体をわかりやすくするためです。従って、ビューは、純粋に「**画面の表示**」に関することだけを行うべきです。

JSP/サーブレットでは、JSPの中に、データベースへアクセスしてデータを検索するような複雑な処理を埋め込んでいるコードを見かけたりしますが、MVCの世界ではこうしたやり方は採用しません。必要な処理はすべてコントローラー側で行い、そこで得られた(画面に表示する必要のある)結果だけをビューに渡します。

そのためには、**コントローラーからビューに値を渡す方法**がわかっていなければいけません。では実際に試しながらやり方を説明しましょう。

showMessage.jsp を変更する

まず、showMessage.jspを開き、コントローラーから受け取った値を表示するように変更します。<body>タグ部分を以下のようにしてください。

リスト9-9

```
<body>
  <h1>Welcome</h1>
  <p>${msg}</p>
</body>
```

${msg}というのは、JSPならばおなじみの**式言語**ですね。これで変数msgの値を出力するようになりました。

コントローラーを変更する

では、コントローラー側でビューにmsgの値を渡すようにしましょう。AppController.javaを開き、以下のように書き換えて下さい。

リスト9-10

```
package jp.tuyano.spring.mvc1;

import org.springframework.stereotype.Controller;
import org.springframework.ui.Model;
import org.springframework.web.bind.annotation.RequestMapping;

@Controller
public class AppController {

  @RequestMapping("/msg")
  public String index(Model model) {
    model.addAttribute("msg", "this is message from controller!"); // ●
    return "showMessage";
  }

}
```

これで変更作業は終わりです。アプリケーションを実行し、ブラウザからアクセスしてみましょう。「**this is message from controller!**」というメッセージがちゃんと表示されていますか？　これがコントローラーから渡された値です。

図9-12：コントローラーから渡されたメッセージが出力されている。

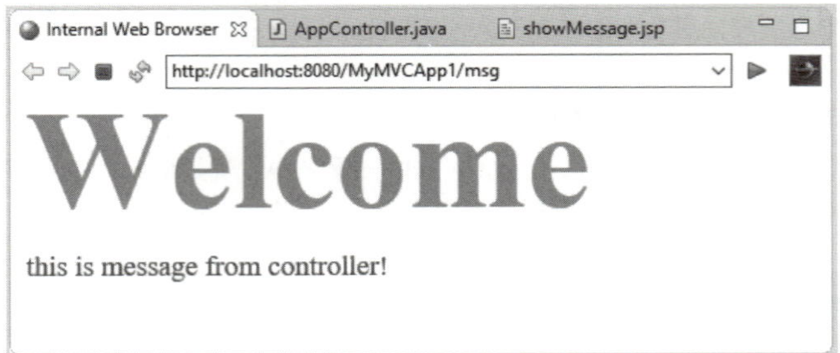

Modelによる値の保管

リスト9-10のindexメソッドは、**リスト9-7**のmessageメソッドとは微妙に違っています。まず、見落としてしまいがちですが、引数。**リスト9-7**では引数なしの状態でしたが、**リスト9-10**では「**Model**」というインスタンスが渡されるようになっています。

このModelというのは、**コントローラーとビューの間で各種の情報を受け渡すのに用いられるクラス**です。このModelにアトリビュートとして値を保管すると、それらがビューで変数として利用できるようになります。

ここでは、以下のようにして値を保管していますね。

```
model.addAttribute("msg", "this is message from controller!");
```

これで、Modelに「**msg**」という名前で値を保管しました。この値が、ビューでは**${msg}**で出力されたのです。非常にシンプルな形で値の受け渡しが行えることがわかるでしょう。

フォームの送信

単純なページの表示はこれでわかりました。では、フォームを使ってインタラクティブなやり取りを行う方法に進みましょう。

まずは、showMessage.jspを開いてフォームを追加しましょう。<body>部分を以下のように書き換えて下さい。

リスト9-11

```
<body>
  <h1>Welcome</h1>
  <p>${msg}</p>
  <form method="post" action="./post">
    <input type="text" name="text1">
```

```
    <input type="submit">
  </form>
</body>
```

テキストを入力するフィールドが1つあるだけのシンプルなものですね。これで送信された値を処理するようにコントローラーを書き換えればいいわけです。

フォームは、**method="post" action="./post"**という形で送られます。つまり、アプリケーションの**/postというアドレスにマッピングされるメソッド**をコントローラー側に用意すればいいことになります。

AppControllerにPOSTの処理を追加する

では、AppController.javaを開いてソースコードを編集しましょう。以下のように内容を書き換えて下さい。

リスト9-12

```
package jp.tuyano.spring.mvc1;

import org.springframework.stereotype.Controller;
import org.springframework.ui.Model;
import org.springframework.web.bind.annotation.RequestMapping;
import org.springframework.web.bind.annotation.RequestMethod;
import org.springframework.web.bind.annotation.RequestParam;
import org.springframework.web.servlet.ModelAndView;

@Controller
public class AppController {

  @RequestMapping("/msg")
  public String index(Model model) {
    model.addAttribute("msg", "this is message from controller!");
    return "showMessage";
  }

  @RequestMapping(value="/post", method=RequestMethod.POST)
  public ModelAndView postForm(@RequestParam("text1") String text1) {
    ModelAndView mv = new ModelAndView("showMessage");
    mv.addObject("msg", "you write '" + text1 + "'!!!");
    return mv;
  }
}
```

変更できたら、アプリケーションを実行してブラウザからアクセスして動作を確認しましょう。フォームに適当なテキストを書いて送信すると、「**you write '○○'!!!**」とメッセージが表示されます。送られたフォームの内容を受け取って処理していることがわかりますね。

図9-13：フォームからテキストを書いて送信すると、それが表示される。

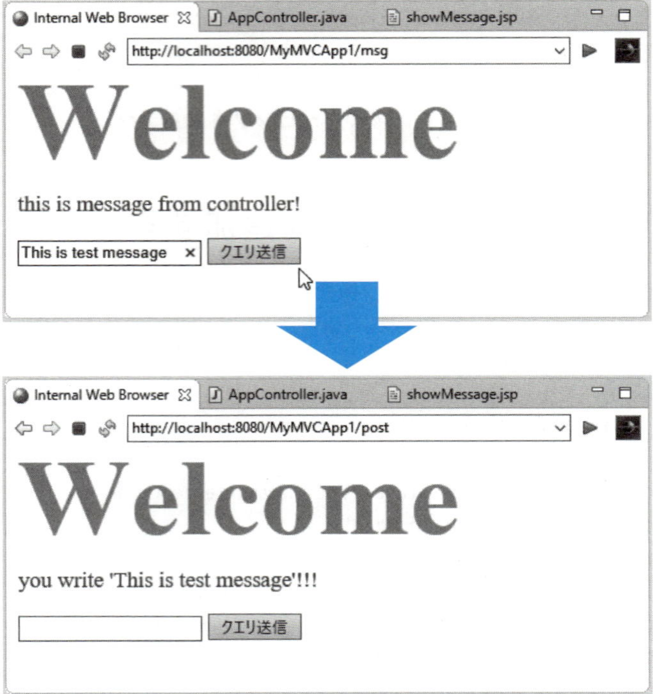

ModelAndViewを使ったビューの表示

見ればわかるように、**postForm**というメソッドが1つ追加になりました。ここでフォームを送信された際の処理を行っています。では、postFormの詳細について説明しましょう。

POST送信のマッピング

```
@RequestMapping(value="/post", method=RequestMethod.POST)
```

メソッドには@RequestMappingアノテーションが付けられていますが、indexメソッドとは引数が異なっています。ここでは、**value**と**method**という2つの値が用意されています。valueが**マッピングするアドレス**、methodが**メソッド（GETかPOSTか）**を指定します。

indexなどのようにアドレスだけを引数に指定する場合は、valueを指定せず、ただ値を記述するだけで問題なく動きましたが、2つ以上の引数を指定する場合は、このようにそれぞれの値の名前を明記して記述する必要があります。そうしなければ、どの値が何のためのものか不明確になってしまうためです。

また、アドレスだけを指定した場合、メソッドは自動的にGETが設定されます。このため、通常のGETによるアクセスの場合は、わざわざmethodを指定する必要はないのです。POSTに対応させる場合のみ、こうしてmethodを用意しなければならない、と考えて下さい。

@RequestParam アノテーション

```
public ModelAndView postForm(@RequestParam("text1") String text1) {……}
```

postFormメソッドの宣言もかなり書き方が変わっています。まず引数ですが、String値が1つ渡されるようになっていますね。そしてこの引数の前には、以下のようなアノテーションが付けられています。

```
@RequestParam( 名前 )
```

このアノテーションは、その引数にパラメータの値がバインドされることを指定するものです。この例ならば、**"text1"という名前のパラメータの値が、引数のtext1に代入される**、というわけです。

フォームなどで送られる値は、このように@RequestParamアノテーションを使って引数に値を代入し、利用するのが基本です。

ModelAndView について

もう1つのポイントは、戻り値の「**ModelAndView**」クラスです。これは名前の通り、ModelとViewをひとまとめにして扱います。

Modelは、**リスト9-10**で値をビューに渡す際に利用しました。このModelAndViewは、ビューとなるファイルの情報と渡す値の情報をひとまとめにして管理します。戻り値にModelAndViewを設定し、このインスタンスをreturnすれば、それを元にページとして表示される内容を生成することができます。

postFormメソッドで行っている作業を見てみましょう。

```
ModelAndView mv = new ModelAndView("showMessage");
mv.addObject("msg", "you write '" + text1 + "'!!!");
return mv;
```

まず、ModelAndViewのインスタンスをnewで作成します。引数には、ビュー名を指定します。これで、指定されたビューを表示するためのModelAndViewインスタンスが用意できます。

後は、「**addObject**」メソッドを使い、名前を付けてオブジェクトを保管します。これは、Modelの「**addAttribute**」とほぼ同じ働きをするものと考えていいでしょう。こうして必要な値を組み込んでインスタンスをreturnすれば、表示するビューとそこで利用される各種の値をひとまとめにしてシステムに送ることもできるのです。

9-3 JPAとデータベース

データベースアクセスを担当する「モデル」の部分は、Spring Data JPAの機能を利用します。Spring MVCからどう利用すればいいのか、その基本的な使い方を覚えましょう。

H2とJPAの組み込み

MVCの残る1つは「**モデル**」です。これはデータベースアクセスなどのロジック部分を担当するものです。既にSpring DataやSpring Data JPAを利用したデータベースアクセスの基本はやっていますが、それらをSpring MVCのプロジェクトに組み込んで利用する方法について整理しておきましょう。

まずは、必要なライブラリを組み込む必要があります。既に、作成してあるpom.xmlには、データベース関連のライブラリ組み込み処理を記述済みです。簡単に説明しておきましょう。なお、()内はアーティファクトIDです

■Spring and Transactions(spring-tx)

Springに用意されているトランザクションのためのフレームワーク。

■Hibernate entityManager(hibernate-entitymanager)

エンティティマネージャー。Hibernateのものを利用します。

■Spring JDBC(spring-jdbc)

Springに用意されているJDBC利用のためのフレームワーク。

■Spring Data JPA (spring-data-jpa)

SpringによるJPA利用のためのフレームワーク。

■Spring ORM(spring-orm)

SpringによるORM(Object-Relational Mapping)のためのフレームワーク。

■H2 database(h2)

H2データベースエンジン。今回もデータベースはH2を利用します。

■Hibernate Validator(hibernate-validator)

Hibernateのバリデーションライブラリ。なくともデータベースの利用に差し障りはありませんが、データベースを使う際、大抵は必要となるので用意してあります。

これらのフレームワークを一通り用意すれば、Spring Data JPAを使ったデータベースアクセスが一通り行えるようになります。数が多いのでわかりにくいでしょうが、1つ1つの役割や使い方まで深く考えず、「**データベースアクセスには、これらをまとめて追加すればOK**」と全部セットで考えておきましょう。

データベース設定を追記する

続いて、H2データベースにアクセスするための設定情報を記述しましょう。これは、src/main/resourcesにプロパティファイルを用意して記述します。src/main/resourcesを選択し、＜**File**＞＜**New**＞＜**File**＞メニューを選んで、「**application.properties**」という名前でファイルを作成しましょう。

図9-14：application.propertiesファイルを作成する。

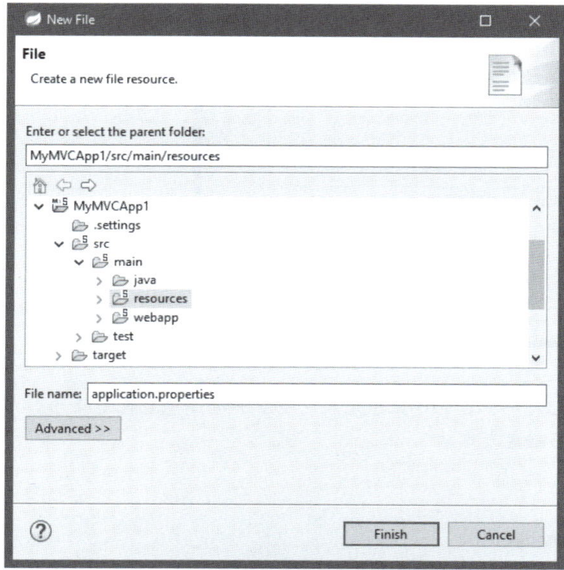

ファイルが用意できたら、このファイルを開き、以下のようにプロパティを追記して下さい。

リスト9-13

```
jdbc.type=H2
jdbc.scriptLocation=classpath:spring/script.sql
jdbc.driverClassName=org.h2.Driver
jdbc.url=jdbc:h2:mem:mydata
jdbc.username=sa
jdbc.password=
```

Spring Dataを利用したときもデータベースの設定を行いましたが、それとまったく同じです。ここでも「**spring**」フォルダ内の**script.sql**にSQLスクリプトを用意するようにしてあります。これも併せて用意しておきましょう。

src/main/resources内の「**spring**」フォルダを選択し、＜**File**＞＜**New**＞＜**File**＞メニューを選んでダイアログを呼び出して下さい。そして、「**script.sql**」という名前でファイルを作成します。

図9-15：script.sqlファイルを「spring」フォルダ内に作成する。

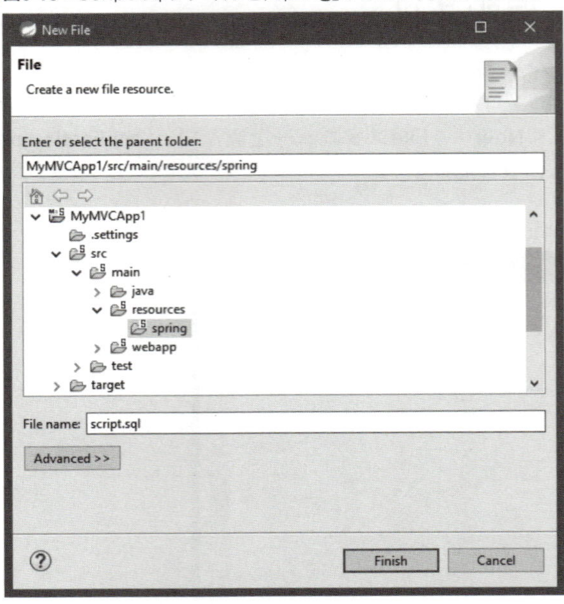

ファイルを作成したら、この中にSQLスクリプトを用意しましょう。今回は以下のような処理を用意しておきます。

リスト9-14

```
CREATE TABLE mymemodata (
  id INTEGER PRIMARY KEY AUTO_INCREMENT,
  title VARCHAR(100) NOT NULL,
  content VARCHAR(255),
);

INSERT INTO mymemodata (title, content) VALUES('Hello!', 'This is sample message.');
INSERT INTO mymemodata (title, content) VALUES('welcome', 'welcome to spring mvc!');
```

ここでは、mymemodataというテーブルを作成し、ダミーのレコードを追加してあります。テーブルの具体的な内容については、この後、エンティティクラスを作成したところで改めて説明します。

application-config.xmlの修正

続いて、Spring Data JPAを利用するために必要な設定を用意していきましょう。まずは、application-config.xmlへの追記です。JPA関連の設定やBeanの登録は、このapplication-config.xmlに用意することにします。

このファイルを開き、以下のように修正をして下さい。

リスト9-15

```
<?xml version="1.0" encoding="UTF-8"?>
<beans
  xmlns="http://www.springframework.org/schema/beans"
  xmlns:xsi="http://www.w3.org/2001/XMLSchema-instance"
  xmlns:context="http://www.springframework.org/schema/context"
  xmlns:jpa="http://www.springframework.org/schema/data/jpa"
  xmlns:jdbc="http://www.springframework.org/schema/jdbc"
  xsi:schemaLocation="http://www.springframework.org/schema/beans
    http://www.springframework.org/schema/beans/spring-beans.xsd
    http://www.springframework.org/schema/context
    http://www.springframework.org/schema/context/spring-context.xsd
    http://www.springframework.org/schema/data/jpa
    http://www.springframework.org/schema/data/jpa/spring-jpa.xsd
    http://www.springframework.org/schema/jdbc
    http://www.springframework.org/schema/jdbc/spring-jdbc.xsd">

  <context:property-placeholder location="classpath:application.properties" />

  <jpa:repositories base-package="jp.tuyano.spring.mvc1" />

  <bean class="org.springframework.orm.jpa.support.
    PersistenceAnnotationBeanPostProcessor" />

   <bean id="transactionManager"
    class="org.springframework.orm.jpa.JpaTransactionManager">
    <property name="entityManagerFactory" ref="entityManagerFactory" />
    <property name="dataSource" ref="dataSource" />
  </bean>

  <bean id="entityManagerFactory"
    class="org.springframework.orm.jpa.LocalContainerEntityManagerFactoryBean">
    <property name="dataSource" ref="dataSource" />
    <property name="jpaVendorAdapter">
      <bean class="org.springframework.orm.jpa.vendor.HibernateJpaVendorAdapter">
        <property name="generateDdl" value="true" />
        <property name="database" value="${jdbc.type}" />
      </bean>
    </property>
  </bean>

  <!-- jdbc  -->
  <jdbc:embedded-database id="dataSource" type="H2">
    <jdbc:script location="${jdbc.scriptLocation}" />
```

```
    </jdbc:embedded-database>

</beans>
```

基本的には、**第8章**でSpring Data JPAを利用したときのapplication-config.xmlの記述とほぼ同じ内容が用意されています。クラスが配置されているパッケージが違っていますが、後はほぼ同じ記述です。これらのタグは、Spring Data JPAを利用する際の基本タグと考えておきましょう。

persistence.xmlの作成

続いて、persistence.xmlを用意しましょう。まず、配置する「**META-INF**」フォルダの用意です。<**File**><**New**><**Folder**>メニューを選び、src/main/resources内に「**META-INF**」フォルダを作成しましょう。

図9-16：「resources」内に「META-INF」フォルダを作る。

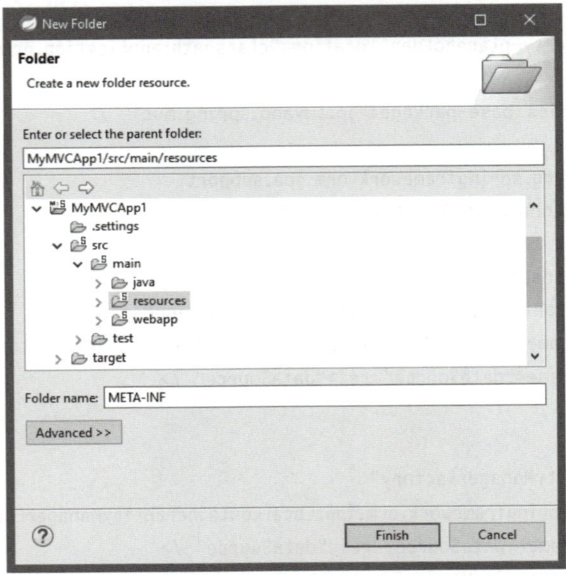

続いて、persistence.xmlを作成します。<**File**><**New**><**Other**>メニューを選び、現れたダイアログで「**XML**」項目内の「**XML File**」を選び、次に進みます。

図9-17：ダイアログで「XML File」を選ぶ。

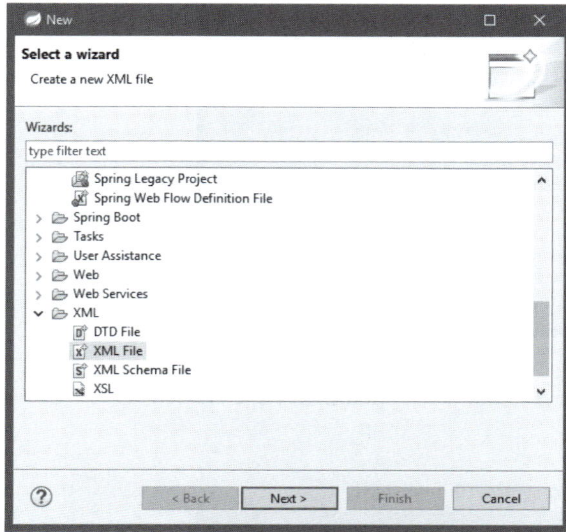

次に現れたダイアログで、src/main/resources/META-INFを選択し、ファイル名を「**persistence.xml**」と入力し、次に進みます。

図9-18：META-INFを選択し、persistence.xmlとファイル名を入力する。

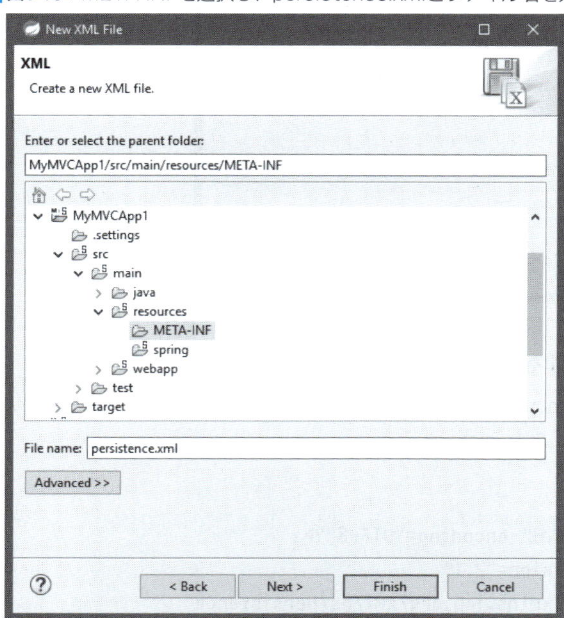

続いて、Create XML file from an XML templateを選択し、次に進みます。

図9-19：Create XML file from an XML templateを選択する。

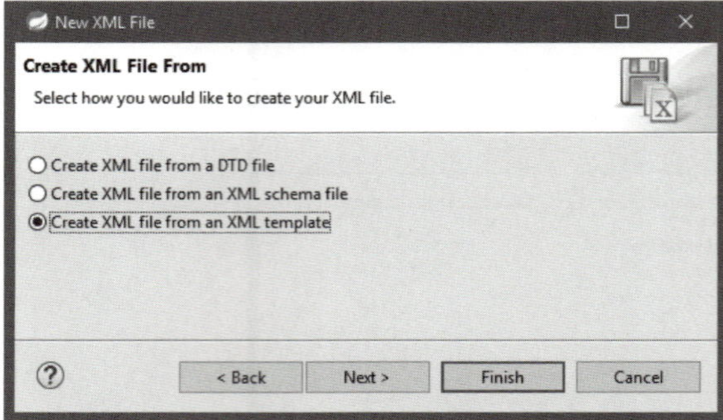

次に現れたリストからxml delcarationを選択して「**Finish**」ボタンを押し、ファイルを作成します。

図9-20：xml declarationを選んでFinishする。

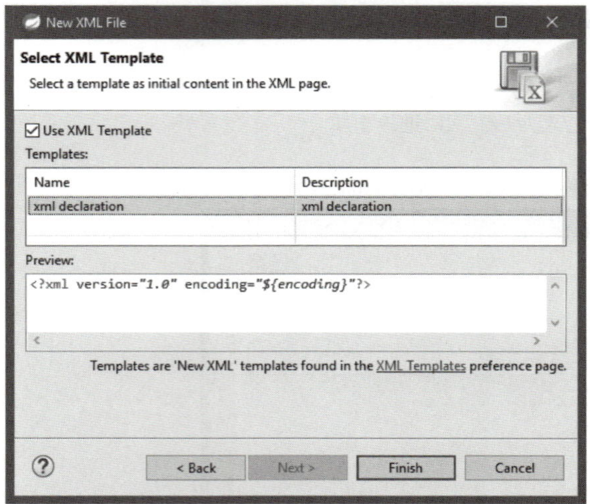

persistence.xml を記述する

これで、persistence.xmlファイルが作成されました。では、これを開いて以下のリストのように記述をしましょう。

リスト9-16

```
<?xml version="1.0" encoding="UTF-8"?>
<persistence version="2.1"
  xmlns="http://xmlns.jcp.org/xml/ns/persistence"
  xmlns:xsi="http://www.w3.org/2001/XMLSchema-instance"
  xsi:schemaLocation="http://xmlns.jcp.org/xml/ns/persistence
  http://xmlns.jcp.org/xml/ns/persistence/persistence_2_2.xsd">
```

```
  <persistence-unit name="persistence-unit"
    transaction-type="RESOURCE_LOCAL">

    <provider>org.hibernate.ejb.HibernatePersistence</provider>

    <properties>
      <property name="hibernate.dialect"
        value="org.hibernate.dialect.H2Dialect" />
      <property name="hibernate.hbm2ddl.auto" value="create" />
      <property name="javax.persistence.jdbc.driver"
        value="${jdbc.driverClassName}" />
      <property name="javax.persistence.jdbc.url" value="${jdbc.url}" />
      <property name="javax.persistence.jdbc.user"
        value="${jdbc.username}" />
      <property name="javax.persistence.jdbc.password"
        value="${jdbc.password}" />
    </properties>
  </persistence-unit>

</persistence>
```

これも、**第8章**のDataWebApp1プロジェクトで作成したものと内容は同じです。H2データベースエンジンを利用する場合は、この内容をそのままコピー＆ペーストすればOK、と考えておきましょう。

エンティティクラスの作成

では、データベース関連のクラスを作成していきましょう。まずは、エンティティクラスを作成しましょう。＜**New**＞内から＜**Class**＞メニューを選んで下さい。そして現れたダイアログで以下のように設定しましょう。

Source folder	MyMVCApp1/src/main/java(デフォルトのまま)
Package	jp.tuyano.spring.mvc1
Enclosing type	OFF
Name	MyMemoData
Modifiers	「public」のみON
Superclass	java.lang.Object(デフォルトのまま)
Interfaces	空白のまま
それ以降のチェックボックス	「Inherited abstract methods」をONに、他はOFFにする

図9-21：クラスの作成ダイアログ。MyMemoDataという名前で作成する。

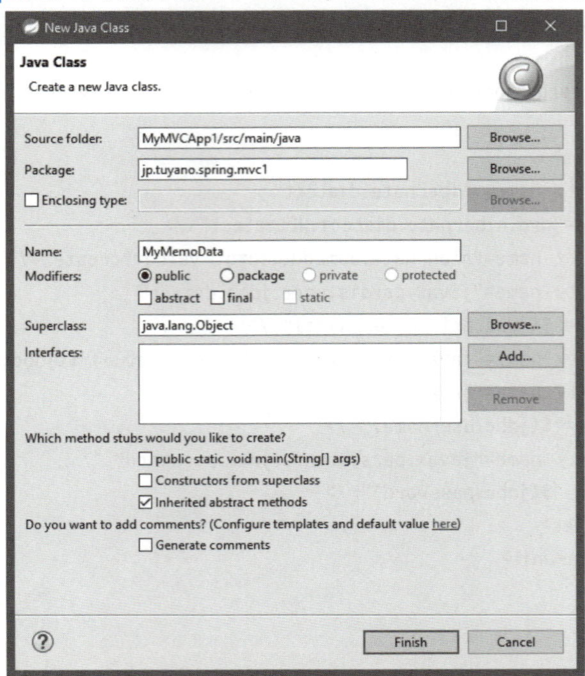

MyMemoData.java を編集する

これで、「**MyMemoData.java**」というファイルがsrc/main/java内のjp.tuyano.spring.mvc1パッケージに作成されます。これを開いて以下のように編集しましょう。

リスト9-17

```
package jp.tuyano.spring.mvc1;

import java.io.Serializable;

import javax.persistence.Column;
import javax.persistence.Entity;
import javax.persistence.GeneratedValue;
import javax.persistence.Id;

@Entity
public class MyMemoData implements Serializable {
  private static final long serialVersionUID = 1L;

    @Id
    @GeneratedValue(strategy = GenerationType.IDENTITY)
    private Long id;
```

```
    @Column(nullable = false)
    private String title;

    @Column(nullable = false)
    private String content;

    public MyMemoData() {
      super();
    }
  public MyMemoData(String title, String content) {
    super();
    this.title = title;
    this.content = content;
  }

  public Long getId() {
    return id;
  }
  public String getTitle() {
    return title;
  }
  public void setTitle(String title) {
    this.title = title;
  }
  public String getContent() {
    return content;
  }
  public void setContent(String content) {
    this.content = content;
  }

  @Override
  public String toString() {
    return "MyMemoData [id=" + id + ", title=" + title + ", content="
        + content + "]";
  }
}
```

id、title、contentという項目だけのシンプルなエンティティを用意しました。ちょっとしたメモ書きなどを保管しておくもの、といったイメージです。privateフィールドの他、コンストラクタとアクセサ、toStringメソッドを用意してあります。

クラスには**@Entity**アノテーションを付け、各フィールドには**@Column**アノテーション、プライマリキーであるidには**@Id**と**@GeneratedValue**を用意してあります。ごく一般的なエンティティの仕様であることがわかりますね。

リポジトリを作成する

次に作成するのは、データベースアクセスの基本機能を提供する「**リポジトリ**」です。＜**File**＞メニューの＜**New**＞内から＜**Interface**＞メニューを選び、以下のように設定をしてください。

Source folder	MyMVCApp1/src/main/java(デフォルトのまま)
Package	jp.tuyano.spring.mvc1
Enclosing type	OFF
Name	MyMemoDataRepository
Modifiers	「public」のみON
Extended interfaces	「org.springframework.data.jpa.repository.JpaRepository」をAddする
Generate comments	OFFにする

図9-22：インターフェイスの作成ダイアログ。JpaRepositoryを継承し、MyMemoDataRepositoryという名前で作成する。

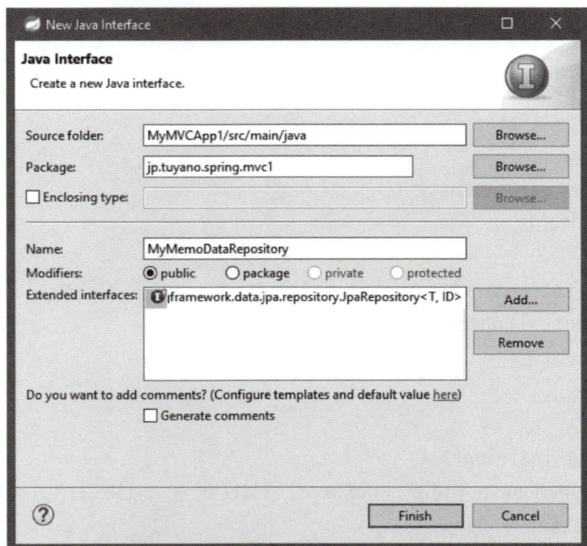

図9-23：Extended interfacesの「Add...」ボタンを押し、ダイアログでJpaRepositoryと入力すると候補が現れる。

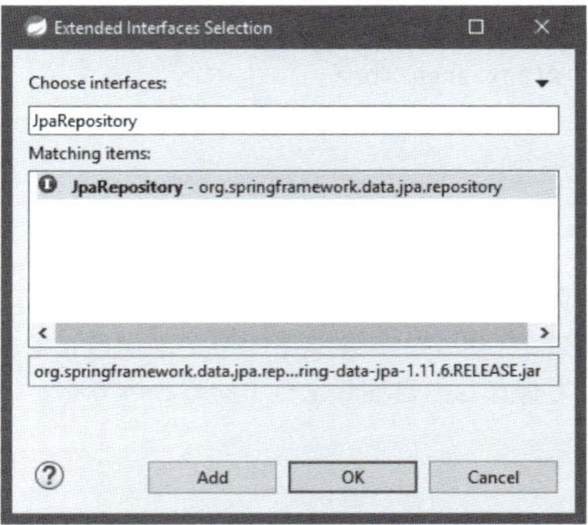

MyMemoDataRepository.java を編集する

ファイルが作成されたら、MyMemoDataRepository.javaを開き、ソースコードを編集します。といってもほとんど書く部分はありません。以下のようになっていればOKです。

リスト9-18

```
package jp.tuyano.spring.mvc1;

import org.springframework.data.jpa.repository.JpaRepository;
import org.springframework.stereotype.Repository;

@Repository
public interface MyMemoDataRepository
  extends JpaRepository<MyMemoData, Long>{
}
```

おそらく、**extends JpaRepository**の**<MyMemoData, Long>**の記述だけを書き換えれば、他は変更する必要はないでしょう。リポジトリですので、とりあえずメソッドの宣言などはなくてよいでしょう。

showMessage.jspを変更する

では、リポジトリを利用するWebページの作成を行いましょう。まずはビューとなる**showMessage.jsp**からです。今回はデータベースにデータを保管するためのフォームを用意しておきます。showMessage.jspを開き、<body>タグの部分を以下のように書き換えて下さい。

リスト9-19

```
<body>
  <h1>Index Page</h1>
```

```
    <p>${msg}</p>
    <form method="post" action="./post">
    <input type="text" name="title"><br>
    <textarea name="content"></textarea><br>
    <input type="submit">
    </form>
</body>
```

フォームは、**リスト9-11**と同様に、method="post" action="./post"と指定してあります。**title**と**content**という名前の入力フィールドとテキストエリアが用意してあります。これらを送信してMyMemoDataとして保存し、管理しようというわけです。

コントローラーを変更する

残るはコントローラーです。AppController.javaを開いて、以下のようにソースコードを書き換えましょう。

リスト9-20

```
package jp.tuyano.spring.mvc1;

import java.util.List;

import org.springframework.beans.factory.annotation.Autowired;
import org.springframework.stereotype.Controller;
import org.springframework.ui.Model;
import org.springframework.web.bind.annotation.RequestMapping;
import org.springframework.web.bind.annotation.RequestMethod;
import org.springframework.web.bind.annotation.RequestParam;
import org.springframework.web.servlet.ModelAndView;

@Controller
public class AppController {

    @Autowired
    MyMemoDataRepository repository;

    @RequestMapping("/msg")
    public String index(Model model) {
        model.addAttribute("msg", "please type memo data.");
        return "showMessage";
    }

    @RequestMapping(value="/post", method=RequestMethod.POST)
    public ModelAndView postForm(@RequestParam("title") String title,
```

```
        @RequestParam("content") String content) {
        MyMemoData memo = new MyMemoData(title, content);
        repository.saveAndFlush(memo);
        ModelAndView model = new ModelAndView("showMessage");
        model.addObject("msg", "add memo<br>" + memo);
        return model;
    }

    @RequestMapping("/memo")
    public String memo(Model model) {
        List<MyMemoData> list = repository.findAll();
        String result = "<pre>";
        for(MyMemoData memo : list){
            result += memo.toString() + "\n";
        }
        result += "</pre>";
        model.addAttribute("msg",result);
        return "showMessage";
    }
}
```

作成したら、アプリケーションを実行して動作確認をしましょう。今回は、/msgにアクセスすると、送信フォームが表示されます。ここでテキストを書いて送信すると、それがデータベースに保存されます。送信すると、保存したMyMemoDataの内容が表示されます。

保存したデータは、/memoにアクセスすると一覧で表示されます。これで送信したデータがちゃんと保管されているか確認できるでしょう。また、データベース関連の機能がきちんと動いていることもわかるはずです。

図9-24：フォームを送信すると、その内容がMyMemoDataに保存される。

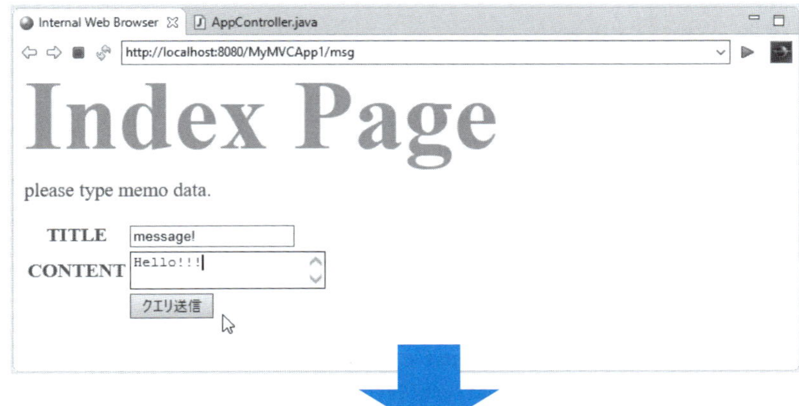

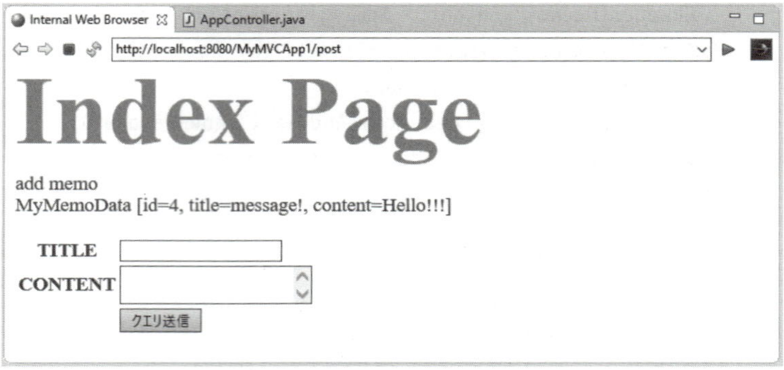

図9-25：/memoにアクセスすると、保管されているエンティティの一覧が表示される。

リポジトリ利用のポイントを整理する

では、プログラムの内容を整理していきましょう。データベースアクセスは基本的にリポジトリを利用していますので、それほど面倒な部分はありません。ポイントを絞って説明しておくことにします。

リポジトリの用意

```
@Autowired
MyMemoDataRepository repository;
```

作成したMyMemoDataRepositoryは、@Autowiredアノテーションで自動的に組み込まれるようにしておきます。これでリポジトリが用意できました。後は、メソッド内からこのリポジトリを呼び出すだけです。実に簡単！

エンティティの保存

```
@RequestMapping(value="/post", method=RequestMethod.POST)
public ModelAndView postForm(@RequestParam("title") String title,
    @RequestParam("content") String content) {……}
```

postFormメソッドには、@RequestMappingで"/post"にPOST送信された場合に呼び出されるようマッピングをしておきます。引数には2つのString値を用意し、それぞれに@RequestParam("title")と@RequestParam("content")を指定します。これで、フォームから送信されたname="title"とname="content"の値がこれらの引数に設定されるようになります。

メソッドで行っているエンティティの保存は、以下の2文だけです。

```
MyMemoData memo = new MyMemoData(title, content);
repository.saveAndFlush(memo);
```

メソッドの引数を使ってMyMemoDataインスタンスを作り、それをリポジトリのsaveAndFlushメソッドで保存します。後は、ModelAndViewインスタンスを作り、作成されたMyMemoDataの内容をaddObjectで保管してreturnするだけです。

```
ModelAndView model = new ModelAndView("showMessage");
model.addObject("msg", "add memo<br>" + memo);
return model;
```

全エンティティの表示

memoメソッドでは、全エンティティをListとして取得し、その内容をテキストにまとめてビューに表示しています。まずはリポジトリから全エンティティを取り出します。

```
List<MyMemoData> list = repository.findAll();
```

findAllもリポジトリに自動生成されるメソッドでしたね。戻り値はMyMemoDataインスタンスを保管したListとなっているので、ここから繰り返しを使って順に値を取り出してまとめていくだけです。

```
String result = "<pre>";
for(MyMemoData memo : list){
  result += memo.toString() + "\n";
}
result += "</pre>";
```

後は、まとめたテキストをModelに設定し、showMessageビューをreturnして終わりです。

```
model.addAttribute("msg",result);
return "showMessage";
```

リポジトリが利用できれば、このようにとても簡単にデータベースアクセスを実装することができます。リポジトリで足りない機能は、@Queryで追加していけばいいでしょう。

既にSpring Data JPAの基本は説明しました。Spring MVCによるWebアプリケーションでどのようにSpring Data JPAの機能を実装するか、その基本がわかれば、後はSpring Data JPAの解説を参考にいくらでもデータベースを利用できるようになります。

9-4 Spring Bootについて

Spring Bootは、Springのフレームワークを統合し、簡単な作業で本格的なアプリケーションを構築することができる新たなフレームワークです。その基本的な使い方を最後に見てみましょう。

Springの限界とSpring Boot

ここまで、Springに用意されている重要なフレームワークについて説明を行ってきました。が、それらはSpring全体からすればごく一部です。Springに用意されているフレームワークはほかにも多数のものがあり、とても一冊の本で説明し尽くせるものではありません。

特にWebアプリケーションの開発においては、アプリケーションの基本的なアーキテクチャーやデータベースアクセスなどを組み合わせて開発しなければなりません。Spring MVCを使うか否かによっても、その他の部分のコーディングは変わってきたりします。何をどう組み合わせるか、後で変更するのも容易ではありません。

ところで、Springは、あまりに大きくなりすぎてしまいました。1つのアプリケーションを最初からSpringベースで開発する場合、選択肢にのぼるフレームワークは相当な数になります。そこで「**実務に耐え得るレベルのアプリケーションを、とにかく短い工程で短期間にさくっと作る**」ということを主眼においたフレームワークの開発が行われました。それが「**Spring Boot**」です。

図9-26：Spring Bootは、複雑になったSpringのフレームワークをまとめてシンプルなアプリケーション構築の手段を提供する。

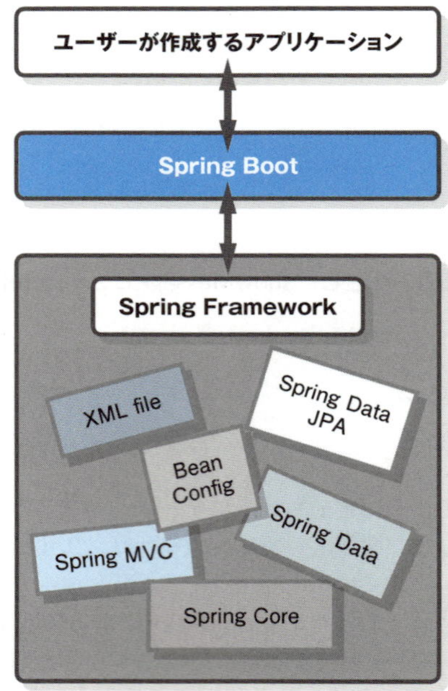

Spring Bootの特徴

Spring Bootは、それまでのSpringの機能とは別の全く新しいフレームワーク、というわけではありません。むしろ、「**それまでのSpringの各種フレームワークを新しい形で統合するもの**」といえます。では、どのような特徴があり、どんな利点があるのでしょう。簡単に整理しましょう。

■フレームワークは「Spring Boot」だけ！

Spring Bootは、いかに簡単に「**使えるアプリケーション**」を作るか、を考えて設計されています。その内部では、さまざまなSpringのフレームワークが使われていますが、それらはきれいに統合されており、開発者がそれらのフレームワークを意識して管理する必要はありません。

開発者が用意すべきは「**Spring Boot**」のフレームワークだけです。それ以外のあらゆるSpring関連のフレームワークは、意識する必要は全くありません。

■XMLは書かない！

Springの特徴に「**XMLによる各種の設定ファイル**」がありましたが、必要な設定を整理して記述できる反面、作成するのが面倒くさく間違いやすい、という問題もありました。このため、Bean構成クラスなどが用意されることになりましたが、これもわざわざ定義するのはやっぱり面倒ですね。

Spring Bootでは、XMLを書く必要はありません。といって設定のためのクラスも定義する必要はありません。Javaのコードにいくつかアノテーションを書くだけで、すべての設定は自動的に行われます。

■サーバー内蔵！

Spring Bootは、Mavenコマンドを使って実行すると、自動的に内蔵のサーブレットコンテナが起動し、これによりアプリケーションが実行されます。プロジェクトをwarファイルにまとめたり、サーバーにデプロイしたり、などといった作業は不要です。というか、サーバーを用意する必要すらないのです！

Spring Starter Projectを作成する

では、Spring Bootを使った開発は、どのように行うのでしょうか。これは、STSを使えば非常に簡単に行うことができます。

STSには、これまで使っていたSpringレガシープロジェクトの他に、「**Springスタータープロジェクト**」(Spring Starter Project)も用意されていました。これがSpring Bootのプロジェクトなのです。

Springスタータープロジェクトは、Springレガシープロジェクトとは作成手順などが異なります。実際にサンプルを作成しながら作業手順を説明しましょう。

プロジェクトの基本設定

では、＜**File**＞メニューの＜**New**＞内から＜**Spring Starter Project**＞メニューを選んで下さい。プロジェクト作成のダイアログが現れます。以下のような項目が用意されています。それぞれ入力し、次に進んで下さい。

Service URL	Springスタータープロジェクトでは、インターネットのサービスにアクセスし、そこからプロジェクトをダウンロードし、展開して使います。そのサービスのアドレスを指定します。デフォルトでは、http://start.spring.io が設定されています。これは変更しないで下さい。
Name	プロジェクトの名前です。「MyBootApp」としておきます。
Use default location	プロジェクトの保存場所を指定します。ONにしておきましょう。
Type	プロジェクトのビルドの種類を指定します。Mavenと、3種類のGradleが用意されています。Mavenのままにしておきます。
Packaging	ビルドしたプログラムのパッケージの形式を指定します。「Jar」と「War」があります。Warは、Javaサーバーにデプロイする場合に用います。Spring Bootのプロジェクトは、そのまま実行して動かせるので、通常は「Jar」のままにしておきます。
Java Version	使用するJavaのバージョンです。「1.8」にしておきます。
Language	使用言語の選択です。Spring Bootは、「Java」「Koilin」「Groovy」に対応しています。Javaのままにしておきます。
Group	プログラムのグループIDの指定です。「com.tuyano.spring.boot」としておきます。
Artifact	プログラムのアーティファクトIDの指定です。「MyBootApp」としておきます。
Version	バージョンのテキストです。デフォルトでは「0.0.1-SNAPSHOT」になっています。そのままでいいでしょう。
Description	プロジェクトの説明文です。「Sample project for Spring Boot」としておきました。
Package	プログラムを配置するパッケージの指定です。「com.tuyano.spring.boot.myapp」としておきます。
Working sets	ワーキングセットの設定です。使わないのでOFFにしておきます。

図9-27：Spring Starter Projectの設定画面。

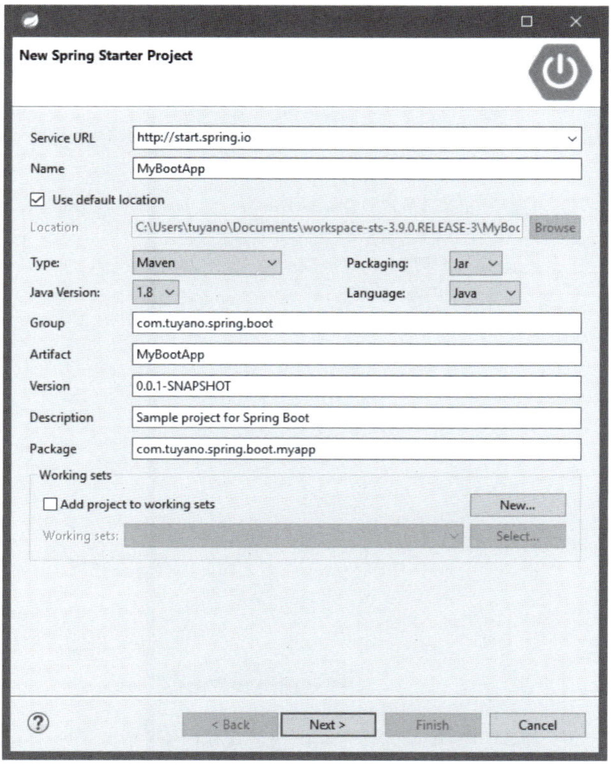

Dependencyの設定

次に進むと、「**New Spring Starter Project Dependencies**」という画面になります。これは、プロジェクトで使用するフレームワークやライブラリを指定します。Mavenのpom.xmlに記述する<dependency>タグの内容を設定するもの、と考えるといいでしょう。

Spring Boot Version

本書執筆時のSpring Bootの最新バージョンは「**2.0.0 M5**」となっているため、これを選んでおきます。正式にリリースされたなら、正式版を選んでおきましょう。

Available

この下にあるリストから、利用する機能を選びます。以下の項目をONにしてください。

「**SQL**」項目内の「**JPA**」「**H2**」
「**Template Engines**」項目内の「**Thymeleaf**」
「**Web**」項目内の「**Web**」

図9-28：JPA、H2、Thymeleaf、Web、の4つの項目を選択する。

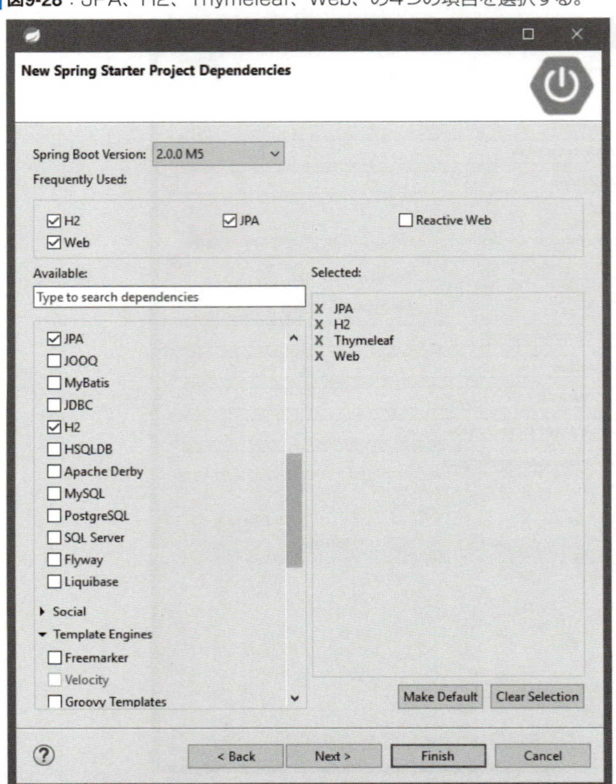

Site Info の確認

次に進むと、Site Infoという項目が表示されたダイアログになります。これは、Springのサイトにアクセスするための URL を設定します。

ここまで入力した内容を元に、URLは自動生成されています。このまま「**Finish**」ボタンを押して終了すると、そのURLにアクセスし、そこからプロジェクトをダウンロードしてSTSに組み込みます。

図9-29：Site Infoの設定。そのまま変更せずにFinishするとプロジェクトが作成される。

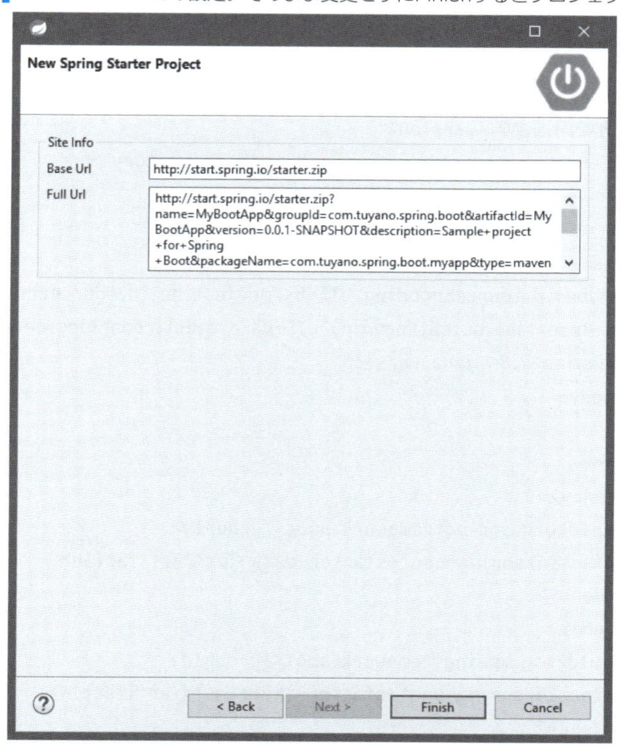

pom.xmlについて

では、作成されたプロジェクトのpom.xmlを見てみましょう。以下のような内容になっています。

リスト9-21

```
<?xml version="1.0" encoding="UTF-8"?>
<project xmlns="http://maven.apache.org/POM/4.0.0"
  xmlns:xsi="http://www.w3.org/2001/XMLSchema-instance"
  xsi:schemaLocation="http://maven.apache.org/POM/4.0.0
    http://maven.apache.org/xsd/maven-4.0.0.xsd">
  <modelVersion>4.0.0</modelVersion>

  <groupId>com.tuyano.spring.boot</groupId>
  <artifactId>MyBootApp</artifactId>
  <version>0.0.1-SNAPSHOT</version>
  <packaging>jar</packaging>

  <name>MyBootApp</name>
  <description>Sample project for Spring Boot</description>
```

```
<parent>
  <groupId>org.springframework.boot</groupId>
  <artifactId>spring-boot-starter-parent</artifactId>
  <version>2.0.0.M5</version>
  <relativePath/> <!-- lookup parent from repository -->
</parent>

<properties>
  <project.build.sourceEncoding>UTF-8</project.build.sourceEncoding>
  <project.reporting.outputEncoding>UTF-8</project.reporting.outputEncoding>
  <java.version>1.8</java.version>
</properties>

<dependencies>
  <dependency>
    <groupId>org.springframework.boot</groupId>
    <artifactId>spring-boot-starter-data-jpa</artifactId>
  </dependency>
  <dependency>
    <groupId>org.springframework.boot</groupId>
    <artifactId>spring-boot-starter-thymeleaf</artifactId>
  </dependency>
  <dependency>
    <groupId>org.springframework.boot</groupId>
    <artifactId>spring-boot-starter-web</artifactId>
  </dependency>

  <dependency>
    <groupId>com.h2database</groupId>
    <artifactId>h2</artifactId>
    <scope>runtime</scope>
  </dependency>
  <dependency>
    <groupId>org.springframework.boot</groupId>
    <artifactId>spring-boot-starter-test</artifactId>
    <scope>test</scope>
  </dependency>
</dependencies>

<build>
  <plugins>
    <plugin>
      <groupId>org.springframework.boot</groupId>
```

```
            <artifactId>spring-boot-maven-plugin</artifactId>
        </plugin>
    </plugins>
</build>

<repositories>
    <repository>
        <id>spring-snapshots</id>
        <name>Spring Snapshots</name>
        <url>https://repo.spring.io/snapshot</url>
        <snapshots>
            <enabled>true</enabled>
        </snapshots>
    </repository>
    <repository>
        <id>spring-milestones</id>
        <name>Spring Milestones</name>
        <url>https://repo.spring.io/milestone</url>
        <snapshots>
            <enabled>false</enabled>
        </snapshots>
    </repository>
</repositories>

<pluginRepositories>
    <pluginRepository>
        <id>spring-snapshots</id>
        <name>Spring Snapshots</name>
        <url>https://repo.spring.io/snapshot</url>
        <snapshots>
            <enabled>true</enabled>
        </snapshots>
    </pluginRepository>
    <pluginRepository>
        <id>spring-milestones</id>
        <name>Spring Milestones</name>
        <url>https://repo.spring.io/milestone</url>
        <snapshots>
            <enabled>false</enabled>
        </snapshots>
    </pluginRepository>
</pluginRepositories>

</project>
```

Note

<repositories>と<pluginRepositories>は正式リリース前のSpring Bootを使っているために追加されたものです。正式リリース版では、これらは削除されています。

<dependencies>をよく見ると、「**spring-boot-starter-○○**」といったアーティファクトIDのものが3つあることがわかります。

spring-boot-starter-data-jpa
spring-boot-starter-thymeleaf
spring-boot-starter-web

これらは、それぞれ「**Spring Data JPA関連**」「**テンプレートエンジン（Thymeleafというプログラム）**」「**Spring MVC関連**」のフレームワークです。この3つを用意すれば、Spring MVCとSpring Data JPAを使ったWebアプリケーションの基本が構築されます。それ以外のフレームワークとしては、テスト関係やH2データベースエンジンなどの見慣れたものがいくつかあるだけです。

Spring Data JPAを利用する際、いくつもの<dependency>タグを用意していたことを思い出して下さい。それに比べると、「**spring-boot-starter-data-jpaを追加すれば、Spring Data JPAが実装される**」というのは、非常にシンプルでわかりやすいですね。

<parent> タグについて

Spring Bootで面倒なタグ類が大幅に減っている秘密は、**<parent>**というタグにあります。このタグは、**pom.xmlの継承**を指定します。

このタグにより、**spring-boot-starter-parent**というパッケージのpom.xmlが継承され、自動的に取り込まれます。これにより、Spring Boot関連のパッケージが自動的に追加されます。

<repositories> と <pluginRepositories> について

ここでは、<repositories>と<pluginRepositories>のそれぞれのタグで、リポジトリの登録を行っています。**https://repo.spring.io/snapshot**と**https://repo.spring.io/milestone**ですね。これらは、Springのスナップショット（開発中の最新版）とマイルストーン(ほぼ完成した版)を公開しているリポジトリです。

ここでは、**Spring Boot 2.0.0.M5**というリリース前のものを利用しています。これは正式リリースされていませんから、セントラルリポジトリにはありません。そこで、独自のリポジトリを追加し、そこからダウンロードをしています。

Spring Boot 2.0の正式版がリリースされたら、これらのリポジトリは必要なくなるので削除してかまいません。

コントローラーの作成

作成されたプロジェクトには、基本的なプロジェクトのファイル類は一通り揃っています。ただし、現時点ではMVC関係のファイルはまったくないので、このままでは実行しても何も表示できません。そこで、MVCのプログラムを用意していきましょう。

まずは、コントローラーからです。src/main/java内にある「**com.tuyano.spring.boot.myapp**」パッケージを選択し、＜**File**＞メニューの＜**New**＞内から＜**Class**＞メニューを選んで下さい。そして以下のように設定し、クラスを作成しましょう。

Source folder	MyBootApp/src/main/java（デフォルトのまま）
Package	com.tuyano.spring.boot.myapp
Enclosing type	OFF
Name	SampleController
Modifiers	「public」をON
Superclass	java.lang.Object（デフォルトのまま）
Interfaces	空のまま
それ以降のチェックボックス	「Inherited abstract methods」をONに、他はOFFにする

図9-30：SampleControllerクラスを作成する。

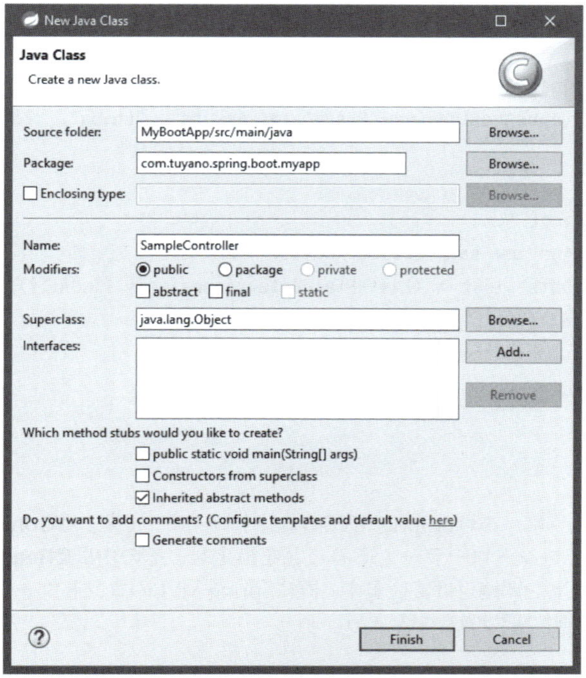

SampleController クラス

作成されたSampleController.javaを開き、コントローラーのソースコードを記述しましょう。ここでは以下のようにしておきます。

リスト9-22

```
package com.tuyano.spring.boot.myapp;

import java.util.List;

import javax.annotation.PostConstruct;

import org.springframework.beans.factory.annotation.Autowired;
import org.springframework.stereotype.Controller;
import org.springframework.web.bind.annotation.RequestMapping;
import org.springframework.web.servlet.ModelAndView;

@Controller
public class SampleController {

   @Autowired
   PlaceDataRepository repository;

   @PostConstruct
   public void init() {
      repository.saveAndFlush(new PlaceData("Shinjuku", "Tokyo", "160-0022"));
      repository.saveAndFlush(new PlaceData("Atami", "Shizuoka", "413-0033"));
      repository.saveAndFlush(new PlaceData("Sakura", "Chiba", "285-0025"));
   }

   @RequestMapping("/")
   public ModelAndView sample(ModelAndView mav) {
      List<PlaceData> list = (List<PlaceData>)repository.findAll();
      mav.addObject("list", list);
      mav.setViewName("sample");
      return mav;
   }
}
```

見ればわかるように、これはSprig MVCのコントローラーです。**@Controller**アノテーションを用意してコントローラーであることを指定し、その中に**@RequestMapping**でアドレスとメソッドを関連付けています。既にSpring MVCのコントローラーがわかっていれば、改めて説明の要はないでしょう。

initとsampleという2つのメソッドを用意してあります。initは、初期化処理のためのもので、sampleが実際にアクセスした時の処理になります。

PlaceDataRepositoryというリポジトリを使ってPlaceDataというエンティティを取り出しています。これらは、この後で作成をします。

テンプレートの作成

続いて、MVCのView部分であるテンプレートを作成しましょう。テンプレートは、「**resources**」フォルダ内にある「**templates**」というフォルダの中に用意します。＜**File**＞＜**New**＞＜**File**＞メニューを選び、現れたダイアログで「**resources**」フォルダ内の「**templates**」フォルダ内に「**sample.html**」というファイルを作成しましょう。

図9-31：「resources」内に「sample.html」を作成する。

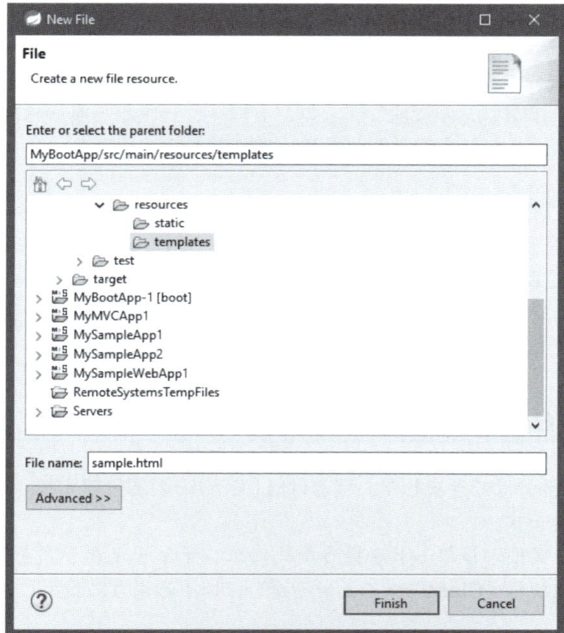

sample.htmlを記述する

ファイルができたら、テンプレートの内容を記述します。ここでは以下のように用意して下さい。

リスト9-23

```
<!DOCTYPE html>
<html>

<head>
  <meta charset="utf-8">
```

```
    <title>Welcome</title>
    <style>
    body { font-size:14pt; color:#666; }
    h1 { font-size:70pt; color:#aaa; margin:-15px 0px; }
    </style>
</head>
<body>
    <h1>Sample</h1>
    <p>this is sample page.</p>
    <hr>
    <ul th:each="obj : ${list}">
    <li th:text="${obj}"></li>
    </ul>
</body>
```

<body>内には、見たことのない記号類がいくつか見えますが、これは、「**Thymeleaf**」というテンプレートエンジンの機能です。コントローラー側から渡された変数などを繰り返し取り出して表示したりする処理を用意しています。

Spring Bootでは、JSPも使うことはできるのですが、推奨はされません。一般に、サードパーティ製のテンプレートエンジンを使うことが推奨されています。Thymeleafは、おそらくSpring Bootでもっとも広く使われているテンプレートエンジンでしょう。**th:each**や**th:text**といった特殊な属性、更には**${msg}**のような変数などを使って、コントローラーから渡された値を必要に応じて取り出し、出力できます。

エンティティ「PlaceData」の作成

これでMVCのVC部分はできました。残るはM（モデル）の部分ですね。これは、JPAをベースに作っていきます。

まず、JPAでテーブルのレコードを扱うためのエンティティクラスを作りましょう。＜**File**＞＜**New**＞内から＜**Class**＞メニューを選び、以下のように設定します。

Source folder	MyBootApp/src/main/java（デフォルトのまま）
Package	com.tuyano.spring.boot.myapp
Enclosing type	OFF
Name	PlaceData
Modifiers	「public」をON
Superclass	java.lang.Object（デフォルトのまま）
Interfaces	空のまま
それ以降のチェックボックス	「Inherited abstract methods」をONに、他はOFFにする

図9-32：com.tuyano.spring.boot.myappパッケージにPlaceDataクラスを作成する。

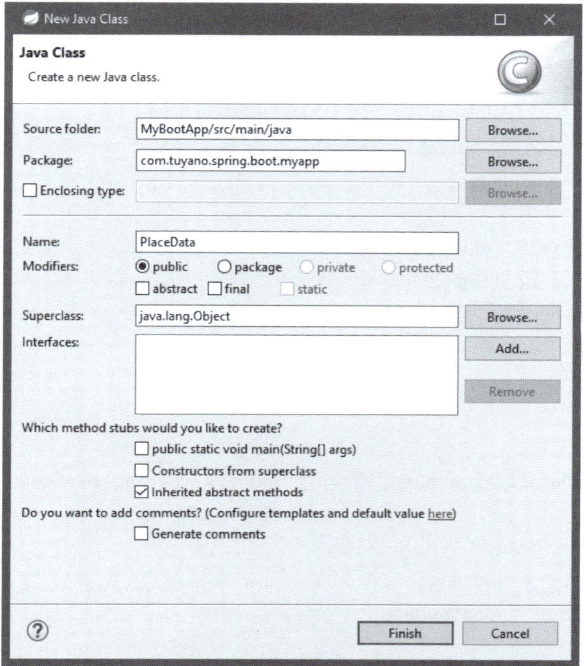

PlaceData.javaを記述する

作成されたPleceData.javaを開き、ソースコードを記述しましょう。以下のように記述して下さい。

リスト9-24

```
package com.tuyano.spring.boot.myapp;

import javax.persistence.Column;
import javax.persistence.Entity;
import javax.persistence.GeneratedValue;
import javax.persistence.GenerationType;
import javax.persistence.Id;
import javax.persistence.Table;

@Entity
@Table(name="placedata")
public class PlaceData {

  @Id
  @Column
  @GeneratedValue(strategy = GenerationType.IDENTITY)
```

```
private long id;

@Column(length=50, nullable=false)
private String name;

@Column(length=200, nullable=false)
private String address;

@Column(length=20, nullable=false)
private String postcode;

public PlaceData() {
  super();
}

public PlaceData(String name, String address, String postcode) {
  this();
  this.name = name;
  this.address = address;
  this.postcode = postcode;
}

public long getId() {
  return id;
}

public String getName() {
  return name;
}

public void setName(String name) {
  this.name = name;
}

public String getAddress() {
  return address;
}

public void setAddress(String address) {
  this.address = address;
}

public String getPostcode() {
  return postcode;
```

```
    }

    public void setPostcode(String postcode) {
        this.postcode = postcode;
    }

    @Override
    public String toString() {
        return "PlaceData [id=" + id + ", name=" + name +
                ", address=" + address + ", postcode=" +
                postcode + "]";
    }
}
```

id、name、address、postcodeといった項目を用意してあります。それらのGetterおよびSetterとtoString、コンストラクタが用意されています。JPAのエンティティクラスについては既に説明をしましたね。更に補足するものは、ここでは特にないでしょう。

リポジトリ「PlaceDataRepository」

エンティティを操作するためのリポジトリを用意しましょう。これは、インターフェイスとして作成をしましたね。<**File**><**New**>内から<**Interface**>メニューを選び、以下のように設定して下さい。

Source folder	MyBootApp/src/main/java(デフォルトのまま)
Package	com.tuyano.spring.boot.myapp
Enclosing type	OFF
Name	PlaceDataRepository
Modifiers	「public」をON
extends interfaces	空のまま
Generate commends	OFF

図9-33：PlaceDataRepositoryインターフェイスを作成する。

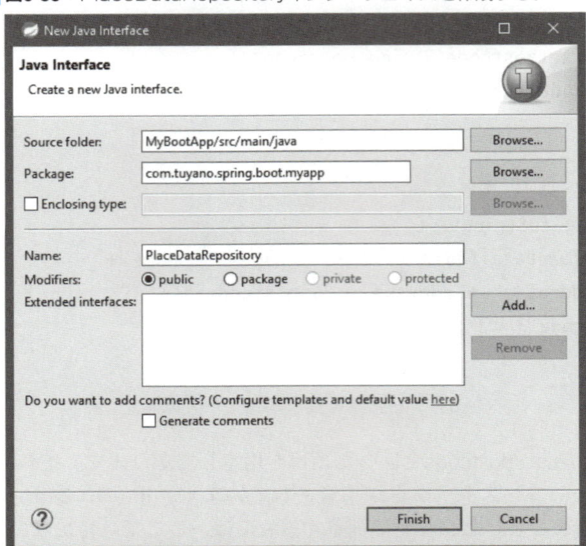

PlaceDataRepository.java を記述する

作成されたPlaceDataRepository.javaを開き、ソースコードを記述しましょう。といっても、ここでは特にメソッドなどは必要ありません。

リスト9-25

```
package com.tuyano.spring.boot.myapp;

import org.springframework.data.jpa.repository.JpaRepository;
import org.springframework.stereotype.Repository;

@Repository
public interface PlaceDataRepository
    extends JpaRepository<PlaceData, Long>{
}
```

継承とアノテーション関係を追加しているだけですね。これで、MVCの「**モデル**」部分も完成しました。

プロジェクトを実行しよう

では、実際にプロジェクトを実行してみましょう。Project Explorerから「**MyBootApp**」を選択し、<**Run**>メニューの<**Run As**>内から<**Spring Boot App**>メニューを選んで下さい。Spring Bootのプロジェクトの実行は、このメニューを選んで行います。

プログラムが実行されたら、http://localhost:8080 にアクセスをしてみて下さい。sample.htmlテンプレートを使い、ダミーとして追加してあったPlaceDataの内容が表示されます。簡単ですが、MVCのすべてを使ったWebアプリケーションがこれでできました。

図9-34：http://localhost:8080にアクセスすると、PlaceDataがリスト表示される。

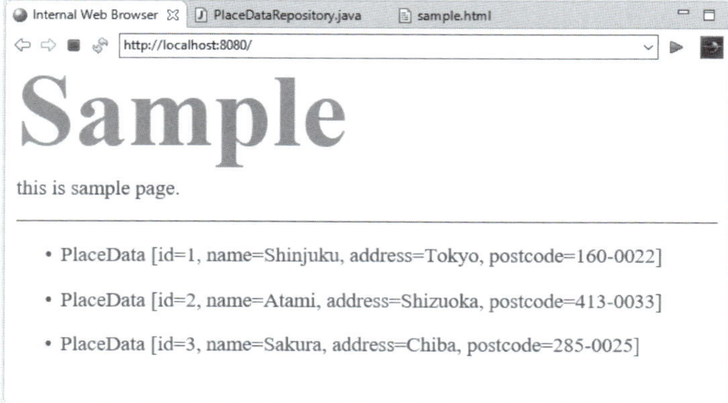

Spring Bootの中身はSpring MVC

以上、Spring Bootのごく簡単なサンプルを作成してみましたが、いかがでしたか。既に習ったことばかりで、Spring Boot独自の機能らしきものはほとんどありませんでしたね（Thymeleafテンプレートエンジンというのが新たに登場しましたが、これはSpring Bootの機能というわけではありません。Springとは無関係なサードパーティ製のエンジンです）。

Spring Bootでは、Spring MVCのコントローラーやSpring Data JPAのエンティティ、リポジトリなどの技術がそのまま使われています。Spring Bootで作成されるアプリケーションの中身は、これまで学んだSpringのさまざまなフレームワークによって構築されているのです。

このように、Spring Bootアプリケーションで使われている機能の多くは、新たに作られたものではありません。アプリケーション開発に必要なフレームワークは既にSpringに用意されています。Spring Bootは、それをうまくまとめて素早くアプリケーション作成するための仕組みを提供するものなのです。

したがって、Spring Bootを本格的に活用しようと思ったなら、Springの基本的なフレームワークについてしっかり理解しておかなければいけない、ということを肝に銘じておきましょう。

Note

Spring Bootの本格的な活用については、短いページ数で説明するのは難しいため、本書では触れません。更に深く学びたい方は、『Spring Boot 2 プログラミング入門』という書籍を2018年1月に刊行予定ですので、それをご覧下さい。Springの新たな可能性が感じられることでしょう。

Appendix

Spring Tool Suiteの基本機能

Spring開発で多用されるSpring Tool Suite (STS)は、非常に多くの機能が用意されており、それらの基本的な使い方を覚えることで、より的確に利用できるようになります。ここで、重要な設定や操作についてまとめて説明しましょう。

A-1 STSの基本設定

STSを使いこなすには、用意されている多くの設定を正しく行えるようになることが大切です。重要な設定項目を整理しておきましょう。

STSの設定について

STSには多くの機能が用意されています。それらの設定は、1つのウインドウとしてまとめられており、いつでも呼び出して変更することができます。この**設定ウインドウ**は、STSを利用する上で非常に重要な役割を果たすものです。

設定ウインドウは、＜**Window**＞メニューの＜**Preferences**＞メニューを選んで呼び出します。このウインドウは、左側に設定の項目が階層的に表示され、そこから項目を選択するとその右側に設定内容が表示されるようになっています。

用意されている設定の項目は非常に多いため、重要なものをピックアップして説明しましょう。

図A-1：＜Preferences＞メニューを選んで設定のダイアログウインドウを呼び出す。

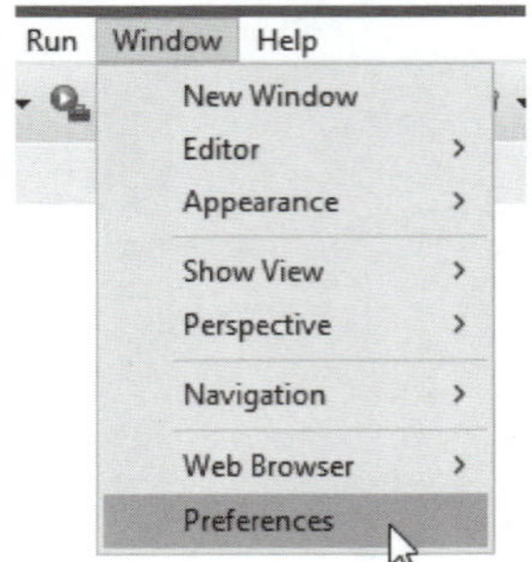

「General」設定

「**General**」は、STSのもっとも基本的な設定をまとめたものです。これは多くのサブ項目を持っていますので、ここでは重要なものだけまとめておきます。

General

STSの基本的な動作に関する設定です。以下のような項目が用意されています。

Always run in background	ソフトウェアの更新など時間のかかる処理をバックグラウンドで実行させるか否かを指定します。
Keep next/previous editor, view and perspectives dialog open	エディタ、ビュー、パースペクティブのダイアログなどを開く際、それまで開いていたものをそのまま保持します。
Show heap status	ヒープメモリの使用量をウインドウ下部に表示します。

Workbench save interval	ワークベンチ（現在のSTSの環境）を自動保存する間隔を指定します。
Open mode	ファイルなどを開く操作の設定です。ダブルクリックか、シングルクリックか、またシングルクリックならアイコン上でホバー（マウスを静止）して選択するか、矢印キーで選択できるか、などを指定できます。

図A-2：Generalの設定画面。STSの基本的な設定を行う。

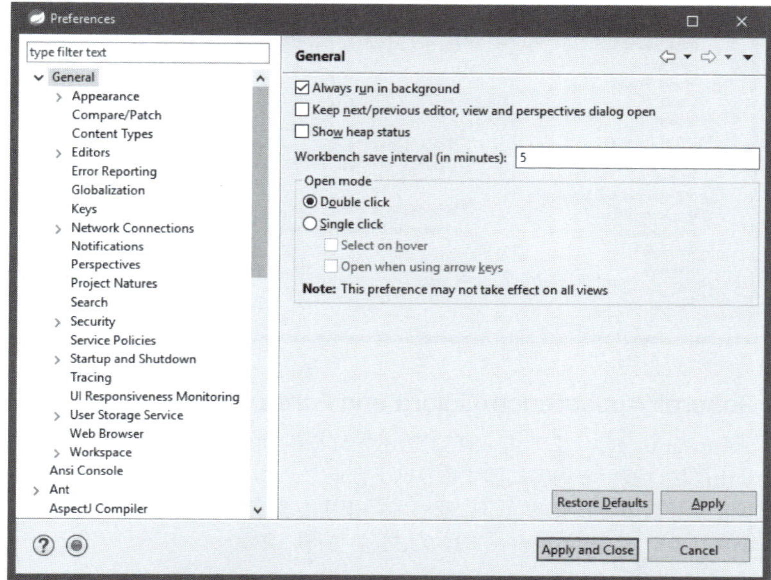

General/Appearance

ルックアンドフィール（ウインドウの表示デザイン）に関する項目です。テーマ、アニメーション、ラベル関連の設定があります。

Enable theming	テーマを使えるようにします。
Theme	使用するテーマを選択します。ポップアップメニューとしてテーマが用意されています。デフォルトでは「Light」が選択されています。テーマの変更は、メニューを選んだ後、STSをリスタートさせる必要があります。
Color and Font theme	カラーとフォントのテーマを指定します。
Description	選択したテーマの説明です。
Enable animations	アニメーションをON/OFFします。
Use mixed fonts and colors for labels	ラベルの表示でマルチフォントやマルチカラーを使用可にします。
Show most recently used tabs	最近使ったタブが表示されるようにします。

図A-3：Appearance。ルックアンドフィールの基本を設定する。

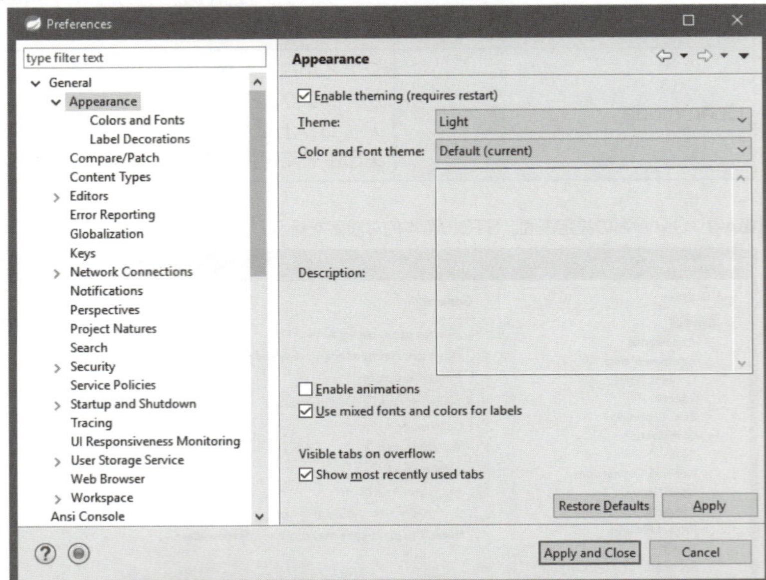

General/Appearance/Colors and Fonts

Appearanceのサブです。STSで表示される各種キストのフォントと色を設定します。

上部には表示の内容に関するリストがあり、ここから編集したい項目を選択するとプレビュー表示が現れるようになっています。設定を編集したい場合は、「**Edit...**」ボタンをクリックし、現れたダイアログで変更を行います。

図A-4：Colors and Fonts。表示フォントと色の設定を行える。

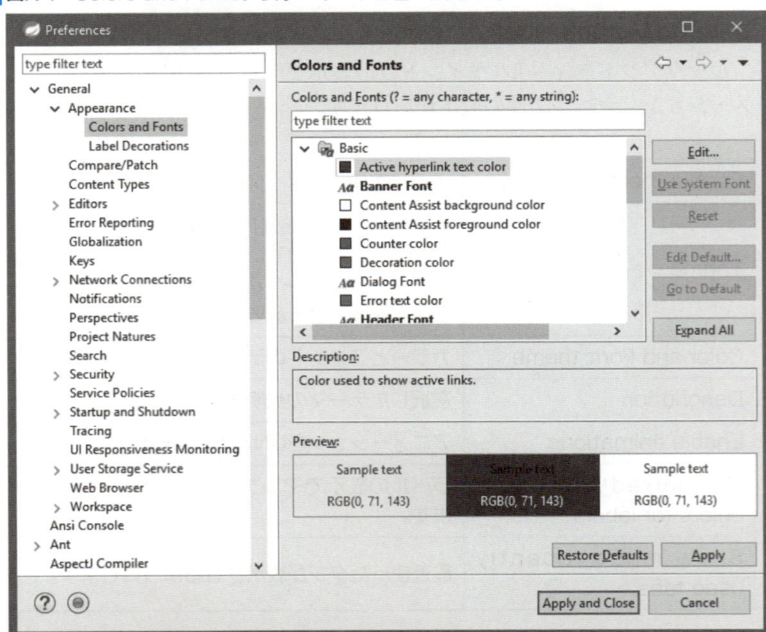

General/Content Types

各種のコンテンツの管理します。ファイルの種類と、利用可能なコンテンツの種類を設定できます。

「**Content types**」というリストにコンテンツの種類が一覧表示されています。ここから項目を選択すると、利用可能なファイルの拡張子が下に表示されます。この設定は、ファイルを開く際に「**どのエディタを利用するか**」を決定する役割を果たします。

図A-5：Content Types。ファイルの種類とコンテンツの種類の設定。

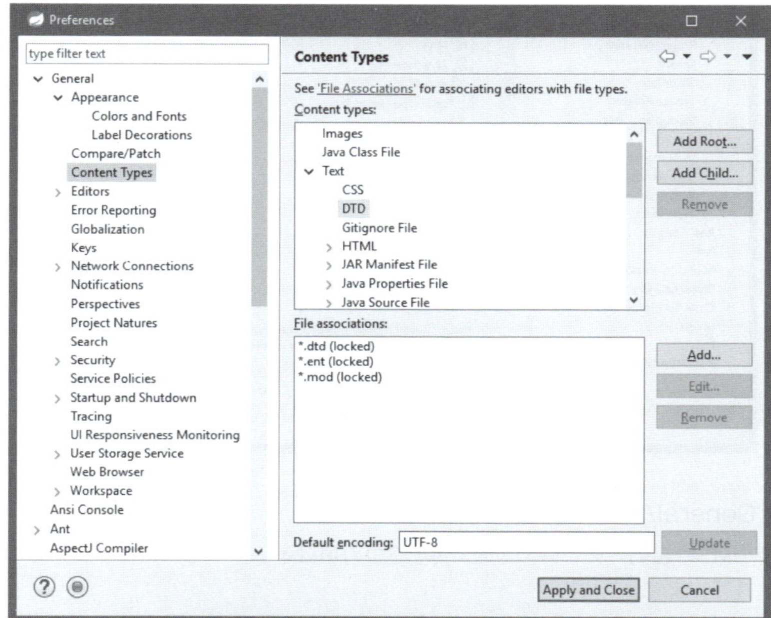

General/Perspectives

パースペクティブに関する設定です。パースペクティブの動作に関するものとして以下の設定が用意されます。

Open a new perspective	パースペクティブを開いたとき、新しいウインドウとして開くかどうかを指定します。
Open the associated perspective when creating a new project	新たにプロジェクトを作成したとき、プロジェクトの種類に関連付けられたパースペクティブに切り替えるかどうかを指定します。

下のリストには、現在登録されているパースペクティブが表示されます。自分で作成したパースペクティブを削除するような場合には、ここから項目を選んで「**Delete**」ボタンを押すと削除されます。

図A-6：Perspectives。パースペクティブに関する設定。

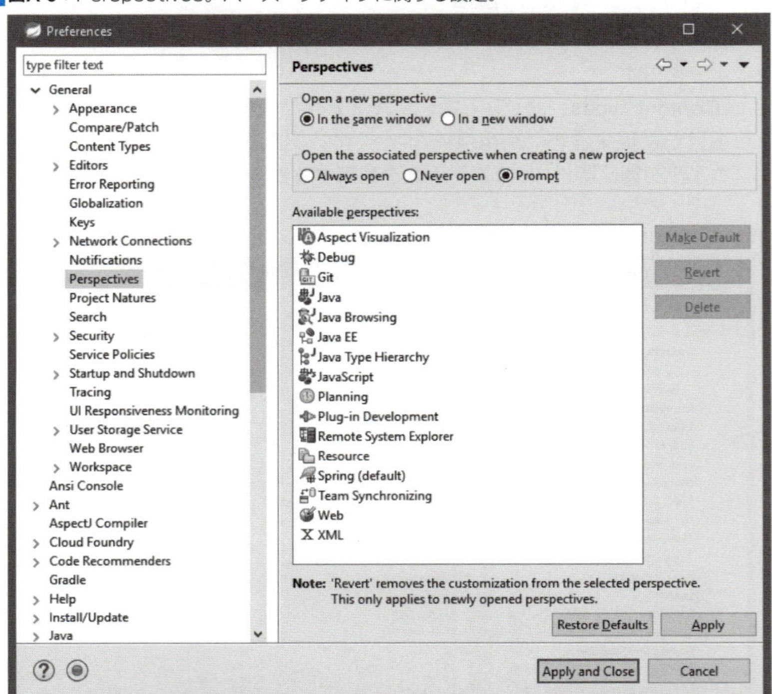

General/Startup and Shutdown

STSの起動・終了時の設定です。3つの項目と、その下にプラグインのリストが表示されています。

Refresh workspace on startup	起動時にワークスペースを更新します。
Show Problems view decorations on startup	起動時にビューの表示に問題があった場合にその内容を表示します。
Confirm exit when closing last window	ウインドウを閉じるとき、確認のアラートダイアログを表示します。
Plug-ins activated on startup	起動時にアクティベートするプラグインを設定します。プラグインのリストの項目ごとにチェックをON/OFFできます。

図A-7：Startup and Shutdown。起動時と終了時の動作を設定する。

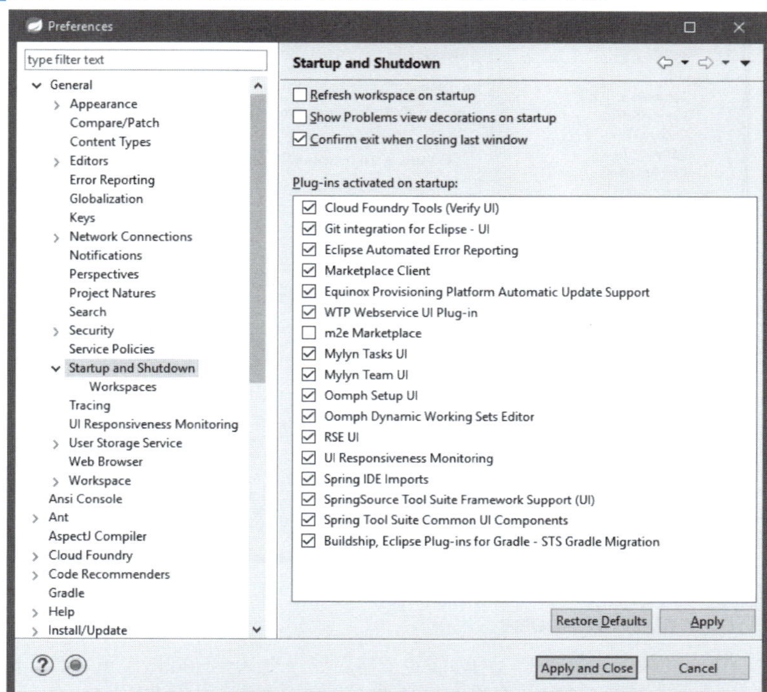

General/Startup and Shutdown/Workspaces

STSを起動する際、ワークスペースの入力を行いましたが、これに関する項目です（ワークスペース自体の設定は、次項で説明します）。

Prompt for workspace on startup	起動時に、ワークスペースを選択するダイアログを表示します。これがOFFだと自動的に選択されます。
Number of recent workspaces to remember	最近使ったワークスペースをいくつまで記憶しておくかを指定します。
Recent workspaces	最近使ったワークスペースをリスト表示します。ここでもう使わないワークスペースがあれば選択し、右側の「Remove」ボタンでリストから削除できます。

図A-8：Workspaces。ワークスペースの設定。

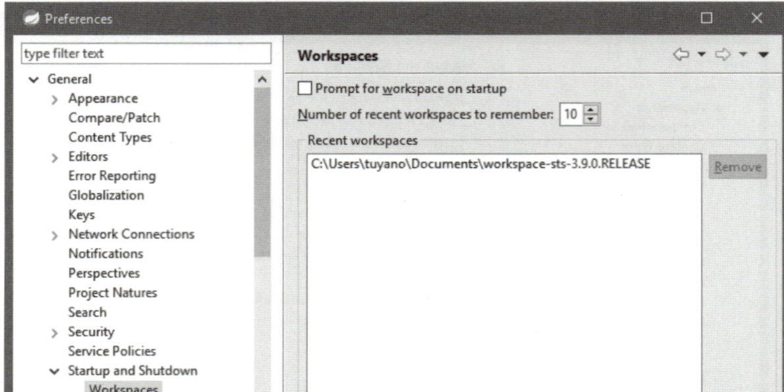

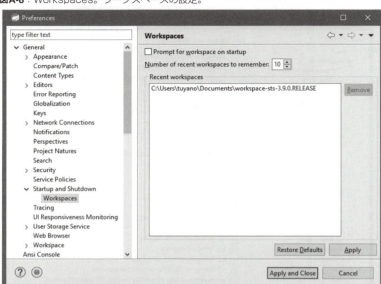

General/Workspace

ワークスペースそのものの設定です。ワークスペースに用意されている機能のON/OFFを中心に設定がまとめられています。

Build automatically	自動的にビルドを実行します。
Refresh using native hooks or polling	ネイティブフック／ポーリングという機能を使ってワークスペースを更新します。
Refresh on access	ワークスペースにアクセスがあったら更新します。
Save automatically before build	ビルドを行う前に自動的にワークスペースを保存します。
Always close unrelated projects without prompt	関連のないプロジェクトをダイアログなしに常に閉じておきます。
Workspace save interval	ワークスペースを保存する間隔です。入力した分数ごとに保存します。
Show workspace name	ワークスペースの名前を表示します。
Workspace name	ワークスペース名を入力します。
Show perspective name	パースペクティブ名を表示します。
Show full workspace path	ワークスペースのフルパスを表示します。
Show product name	プロダクト名を表示します。
Open referenced projects when a project is opened	プロジェクトを開くとき、関連するプロジェクトも常に開くか、開かないか、確認のダイアログを表示するかを決定します。

Command for launching system explorer	エクスプローラー起動のコマンドを設定します。
Text file encoding	デフォルトで使われるテキストエンコーディングです。
New text file line delimiter	新たにテキストファイルを作成するときの改行コードの種類です。

図A-9：Workspace。ワークスペースに用意されている諸機能の設定。

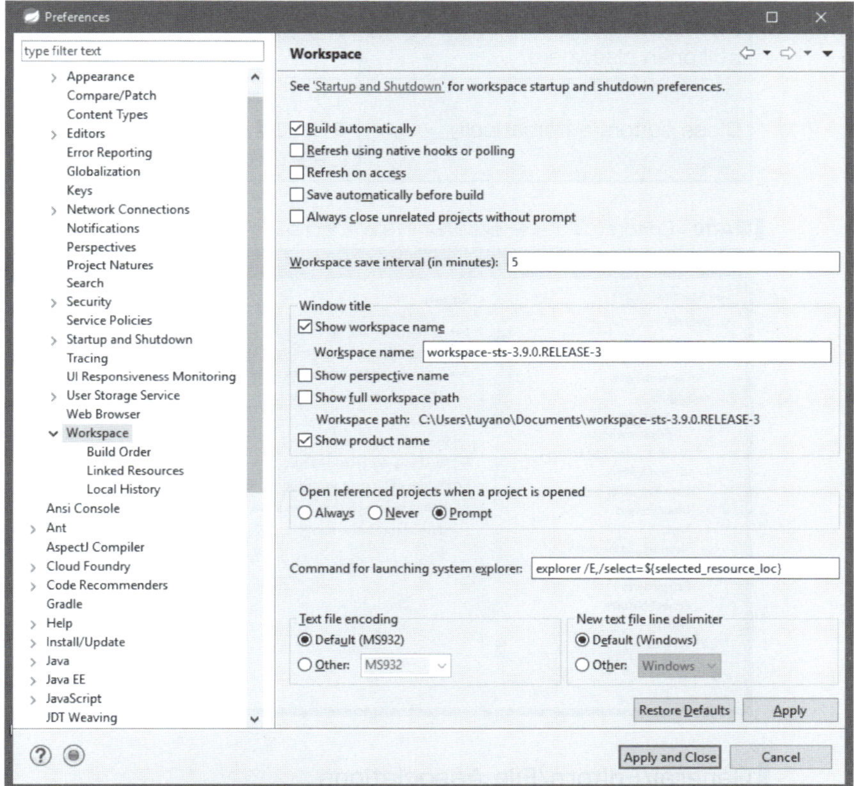

「General/Editors」設定

Generalの中でも特に重要なのが「**Editors**」の項目でしょう。これは、エディタに関する設定をまとめたものです。

エディタの設定を行うとき、注意したいのは「**設定の継承**」です。エディタ関連の設定は、まずエディタ全体の設定があり、個々のエディタは更にそれを継承して独自の設定が追加されます。従って、設定を操作する際には、「**それは、特定のエディタに関するものか、エディタ全般に関するものか**」をよく考えるようにして下さい。

General/Editors

General内にある「**Editor**」は、エディタ全般の設定を行います。この設定は、すべての個別設定で、エディタの基本として用いられます。

Size of recently opened files list	それまで開いたファイルの履歴をいくつまで記憶するかを指定します。
Show multiple editor tabs	エディタタブを複数開けるようにします。
Allow in-place system editors	システムエディタをSTSの中で開けるようにするかどうかです。
Restore editor state on startup	前回開いていたエディタなどの状態を起動時に復元します。
Prompt to save on close even if still open elsewhere	エディタを閉じる際に保存の確認をします。
Close editors automatically	エディタを自動的に閉じるためのものです。これをONにすると、いくつまで開けるか、閉じるときに保存の確認を行うか、などが設定できます。

図A-10：Editors。エディタ全般の基本的な設定を行う。

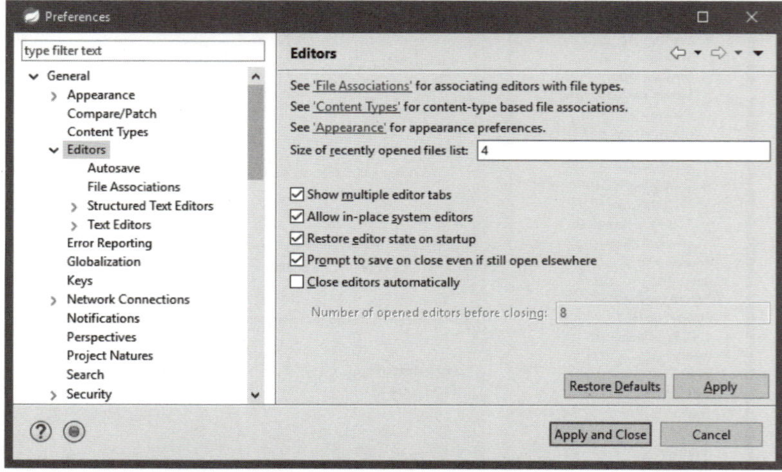

General/Editors/File Associations

これは拡張子ごとにコンテンツの種類を整理して管理します。上部の「**File types**」には拡張子の一覧が表示され、下部の「**Associated editors**」には選択した拡張子に関連付けられているエディタが表示されます。右側にある「**Add...**」ボタンをクリックすることで、拡張子の種類や使用エディタを追加できます。

図A-11：File Associations。ファイルの拡張子とコンテンツの種類を管理する。

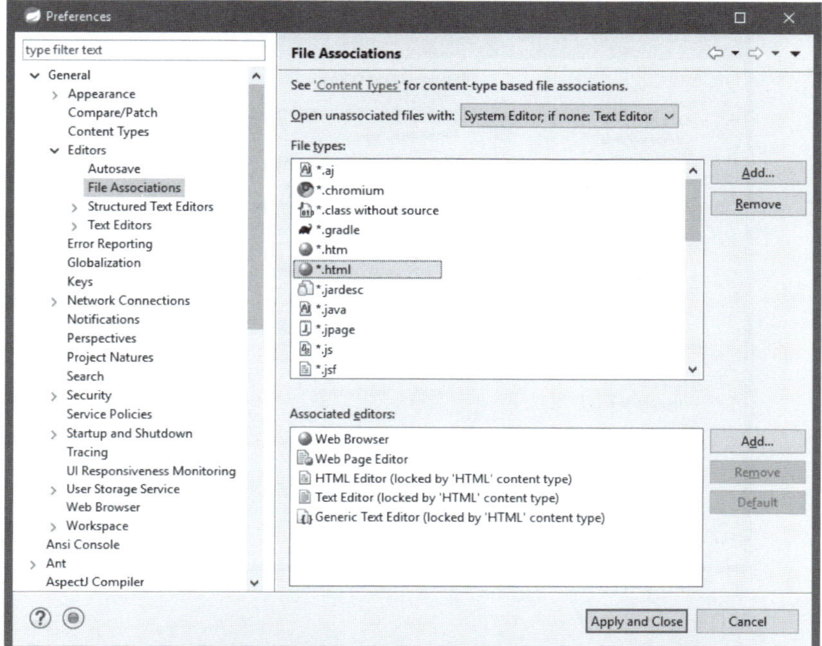

General/Editors/Structured Text Editors

「**構造化テキストエディタ**」の設定です。HTMLやXMLなどのように構造化されたデータを編集するためのエディタです。この構造化テキストエディタ独自の設定がここにまとめられます。

「Appearance」タブ

Highlight matching blackets	選択したタグに対応するタグ(開始タグと終了タグ)をハイライトします。
Report problems as you type	入力した内容に問題があれば「Problems」ビューなどにレポートを出力します。
Inform when unsupported content type is in editor	サポートされないコンテンツをエディタで編集しようとすると知らせます。
Enable folding	ソースコードを構造に応じて折りたためるようにします。
Enable semantic highlighting	ソースコードを解析して状況に応じてハイライトを表示する機能です。例えばある値が選択されていると、同じ値がすべてハイライトされる、などです。
Appearance color options	エディタで自動的に表示されるもの(補完機能やヒント機能など)の表示色を設定します。リストから項目を選ぶと、その色が右側の「Color」ボタンに表示されます。これをクリックすることで色を変更できます。

図A-12：Structured Text Editorsの「Appearance」タブ。構造化テキストエディタの表示に関係する設定。

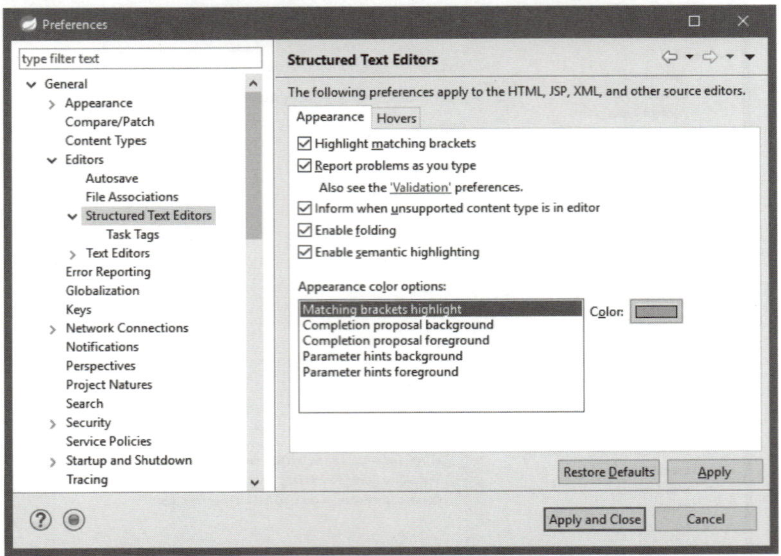

「Hovers」タブ

テキストの上をホバーする（マウスポインタを静止する）ときの設定です。リストに、ホバーの種類が一覧表示されています。ここから項目を選択すると、同時に割り当てるキーを指定できます。これにより、「**このキーを押したままホバーすると、この機能が呼び出される**」といった設定が行えます。

図A-13：「Hovers」タブ。テキスト上でホバーした際の動作の設定。

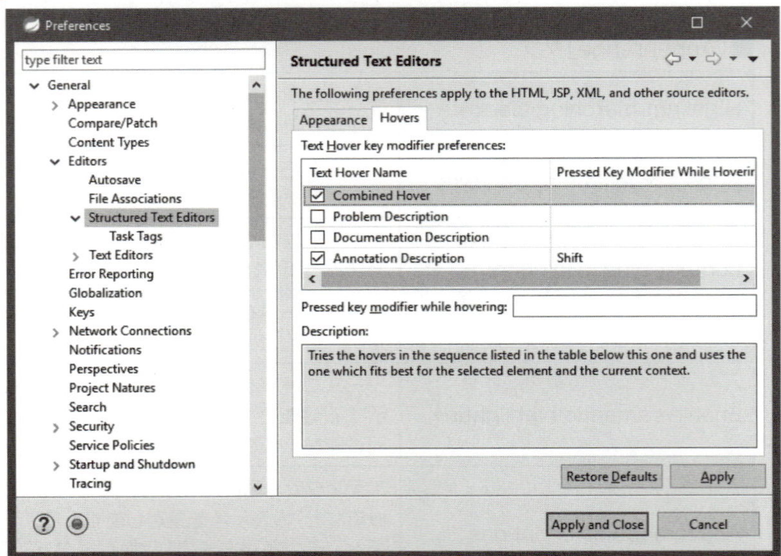

General/Editors/Text Editors

一般的なテキストエディタ全般に関する設定です。テキストやJavaのソースコードなどを編集するためのエディタに関する項目です。

Undo history size	取り消し（アンドゥ）の履歴サイズです。何回取り消しできるか、です。
Displayed tab width	タブのサイズ（幅、半角スペースいくつ分か）を指定します。
Insert spaces for tabs	タブの代わりに半角スペースを挿入します。
Highlight current line	編集中の行をハイライト表示します。
Show print margin	プリントマージン（印刷時の表示文字数）を設定します。
Show line numbers	行番号を表示します。
Show range indicator	レンジインジケーター（選択部分の文法上の構文範囲を左側に表示する機能）をONにします。
Show whitespace characters	ホワイトスペース（半角スペース、タブ、改行文字など）がわかるように表示します。
Show affordance in hover on how to make it sticky	マウスポインタをホバーさせると、その部分の説明がポップアップしますが、そのポップアップ表示を固定表示するためのショートカットの説明を表示します。
When mouse moved into hover	マウスがホバーしている際にポインタを移動したときの挙動に関する項目です。
Enable drag and drop of text	テキストのドラッグ＆ドロップを有効にします。
Warn before editing a derived file	派生ファイル（自動的に生成されるファイル）を編集するとき警告が表示されます。
Smart caret positioning at line start and end	「Home」キーなどで行の先頭に移動するとき、最初ではなく、インデントされたテキストの冒頭に移動させます。
Appearance color options	エディタに表示される要素の色を設定します。リスト表示されている項目を選ぶと、右側のボタンにその色が表示されます。

図A-14：Text Editors。テキストエディタの基本的な動作に関する設定。

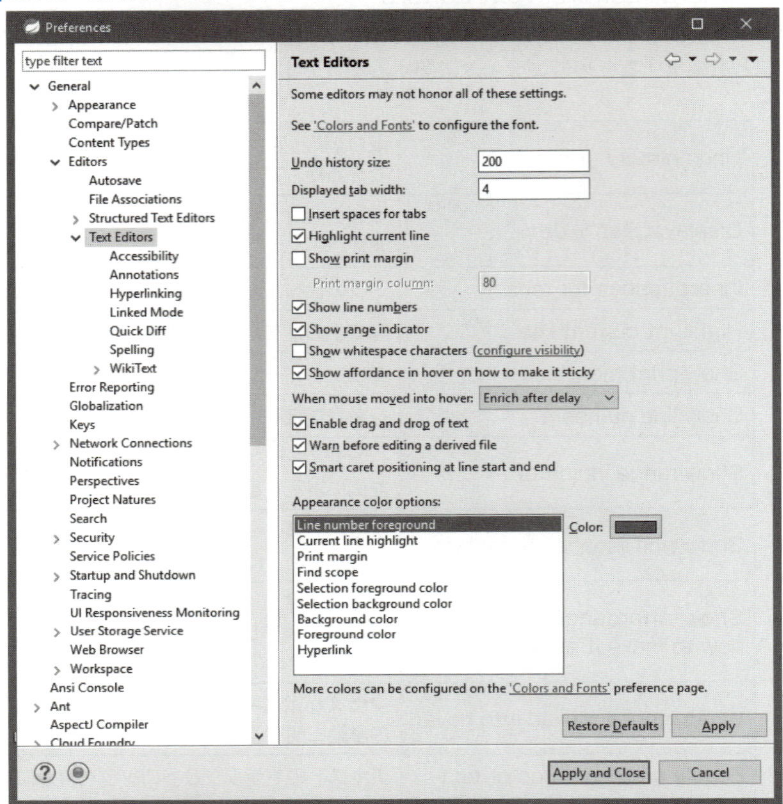

「Java」設定

Springによる開発を行うということは、すなわち「**Javaプログラミング**」を行う、ということでもあります。STSでは、Javaに関連する設定は別に「**Java**」という項目としてまとめられています。

Java

「**Java**」の項目には、Java開発に関するもっとも基本的な設定が用意されています。主にビューやエディタなどでの挙動に関するものになります。

Action on double click in the Package Explorer	パッケージエクスプローラーでJavaソースコードに表示される項目などをダブルクリックした際の挙動を設定します。そのエディタ内でその項目に移動するか、項目を展開表示するかを選びます。
When opening a Type Hierarchy	「Hierarchy」ビューを開く方法を設定します。新たにウインドウを開き、別ウインドウでHierarchyビューを表示するか、今のウインドウ内にHierarchyビューを追加表示するかを指定します。

Refactoring Java code	<Refactor>メニューにあるリファクター機能(ソースコードを自動的に書き換える)を使う際、修正前に自動保存するかどうか、ダイアログを出さずに修正を実行するか、について指定します。
Search	内容を整理した検索メニューを表示します。
Java dialogs	さまざまな「以後は表示しないでいい」と設定したダイアログをクリアし、すべて初期状態に戻すためのものです。

図A-15：Java。Javaのもっとも基本的な設定がまとめられている。

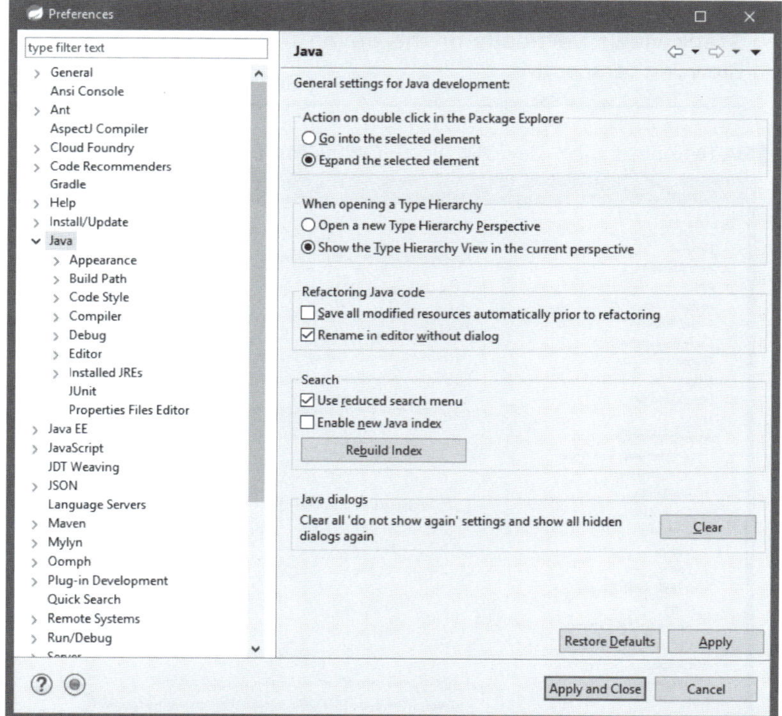

Java/Appearance

Javaの内容について各種のビューで表示される際の表示に関する項目です。以下のような設定がまとめられています。

Show method return types	メソッドの戻り値を表示するか否かを指定します。
Show method type parameters	メソッドの引数について表示するか否かを指定します。
Show categories	カテゴリーを表示します。

Show members in Package Explorer	パッケージエクスプローラーにクラス内のメンバーを表示します。
Fold empty packages in hierarchical layout in Package and Project Explorer	空のパッケージ(何も要素がないパッケージ)を非表示にします。
Compress all package name segments, except the final segment	パッケージの表示を省略します。これを利用する場合、その下のフィールドに省略のパターンを記述する必要があります。
Abbreviate package names	パッケージの表示を短縮表示します。これを利用する場合、下のフィールドに短縮表示の設定を追加する必要があります。
Stack views vertically in the Java Browsing perspective	Javaのクラスなどをブラウズする「Java Browsing」パースペクティブでのビューの並ぶ方向を指定します。

図A-16：Appearance。Java関連のビューの表示に関する設定。

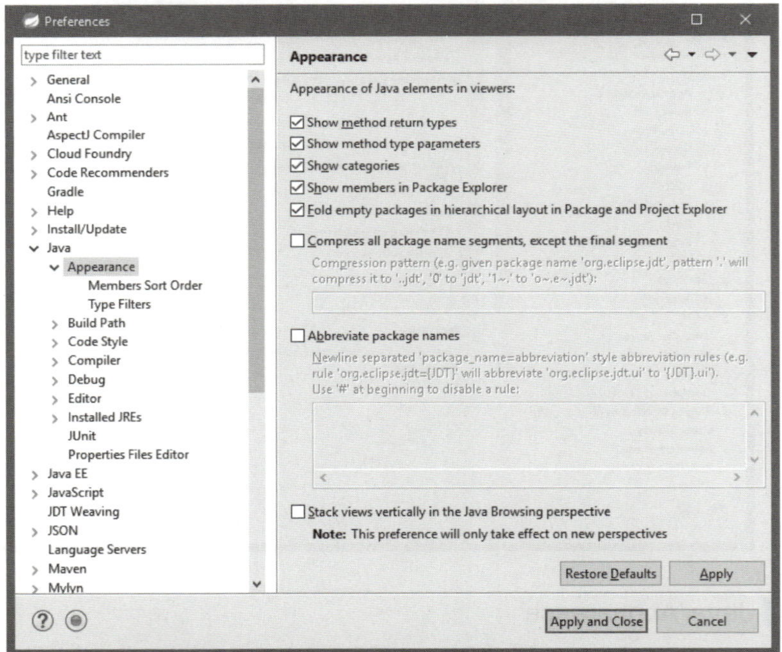

Java/Code Style

Javaのソースコードの記述スタイル(コードスタイル)に関する項目です。ソースコードを自動生成したり修正したりする機能を使うとき、どのような形でコードの表示を整えるかを指定します。

Conventions for variable names	変数の種類ごとにプレフィクス、サフィクスを指定します。

Qualify all generated field accesses with 'this.'	クラスのメンバーを呼び出すコードですべて「this」をつけて記述します。
Use 'is' prefix for getters that return boolean	真偽値のフィールドにアクセスするGetterメソッドを生成する際、「get○○」ではなく「is○○」という名前にします。
Add '@Override' annotation for new overriding methods	メソッドをオーバーライドするとき、@Overrideアノテーションを追加します。
Exception variable name in catch blocks	catchで渡される例外の仮引数名です。

図A-17：Code Style。ソースコードの記述スタイルに関する設定。

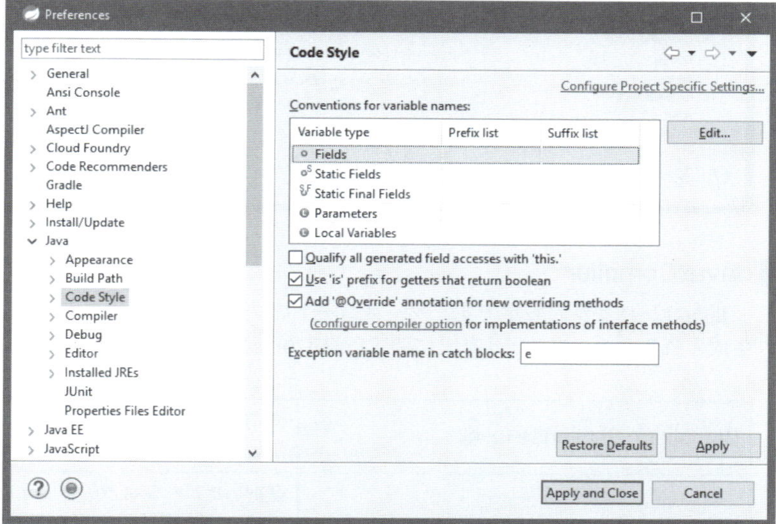

Java/Code Style/Organize Imports

import文の生成に関する設定です。上のリスト欄に、生成するパッケージが用意されます。この並び順に従ってimport文が生成されます。順番は「**Up**」「**Down**」ボタンを使って変更できます。

ほかに、import文の自動生成に関して以下のような設定が用意されています。

Number of imports needed for .*	import文をワイルドカードでまとめるために必要なクラス数を指定します。「1」とすれば、1つのクラスだけしか使わなくともimportはすべてワイルドカードを使って生成するようになります。
Number of static imports needed for .*	static import文をワイルドカードでまとめるために必要なクラス数を指定します。
Do not create imports for types starting with a lowercase letter	小文字で始まる場合にはimport文を自動生成しません。

図A-18：Organize Imports。import文の生成に関する設定。

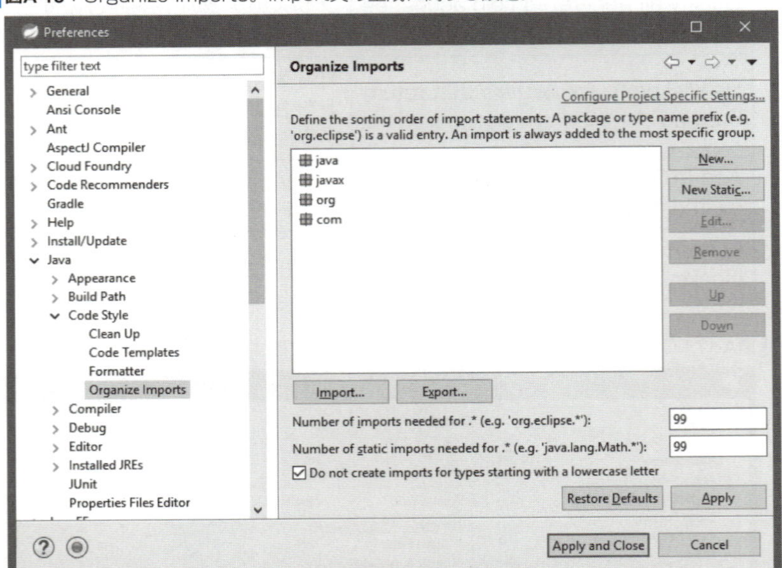

Java/Compiler

Javaコンパイラの設定です。ソースコードのチェックやビルド時のバージョン設定、生成されるクラスファイルなどに関する設定がまとめられています。

Compiler compliance level	使用するJavaコンパイラのバージョンを指定します。
Use default compliance settings	選択したバージョンのデフォルト設定を使います。OFFにすると細かな設定をカスタマイズできます。
Generated .class files compatibility	生成されるクラスファイルのJDKバージョンを指定します。
Source compatibility	ソースコードファイルのJDKバージョンを指定します。
Disallow identifiers called 'assert'	アサーションで使われる「assert」が変数名やメソッド名などで使われていたら警告を出すか否かを指定します(JDK 1.3以前のみ)。
Disallow identifiers called 'enum'	列挙型で使われる「enum」が変数名・メソッド名などで使われていたら警告を出すかどうか指定します(JDK 1.4以前のみ)。
Add variable attributes to generated class files	クラスのメンバーに関する情報をクラスファイルに追加します。
Add line number attributes to generated class files	行番号の情報をクラスファイルに追加します。

Add source file name to generated class file	ソースコードファイル名をクラスファイルに追加します。
Preserve unused local variables	未使用のローカル変数もクラスファイルに追加します。
Inline finally blocks	finallyブロックをインラインで扱います(JDK 1.5以前のみ)。
Store information about method parameters	メソッドの情報を保持します。

図A-19：Compiler。Javaコンパイラに関する設定。

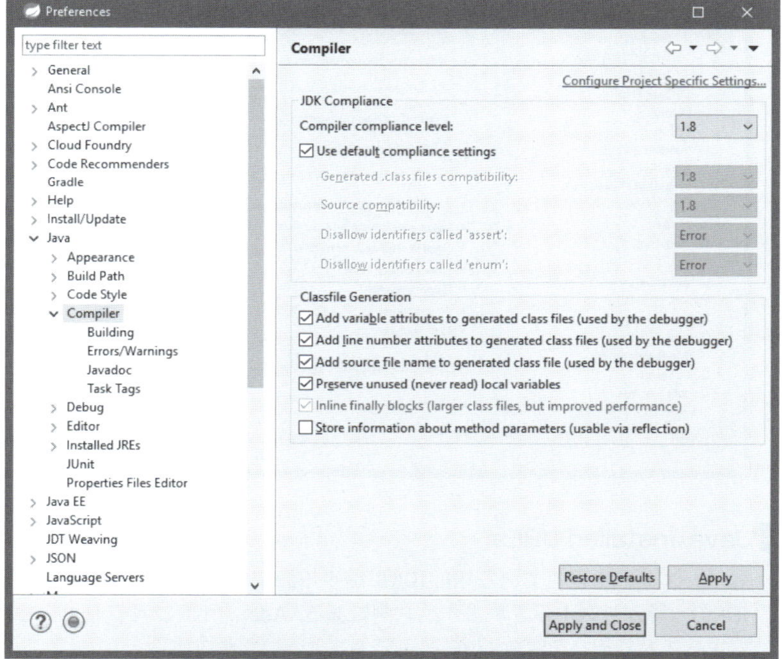

Java/Compiler/Errors/Warnings

コンパイル時に出力されるエラーや警告に関する設定です。画面には発生する各種の問題に関する対応が一覧表示されており、それぞれの項目について「**Error(エラー)**」「**Warning(警告)**」「**Ignore(無視)**」を選択していくことができます。

図A-20：Errors/Warnings。エラーや警告に関する設定。

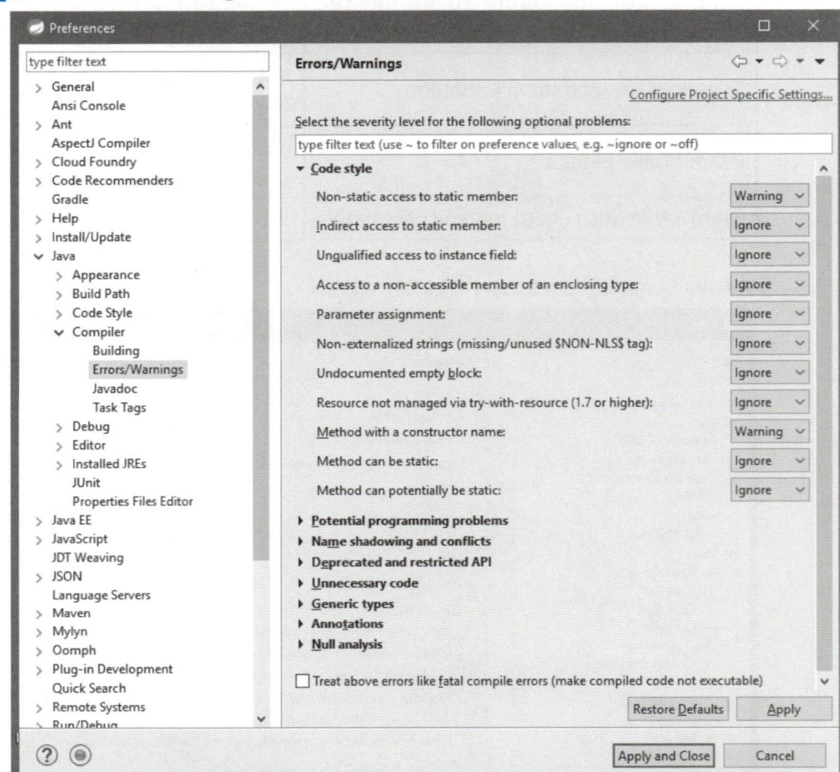

Java/Installed JREs

インストールされているJRE/JDKに関する設定です。画面には現在登録しているJRE/JDKの一覧がリスト示されます。右側にある「**Add...**」ボタンをクリックし、JDK/JREを選択することでそれをSTS内から利用できるようになります。

図A-21：Installed JREs。STSで利用できるJRE/JDKの登録を行う。

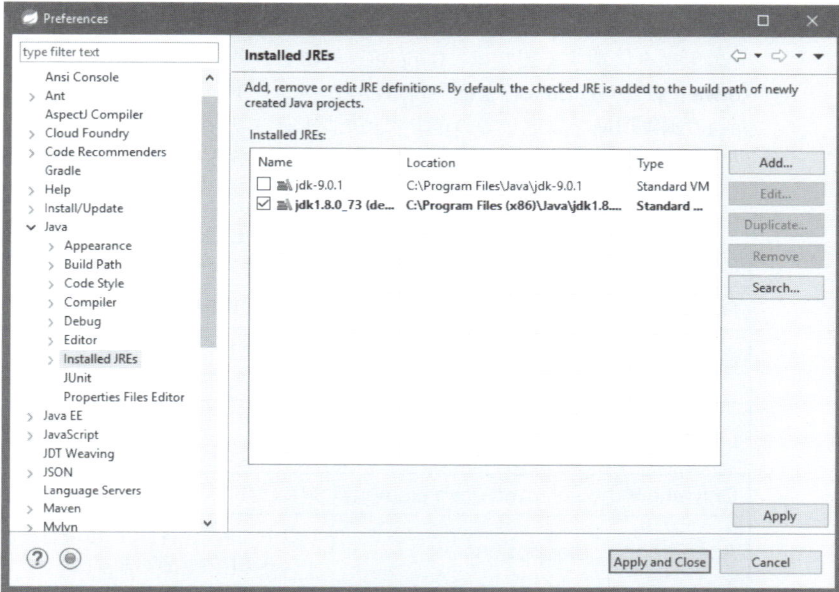

Java/Properties Files Editor

プロパティファイルを編集するための専用エディタの設定です。「**Element**」にプロパティファイルに記述される項目が表示されます。ここで選択し、右側のColorやスタイルのチェックボックスで色やスタイルを設定します。

図A-22：Properties Files Editor。プロパティファイル編集のための設定。

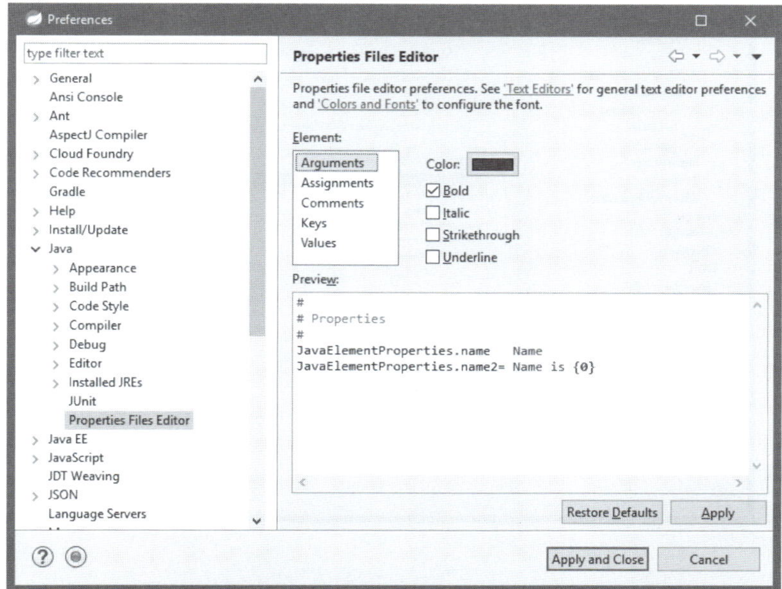

「Java/Editor」設定

エディタに関する設定は、General以外にもいろいろなところに用意されています。「**Java**」内にある「**Editor**」とは、Javaのソースコードエディタに関する設定です。ここでJavaの編集環境を設定していきます。ただし、エディタとしての基本設定は、General/Editorにあるものがそのまま使われますので、そちらを編集する必要がある点には注意して下さい。

Smart caret positioning in Java names	スマートキャレットと呼ばれる機能を使います。
Report problems as you type	コードに問題があればレポートを表示します。
Blacket highlighting	括弧を選択したら、対応する記号(開始記号と終了記号)を自動的にハイライト表示します。
Light bulb for quick assists	クイックアシスト機能を使ってコード修正が可能なところにマークを付けます。
Only show the selected Java element	選択されているJavaの要素だけを表示します。
Appearance color options	リストに表示されている項目ごとに使われるテキストの色を設定します。

図A-23：Editor。Javaのソースコードエディタに関する基本的な設定。

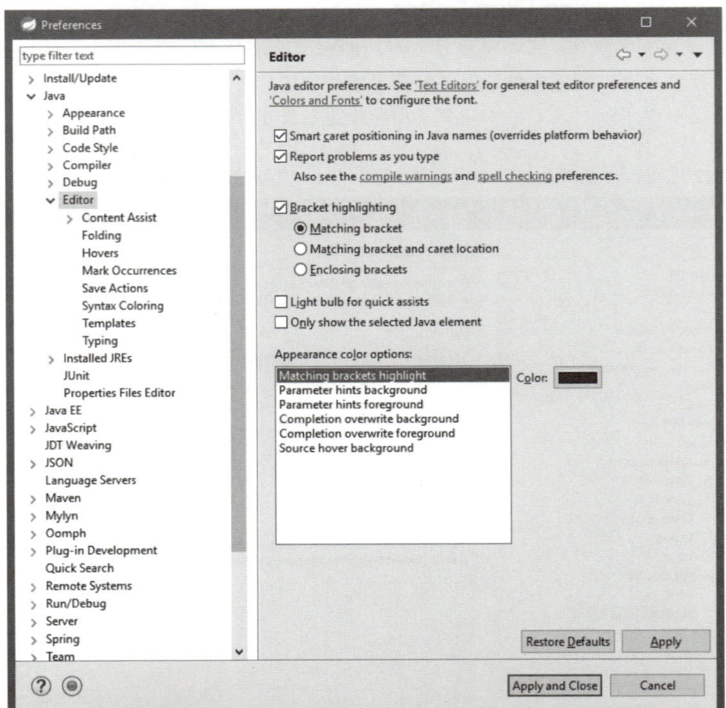

Java/Editor/Content Assist

コンテンツアシスト機能に関する設定です。Javaエディタには、ソースコードの入力を支援するための各種の機能が組み込まれています。それらに関する設定がここにまとめられています。

「Insertion」

Completion inserts/Completion overwrites	アシスト機能で表示される候補のテキストをソースコードに追加するか、既にあるテキストに上書きするかを指定します。
Insert single proposals automatically	候補が1つだけの場合、自動的に書き出します。
Insert common prefixes automatically	途中まで同じ名前の候補が複数ある場合、同じ部分まで自動的に書き出します。例えば「getIntValue」「getIntKey」といったメソッドがあった場合、「getI」とタイプした時点で「getInt」までが書き出されます。
Add import instead of qualified name	クラスがimportしたパッケージ内にない場合、パッケージまで記述してクラス名を書くのではなく、自動的にimport文を挿入します。「Use static import」チェックでstatic importについても同様の設定ができます。
Fill method arguments and show guessed arguments	メソッドの引数も自動的に書き出します。このとき、パラメータ名をそのまま書き出すか、最適な変数名を生成するかを指定できます。

「Sorting and Filtering」

Sort proposals	候補の並び順を指定します。
Show camel case matches	キャメル記法の名前を大文字部分だけで検索します。例えば「OneTwoThree」という名前を「OTT」で検索します。
Show substring matches	フィルター時にテキストが一部マッチするものも表示します。
Hide proposals not visible in the invocation context	その状況でアクセス権のないものを候補から外します。
Hide deprecated references	非推奨のものを候補から外します。

「Auto Activation」

Enable auto activation	自動アシスト機能(自動的にアシスト機能が起動する)をONにします。
Auto activation delay	アシスト機能が呼び出されるまでの時間をミリ秒単位で指定します。
Auto activation triggers for Java	Javaのコード内で、指定のキャラクタがタイプされたらアシスト機能を呼び出します。
Auto activation triggers for Javadoc	Javadocの記述部分で、指定のキャラクタがタイプされたらアシスト機能を呼び出します。

図A-24：Content Assist。ソースコードのアシスト機能の動作に関する設定。

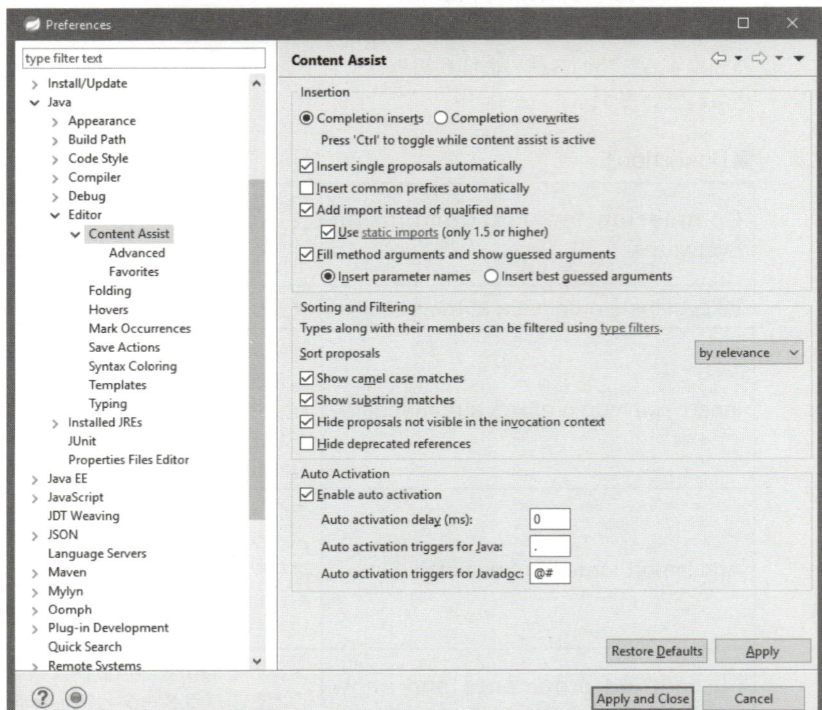

Java/Editor/Mark Occurrences

これは「**マーク**」機能に関する項目です。Javaエディタでは、インサーションポイントにカッコなどがあると、それに対応する記号を自動的にマークし、色を変えて表示します。これがマーク機能です。

「**Mark occurrences of the selected element in the current file**」のチェックをONにすると、マーク機能がONになります。その下には、マークする項目がリスト表示され、それぞれに表示を設定できます。

図A-25：Mark Occurrences。ソースコードで表示されるマーク機能の設定。

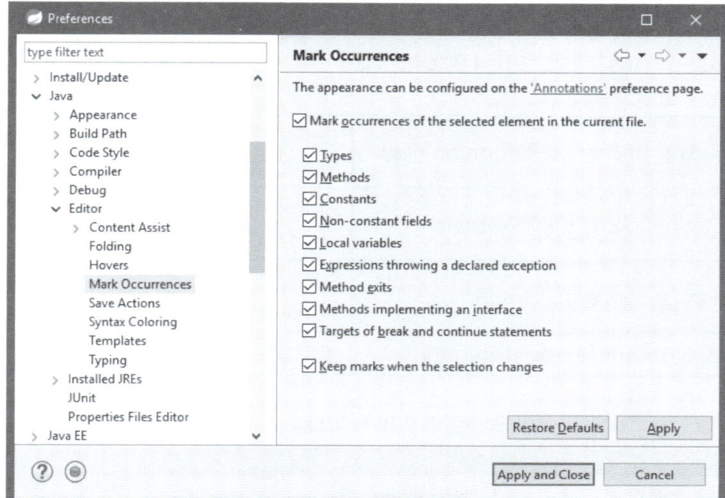

「Spring」設定

Springに関する設定がまとめられています。ここにあるのは「**Show Spring Tool Tips on startup**」というチェックだけで、これで起動時にSpring Tool Tipsのウインドウを表示させるかどうかを設定できます。そのほかは、サブ項目に用途ごとにまとめられています。

Spring/Auto Configuration

STSに追加されているサーバー機能の自動設定に関する項目です。自動設定のために用意されている機能拡張をインストールしたりサーバーの組み込まれている場所を指定したりします。

図A-26：Auto Configuration。サーバー機能の自動設定に関するもの。

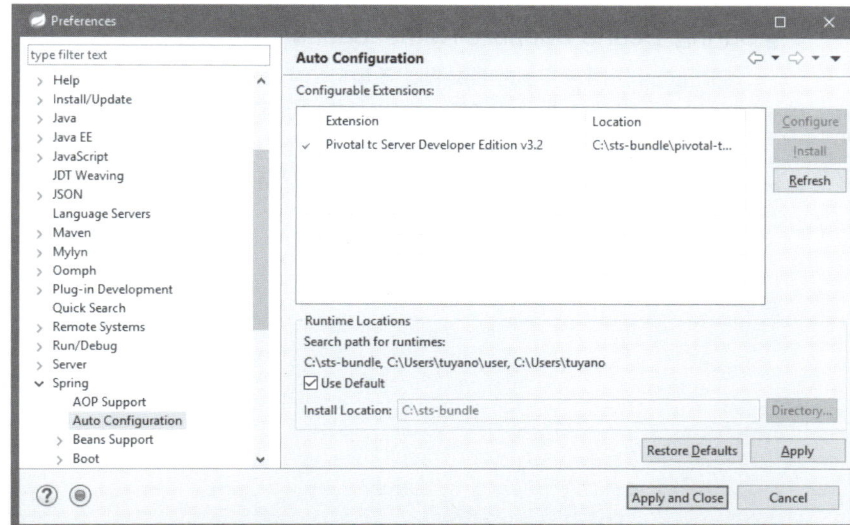

Spring/Beans Support

Springでは、Beanクラスが重要な役割を果たします。これはそれに関する設定で、以下のような項目がまとめられています。

Loading Spring configuration files	Spring設定ファイルを読み込む際のタイムアウト時間を指定します。
Default Double Click Action	Beanの項目をSpring Explorerなどでダブルクリックした時の挙動を指定します。
Bean Dependency Graph	STSに用意されている、Beanを解析してビジュアルに表示する機能に関する項目です。
Disable Auto Config Detection	設定の自動解析機能をOFFにします。

図A-27：Beans Support。Springで用いられるBeanの利用に関する設定。

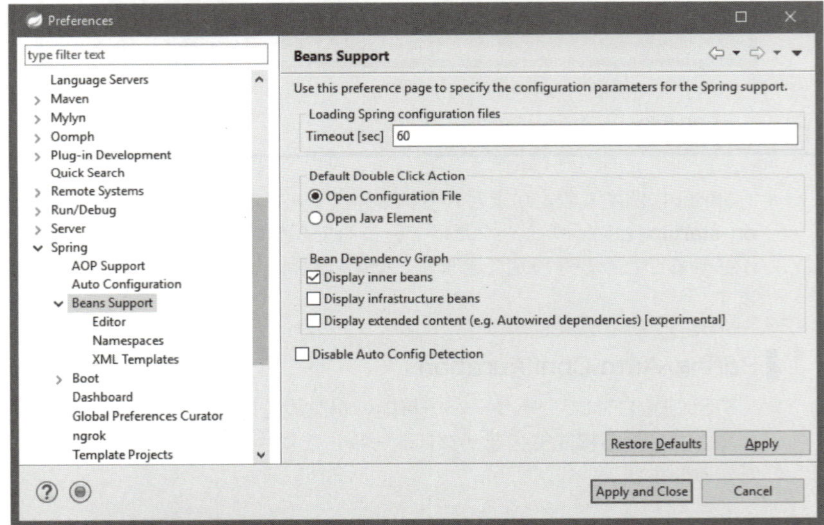

Spring/Beans Support/Namespaces

Springで利用する名前空間に関する項目です。Springでは、各種のXSD（XML Schema Definition、XMLスキーマ定義）を利用していますが、これらXSDの名前空間に関する項目です。上部リストからXSDを選択すると、下に使用するスキーマバージョンが表示されます。これらの設定は下手に行うと正しくプログラムが動かなくなりますので、内容がわかるまでは触れないで下さい。

図A-28：Springで利用するXMLスキーマ定義の名前空間を管理する。

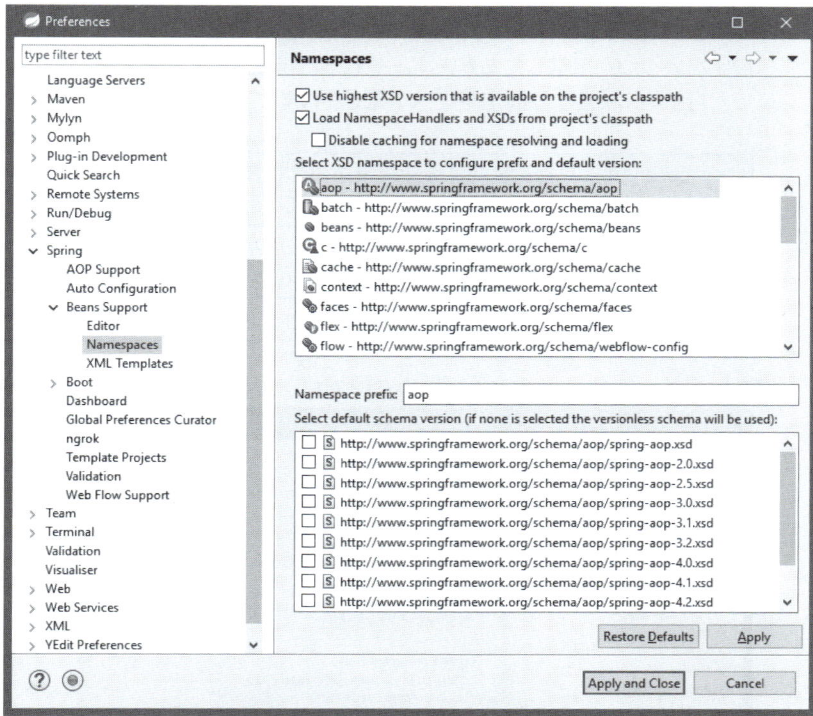

Spring/Dashboard

起動時に表示されるダッシュボードの設定です。「**Use Old Dashboard**」では旧タイプのダッシュボードを使います。「**News Feed Updates**」で、Springからの情報を更新表示するかどうかを設定します。その下の「**RSS Feed URLs**」で、ダッシュボードの情報を取得するアドレスを設定できます。

図A-29：Dashboard。ダッシュボードの表示に関する設定。

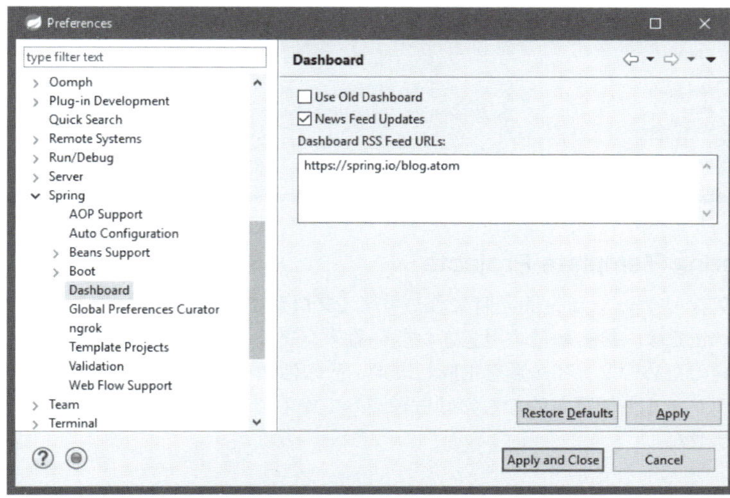

Spring/Global Preferences Curator

STSの自動設定を行います。STSの設定は非常に複雑ですので、あらかじめ使いやすい設定をいくつか用意してあります。それぞれ用意されているボタンをクリックするだけで、自動的に関連する設定がすべて変更されます。

Set/Reset all curated preferences	すべての設定を自動的に行います。また初期状態に戻すこともできます。
JDT preferences	JDT(Java Development Tools、Java開発に関するプログラム)の設定を自動的に行います。
M2E preferences	Mavenに関する部分の設定を自動的に行います。

図A-30:Global Preferences Curator。STS全体の設定をまとめて行う。

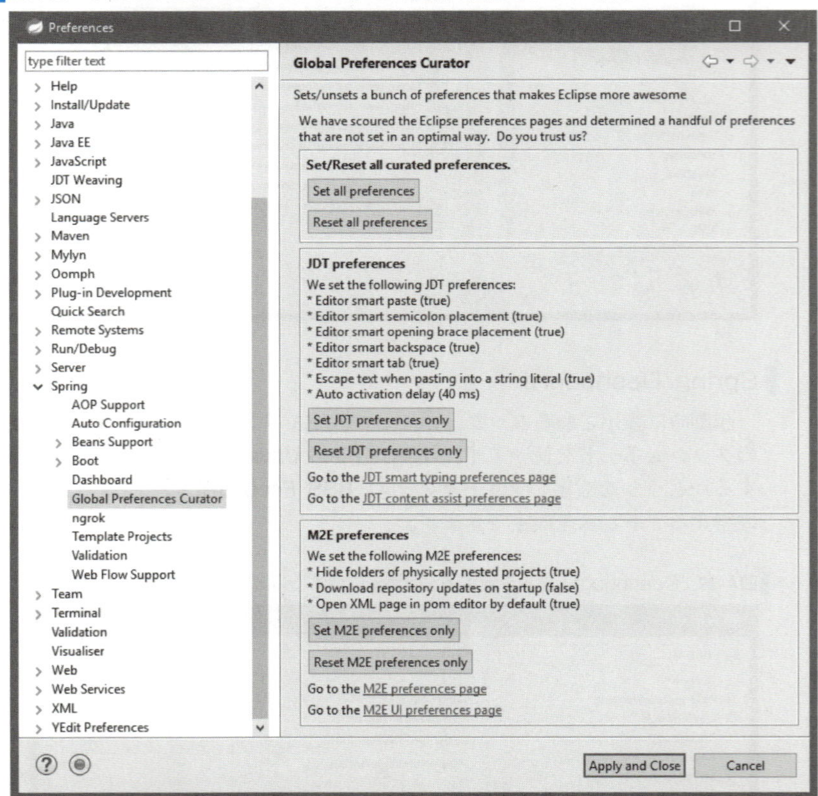

Spring/Template Projects

アプリケーション開発時に作成する「**プロジェクト**」のテンプレートを管理します。Springでは、あらかじめ用意されているテンプレートを元に、新たなアプリケーション開発のためのファイル類を生成します。その種類をここで登録します。

デフォルトで基本的なものは登録済みですので、ユーザーが特に操作を行う必要はありません。

図A-31：Template Projects。プロジェクトのテンプレートに関する設定。

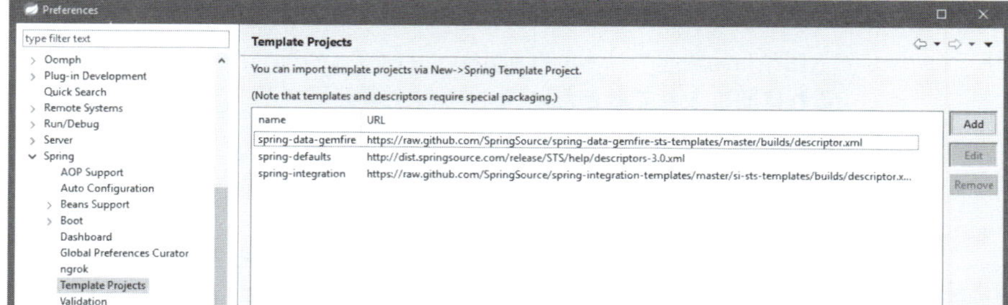

Spring/Validation

Springで作成される各種ファイル類の内容をチェックする機能(バリデーション)に関する設定です。STSではファイルの生成や修正など、必要に応じて内容をチェックしますが、その際にチェックする内容を指定できます。上部にあるリストに設定項目が階層的にまとめられており、それぞれチェックボックスをON/OFFして設定を行えます。

ただし、これを適当に変更してしまうと、重要な内容チェックが行われなくなったりしますので、特別な理由がない限りはデフォルトのまま変更しないで下さい。

図A-32：Validation。ファイルの内容に関するバリデーションの設定。

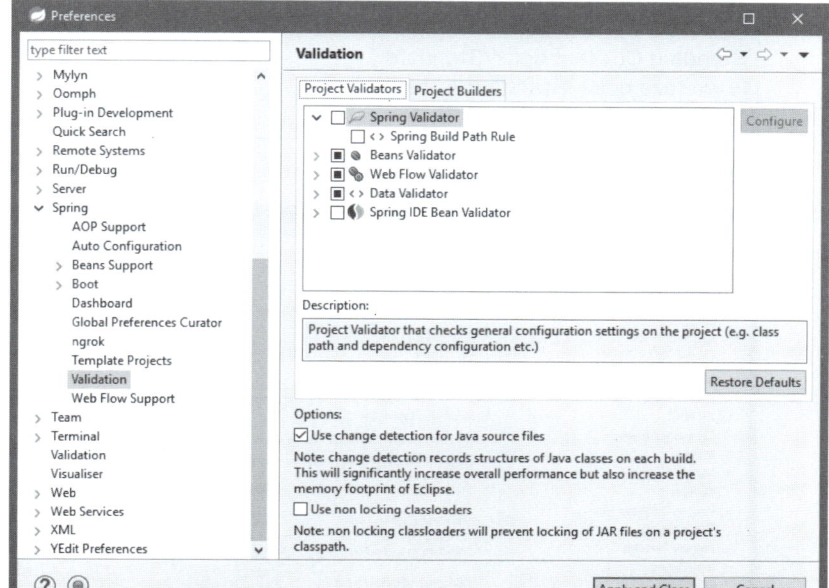

そのほかの設定

STSやJava関連の基本的な設定はこれぐらいで十分でしょう。が、そのほかにもまだ「**これは頭に入れておきたい**」という設定項目がいくつか残っています。ここで簡単にまとめておきましょう。

Run/Debug/Console

「**Run/Debug**」は、プログラムの実行とデバッグに関する設定です。その中にある「**Console**」は、ビルドやデバッグ時に多用されるコンソールの表示に関する設定をまとめています。

Fixed width console	コンソールビューの表示を固定幅(等幅半角文字で何文字分か)にします。下のフィールドに等幅半角文字の文字数を指定します。
Limit console output	コンソールビューに保持される情報(何文字分を保管し表示するか)を指定します。「Console buffer size」フィールドに保持する文字数を指定します。
Displayed tab width	タブ幅の指定です。半角文字何文字分を空けるか指定します。
Show when program writes to standard out	プログラムが標準出力に何か書き出したら自動的にコンソールビューを表示します。
Show when program writes to standard error	プログラムが何らかのエラー出力をしたら自動的にコンソールビューを表示します。
Standard Out text color/Standard Error text color/Standard In text color/Background color	標準出力、エラー出力、入力、背景のそれぞれの色を指定します。

図A-33：Console。コンソールの表示に関する設定。

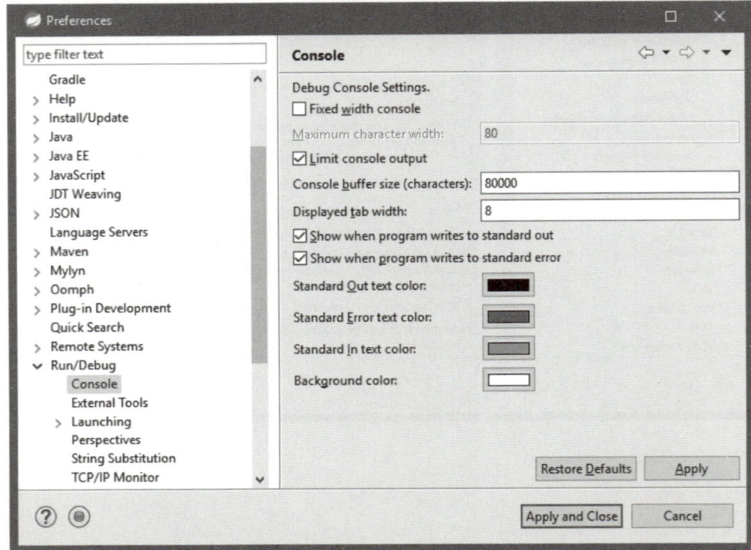

Run/Debug/Perspectives

プロジェクト作成、実行、デバッグ時のパースペクティブの自動切り替えに関する設定です。下のリストにはアプリケーションの種類が表示されており、それぞれに使用するパースペクティブを選択できます。ほかに、以下のような項目があります。

Open the associated perspective when launching	起動時に関連するパースペクティブを開きます。
Open the associated perspective when an application suspends	アプリケーションの作業を再開するときに関連するパースペクティブを開きます。
Application Types/Launchers	下にある一覧リストは、アプリケーションごとの起動に関するリストです。ここから起動するアプリケーションの種類を選び、実行およびデバッグ時のパースペクティブを右側のポップアップメニューから選んで設定できます。

図A-34：Perspectives。プロジェクト実行時のパースペクティブを設定する。

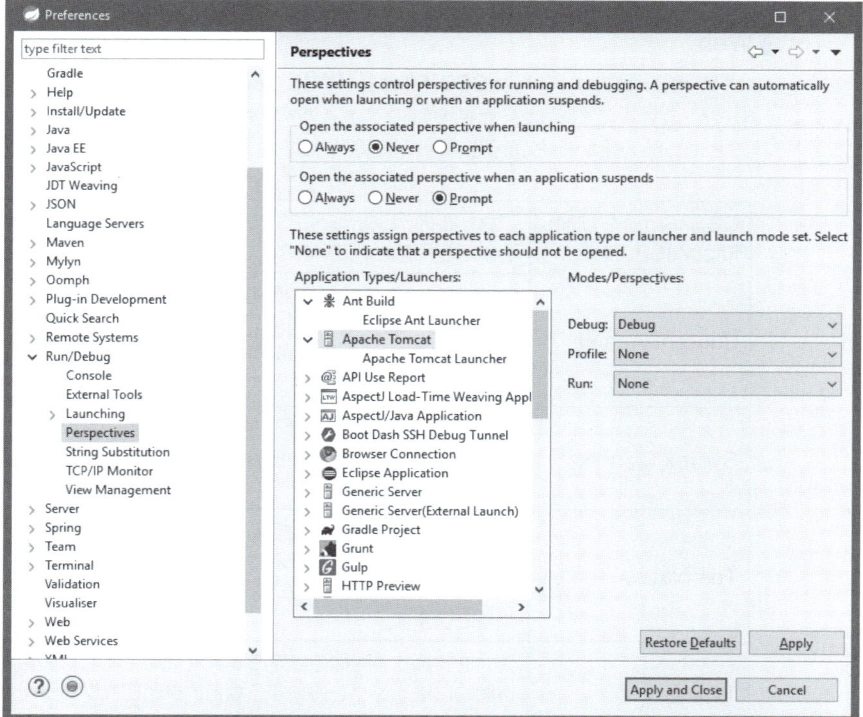

Server/Runtime Environments

「**Server**」は使用するサーバーに関する設定で、その中にある「**Runtime Environments**」は、サーバーの実行環境に関する項目です。ここで、STSから利用できるサーバーの実行環境を登録できます。

デフォルトでは、STSに標準で内蔵されているサーバーのみが表示されていますが、「**Add**」ボタンを使うことで、そのほかのサーバー実行環境を追加できます。

図A-35：Server Runtime Environments。サーバーの実行環境を管理する。

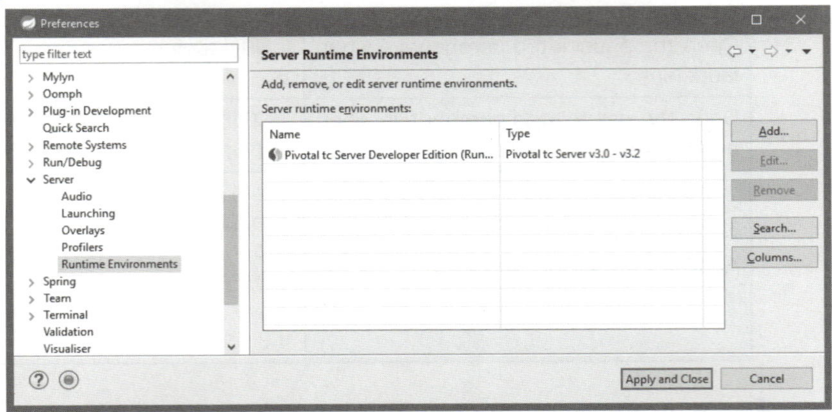

Web

「**Web**」項目の中には、「**CSS Files**」「**HTML Files**」「**JSP Files**」などの項目がまとめられています。これらは、それぞれのファイルの利用に関する設定です。ファイルの種類ごとに、だいたい同じような項目が用意されています。以下に簡単にまとめておきます。

CSS Files/HTML Files/JSP Files	ファイルのデフォルトエンコーディング、使用する拡張子などに関する設定が用意されています。
Content Assist	コンテンツ作成の補完機能に関する設定がまとめられています。「Insertion（自動追加機能）」「Auto Activation（補完機能の自動呼び出し）」「Cycling（候補の項目と並び順など）」といった項目が用意されています。
Syntax Coloring	文法を元に解析したさまざまな要素を色分け表示するための設定です。要素の一覧リストから項目を選択すると色やフォントスタイルが変更できます。
Templates	ソースコードを自動生成するためのテンプレートです。登録されたテンプレートのリストが表示され、クリックするとその内容が表示されます。右側のボタンを使い、内容を編集したりテンプレートを追加したりできます。
Typing	入力を支援する機能の設定です。HTMLであれば開始タグを書いたら自動的に終了タグを追加するなど、タイピングを支援する機能をON/OFFできます。

図A-36：Web内にある「HTML Files」の設定。エンコーディング、コンテンツアシスト、テンプレートなどの設定がまとめられている。Web関係のファイルの種類ごとに設定が用意されている。

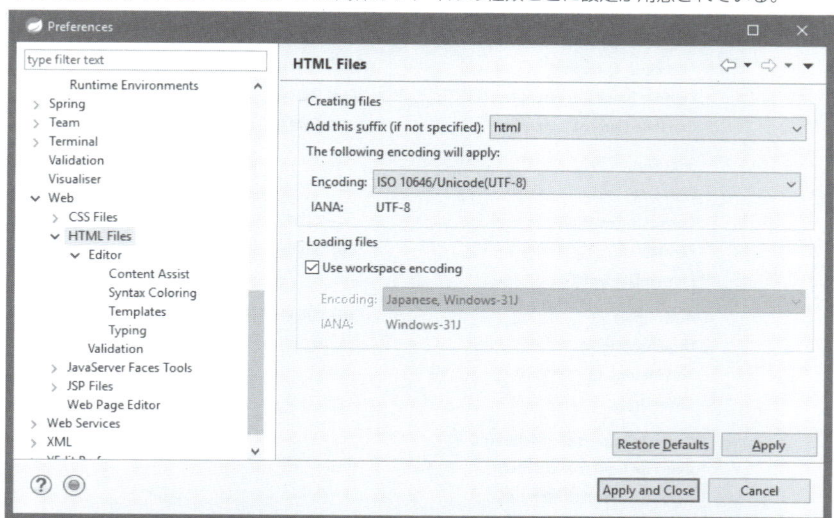

A-2 開発を支援するメニュー

STSにはソースコードの作成を支援するための機能が多数揃っています。それが、＜Source＞メニューと＜Refactor＞メニューです。これらの中から、重要なものをピックアップして使い方を覚えましょう。

＜Source＞メニューについて

STSには開発を支援する機能が多数用意されています。それらの中から、覚えておきたいものをここでピックアップして整理しておきましょう。

まずは、＜**Source**＞メニューに用意されている機能からです。＜**Source**＞メニューには、ソースコードの入力や編集を支援する機能が一通り揃えられています。

図A-37：<Source>メニュー。ソースコードの支援機能はここにまとめられている。

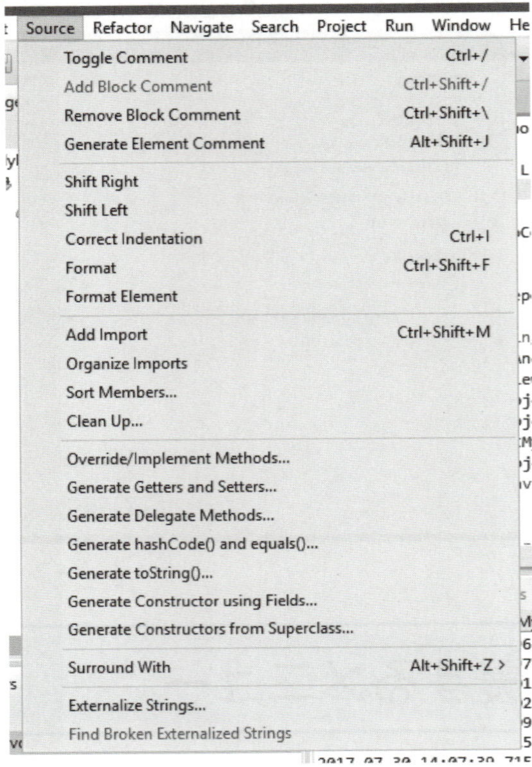

コメントのON/OFF

ソースコードに記述されたコメントのON/OFFに関するメニューがいくつか用意されています。ソースコードを選択し、以下のメニューを選んで実行します。

Toggle Comment	選択されたテキスト部分をコメントアウトしたり、元に戻したりします。
Add Block Comment/Remove Block Comment	選択されたテキスト部分をブロックコメント(/* */で囲まれるコメント)に変換したり、元に戻したりします。
Generate Element Comment	選択した要素に関する説明用のコメントを自動生成します。例えばメソッドならば、それぞれの引数の説明などをJavaDoc形式で記述したコメントが自動的に作られます。

図A-38：コメント関連のメニュー。

Source　Refactor　Navigate　Search　Project　Run　Window
Toggle Comment　Ctrl+7
Add Block Comment　Ctrl+Shift+/
Remove Block Comment　Ctrl+Shift+\
Generate Element Comment　Alt+Shift+J

インデント／フォーマット関係

ソースコード全体の表示スタイルを整える「**フォーマット**」機能や、文の開始位置を左右にずらして構造を表す「**インデント**」に関する機能もいろいろと用意されています。

Shift Right/Shift Left	選択したテキスト部分のインデント位置を、左右にタブ1つ分だけ移動します。これを使って手動でインデントを整えることができます。
Correct Indentation	選択したテキスト部分の文法を解析して、最適なインデントを設定します。部分的にインデントを設定したい場合に用います。
Format	ソースコード全体を解析し、STSに設定されている方式でフォーマットし直します。全体を統一したフォーマットにすることができます。
Format Element	選択されている要素だけをフォーマットし直します。特定のメソッドや構文単位でフォーマットし直す場合に用います。

図A-39：インデントおよびフォーマット関係のメニュー。

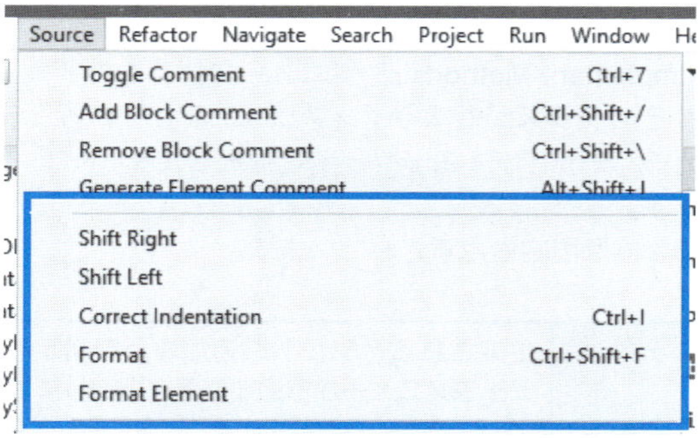

import 文の自動生成

STSでは、Javaのソースコードで記述するimport文を自動的に生成する機能を持っています。また、使わないimport文をチェックして削除することなども自動で行えます。

Add Import	クラスなどを選択してこのメニューを選ぶと、そのクラスのimport文が自動生成されます。
Organize Imports	ソースコードをすべて解析し、そこで必要なimport文をすべて作成します。もし不要なimportがあった場合にはそれらも自動的に削除されます。

図A-40：import関連のメニュー。

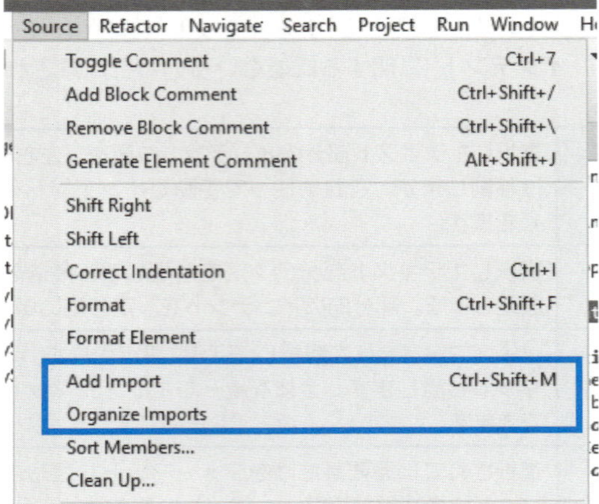

メソッドのオーバーライド

スーパークラスやインターフェイスのメソッドをオーバーライドするコードを自動生成するのが<**Override/Implement Methods...**>メニューです。このメニューを選ぶと画面にダイアログが現れ、そのクラスが継承やインプリメントしているクラスの一覧が表示されます。ここからオーバーライドするメソッドを選択し、OKすれば、それらのメソッドが自動的に作成されます。

ダイアログには以下のような設定も用意されています。

Insertion Point	生成されるメソッドの追加場所を指定します。ポップアップメニューから追加位置を指定します。
Generate method comments	生成するメソッドにコメントを追加します。

図A-41：メソッドオーバーライドのダイアログ。

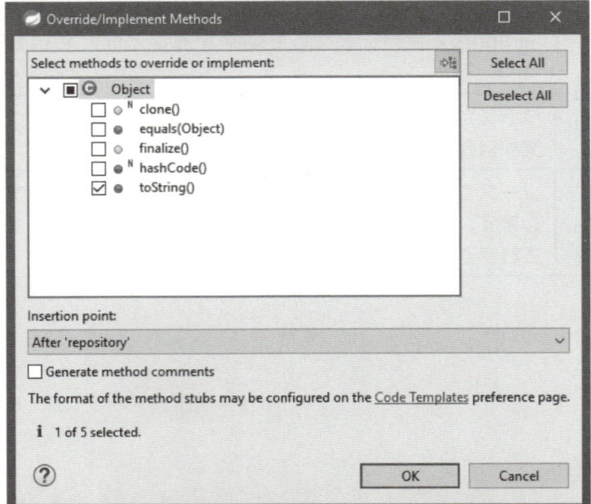

アクセサの生成

フィールドの値を読み書きするアクセサメソッドを作成するのが、＜**Generate Getters and Setters...**＞メニューです。これを選んで現れるダイアログで、アクセサを生成したいフィールドをチェックし、OKすれば、そのためのメソッドが生成されます。

ダイアログにはオプションとして以下の項目が用意されています。

Allow setters for final fields	finalが指定されたフィールドにもsetterを生成できるようにします。
Insertion point	生成されるメソッドの追加場所を指定します。ポップアップメニューから追加位置を指定します。
Sort by	メソッドの並び順を指定します。フィールドごとにGetterとSetterをまとめて並べるか、GetterだけとSetterだけに分けて並べるかを指定できます。
Access modifier	アクセサメソッドのアクセス権を設定します。
Generate method comments	生成するメソッドにコメントを追加します。

図A-42：アクセサの生成ダイアログ。

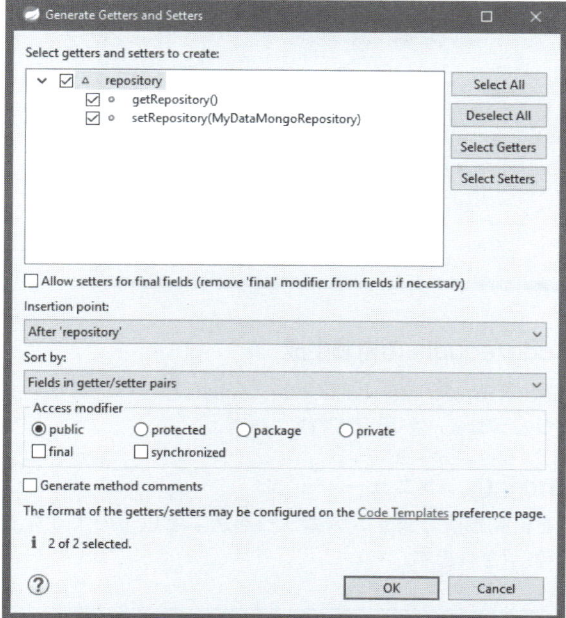

代理メソッドの自動生成

privateフィールドに保管されたオブジェクト内のメンバーにアクセスする「**代理メソッド**」を自動生成するのが＜**Generate Delegate Methods...**＞メニューです。メニューを選ぶと現れるダイアログには、フィールドに保管されるクラスと、その内部のメソッド類が一覧表示されます。ここから代理メソッドを生成したいメソッドを選択し、OKすれば、代理メソッドが生成されます。

ダイアログには以下のオプション設定が用意されています。

Insertion point	生成されるメソッドの追加場所を指定します。
Generate method comments	生成するメソッドにコメントを追加します。

図A-43：代理メソッドの生成ダイアログ。

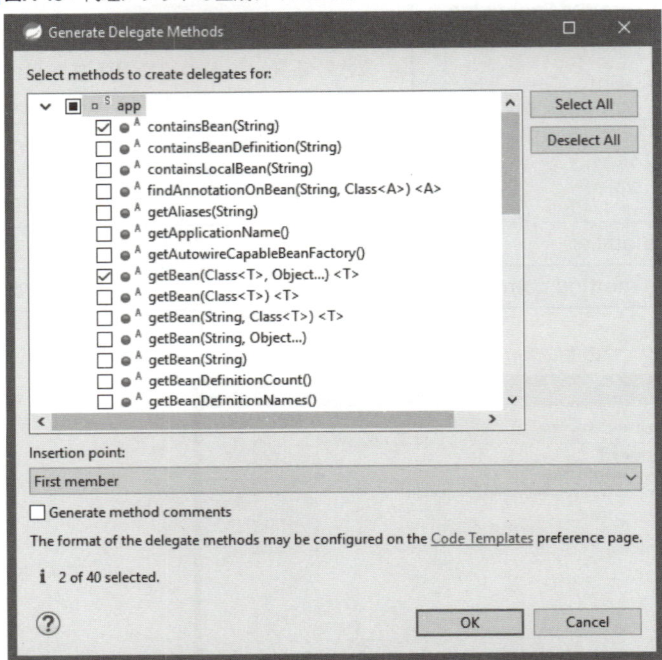

toString/hashCode/equalsの自動生成

Beanクラスで必要となるtoString、hashCode、equalsといったメソッドを自動生成するために、以下の2つのメニューが用意されています。

<Generate toString()...>メニュー

toStringメソッドを自動生成します。メニューを選ぶと以下のような設定項目が用意されたダイアログが表示されます。

リストの表示部分	クラス内のフィールドや値を返すメソッドの一覧です。そこからフィールドやメソッドのチェックをONにすることで、それらの値をtoStringで書き出すようになります。
Insertion point	生成されるメソッドの追加場所を指定します。
Generate method comments	生成するメソッドにコメントを追加します。
String format	String形式のフォーマットとなるテンプレートを指定します。デフォルトでは1種類しかありません。「Edit」ボタンで編集できます。

Code style	コードスタイル。どういうやり方で文字列を生成するかを選択します。
Skip null values	nullの項目はスキップします。
List contens of arrays……	配列などで保管されている値をリスト化します。
Limit number of items……	配列などで表示する要素の最大数を指定します。

図A-44：toStringメソッドの生成ダイアログ。

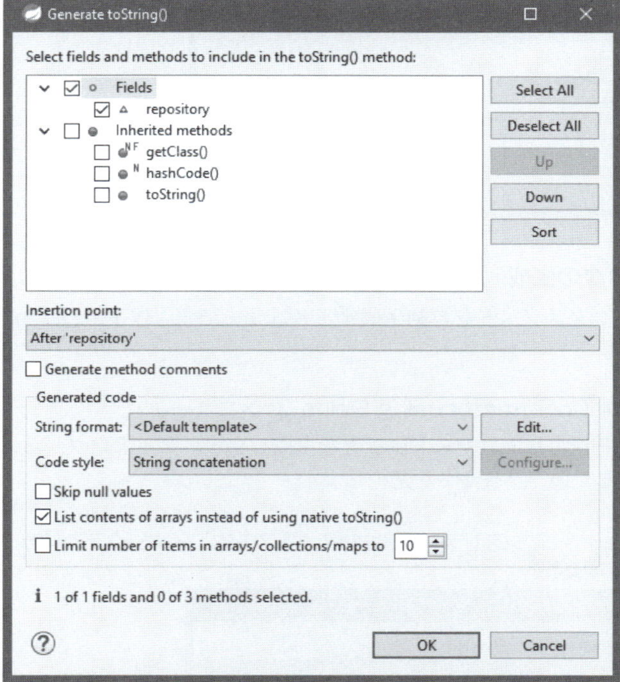

<Generate hashCode() and equals()...>メニュー

hashCodeとequalsメソッドを自動生成します。やはりダイアログに以下のような設定が表示されます。

リストの表示部分	クラス内のフィールドの一覧です。そこからハッシュコードやオブジェクトのチェックに使うフィールドを選択します。
Insertion point	生成されるメソッドの追加場所を指定します。
Generate method comments	生成するメソッドにコメントを追加します。
Use 'instanceof' to compare types	タイプが等しいことをチェックするのにinstanceofを使います。
Use blocks in 'if' statements	equalsで値を細かくチェックする部分で、if文にすべて{ }を使います。

図A-45：hashCodeとequalsメソッドの生成ダイアログ。

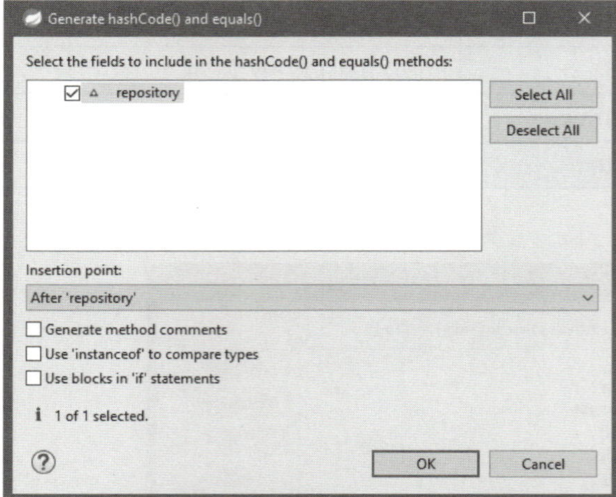

コンストラクタの生成

コンストラクタメソッドを自動生成するメニューです。以下の2種類が用意されています。

<Generate Constructor using Fields...>メニュー

フィールドを指定してコンストラクタを生成します。ダイアログから、コンストラクタで値を設定したいフィールドを選択します。

図A-46：フィールドからコンストラクタを生成するダイアログ。スーパークラスのコンストラクタをオーバーライドするものもある。

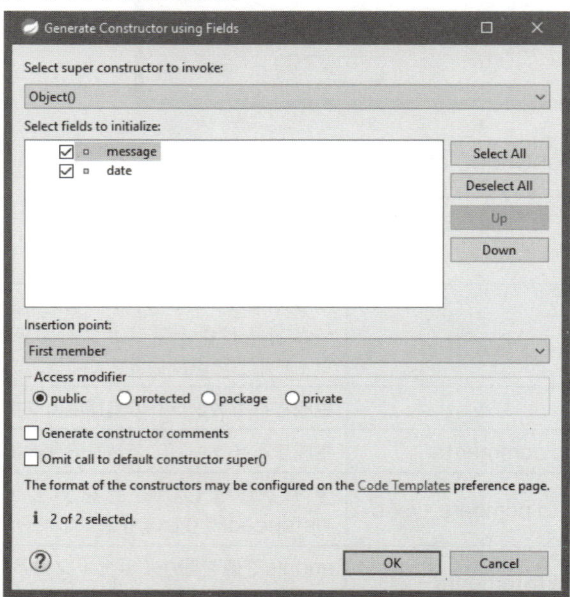

＜Generate Constructors from Superclass...＞メニュー

スーパークラスにあるコンストラクタをオーバーライドしてコンストラクタを生成します。ダイアログからオーバーライドするコンストラクタを選択します。

図A-47：スーパークラスのコンストラクタをオーバーライドするダイアログ。

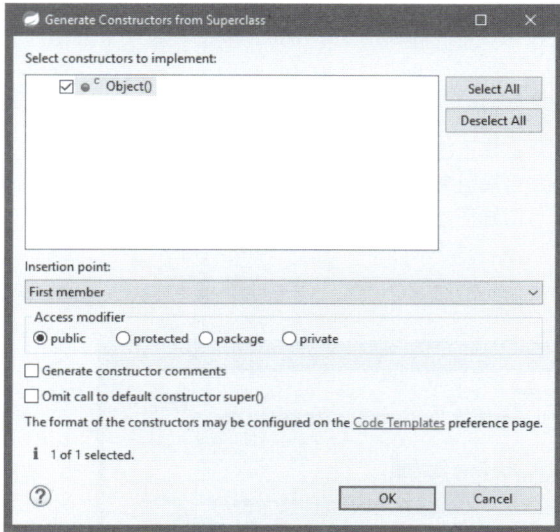

try 文の自動生成

例外が発生する処理では、try文による例外処理を行いますが、このtry構文を自動生成してくれるのが＜**Surround With**＞メニューです。例外が発生する処理部分のテキストを選択し、サブメニューから以下のものを選んで使います。

Try/catch Block	選択したテキストをExceptionのcatch句を持つtry構文で囲みます。
Try/multi-catch Block	選択したテキスト部分で発生する例外ごとに複数のcatchを持つtry文で囲みます。

図A-48：＜Surround With＞メニューのサブメニュー。

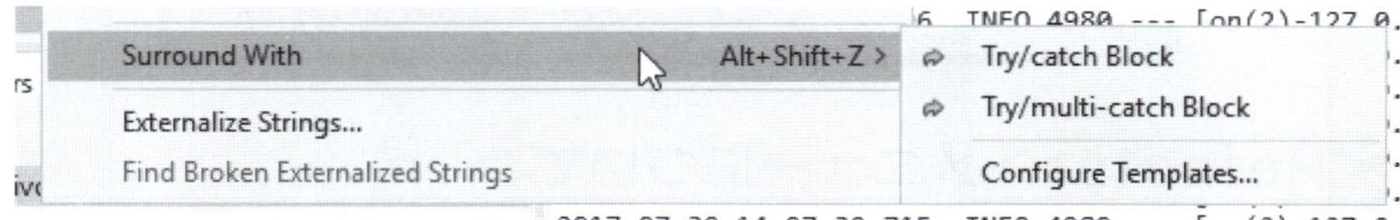

String リテラルの切り出し

ソースコード内でStringリテラルが記述されている場合、後でそれらを修正するのは面倒です。必要なStringリテラルをすべてプロパティファイルに切り出し、そこから必要に応じて値を取得して利用するようにすれば、プログラムに影響を与えずにリテラルを管理できます。

これを行うのが＜**Externalize Strings...**＞メニューです。メニューを選ぶとソースコードを解析し、その中で使われているStringリテラルをすべて探し出して、切り出しのためのダイアログを呼び出します。ここで以下のように処理を行います。

❶ 最初に現れるダイアログでは、ソースコード内で使われているStringリテラルと、それをプロパティとして切り出すときのキーの一覧リストが表示されます。これを確認し、次に進みます。

❷ 切り出しのチェックを行い、問題があれば表示します。その上で次に進みます。

❸ 生成されるファイルと修正されるソースコードが一覧表示されます。上に表示されるファイルのリストから項目を選択すると、そのファイルの生成内容が下に表示されます。これでどのように修正されるかを確認し、OKします。

図A-49：Stringリテラルの切り出しダイアログ。リテラルの一覧を表示し、どれをプロパティファイルに出すか設定する。

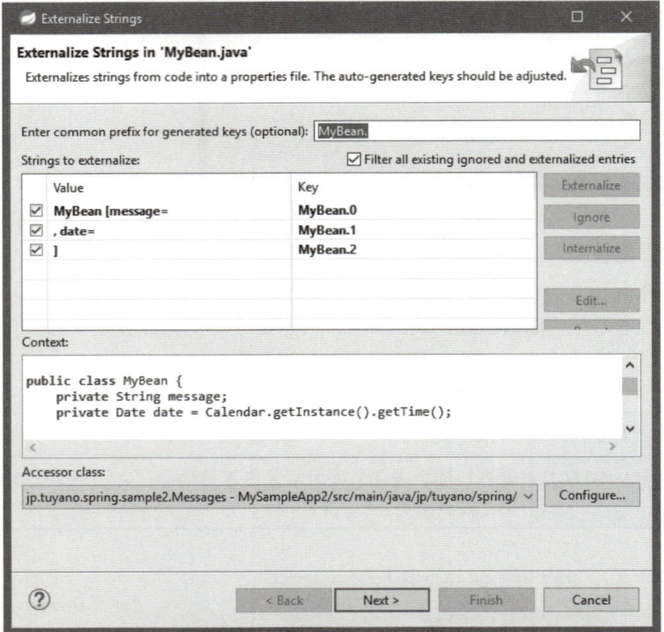

＜Refactor＞メニューについて

＜**Refactor**＞メニューに用意されている機能は、＜**Source**＞メニューよりも更に高度な変更を行います。単純に何かを置き換えたり、何かのテキストを挿入したりするというだけでなく、一定のルールに従って指定のソースコードファイル、更にはそれを参照するすべてのソースコードまでも更新するような処理を行うのが、＜**Refactor**＞メニューの機能です。

非常に複雑な書き換えを行うため、働きを知らずに使うと、予想外にソースコードが広範囲に書き換えられて､収集がつかなくなることもあるかもしれません。このメニューの機能は、働きと使い方をしっかりと理解した上で利用して下さい。

では、重要なものについて、簡単に働きと使い方をまとめておきましょう。

名前の変更

クラスやメソッド、フィールドなどの名称変更は、<**Rename...**>メニューで行います。まず変更する対象となるもの(クラス名やメソッド名など)をマウスで選択し、このメニューを選んで下さい。その部分だけがフィールドのように変わり、編集可能な状態になりますので、そのまま書き換えてEnterします。

図A-50：<Rename...>メニューを選ぶと、選択部分の名前が変更できるようになる。

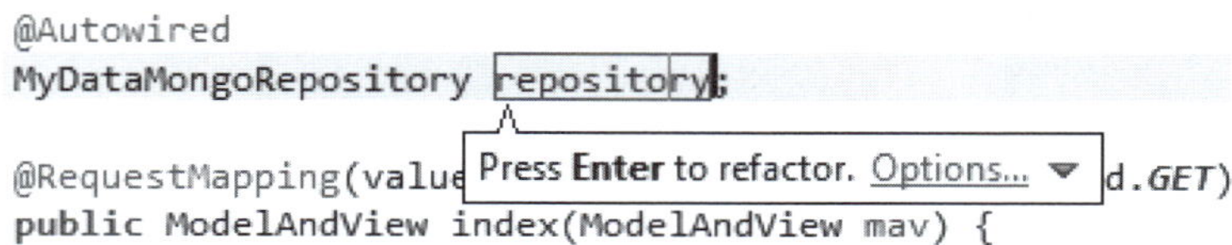

名前の編集を行う際に表示される「**Enter new name……**」といったメッセージの▼アイコンをクリックすると、更にメニューがポップアップして現れ、ここからより高度な名前の変更機能を呼び出せます。ポップアップして現れる<**Open Rename Dialog...**>メニューを選ぶと、ダイアログが現れ、そこで、より詳細な設定が行えます。

例えば、メソッドならばそのメソッドを残したまま新たな名前のメソッドを作成することができます。またフィールドやクラスなどでは、それを変更した場合のプレビューを確認した上で変更を行うことができます。

図A-51：Renameのダイアログ。メソッドなどは変更内容をプレビューで確認しながら作業する。

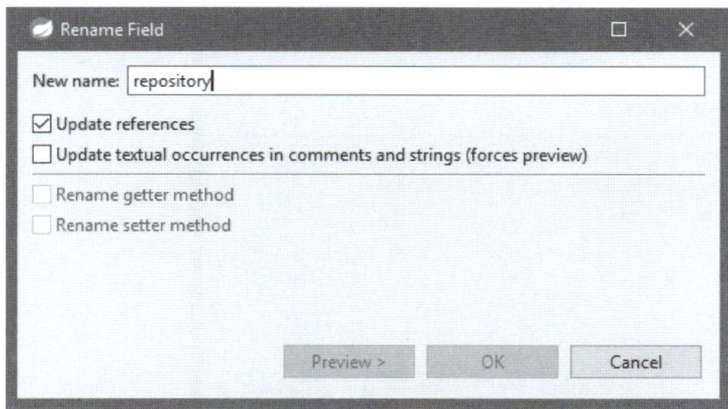

クラスやメンバーの移動

クラス内のメンバーを他のクラスに移動したり、クラスを別のパッケージに移動したりするときに用いるものです。移動したい要素を選択して、<**Move...**>メニューを選ぶと、移動のためのダイアログが現れ、そこで移動の設定が行えます。

表示されるダイアログは、移動させる対象が何かによってダイナミックに変化します。メソッドならば移動先のクラスを選択する設定が現れますし、クラスならば移動先のパッケージを選択するようになります。

図A-52：これはフィールドを移動するダイアログ。移動する対象に応じてダイアログが現れる。

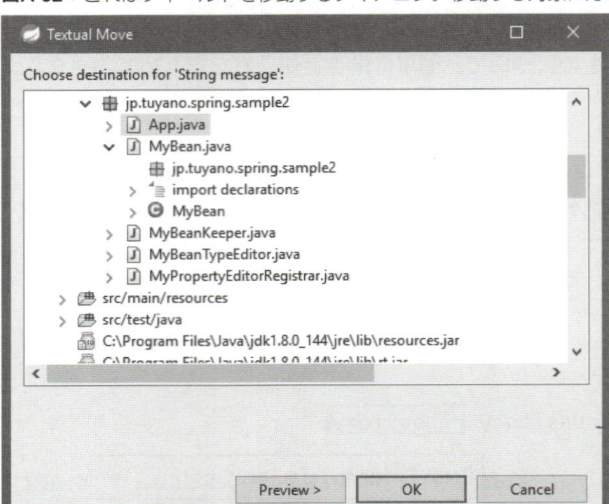

図A-53：これはクラスを移動するダイアログ。移動先のパッケージを選択する。

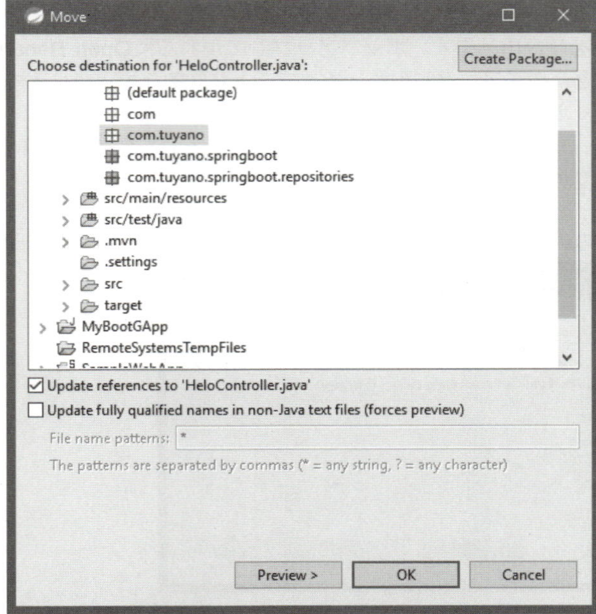

メソッドの改変

メソッドに用意されている引数や返値などを変更する場合に用いるのが<**Change Method Signature...**>メニューです。これを選ぶとダイアログが現れ、メソッド名、返値、引数のリストなどを編集できるようになります。

図A-54：メソッドの改変ダイアログ。

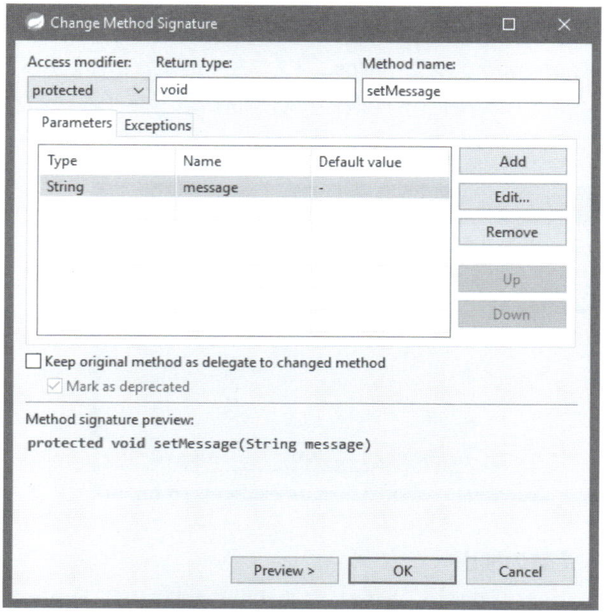

メソッドの抽出

メソッド内の一部分を別のメソッドとして切り出すのに用意されているのが、＜**Extract Method...**＞メニューです。これを選ぶと、画面にダイアログが現れ、そこで切り出して新しく作るメソッドの名前と引数リストなどを設定することができます。

図A-55：メソッドの一部を別メソッドとして抽出するダイアログ。

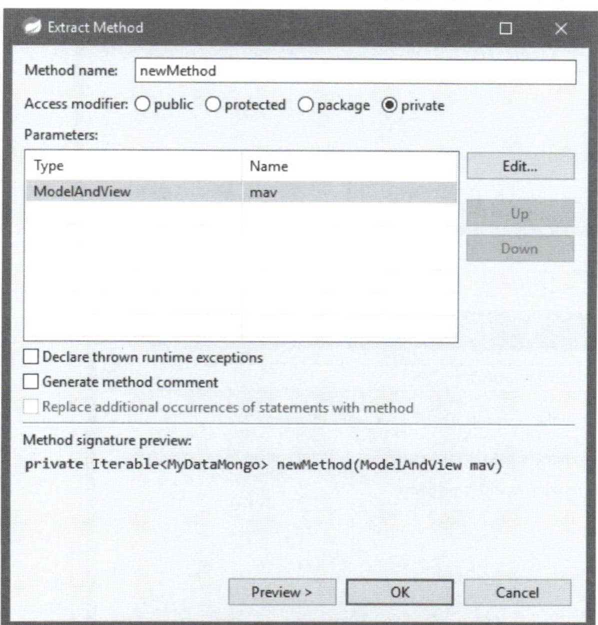

メソッドのインライン化

　メソッドの抽出とは反対の作業――あるメソッドを、それを呼び出している別のメソッドの中に組み込む――を行うのが＜**Inline...**＞メニューです。これを選ぶと、インライン化する際に元のメソッドを削除せずに残すかなどを設定するダイアログが現れます。

図A-56：メソッドのインライン化ダイアログ。

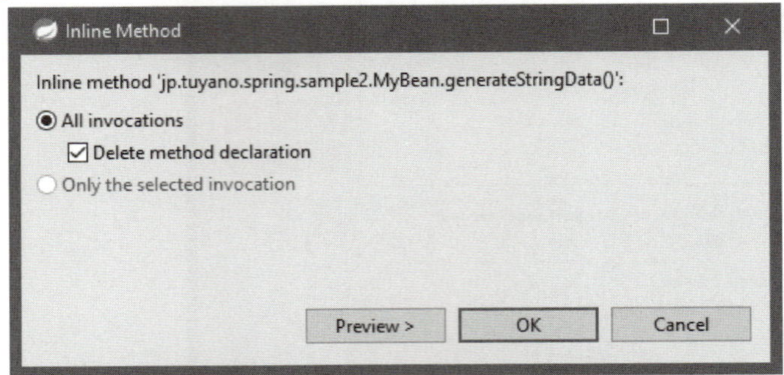

ローカル変数・定数の抽出

　メソッドチェーンなどを使い、連続してメソッドの呼び出しなどを行っている部分を、ローカル変数に代入する形に変えるのが＜**Extract Local Variable...**＞メニューと＜**Extract Constant...**＞メニューです。前者が変数に、後者が定数に代入します。メニューを選ぶと、作成する変数(定数)名を入力するダイアログが現れます。

図A-57：ローカル変数の抽出ダイアログ。

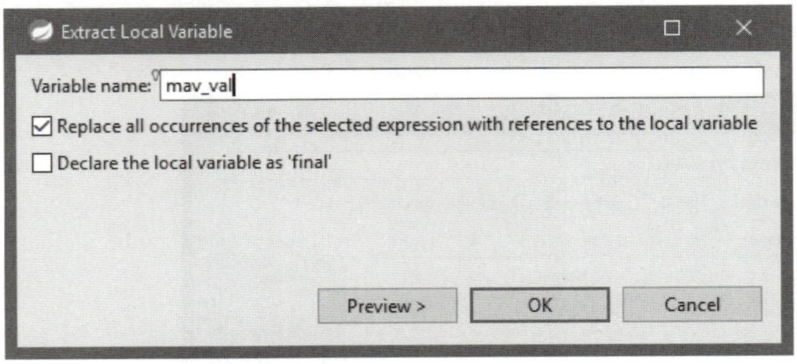

Extract Local Variable
Variable name: mav_val
Replace all occurrences of the selected expression with references to the local variable
Declare the local variable as 'final'
Preview >　OK　Cancel

図A-58：定数の抽出ダイアログ。

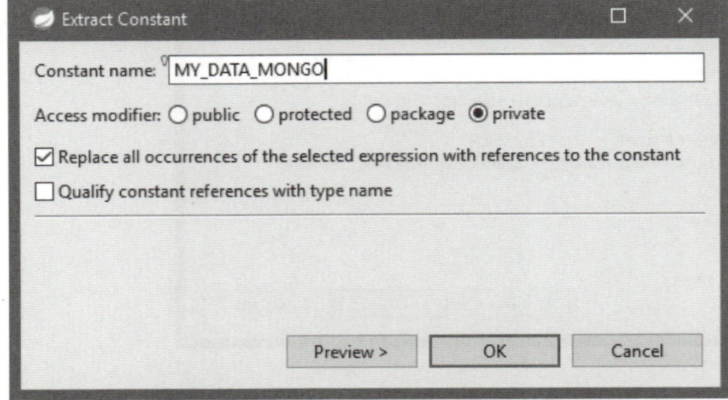

変数・匿名クラスの変換

　ローカル変数をフィールドに変換したり、匿名クラスを内部クラスに変換したりするのに用いられるのが、<**Convert Local Variable to Field...**>および<**Convert Anonymous Class to Nested...**>メニューです。前者はローカル変数をフィールドに、後者は匿名クラスを内部クラスにそれぞれ変換します。変数や匿名クラスを選択してメニューを選び、ダイアログで名前やアクセス権などを設定します。

図A-59：変数のフィールドへの変換ダイアログ。

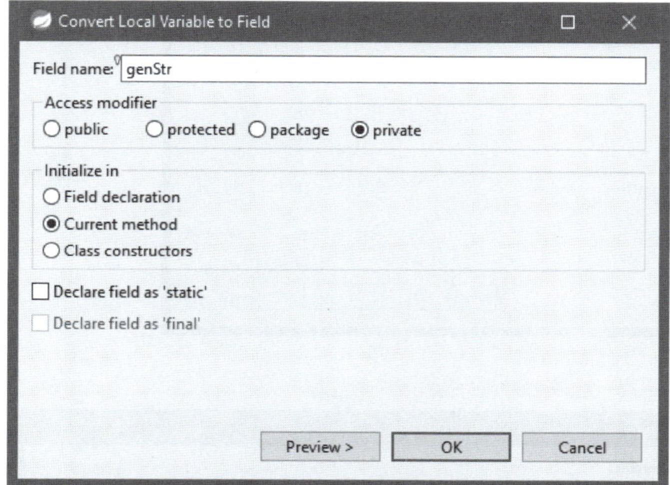

図A-60：匿名クラスを内部クラスに変換するダイアログ。

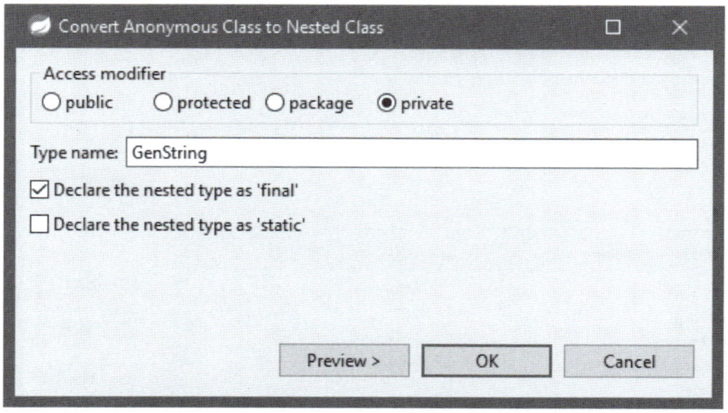

Convert Anonymous Class to Nested Class
Access modifier
public protected package private
Type name: GenString
Declare the nested type as 'final'
Declare the nested type as 'static'
Preview >
OK
Cancel

スーパークラス・インターフェイスの抽出

　クラス内にあるメソッドをスーパークラスやインターフェイスに切り分けるために用意されているのが、<**Extract Interface...**>および<**Extract Superclass...**>というメニューです。メニューを選ぶと新たに作成するインターフェイスおよびスーパークラスと、そこに移動するメソッドなどを設定するダイアログが現れます。

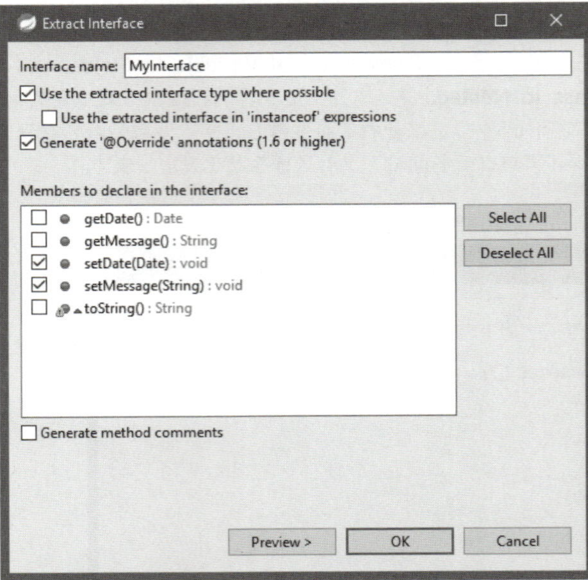

図A-61：インターフェイスの抽出ダイアログ。

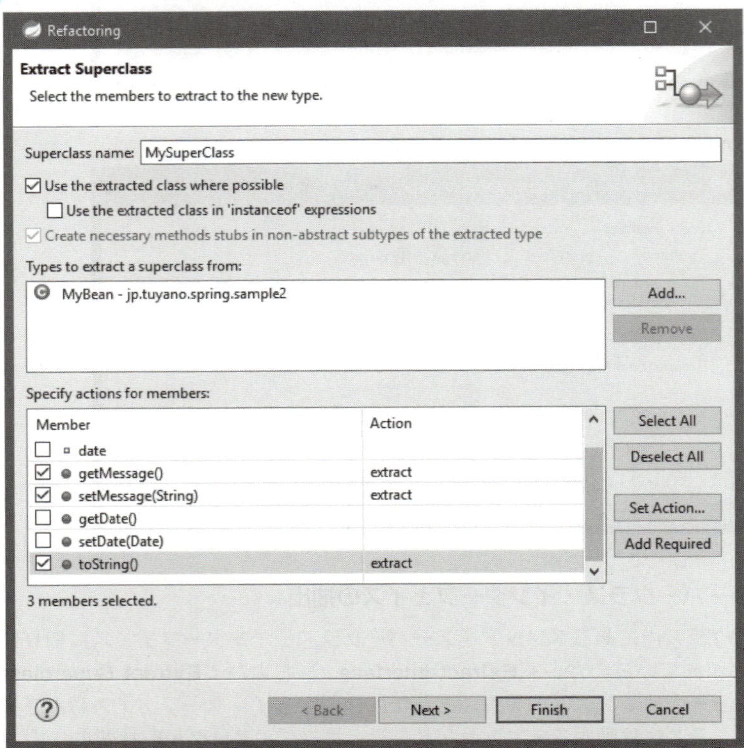

図A-62：スーパークラスのメソッド抽出ダイアログ。

スーパータイプの変更

あるクラスのスーパークラスを変更するために用いるのが＜**Use Super Type Where Possible...**＞メニューです。これを選ぶと、変換するスーパークラスを選択するダイアログが現れます。

図A-63：スーパータイプの変更ダイアログ。

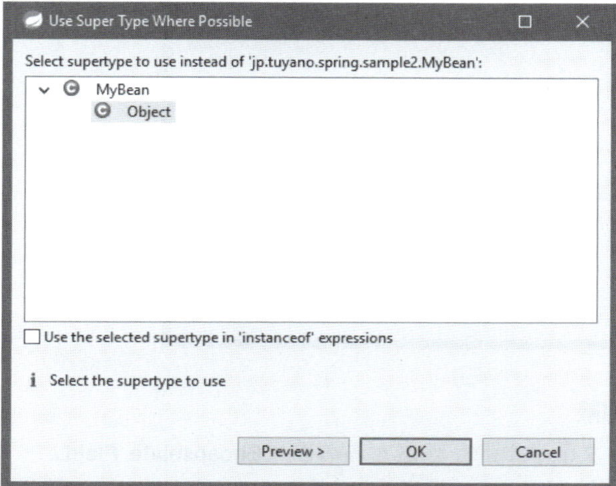

メンバーのプルアップ・プッシュダウン

クラス内にあるメンバーをサブクラスやスーパークラスに移動するのが、＜**Pull Up...**＞および＜**Push Down...**＞メニューです。これらを選ぶと移動先のサブクラスおよびスーパークラスを選択するダイアログが現れます。

図A-64：クラスのメンバーをスーパークラスに移動するPull Upのダイアログ。

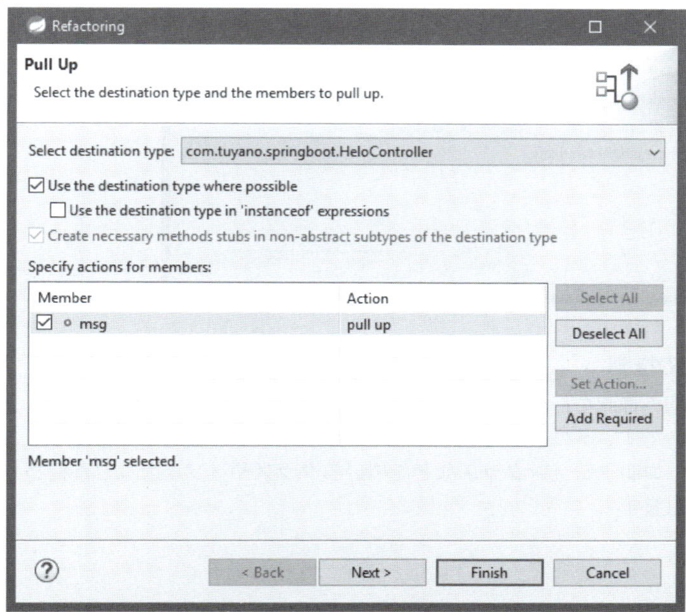

図A-65：クラスのメンバーをサブクラスに移動するPush Downのダイアログ。

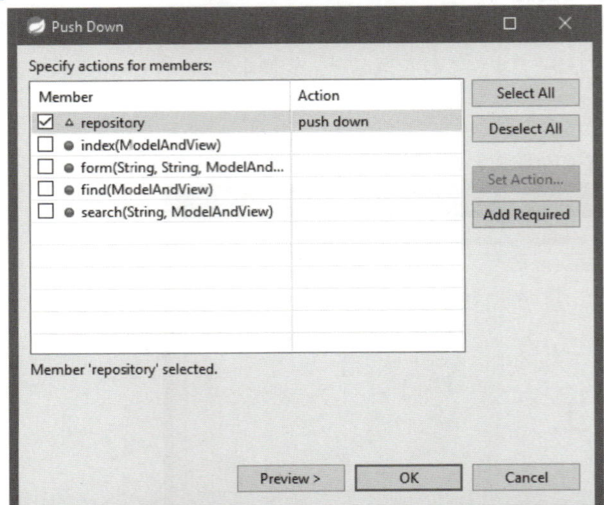

フィールドの隠蔽

privateでないフィールドを隠蔽するのが＜**Encapsulate Field...**＞メニューです。フィールドを選択してメニューを選ぶと、そのフィールドをprivateに変更します。アクセスのためのメソッド(アクセサ)は、メニューを選ぶと現れるダイアログで設定することで自動生成されます。

図A-66：フィールド隠蔽のためのダイアログ。

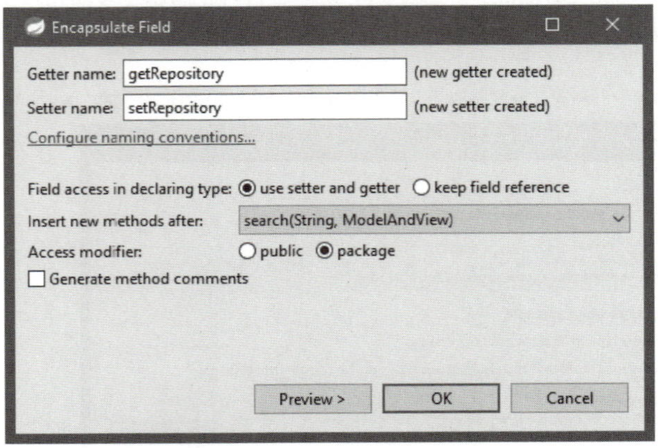

総称型の推測

総称型の推測を行うために用意されているのが＜**Infer Generic Type Arguments...**＞メニューです。メニューを選ぶとダイアログが現れ、総称型を推測してコードを書き換えます。コレクションクラスなどを用いるクラスやメソッドなどが使われている場合に用いられます。

図A-67：総称型の推測ダイアログ。

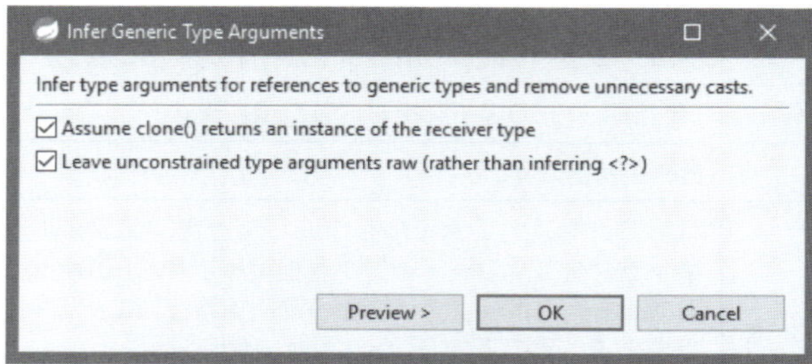

A-3 プロジェクトの利用

STSでは「プロジェクト」を作って開発を行います。このプロジェクトを利用する上で知っておきたい事柄について、ここでまとめておきましょう。

プロジェクトの設定について

STSでは、アプリケーション開発を行う際、「**プロジェクト**」を作成します。プロジェクトとは、開発するプログラムで必要となる各種のリソース（ファイルやライブラリなど）をまとめて管理します。現在のプログラムは多くのリソースを組み合わせて作成するため、こうしたリソース管理のための仕組みが必要となります。

プロジェクトは、作成するプログラムの種類によって、その内容や作成の手順なども変わってきます。が、どんなプロジェクトでも変わらないのが「**プロジェクトの設定**」です。STSでは、プロジェクトごとに各種の設定が行えるようになっており、それによってプロジェクトの実行や利用するファイルの操作などが行えるようになっています。

< Properties >メニューについて

プロジェクトの設定は、＜**Project**＞メニューにある＜**Properties**＞メニューを利用して行います。このメニューを選ぶと、プロジェクトの設定を行うウインドウが画面に現れます。これはSTSの設定ウインドウと同じように、左側に設定の項目がリスト表示され、そこから項目を選ぶとその具体的な設定内容が右側に表示される仕組みになっています。

では、重要な設定項目についてまとめておきましょう。

Resource

プロジェクトのもっとも基本的な設定です。テキストファイルのエンコーディングや改行コードに関する設定もここで行います。

Path	ワークスペース内のパスを示します。
Type	プロジェクトの種類を示します。「Project」になります。
Location	プロジェクトの場所を絶対パスで示します。
Last modified	最終更新日です。
Text file encoding	新たにテキストファイルを作成したとき、デフォルトで設定されるキャラクタエンコーディングを指定します。「Other」ラジオボタンを選び、右側のポップアップから選択すると、エンコードの種類を変更できます。その下の「Store the encoding of……」というチェックボックスは、派生リソースのエンコードに関する項目です。これはOFFのままでOKです。
New text file line delimitter	テキストの改行コードを指定します。通常、使用しているOSの改行コードがそのまま用いられます。特に理由がない限り、そのままでいいでしょう。

図A-68：Resource。エンコーディングや改行コードなどの設定がある。

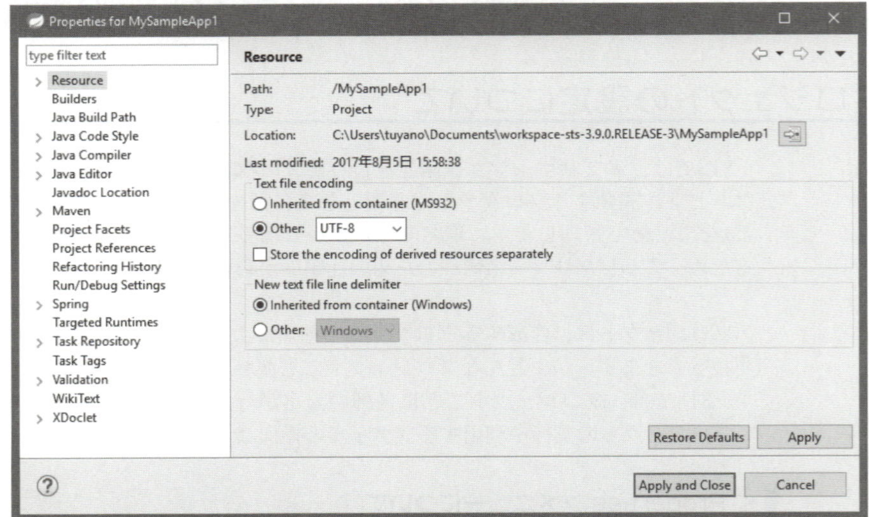

Builders

プロジェクトで使われている「**ビルダー**」と呼ばれる機能に関する項目です。さまざまなコードやファイルなどを作成し、ビルドする機能です。

これを選ぶと、右側にプロジェクトで使っているビルダーのリストが現れます。必要に応じて新たなビルダーを追加したり、不要なビルダーを削除したりできます。

図A-69：Builders。「ビルダー」(ビルドのための機能)を管理する。

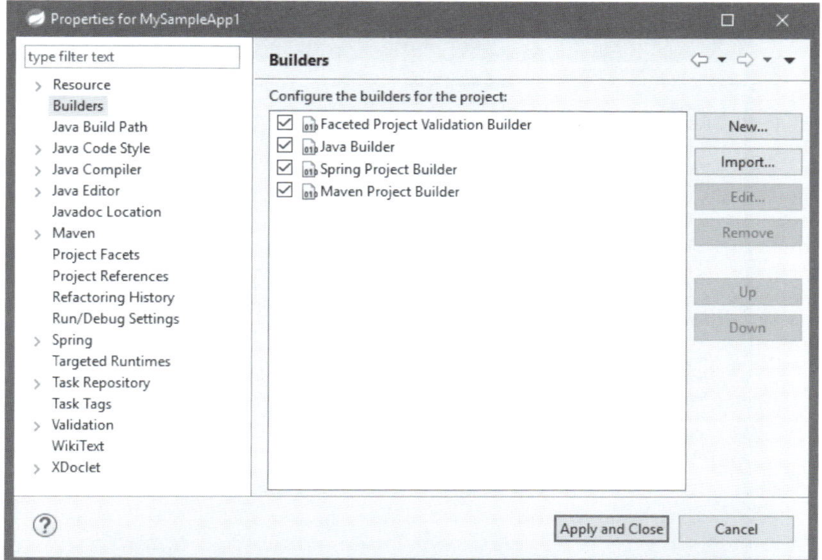

Java Build Path

プロジェクトで利用しているJavaのソースコードファイルやライブラリの配置に関する項目です。ここには以下の4つのタブがあり、切り替えて設定することができます。

「Source」タブ	ビルド時のソースとなるファイル類の保管場所と、ビルド時のデプロイ先に関する設定がまとめられています。「main」フォルダおよび「test」フォルダ内のソース配置場所ごとにデプロイ先や参照するライブラリなどの設定が記述されていることがわかるでしょう。
「Projects」タブ	ビルド時に併せてビルドするプロジェクトを設定します。複数のプロジェクトが連携して動くような場合にここで設定を行います。デフォルトでは空になっています。
「Libraries」タブ	ビルド時に参照するライブラリを設定します。デフォルトでは、「JRE System Libraries」(JDKのライブラリをまとめたもの)と、「Maven Dependencies」(Mavenによって参照されるライブラリ)が用意されています。
「Order and Export」タブ	ビルドの順番と出力に関する設定です。ビルドの際、どの場所にあるソースからビルド作業を行っていくかをリストの並び順で設定しています。また、チェックをON/OFFすることでビルドの作業にその項目を含めるかどうかを設定できます。例えばJDKのライブラリなどは、ビルドした生成物に組み込む必要はないため、OFFになっています。

図A-70：Java Build Path。4つのタブで、ソースコードやライブラリ、ビルド先などビルドに必要なパスを管理する。

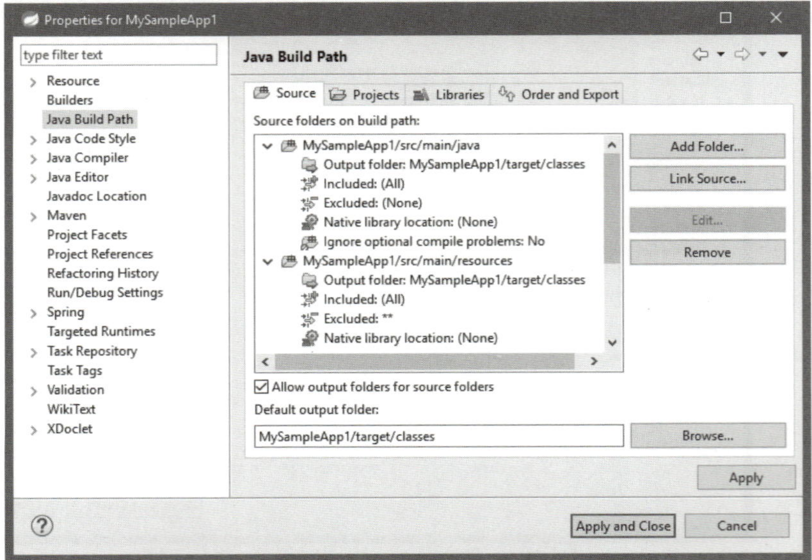

Java Code Style

Javaソースコードの基本的なフォーマット形式に関する項目です。「**Enable project specific settings**」というチェックボックスをONにすることで、プロジェクト独自の設定が行えるようになります。OFFのままだと、STS標準の設定がそのまま使われます。これは、STSの設定ウインドウで「**Java**」内の「**Code Style**」にあったものと同じです。

図A-71：Java Code Style。Javaソースコードのフォーマット形式に関する設定。

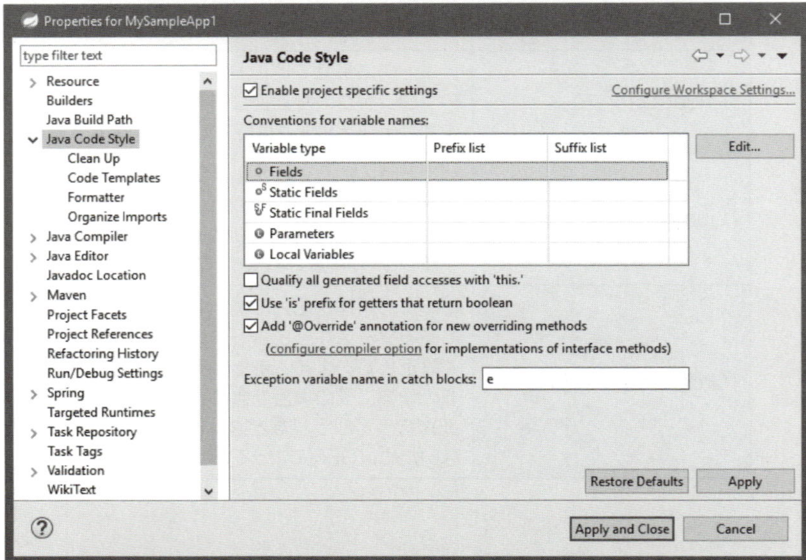

Java Compiler

Javaのコンパイルに関する設定です。「**Enable project specific settings**」チェックボックスをONにするとプロジェクト独自の設定が行えるようになっています。これはSTSの設定ウインドウで「**Java**」内の「**Compiler**」にあったものと同じです。

図A-72：Java Compiler。Javaのコンパイルに関する設定を行う。

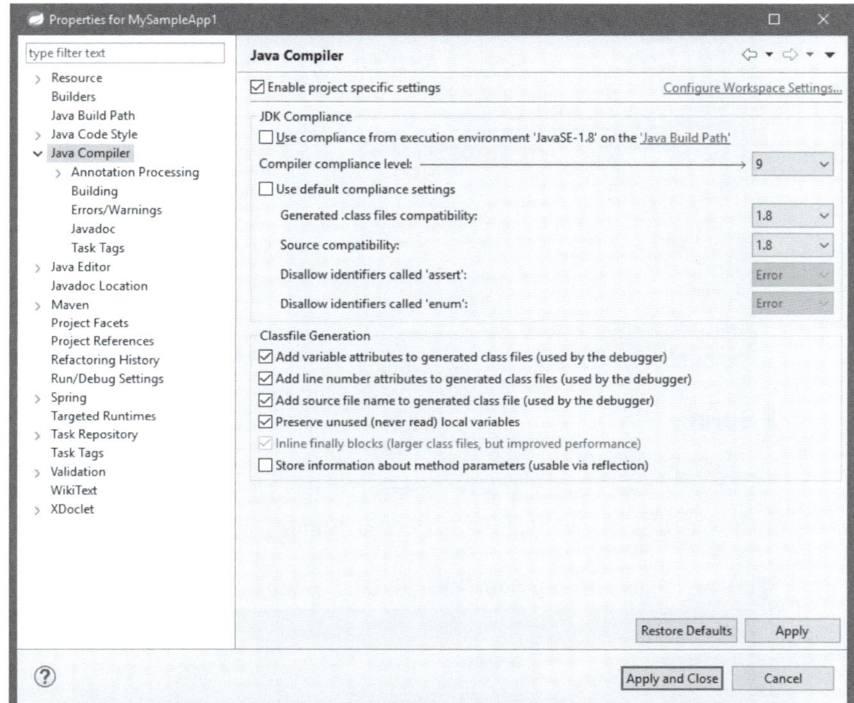

Project Facets

プロジェクトで使用するさまざまなJava関連技術に関する詳細を設定します。設定画面は2つに分かれており、左側に表示されている各種技術のリストから項目を選択すると、その内容が右側に表示されます。

これは、プロジェクト作成時に自動的に組み込まれますので、後から追加や削除をすることはほとんどありませんが、プロジェクトをアップデートする際にこれらの値が書き換わることがあります。そうした場合、ここで設定を元に戻す必要があるでしょう。

図A-73：Project Facets。プロジェクトで使う各種の技術の組み込みやバージョン等を設定する。

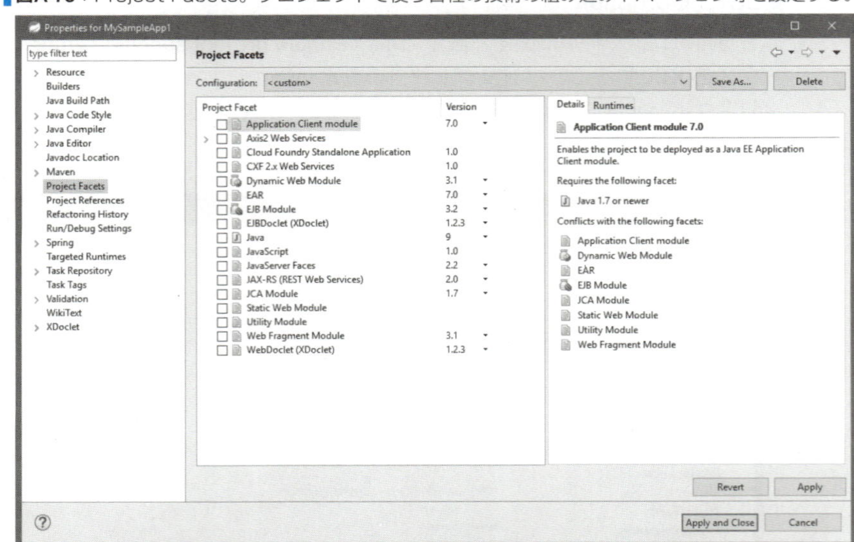

Spring

Springの設定がまとめられています。画面には「**Enable project specific settings**」というチェックボックスがあり、これをONにすると独自設定が可能となります。内容は、STSの設定ウインドウに用意されている「**Spring**」の設定と同じものです。

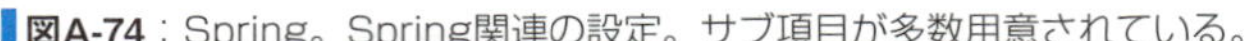
図A-74：Spring。Spring関連の設定。サブ項目が多数用意されている。

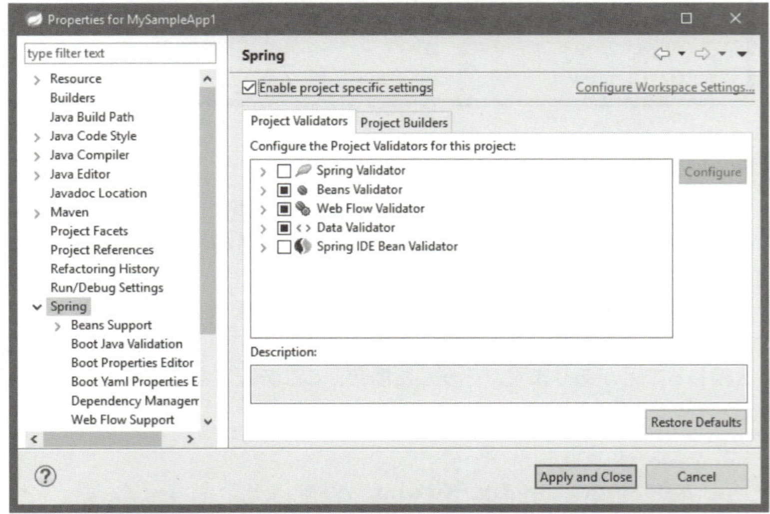

Validation

ソースコードのバリデーションに関する項目です。「**Enable project specific settings**」をONにするとプロジェクト独自の設定が行えます。ここに用意される内容は、基本的に設定ウインドウの「**Validation**」と同じものです。

図A-75：Validation。ソースコードのチェックに関する設定。

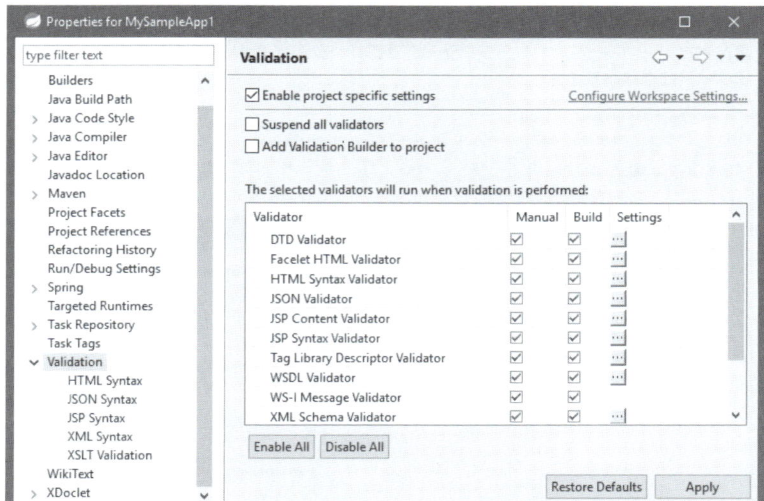

プロジェクトの管理

プロジェクトは、作成していくとどんどんパッケージエクスプローラーに追加されていきます。STSでは、作業用のスペースとして「**ワークスペース**」と呼ばれる空間が用意されています。これは、作成するプロジェクトなどを配置しておくスペースで、パッケージエクスプローラーに表示されるプロジェクトは、このワークスペースに置かれているものが一覧表示されている、と考えることができます。

このワークスペースには、いくらでもプロジェクトを置いておけるのですが、あまり数が増えると収集がつかなくなってしまいます。そこで、ワークスペースに配置されるプロジェクトの管理方法を頭に入れておきましょう。

プロジェクトの削除

これは簡単です。パッケージエクスプローラーからプロジェクトのフォルダを選択し、＜**Edit**＞メニューの＜**Delete**＞を選ぶだけです。あるいは、Deleteキーを押しても同様です。

メニューを選ぶと、画面にダイアログが現れます。ここでプロジェクトを単にワークスペースから取り除くのか、完全に削除してしまうのかを設定します。ダイアログにある「**Delete project contents on disk**」と表示されたチェックボックスをONにしておくと、プロジェクトを完全に削除できます。

このチェックがOFFになった状態で「**OK**」ボタンを押すと、ワークスペース内からプロジェクトを削除するだけで、ファイルそのものは削除しなくなります。ワークスペースのフォルダを開いてみると、そこにプロジェクトのフォルダがそのまま保管されていることがわかるでしょう。

図A-76：パッケージエクスプローラーでプロジェクトを選択し、<Delete>メニューを選ぶと削除の確認ダイアログが現れる。

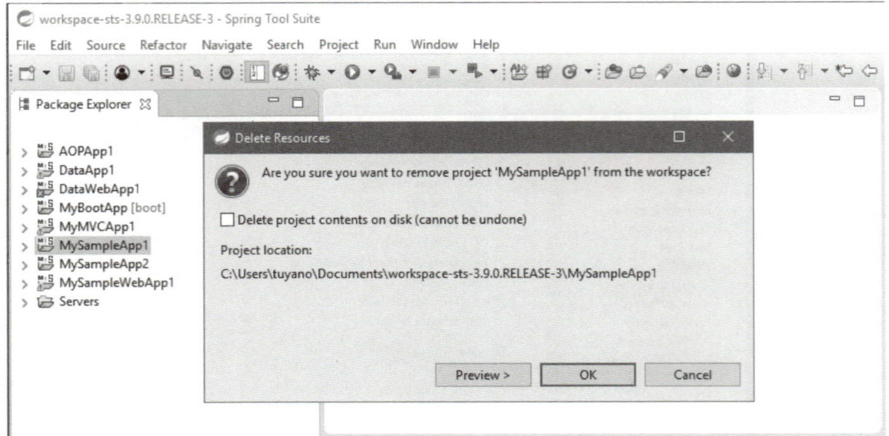

プロジェクトの追加

ワークスペースに外部からプロジェクトを追加する場合は少々面倒です。プロジェクトをインポートするためのメニューを選び、インポートの設定をしていかなければいけません。以下に手順を整理しましょう。

❶ <File>メニューから<Import...>メニューを選びます。

❷ 画面にダイアログが現れます。そこに表示されるリストの中から、「**General**」という項目内にある「**Existing Projects into Workspace**」という項目を選び、次に進みます。

図A-77：ダイアログから「Existing Projects into Workspace」を選ぶ。

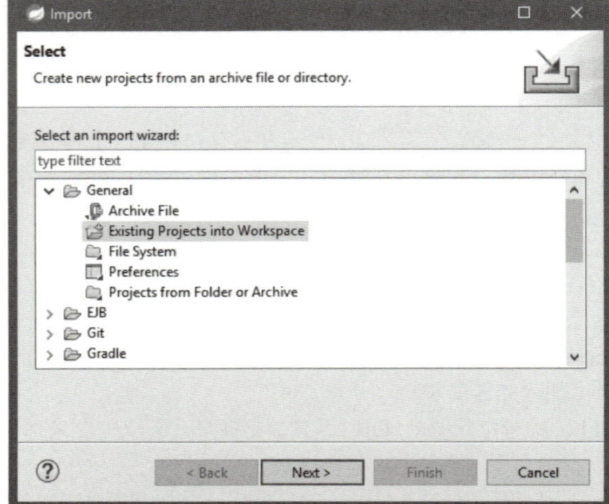

❸「**Select root directory**」という項目の右側にある「**Browse...**」ボタンをクリックするとフォルダを選択するダイアログが現れるので、ここからインポートしたいプロジェクト(あるいはプロジェクトが含まれているフォルダ)を選択します。これで、選択した項目内にあるプロジェクトがリストに書き出されます。

❹この中からインポートしたいプロジェクトのチェックをONにし、Finishします。このとき、「**Copy project into workspace**」のチェックをONにしておくと、そのプロジェクトそのものではなくそのコピーを作成してプロジェクトに組み込みます。

図A-78：「Browse...」ボタンを押してプロジェクトのフォルダを選択すると、インポートするプロジェクトがリストに表示される。

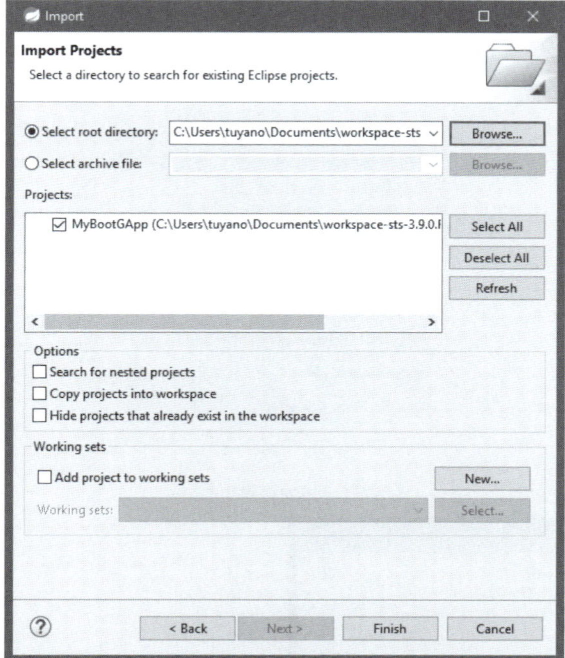

ワーキングセットについて

開発しているプロジェクトの数が増えてくると、必要に応じてそれらを整理することを考えなければならないでしょう。いくつものプロジェクトがワークスペースに配置されていても、それらを常にすべて利用するわけではありません。「**今回の開発では、これとこれだけ**」ということが決まってくるはずです。

こうした場合、「**ワーキングセット**」を使うと、簡単にプロジェクトを整理できます。ワーキングセットは、複数のプロジェクトのセットです。パッケージエクスプローラーでは、ワーキングセットを指定することで、その中にセットされているプロジェクトだけを表示させられます。これを利用して、開発に使うプロジェクトをワーキングセットとして登録しておけば、いつでも表示するプロジェクトを簡単に切り替えることができます。

では、ワーキングセットの基本的な使い方を整理しておきましょう。

ワーキングセットの管理

パッケージエクスプローラーの右上に見える▽アイコンをクリックすると、メニューがプルダウンして現れます。ここから、＜**Select Working Set...**＞メニューを選んで下さい。画面にワーキングセットを管理するダイアログが現れます。ワーキングセットの管理は基本的にここで行います。

図A-79：▽アイコンから＜Select Working Set...＞メニューを選ぶ。

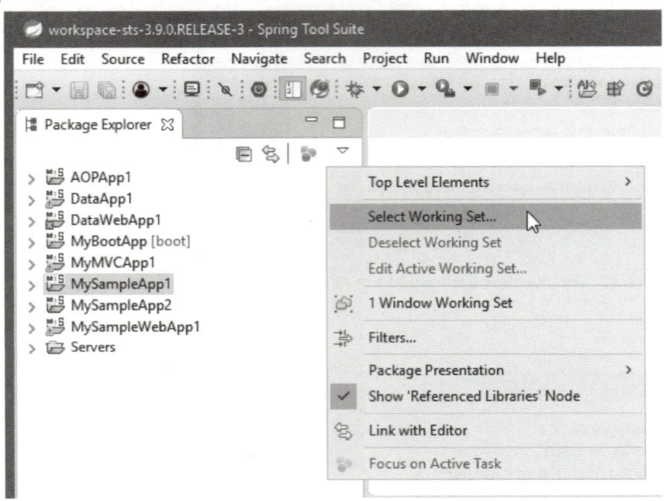

図A-80：現れたダイアログ。ここでワーキングセットを作成する。

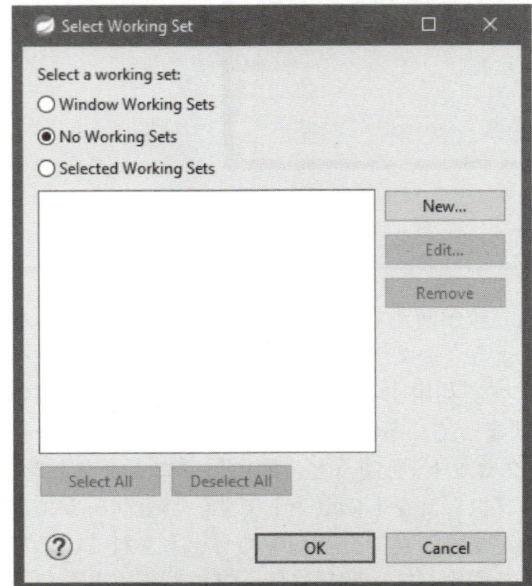

ワークングセットの作成

❶「New...」ボタンをクリックすると、ワーキングセットのタイプを選択するダイアログが現れます。ここから、作成するワーキングセットに追加するプロジェクトの種類を選択します。

図A-81：作成するワーキングセットの種類を選ぶ。

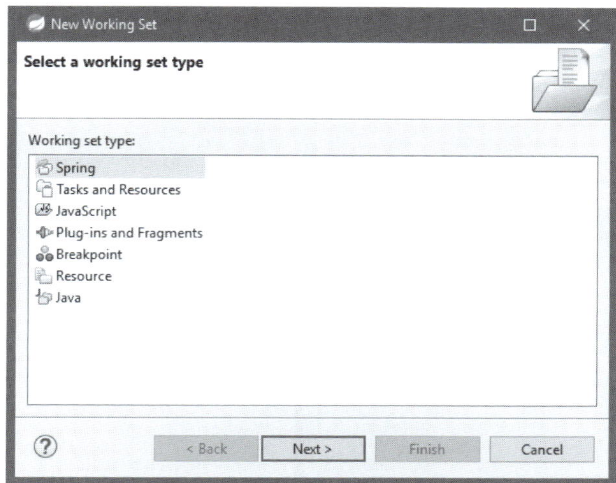

❷ 次に進むと、ワーキングセットの名前と、そこに追加するプロジェクトを設定する画面になります。一番上にある入力フィールドに名前を記入し、その下のリストから追加するプロジェクトのチェックをONにして下さい。

図A-82：ワーキングセット名と、追加するプロジェクトを設定する。

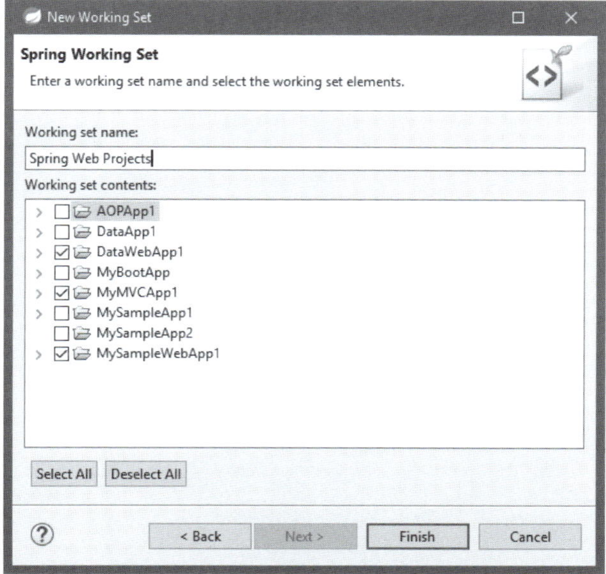

❸「**Finish**」ボタンを押すと、ワーキングセット作成のダイアログが閉じられ、最初に表示されたダイアログのリストにワーキングセットが追加されます。

ワーキングセットの使用

ダイアログにあるラジオボタンから「**Selected Working Set**」を選び、下のリストから使いたいワーキングセットのチェックをONにします。「**OK**」ボタンでダイアログを閉じれば、そのワーキングセットに追加されたプロジェクトだけが表示されます。

なお、一度使ったワーキングセットは、▽アイコンのプルダウンメニューに表示されるようになりますので、2回目以降はここからメニューを選ぶだけで切り替えることができます。

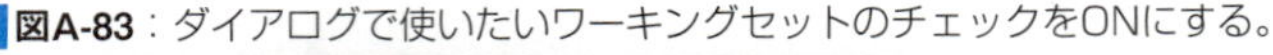

図A-83：ダイアログで使いたいワーキングセットのチェックをONにする。

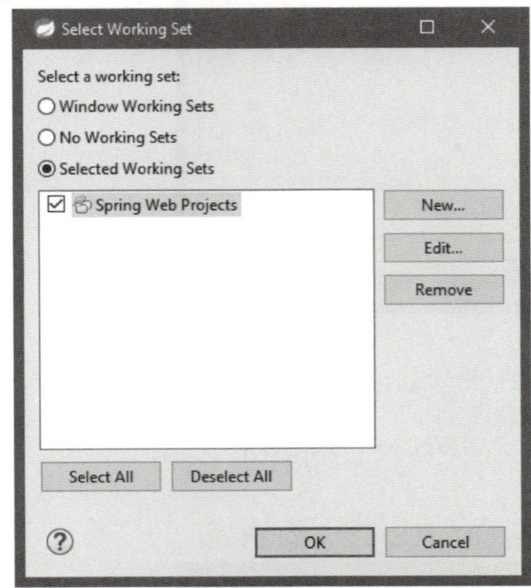

ワーキングセットから元に戻す

ワーキングセットの使用をやめるには、パッケージエクスプローラーの▽アイコンから＜**Deselect Working Set**＞メニューを選ぶと、ワーキングセットの利用をやめて、全プロジェクトが表示されるようになります。

図A-84：＜Deselect Working Set＞メニューを選ぶと元の表示に戻る。

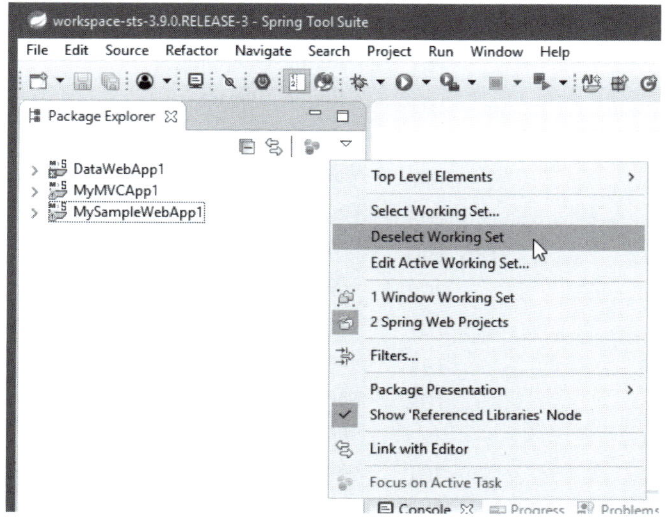

あらかじめ、よく使うプロジェクトのセットを登録したワーキングセットをいくつか作成しておき、開発ごとにそれらを切り替えて使うと、パッケージエクスプローラーの表示もすっきりと見やすくなります。

さくいん

記号

A

B

C

J

L

M

N

O

P

Q

R

S

T

U

V

W

X

あ行

か行

さ行

た行

な行

は行

ま行

ら行

わ行

著者紹介

掌田 津耶乃（しょうだ　つやの）

日本初のMac専門月刊誌「Mac＋」の頃から主にMac系雑誌に寄稿する。ハイパーカードの登場により「ビギナーのためのプログラミング」に開眼。以後、Mac、Windows、Web、Android、iPhoneとあらゆるプラットフォームのプログラミングビギナーに向けた書籍を執筆し続ける。

■最近の著作

『PHPフレームワーク Laravel入門』（秀和システム）
『Node.js超入門』（秀和システム）
『親子で学ぶはじめてのプログラミング』（マイナビ）
『Unityネットワークゲーム開発実践入門』（共著、ソシム）
『PHPフレームワーク CakePHP 3入門』（秀和システム）
『Ruby on Rails 5超入門』（秀和システム）

●プロフィールページ
https://plus.google.com/+TuyanoSYODA/

●著書一覧
http://www.amazon.co.jp/-/e/B004L5AED8/

●筆者運営のWebサイト
http://www.tuyano.com
http://blog.tuyano.com
http://libro.tuyano.com
http://card.tuyano.com
https://weaving-tool.appspot.com

●連絡先
syoda@tuyano.com

カバーデザイン　中尾 美由樹（チェスデザイン事務所）

Spring Framework 5（スプリング フレームワーク）
プログラミング入門（にゅうもん）

発行日　2017年 12月 25日　　第1版第1刷

著　者　掌田　津耶乃（しょうだ　つやの）

発行者　斉藤　和邦
発行所　株式会社　秀和システム
〒104-0045
東京都中央区築地2丁目1−17　陽光築地ビル4階
Tel 03-6264-3105（販売）　Fax 03-6264-3094
印刷所　図書印刷株式会社

ISBN978-4-7980-5374-5 C3055

定価はカバーに表示してあります。
乱丁本・落丁本はお取りかえいたします。
本書に関するご質問については、ご質問の内容と住所、氏名、電話番号を明記のうえ、当社編集部宛FAXまたは書面にてお送りください。お電話によるご質問は受け付けておりませんのであらかじめご了承ください。